班田収授法の研究

虎尾俊哉著

吉川弘文館 刊行

日本史学研究叢書

序

私が班田収授法に強い関心を持ち、特にこれを律令時代史研究の一つのテーマとして考えるようになったのは、およそ十年ほども前のことであった。しかし、当時の私は、延喜式の研究をテーマとしてそれに主力を注いでいたので、本格的にこの班田収授法の研究に専念するようになったのは、ややおくれて昭和二十八年、弘前の地へ赴任した頃からである。爾来、私としてはつとめて実証主義の立場を堅持して、この研究を行なって来たつもりであり、その一応のささやかな成果をまとめたのが本書である。もとより成果と言うべく余りにも貧しいものであるが、にもかかわらず、今あえて公にする所以は、戦後十五年を閲した現在の史学界が、各分野に於いてそれぞれ包括的綜合的な整理を要求される段階に入っており、その意味に於いては、この拙き本書とても律令時代史研究の進展に多少の貢献を期待し得ないでもあるまいと思うからである。

思うに、史料の限られた古代史の研究に於いては、思い切った着想と斬新な史料処理の要求される度合いの高いことは当然であろう。それだけに、多くの困難と共にまた多くの危険を蔵していると言わなければならない。私としては十分に戒心したつもりであるが、非力と浅学との為に思わざる過誤をおかし、また推断に恣意のほとばしりをとどめ得なかった箇処も少なからずあるのではないかと、ひそかにおそれている。識者諸賢の忌憚なき御批判を切望して止まない。また、何分にも早くから開拓されて来た論題だけに、書中、学恩浅からざる恩師・先輩・知友の高説に対して論評の筆を馳せざるを得ない箇処が少なくなかったが、これは私の最も心苦しく思う処である。叙述の間、常に敬愛と感謝の念を失わなかったつもりであるが、万一にも非礼にわたる箇処があれば、それは私の未熟の致す処として偏えに御寛恕を御願いしたい。またもし、書中、幸に採るべきものありとすれば、それは一に諸家の学恩に負うこと、改めて申すまでもない。

今、本書の誕生を目前にして、私の胸中に去来するのは「師恩友益多きに居る」という先賢の一句である。恩恵と厚誼とを賜わった多くの方々に、衷心より感謝の誠を捧げたい。殊に本書がこのような形で世に出るについては、学生時代より変らぬ御指導を辱うした坂本太郎博士の御斡旋と、敢えて出版を快諾せられた吉川圭三氏の御芳情とに負う処が大きい。厚く御礼申上げる次第である。

昭和三十五年十二月

虎尾俊哉

目次

第二編　班田収授法の成立とその性格

第三編　班田収授法の施行とその崩壊

緒論

一 研究の沿革

班田収授法と言えば、造籍とともに律令政治の基底をなすものとして、今日その史的意義を疑うものはおそらく誰一人としてないであろう。従って、これが歴史研究の対象として重要な課題たることもまた言を用うるまでもないことである。しかし、そういう認識と評価が与えられるようになるまでには、先人の尊い努力の集積があった。以下、現在に於ける研究の水準と問題の所在を知るために、班田法に対する関心と研究の沿革を概観してみよう。ただし、班田法がまだ現実の問題であった時代については暫く措き(1)、班田法が既に廃絶し去って人々の史的な関心や研究の対象となり得るようになってから後の時代に於ける主要なもののみを取り上げることとしたい。

1

近代歴史学の光が投げかけられるようになる以前に於いて、この班田法に対する人々の関心は、直接的にはおそらく、次の三点から発したものであろうと思う。その第一は、律令に対する研究、即ち、中世公家の王朝憧憬的な学問や、近世に於ける所謂律令学という側面から発するものである。律令の研究、ことに令の研究は主として令義解をテキストとする養老令の註解的研究として行われたが、その一環として田令を取り上げる限り、必然的に班田法にその関心が及ぶのは当然と言わなければならない。その第二は、所謂「田制」研究という形での班田法に対するアプローチである。これは主として近世の儒学者によって規範視された井田法の研究に端を発したもので、田積法や租法を中心とし、広く度量衡の法を包含したものであった。しかし、この場合には井田法に主眼が存したために、班田法そのものに対する研究には大して見るべきものもないようである。その第三は、近世に於ける時務策に発する班田法に対する関心である。これはある意味では、前掲の井田法に対すると同根のものであるが、要するに、近世の農民の貢租の過大なことに対する反撥と、更にすすんでは武家政治そのものに対する批判から発するものであって、多く、賦役制度という観点から研究されたのである。

これらは、勿論、実際上に於いては相互に密接な連関を持っているのであるが、およその分類を試みれば先ず右の如くなるであろう。近代以前に於ける班田法研究の沿革については、従来あまり記述されていないと思うので、以下、この分類に従ってそれぞれ概観してみよう。

先ず、令の研究という面から発した関心乃至研究としては、早く中世に、一条兼良の『令抄』(2)をあげることが出来る。これは田令中の幾つかの語句（例えば、田長・歩・段・束・租稲・口分田・女減三分之一・五年以下不給など）について、それらに関係の深い諸書を引載したものであるが、広い意味で班田法に関説した文献の恐らく最古のものとしての価値を担うに足るものであろう。次に近世に於いては、先ず律令学を提唱した荷田春満、及びその養子在満をあげなければなるまい。春満の著作は火災のために今日に伝えられていないものが多いが、春満手沢の京本令義解の存在や門人の筆記した講義ノート（例えば羽倉信章の『令義解剳記』(3)）によって、田令に対する理解のほどが知られるし、その教をうけた在満には、特に『田令俗解』と称する、田令のみを専論したものが四種伝えられていて[4]、その殊に田令に対する関心が深かったことを示している。この後に於ける律令学の発達をのべるのはその処でないので省くが、近世後期、文政期に於ける稲葉通邦・河村秀根・石原正明・神村正鄰の『講令備考』[5]は殊に価値の高いものであろう。これは『令抄』の形式を襲ったものであるが、諸書の引用に於いて豊富であるばかりでなく、唐六典・唐書食貨志・通典などの文献を引載し、おのずから唐の均田法との比較という作業を行なっている点に新味と価値を担うものと言わなければならない。ただ対応する唐の均田法の規定を掲記するに止まったことは、その「備考」と名付けられた書物の性質上やむを得ないものであったが、近代に於ける内田銀蔵博士による本格的な班田法の研究(後述)が均田法との比較という点から発していることを考える時、その先駆的意義は没却すべからざるものがあると言わなければならない。

次に、第二の「田制」研究という関心に発するものは、これは枚挙に遑がない[6]。しかし、近世中期ころまで、その多くは井田法の研究に主力をそそぎ、かたわら田積法や租法を中心として班田法にも関心を示す程度であり、後期になると、田令に関する知識の普及や考証学の発達によって班田法の内容に関する記述も見られるが、しかし、それでも班田法そのものについての理解には幼稚なものがまま見受けられるのである。例えば、小宮山昌秀の『農政座右』や星野葛山の『田制沿革考』[7]などは出色のものであるが、それでも前者には、官戸奴婢について、

コレ官人タルモノヲ優スルタメニ、奴婢ノ口分田ヲ不税ニシテ其使令ニ給セシムルト見エタリ、

とあり、家人奴婢についても、

家人ハ官人ノ家来ナルベシ、(中略)コレガ召使フ奴婢ニテモ、三分一ノ口分田ヲ賜ハリ、コレヲ不税ノ田ニシテ共ニ使令セシムルナルベシ、

などと見えている。これらはむしろ官戸や家人についての誤解に発しているものであろうが、後者には、

私田を耕す民を奴婢といふ、是亦田段を受て、其三分の一二百四十歩を口分田とて己が作り採にし、其余四百八十歩の田に生る所の穀物尽く其地の主へ納め、調庸の二つは勤めざる也、

とあって、班田法理解の不十分さを示しているのである。

この田積法・租法に対する関心が、井田法に対する関心から発したことは前述の通りであるが、しかし、そればかりでなく、近世以前の班田法に対する史的認識の伝統もまたこれに寄与する処があるのではあるまいかと思う。近世以前に於いては、大化改新に対する史的認識そのものが発達していなかったことは坂本太郎博士の指摘に詳しいが[8]、それでも僅かに改新詔の内容を要約して記述するという程度のことは若干行われた。その際の要約の仕方を注意してみると、例えば、扶桑略記には「定二田町段一」とあり、帝王編年記に「定二町段歩数一〔田長三十六歩為レ段、十段為二一町一〕」とあるように、もっぱら田積法のことのみを問題としているのであって、改新詔の中に明記されている「班田収授之法」の文字には関心を払った様子がない。こういう態度が近世にもうけつがれたのであろう。例えば、本朝通鑑にはやはり改新詔を要約した中に「定二田段租稲一」と記されているのみであり、また、大化改新研究史上特筆すべき地位をしめる新井白石の史論『孝徳改新詔』[9]にも、班田収授法については一言半句もふれる処がない。ただ、白石には『田制考』なる著作があり、これは今伝えられていないが、僅かに遺された『田制考序』[10]の末尾に近く

田賦之法、上世則猶二夏后之貢一、中世則猶二周人之徹一、而後倣二唐班田之制一、及二皇綱不一レ振、班田始廃、

とのべているのはさすがである。しかし、この書も「田賦之法」に著作の主意があるらしく、それは朝川善庵の『田園地方紀原』に引かれた白石遺稿に、

孝徳大化ノ初ニ至リテ田ヲ量ルニ、歩段町トイフ事ハ始ル、

と述べていること[11]からも察せられる。

次に第三の時務策に発する班田法への関心について述べよう。これも、一般的に言えばさほど問題にすべきほどのものもなく、中には井田法にはふれても一言も班田法にはふれないものもあるくらいであるが、[12]それらの中で、最も班田法について筆を費し、かつ、比較的水準の高い意見ものべているのは蒲生君平の『今書』である。[13]この『今書』の班田法に関する記述が「賦役」の項におさめられていることは、前述の如く、この関心が近世の賦役に対する批判から発していることを物語り、また、

自二王道之衰一、班田廃、制民不レ均、

と述べているのは、この関心が王朝憧憬の念から発していることをも物語っている。今、暫く、その言う処を聞こう。

如二所謂租調庸之法一者、観二於大化之中興、大宝之新令一可レ見矣、（中略）計レ口以班レ田、田不レ過二一段一、而租不レ過二二十一一、以二六年一一班、使二奸民不レ得二私占一レ田也、

ここでは租率の計算に於いて成斤と不成斤とを混同した誤りが見られるが、[14]班田法立制の意図について「奸民をして私に田を占むるを得ざらしむるなり」と明示しているのが注目される。

嬰児固不レ能二躬力耕一、必其父母之所二因以為一レ利、多レ子者田亦多給、而不レ堪二其力一、則須二借人一収二債租一以俟二其子成長一也、

ここに言う嬰児は幼年者の意と、寛大にとるべきであろう。近時指摘されることの多い口分田賃租のことに意を用いているのは、その発生の理由の如何は別として、とにかく興味深い。

夫賃租借売之事於レ令已有レ之、及ニ朝政之衰一乃不レ能レ率ニ由旧章一、是以上之人不下以ニ其位田職田一為上レ足、已私占レ田、以借ニ無饜之欲一、而国郡豪民効ニ其尤一、又何顧ニ王制一乎哉、此班田之所ニ以廃一、而兼併之所ニ由起一也、

ここでは、班田法崩壊の原因を貴豪の土地私有慾と、その発現たる大土地私有の展開に求め、この後に延暦三年の詔や三善清行の意見十二条などを引いて、その状況を描いているが、これらは、この限りでは今日まで通用している学説や記述の態度に外ならないと言わねばならない。

以上、近代以前に於ける班田法に関する研究や関心をうかがうに足るものについて、管見に入ったものの中から主要なものを紹介概観して来たが、要するにこれらは班田法研究の前史をなすものと言うべきで、班田法が本格的な史的研究の対象となったのは勿論近代に入ってからのことである。そこで、次に近代以降に於ける研究の沿革を見ることとしたいが、これについては、以下の本論の中でしばしば触れる機会があるので、此処では簡単に叙述することとしたい。

2

近代に於ける班田法研究に一新紀元を画したのは内田銀蔵博士の研究である。博士の研究「我国中古の班田収授法及近時まで本邦中所々に存在せし田地定期割替の慣行に就きて」は明治三十一年、東大大学院の卒業論文として作製されたものであるが、[15] この研究は、班田法の内容を養老田令によって組織的に提示すると共に、均田法との相違点を詳細に論じて、その相違点中に制度の本質にかかわる相違点の存することを示し、これを大化前に於ける班田類似慣行の存在に基づくとされたのである。この班田類似慣行の先行という点はその後賛否の両論を生んだが、班田法の内

容に関する理解や均田法との相違点そのものは、その後大体に於いて継承され、後述の滝川・今宮両博士の研究に於いてもこの点は大差がない。ついで大正十五年刊行の滝川政次郎博士の『法制史上より観たる日本農民の生活 律令時代』[16]は、班田法研究史上に於いても重要な業績である。ことに、班田法と唐の均田法との相違点の中の若干を南北朝時代の均田法より継承したものであると推定され、且つ、班田類似慣行大化前代先行説を断乎として斥けられ、均田法が経済政策的見地よりの立法であるのに対し、わが班田法が社会政策的見地よりの立法であることを明言せられた処に特色があった。また、口分田よりの収入が各戸の必要食料の五分の三にも満たずという結論も、その後の学界に影響する処の大きいものであった。

その後、昭和三年に発表された中田薫博士の「律令時代の土地私有権」[17]は、これまで何人にも疑われることのなかった所謂土地公有主義に対して、正反対の土地私有主義学説を打ち出されたものとして、班田法研究史上注目すべきものであった。しかし、この学説は、その後一部の学者には継承されながら、これに対する直接の批判も発表されないままに一般には必ずしも承認されたとは言い難かったようである。また、この頃から、唯物史観を奉ずる学者達、殊に渡部義通氏によって、律令時代の土地制度に関する研究が進められ、昭和十一年には「日本『古代』における土地所有関係の発展」、同十二年には「律令制社会の構成史的位置」が発表され[18]、構成史的な観点から班田法の性格規定が行われるようになったが、その後、周知の如き国内事情によって、これらの学説もまた広く世に布かれることはなかった。

この少し後で、古代史学界に今日なお高い地歩を占める坂本太郎博士の『大化改新の研究』が発表された(昭和十三年)。班田法は大化改新に於いて成立し、改新の施策の主要なものであるから、当然、班田法について、殊に大化立制当時の班田法の内容及びその実施について多くの紙数を割かれ、これが、その後の学界の指標となったことは周知の通りである。ついで、昭和十六年には石母田正氏の著名な二つの論文「王朝時代の村落の耕地」・「古代村落の二つの問題」が発表された。[19] これらは、主として大化前代の土地問題について、古代村落史の観点から考察したものであるが、班田法についても随処に言及され、殊に、口分田の散在的な存在形態を指摘し、その歴史的条件を探求されて、学界に新しい問題を提供された点に於いて画期的な業績であると言わねばならない。

ところで、実は以上の諸研究に於いては、班田法の実施状況についての研究に未だしい処があった。例えば、内田博士にしても滝川博士にしても、各種の史料をかかげて、全国的に班田の行われたことを指摘しておられるが、しかし、班田収授が六年一班の規定通り、着実に実行されたかどうか、という点は全く不問に附しておられるのである。班田法はそれが定期的に収授されてこそはじめて実施されたと言えるのであるから、この点を抜きにしては実施されたとは言えない筈であった。この欠陥を克服せんとして現われたのが、殆んど時を同じくして相互に独立に発表された今宮新博士の『班田収授制の研究』（昭和十九年刊）と徳永春夫氏の「奈良時代に於ける班田制の実施に就いて」[20]（昭和二十年）の二論著であろう。徳永氏のはその論題の示す通り、奈良時代及び延暦期に於ける班田実施のあとを造籍と共に詳細にあとづけ、且つ、班田法崩壊の原因を探ったものであるし、今宮博士のも特に――その序文に於いて従来の研究が実施及び廃絶過程に関する点で不十分であったことを指摘しておられることと照応して――質・量ともに実施及び廃絶に関する研究に重点がある。

かくて、班田収授法に関する研究は、戦前既に一応の水準に達し、ことに、今宮博士の著書は班田法についてのはじめての綜合的な記述として、既往の殆んどあらゆる論点を網羅し集大成した感があり、その後、現在に至るまで、

班田法に関する基本的文献としての地歩を維持して来ているのも故なしとしないのである。(21)

3

戦後、古代史への関心が俄かに高まった事情については周知の通りであるが、班田法の研究に関係のある現象としては、大化前代の国制や社会についての研究が格段の進歩を見せたこと、律令形成期についての研究が多彩となって来たこと、続日本紀や古文書などの史料に対するヨミが精密となって来たこと、及び、竹内理三氏による『平安遺文』の刊行によって平安時代の研究が促進されたこと、などの諸点をあげることが出来るであろう。そしてこれらを背景として、この数年来、班田法についての部分的な新研究が発表されているというのが現状であろう。その一々を紹介するのは繁に過ぎるので、そのすべてを以下の本論中にゆずらせて頂くが、要するに、戦後十五年間に於ける古代史学の発展の帰結として、班田法についても、今宮博士の研究を更に進展せしむべき綜合的な研究が要求せられる段階に至った、というのが現状であろうと思う。

二　本研究の目的と構成

前述によって、本研究の一般的な目的は既に明らかであろう。即ち、現在の学界の水準に立って、班田収授法の綜合的な把握を志すことである。しかし、そこにおのずから幾つかの個別的・重点的な目的も存する。それは現在に於ける班田法研究になお若干の不備・不十分なる点の存することを指摘せざるを得ないからである。その主要なものを左にかかげよう。

先ず第一に、従来、班田収授法そのものについて何かを論じ、或いは更にこの班田収授法をもととして何事かを論じようとする時、ともすれば養老田令に示される内容を以てそのまま律令時代の全期を掩う班田収授法の内容とされることが多かったように思われる。これは巨視的に全律令時代史を問題として論ずるのであれば、あまり大きな不都合もないかも知れない。しかし、班田収授法が大化二年に成立したとすると、養老令の編纂時までには約七〇年もの歳月を経ているのであって、この間の推移を考慮に入れない律令時代初期の研究などというものは、今日の研究水準では殆んど考え難いところであろう。殊に、この養老令の全般的な施行が、周知の如く天平宝字元年なるに於いておやである。従って、班田法について考えるには、何よりも大宝令及びそれ以前の班田法の内容を明らかにしなければならない筈である。と言えば、それはあまりにも自明のことであって、大宝令及びそれ以前の令が現在伝わらず、しかも断片的に知られる大宝令の内容と養老令との間の差違に実質的なものが見受けられない以上、養老令を以て班田法の内容を説くのは当然ではないかと反論されよう。なるほど、大宝令と養老令との相違点として知られているものには、名称上の相違や形式上の相違にすぎぬものが多い。また、実質的な相違点として従来気付かれていた点にしても、その相違点が問題となるような場合は実際上では頗る特殊なケースで、班田法の全体を把握する上からは大して問題にならないと言えないこともない。しかし、もし班田法の内容を養老令に基づいて説明することが、およそ以上の如き理由によってなされて来たのであるなら、私は二つの点でこれに賛し難い。その一つは、実質的な相違点の中には実際問題として過小に評価することをつつしまねばならない点がある、ということであり、他は、個々の相違点としては大したことではなくても、それを班田法全体の組織の一部として考えると、班田法の構成上からは重要性を帯びて来る可能性もあるということである。従って我々は、大宝令以前の班田法については或る程度止むを得ないとしても、少なくとも大宝令発布以降のそれについては、あくまで大宝令そのものに基づく班田法に重きを置いて、その組織構成を採らなければならないと思うのである。

尤も、従来とても、ただ漫然と養老令の内容を以てそのまま大宝令、更には大化当時まで遡らせ得るとのみ考えられている訳ではなく、大化―大宝―養老の間の推移に対して注意は払われて来ている訳であるが、その際は例えば「格式による令制の改革は、大体、律令において中国の法制を過度に採用したことを改めるにあったと思われるから、この事情は更に大宝以前に遡っても考えられるところである。即ち大化当時の田制は、現在伝えられている大宝・養老両令の田制よりも、一層中国法を模倣する傾向が、濃厚であったろうと想像される。」[22]というような一義的な理解の仕方が一般に行われている。しかし、このような理解は常に一般的になり立つものであろうか。私にはこれが疑問に思われるのである。勿論このような理解の可能な事例もあろうが、しかし、その反対の事例もまた存する。大宝田令と養老田令との相違点を調べてみると、大宝令よりむしろ養老令の方が唐令に近いとも言えるのであって[23]、養老令は大宝令に存した唐令の不消化を解消する方向にあったとのみは言い切れないのであり、同様のことは、大宝令とそれ以前の制度との間にも言い得られる。[24]従って養老令を基準として、これから遡れば遡るほど唐令模倣色が強いという風に一義的に把握することには危険が伴うといわねばならない。つまり、養老令から遡って大化に近づくほど中国法を模倣する傾向が濃厚であったであろうとか、或いはまた、その逆であったであろうとかの一般的な理解の仕方は殆んど意味をなさないと思うのである。[25]

およそ以上の如き観点から、私は、大宝令による班田法の内容を定め、ついでその個々の規定がそれぞれ何処まで遡り得るか、ということを探ることが、今日に於ける班田法研究の急務であると考える。そして、それにこたえることが、本研究の目的の一つであることは言うまでもない。

次に、従来、班田収授法立制の意図乃至その性格についての考察にやや精密さを欠く点が見られるように思う。即ち、一方では〝律令国家の収源〟というような観方がなされているが、その際には、均田法に学びながら、何故その均田法の組織の大宗をなしている班田と賦課との対応関係をわが班田法は取り入れなかったのかという点についての納得のゆく説明は終になされていない。他方、班田法の立制に〝民生安定〟的な意図を見出そうとする観方は、この班田と賦課との不対応を重視する訳であるが、しかし、それがやや安易に社会政策的立法精神の如きものの中に解消せしめられて終っており、しかも、養老令の班田法及び賦課制度によって得られた処をそのまま大化立制当初まで遡らしめんとする点で、前に述べた如き、大化―養老間の歴史的推移に対する配慮に不十分な点がのこる。そして、この二つの対蹠的な班田観の間には殆んど何の交渉もないままに現状に至っていると思うのである。従って、この問題について、より精密な検討を加えることもまた、本研究の目的の一つである。

更に、従来の研究に於いて不備であった点は、口分田の班給及び耕営の実態に関する点である。これは口分田耕営の主体たる戸・家族に対する研究の進んだ今日、その点から再検討を要求されるのは当然であろうが、更に客体たる口分田の存在形態に関する分析に未だしい処があることもその原因の一つである。前掲の石母田氏の提説以来、この問題についての関心を生じ、しかも、戦後、古文書や班田図の研究が精密さを増し、石母田氏説に対する有力な反証を提供する貴重な業績があげられていることは、以下の本論中で述べる通りであるが、しかし、それでも、石母田氏説に対する全面的な批判は未だ聞かれず、また、この口分田の存在形態から国衙の班給方式にまで立ち入った考察もまだ必ずしも十分とは言えないと思う。そこで、この点の解明に寄与したいというのも、本研究の目的の一つに数えなければならない。

その他、なお幾つかの副次的な目的もあるが、本研究に於ける主要な個別的・重点的な目的はおよそ以上の如くである。

そこで、これらの個別的な目的を達成し、且つ、現在の学界の水準に於ける班田収授法の綜合的把握という一般的な目的をも達成せんが為に、本研究は次の如く、全体を分って三編とする構成をとった。

先ず、第一編「班田収授法の内容」は、現在、班田法の組織内容の全容をうかがうに足る最古の規定たる大宝令による班田法の組織内容を確定し、且つ、その個々の規定がそれぞれいかなる沿由を有するものであるかを、能う限り明らかにせんとすることに主題がある。その為に、先ず、大宝田令条文中復旧の最も困難な「以身死応収田条」の復旧をはかり、ついで、その大宝令各条文の法意の中、従来誤解されて来た「五年以下不給」と「郷土法」の法意について検討する。更に、大宝二年の西海道戸籍残簡の検討を通じて、浄御原令の班田法の一斑を推定してみたい。次に、田積法及び租法は必ずしも班田法に不可欠な要素と考うべきほどのものではないとも言えようが、しかし、やはり班田法と密接な関係にあり、その一部をなすものと言うべきであろう。殊に大宝令以前のそれについては、大化改新詔の信憑性との連関もあって、従来、古代史上に於ける重要な課題の一つとして取り扱われて来ていることでもあるので、この問題についての私見を提示したい。また、従来、班田法の個々の規定の中の幾つかについて無雑作に均田法から学んだと解されていることには疑問に思われる点も少なくないので、その点についても検討してみたいと思う。

この第一編は、第二編以下の考察に対する謂わば基礎的な研究という意味をもつものである。

次に、第二編「班田収授法の成立とその性格」に於ける主たる課題は、詮ずる所、班田収授法が何時、いかなる意図と条件とによって成立したかという点の究明にある。班田法の成立と言えば一般に大化改新に際してのこととされ、私もまたことさら異を立てるつもりはないが、しかし、それは十分に謂われのあることであるか、という点の検討はなお必要であると思うし、更に、班田法が制度として確立して来るのは何時のことであるか、という点になると、従来必ずしも明確に論ぜられて来ていないように思われる。そして、これらの点が班田法立制の意図と条件についての議論をやや曖昧にして来た傾きがあると思うのである。そこで、この問題を考える為に、先ず、班田収授法成立以前の土地制度について考察し、ついで、前編に於ける研究に基づいて班田法の制度上に現われた特徴をさぐり、更に班田法の性格の解明に資する為に、口分田の田主権の内容や各戸に班給される口分田が農家の経済上にもつ価値をさぐり、それらの検討の上に立って、本編の主題を追求してみたいと思う。ところで、班田法成立以前の土地制度については、例の大化前代または更にさかのぼって初期社会に於ける班田類似慣行の存否の問題があって、これは後述の口分田の存在形態の問題とも関係が深いことであるし、また、口分田の田主権の内容については、土地公有主義学説と土地私有主義学説との対立があり、更に、口分田の経済的価値についても、悲観説と楽観説との対立があるので、あわせて、これらの諸点の解決をもはかりたいというのが、本編に於ける副次的な課題ともなっている。

最後に、第三編「班田収授法の施行とその崩壊」は、謂わば班田法の成立より崩壊にいたるまでの歴史を全般的に跡づけることに全体の趣旨がある。しかし、これについては既述のように今宮博士の研究に於いて詳細な綜合的記述が与えられているので余り深く立入ることは避けたい。ただ私は、以下にそれぞれのべるような理由に基づいて、三つの主題によってこの編を構成し、ほぼ本編全体の趣旨を掩いたいと思う。その一は、今宮博士の研究は班田の実施についてはなるべく推定をさけて慎重を期された為か、どちらかと言えば悲観的な色彩が強く、更に、籍年と班年との関係が曖昧な傾きがあった。しかし、その後、諸家の研究によって新しい史実の発掘や新しい史料解釈も現われており、私自身異見を有する点も少なくないので、私なりに簡潔に実施状況を辿ってみたい。従って、崩壊の過程やそれに対する対策としての制度改正については、特に章節を設けず適宜の箇処に記述することとする。その二は、口分田の班給や耕営の実態をさぐることである。これは、今日なおその為の史料が不十分であって、明確な像を描き出すことが困難であるが、出来る限りアプローチしてみたい。ただし、ここでの問題はあくまで、直接口分田の耕営そのものに限られることをお断りしておきたい。口分田の耕営の実態について記述するということはその範囲を限定しなければ、結局、律令時代の班田農民の生活のすべてにわたってのものとなるおそれがあるが、それは本研究の範囲をあまりにも逸脱するからである。その三は、班田法の崩壊の原因を探ることである。これについては既に通説的な解答が与えられており、殆んどつけ加うべきものもないかの如くであるが、従来の研究に於いては、崩壊原因の統一的理解の態度が稀薄であり、且つ、班田法崩壊の時期に即した説明がなされていないように思われるので、この点を補正したい。

本研究は、ほぼ以上の如き構成に基づいて記述されているが、既に諸家の研究によって解明の手が伸び、あまり多くをつけ加うべき必要のない問題については、当然のことながら、つとめて記述を簡略化した。従って、綜合的な研究とは言っても、そこにおのずから繁簡精粗の差を生ずるのは止むを得ない処として諒承を乞いたいと思う。

註

（1）この時代の官司が班田法について関心を示し、それが文字となって多く残されているのは当然である。ただ、三善清行が意見十二条の中で、班田法の性格について個人的な見解（官司のそれと同じであるが）を述べているのがやや注目される。
（2）群書類従、律令部所収。兼良には外に『後妙華寺殿令聞書』（続群書類従、律令部所収）があるが、これは僧尼令までの分しかないので、当面の考察には関係がない。
（3）荷田全集第六巻所収。
（4）同前第七巻所収。
（5）続々群書類従第六、法制部所収。
（6）日本経済叢書に多数収録されている。
（7）前者は日本経済叢書巻二十、後者は同巻十七に所収。
（8）坂本太郎博士『大化改新の研究』第一編、緒論。
（9）新井白石全集第五、『白石先生遺文』上巻所収。
（10）同前、『白石先生遺文拾遺』巻上所収。
（11）日本経済叢書巻二十一所収。この「白石遺稿」が如何なるものかは不明であるが、宮崎道生氏の御教示によれば、この引用部分を含めて、田制に関する部分は、本来、土肥源四郎父子宛の手簡の由である。なお、金沢大学所蔵の『白石先生叢書』第六冊に『田制考』として収められているものもまたこの手簡に外ならないことについては、同氏『新井白石の研究』七五一頁参照。
（12）例えば室鳩巣『献可録』（日本経済叢書巻三所収）・青木昆陽『経済纂要』（同巻七所収）など。
（13）日本経済叢書巻十七所収。
（14）段租稲不成斤の二束二把を段穫稲成斤の五十束で除している。この誤りは近世の殆んどすべての学者がおかしているようである。

(15) 内田銀蔵遺稿全集第一輯として、大正十年、『日本経済史の研究』上巻に収めて刊行された。

(16) 昭和十九年『律令時代の農民生活』と改題された。

(17) 「国家学会雑誌」四二—一〇、後、昭和十三年刊行の『法制史論集』第二巻に収録。

(18) 前者は共著『日本古代史の基礎問題』所収。後者は昭和二十三年発行の同氏『古代社会の構造』に於いてその全容が明らかにされた。

(19) 前者は「社会経済史学」一一—二・三・四・五、後者は「歴史学研究」一一—八・九。

(20) 「史学雑誌」五六—四・五。

(21) このことは、次のような点からも言えるであろう。即ち、本書刊行後十三年を経た昭和三十二年に同じ著者によって啓蒙的な『上代の土地制度』（日本歴史新書）が刊行されたが、これは本書の土地割替制に関する一章を省いて、新たに条里制に関する一章を加えたもので、その他は殆んど変る処がない。勿論、戦後発表された若干の新研究を取り入れてはいるが、全体としては本書と大差はないのである。

(22) 前掲『上代の土地制度』二九頁。『班田収授制の研究』七六頁にも同趣旨の文章が見える。

(23) 例えば、授田条や王事条など（附録参照）。

(24) その好例は大宝令の従便近条で、これは養老令の同条と全く同文であったと考えて誤りあるまいが、その祖型は大化二年八月の詔に見える「凡給レ田者、其百姓家近接二於田一者、必先二於近一」であろう。このあたりの書紀の記載については、これを大化二年八月のこととしては疑われる向きもあるかも知れないが、仮りに、これが書紀編者によって何令からか挿入されたものであったとしても、少なくともそれが大宝令に先立つものであったことは確実であろう。ところで、この条に相当する唐令には「諸給口分田、務従便近、不得隔越、云々」とあって（仁井田陞博士『唐令拾遺』、以下、唐令よりの引用は原則として同書による）、大宝令と同一である。即ち、この場合には、大宝令から遡る方が唐令模倣色がうすくなるのである。

なお、唐令と日本令とを比較する場合、厳密に言えば、大宝・養老令ともに永徽令以前の令の逸文と比較しなければならない筈であるが（滝川政次郎博士『律令の研究』第一編本邦律令の沿革、参照）、しかし、武徳令や永徽令の逸文の知られるものは少ないので、実際上は開元七年令や開元二十五年令との比較に甘んじなければならないことが多い。それだけに注意が必要であるが、大体に於いては、この方法によって唐令よりの継受の仕方を探ってもそれほどひどい誤ちをおかすおそれは少ないと思う。例えば、大宝・養老令に見える「凡狭郷田不レ足者、聴下於二寛郷一遙受上」の条文は、開元二十五年令の「諸狭郷田不足者、聴於寛郷遙受」と全く同一であるが、この際は、先行の永徽令に全く同一の条文が存在して、それをそのまま大宝令（或いはその前の浄御原令）が継承したと見る外はあるまいと思うからである。

(25) ついでに、旧来の班田法研究では、養老令に於ける班田法の内容の説明にあたって、義解や集解の明法説がそのまま養老令本文とないまぜにして用いられている（例えば造籍と班田との年度関係）ことにも疑問があることを申し添えて置こう。勿論、これらの明法説には正しく法意を継承し、また当時の実際に即してのものが多いに違いない。しかし、これはやはり一般化することに危険の伴うものであって、明法説の中、古記は天平中の、その他はおそらく平安時代初頭の、それぞれの時点に立っての註釈であり、また、法理そのものの抽象的・理論的追求から生れた一つの解釈に過ぎない可能性の強いことも忘れてはならない。即ち、大宝・養老令の立法者の意図からは離れたものであるかも知れないのである。また、この明法説の外に、当時実際に行われたことが、時間的限定を附されることなくそのまま班田法の内容として説明されていることもあるが（例えば畿内校田使）、これまた、ことを誤るおそれのあるもので、明法説と同様、個々の場合について慎重な吟味が必要であるということも指摘して置かねばならない。

第一編　班田収授法の内容

第一章　大宝令に於ける班田収授法関係条文の検討

第一節　大法令条文の復旧

一　従来の研究と問題点

大宝令条文の復旧については、従来も諸先学によって試みられているが、当面の課題たる班田法関係の条文、即ち田令に限って言えば、その復旧は滝川政次郎・仁井田陞両博士の研究(1)によって一応網羅されていると言えよう。そこで、今それらの中から、班田法に直接関係があり、また、大宝・養老両令の間に於いて形式的な、或いは名称上の相違ではなく、実質的な相違の存するものを拾うと、およそ次の三項となるであろう（〔　〕内は養老令による通称）。

(1)〔王事条〕

（大）凡因ニ王事一没ニ落外蕃一不レ還、有ニ親属同居者一、其身分之地三班乃追、身還之日、随レ便先給、即身死ニ王事一、其地伝レ子、

（養）凡因ニ王事一没ニ落外蕃一不レ還、有ニ親属同居者一、其身分之地十年乃追、身還之日、随レ便先給、即身死ニ王事一、其地伝レ子、

(2)〔六年一班条〕

（大）凡田六年一班、
凡神田寺田不レ在ニ収授之限一、
凡以ニ身死一応レ収レ田者、初班不レ収、後年死三班収授、

（養）凡田六年一班、神田寺田不レ在ニ此限一、若以ニ身死一応レ退レ田者、毎レ至ニ班年一、即従ニ収授一、

(3)〔班田条〕

（大）凡応レ班レ田者、毎ニ班年一、正月卅日内申ニ太政官一、起ニ十月一日一、京国官司預校勘造レ簿、至ニ十一月一日一、総集対共給授、二月卅日内使レ訖、其収レ田戸内有レ合ニ進受一者、雖ニ不課役一、先聴ニ自取一、有レ餘収授、

（養）凡応レ班レ田者、毎ニ班年一、正月卅日内申ニ太政官一、起ニ十月一日一、京国官司預校勘造レ簿、至ニ十一月一日一、総ニ集応レ受之人一、対共給授、二月卅日内使レ訖、

今、これらの各々について若干検討を加えて置くと、先ず、(1)についてはその復旧に殆んど問題はなく、滝川・仁井田両博士の復旧条文の間にも相違はない。

(2)については、先掲の復旧条文は仁井田博士のものを掲げたのであるが、滝川博士は、大宝令には「神田云々」の

註がなく、他は養老令文と同文、ただし神田条文は明らかならず、とされている。しかし、これは復旧の根拠となった田令集解所引の古記を見れば、どうしても滝川博士の如くには解し難く、やはり仁井田博士の如く、養老令文とは異なる復旧条文を想定すべきであろうと思う。尤も私はこの仁井田博士の復旧条文そのものには従い得ないのであるが、その点は便宜上、後述することとする。

次に(3)については、これも仁井田博士による復旧条文を掲げたのであるが、滝川博士の復旧条文には末尾の「其収田戸内云々」の部分がない。しかし、これも仁井田博士に従って差支えないと思う。尤も、「雖」以下の十二字は唐令によって補ったものであるから、この部分についてはこの通りであったかどうか多少不安がないでもないが、このような規定が存在したことだけは疑いないと思う。ことに唐令に「其退田戸」とあるところを「其収田戸」と改めている点は、大宝田令の他の条文の用字例と一致するのであって（附録参照）、これは特に大宝令文たることの一証とするに足ると思う。ただし、この「其収田戸内云々」の部分が、仁井田博士の復旧の如く、この班田条に属していたかどうかは疑問であって、唐令と同じく授田条に属していたのかも知れない。私自身はむしろそう考える方が自然ではあるまいかと思っているが（附録参照）、問題はこの部分が大宝令にあったかどうかという点にあって、その場所の如何には殆んど影響されない訳であるから、此処では一応その点の追求は差控えて置きたい。また、「総集」の下に養老令と同じく「応受之人」の四字があったのではないかと考えられるが（附録参照）、その有無は大した問題ではないので、これまた此処では取り上げないこととする。

なお最後に、戸令の中から班田法に関係の深い戸逃走条をあげて置こう。この条文の復旧は割に簡単なので、戸令集解同条所引の古記によって復旧した上で養老令と併せ掲げれば次の通りである。

(4)〔戸令戸逃走条〕

（大）凡戸逃走者、令₂五保追訪₁、三周不ㇾ獲除ㇾ帳、地従₂一班収授₁、未ㇾ還之間、五保及三等以上親均分佃食、租調代輸、三等以上親、謂₂同里居住者₁、戸内口逃者、同戸代輸、六年不ㇾ獲亦除ㇾ帳、地准₂上法₁

（養）凡戸逃走者、令₂五保追訪₁、三周不ㇾ獲除ㇾ帳、其地還ㇾ公、未ㇾ還之間、五保及三等以上親均分佃食、租調代輸、三等以上親、謂₂同里居住者₁、戸内口逃者、同戸代輸、六年不ㇾ獲亦除ㇾ帳、地准₂上法₁

二　以身死応収田条の復旧（その一）

此処で、前に保留しておいた(2)の復旧について改めて考えてみたいが、先掲の仁井田博士の復旧条文中問題となるのは、三番目の以身死応収田条の復旧である。この条文は博士御自身も「復旧の困難なるものの一つ」とされており、大分苦心を払われたようであるが、如何にも文意の分り難いものである。博士はこの復旧条文の文意について特に積極的に記述されている訳ではないが、「殊に養老令が大宝令以身死応収田条の後半を改めて『毎ㇾ至₂班年₁即従₂収授₁』となし、例示的であった点を概括的として意味を簡明ならしめた如きも極めて注目に値する」という説明から判断すると、大宝令と養老令との間に実質的な相違があったとは見ておられない訳であろう。しかし、養老令と同じ文意をこの復旧条文から汲みとることは、全く不可能だと言う訳ではないが、やはりすっきりしない感じがある。そこで私はかつて仁井田博士の復旧条文を再検討して、その復旧に従い得ない理由を示すと共に、一試案として次の如き復旧条文を提示したことがある。(2)

凡以二身死一応レ収レ田者、初班従二三班収授一、後年二（再）班収授、

この復旧試案が先掲の仁井田博士案と最も顕著に異なる点は、後述の田中卓氏の用語を借りれば、初班死の場合と後年死の場合とを区別した「二律規定」の存在を指摘した点にあると思うが、それはともかく、この復旧試案に対しては、その後、幸にして喜田新六・田中卓・時野谷滋の諸氏が批判の労をとられ、またそれぞれに別箇の復旧条文を提示された。[3] 今、念の為、三氏の復旧条文を掲げてみると次の如くである。

〔喜田氏案〕 凡以二身死一応レ収レ田者、初班及再班死後年収授、自余三班収授、

〔田中氏案〕 凡以二身死一応レ収レ田者、初班従二三班収授一、後年毎レ至二班年一即収授、

〔時野谷氏案〕 凡以二身死一応レ収レ田者、初班死再班収、後年三班収授、

そこで以下これらの新たに発表された復旧案に対する私見を開陳しつつ、この問題を再検討してみたい。

ところで、右の三案は、いずれも私見に対する批判から出発したものであるが、喜田氏と田中氏との案が私と同じく本条に二律規定の存したことを認めた上での批判・復旧であるのに対し、時野谷氏の案はそれを否定し、仁井田博士の案を同じ立場から修正したものである。即ち、氏の案は、私が前に仁井田博士案に対して行なった批判がなお再批判を許す底のものであり、二律規定説はその根拠が薄弱だという点から出発する。従って時野谷氏の批判の方が他の二氏の批判より根源的な批判なので、何よりも先ずこの批判にお答えすることから始めねばならない。ただし、此処では時野谷氏の出された批判に一々反批判するということは避けて——それが無駄だという訳ではないが、論点中には水掛論になり易いものが多いと思うので——全然、別の史料に基づいてそれを申し述べてみたいと思う。

さて、その別の史料とは「初班死」が「三班収授」と結びつくということに関するものである。時野谷氏の考えら

れる一律規定というのは、結局養老令と同じような内容のものであるから、「初班死」は「再班収授」や「二班収授」とは結びつき得ても、「三班収授」と結合することはあり得ない筈である。従って、「初班死」と「三班収授」との結合を認めざるを得ないということになれば、当然二律規定を認めざるを得なくなる道理である。ところでその史料というのは、外でもない田令集解荒廃条に見える古記の次の記載である。

百姓墾者、待正身亡即収授、唯初墾六年内亡者、三班収授也、

私はかつて、右の旁点部を、初班死の場合と後年死の場合とでは、初班死の場合の方が優遇されたらしい、という推定の根拠としてあげるにとどめたが、実はこの史料には更に進んで考えねばならぬ点がある。それは何故「初墾六年内亡者」として六年という年数を限ったかという点である。この六年という限定が、全く偶然に行われたのではなく、何らか基づく処があってのことであろうことは、外にも位田・賜田・功田の収公について古記所引の一云が「一班之内聴再班収授」として「一班之内」という限定を設けていることに現われていると思う。(4) この「一班之内」というのは、位田等を給せられてから六年以内に死亡した場合には、という意味に解する外はないであろうから、此処にも確かに六年以内という限定が設けられていて、前掲古記の「初墾六年内亡者」の六年という年数限定には何か基づく処のあるのを思わしめるのである。然らばその基づく処は何か、ということになれば、それは口分田について言われる「初班死」が、初めて田を班給せられて次の班年を経験せずして死亡すること、即ち敢えて言えば「初受田六年内亡」を意味し、これに基づいていると考える外はあるまいと思う。即ち、この口分田収公の場合の規定を墾田収公の場合にも適用せんが為にパラフレーズしたものと考える外はないと思うのである。即ち、「初墾六年内亡者、三班収授」という古記の説は、大宝田令に「初班死三班収授」の如き規定が存し、その規定の論理解釈によって生れたもの

と見る外はない、というのが私の主張したい処なのである。

尤も、以上の如き主張に対しては、それは「初班」の語義を「出生後初めて田を班たれ、未だ第二回目の班田を経過していない」ことと固定して考えるからであって、そういう先入感にとらわれなければ、「初墾六年内亡」と「初班死」とを対比させて考える必要はない、本条に言う初班とは「任意の班田の終了した某年以後六年」を指すと解すれば十分である、と反論されるかも知れない。しかし、古記は本条の初班については、

問、人生六年得レ授レ田、此名為二初班一、為当、死年名二初班一、未レ知二其理一、答、以二始給レ田年一為二初班一、以二死年一為二初班一者非、

と明瞭にその意義を述べているのであって、ここでの初班が、人が生れて始めて田を給せられる年（及びそれに続く五カ年）であることは疑い得ないのではあるまいか。私が旧稿でこの初班の語義を常にこのような固定的な意味にのみ考えたことは、喜田氏や田中氏の批判の如く問題であろうが、さればとて、その逆に初班の解釈に当ってこのような固定的な解釈を一切すてて了おうとすると、右の史料の解釈に当って相当に無理な解釈を必要としよう。従って、少なくとも本条に関する限り、私は依然として、初班死とは生後第一回目の班田後、第二回目の班田以前、即ち六年以内に死亡したものという固定的な解釈をとるべきだと思うし、従って、これは正に墾田の「初墾六年内亡」と対比され得る、逆に言えば、初墾六年内という際の六年という限定は、初班死が前述の如く謂わば「初受田六年内亡」の意味であったからこそ、それをパラフレーズして生じたものと考うべきだと思うのである。

およそ以上のような考えから、私は、「初班死三班収授」の如き内容をもつ規定を本条に認めざるを得ないと思う。そしてこれを認めざるを得ないとすれば、本条に二律規定の存在を認めざるを得ない筈で、かくて時野谷氏の批判に

お答えし得たと思うが、これは換言すれば、本条の組織が二律規定となっていたこと、及び本条中に「初班死三班収授」の如き文言の存在したことを再確認したこととなろう。

次に、私案と同じく二律規定を認める喜田・田中両氏の説をとりあげねばならないが、実は、喜田氏の説に対する批判は田中氏の論考に詳しく、私もまたほぼそれに従い得ると思っているし、また、今、時野谷氏説に対する反論を通じて「初班死三班収授」の如き文言の存在を再確認したことは、とりも直さず、そのまま喜田氏説に対する反批判ともなり得るものであり、更に言えば、喜田氏の説に存する長所は、殆んどそのまま田中氏説に取り入れられていると考えて良いので、ここでは喜田氏の説に対しては、これ以上の論及を控えさせて頂くこととしたい。かくて残る処は田中氏の説である。従って、田中氏の説と私案とを比較してその何れに従うべきかを検討することが、当然、次の課題となる。

三　以身死応収田条の復旧（その二）

先ず、私案による復旧条文と田中氏案によるそれとを、その意味する処と共に、再掲しよう。

〔私　案〕　凡以身死応収田者、初班従三班収授、後年二班収授、

出生後初めて口分田を班たれ、まだ二回目の班田を経過しない中（初班）に死亡した場合には、その後三度目の班年に収公（三班収授）し、その他（後年）の場合には死後二度目の班年に収公（二班収授）する。

〔田中氏案〕　凡以身死応収田者、初班従三班収授、後年毎至班年即収授、

出生後初めて第一回目の口分田を班たれ、まだ第二回目の班田を迎えない中（初班）に死亡した場合には、特別に口分田の収公猶予期間を長くして、第三回目の班年において収公（三班収授）する。しかし、その後に（後年）死亡の場合は、その次の班年に際会する毎に収公（毎至班年即収授）する。

今、この両者を比較してみると、田中氏の案は少なくともその結果として現われた処では、その収公規定の全般的な組織、即ち①二律規定なること、②それが初班死の場合と後年死の場合とを区別した為に生じたものであること、③初班死の場合の生前死後通算の保有期間が一般に口分田保有の最低保証期間なること、などの諸点に於いて私案と全く同一であり、更に、「初班従三班収授」なる文言の存在を認める点でも同一である。ただ、この文言の意味する処に対する理解は異なるのであって、田中氏の「三班収授」は私案流に表現すれば、死後二度目の班年に収公することであり（私案は三度目の班年）、私案は田中氏流に表現すれば、生後第一回目の班田から計えおこして第四回目の班年に収公することとなる（田中氏案は第三回目）。そして、後年死の場合もこれに準じた相違が存在する訳である。従って、田中氏案と私案との相違は、結局、初班死・後年死ともに、田中氏案の方が私案よりそれぞれ収公猶予期間が六年ずつ短いという量的な相違に外ならないのである。

しからば田中氏案と私案との相違はいかにして生じたか。その論証過程の大筋における相違を大まかに表現すると——こまかい点についてはなお田中氏の論証中問題とすべき点もあると思うが、それらは結局キメ手がないので大筋だけをとりあげると——私が「三班収授」の意味を史料的に決定した上で、「後年死二班収授」の文言と意味とをむしろ論理的に導いたのに対し、田中氏は逆に「毎至班年即収授」の文言（と意味）を史料的に定立された上で、むしろ論理的に「三班収授」の意味を導かれたということになろう。そして此処で「論理的に」と言ったその論理とは、結局、前掲の③に依拠したものに外ならないから、要するに論理そのものは両者同一である。従って、両者の長短を決する為には、取りあえずは、両者の主として基づいた史料とそれに対する処理・解釈の相違点を明らかにし、その是非を検討すればよい筈である。そして、その主な相違点は次の二点となろう。

(1) 大宝戸令戸逃走条の「一班収授」と本条の「三班収授」との計班法について、私は同一の計班法に従っている——一と三との量的な相違があるに過ぎぬ——と解し、これに最も重きを置いたが、田中氏はこれを異なる計班法と解さざるを得ないとし、そのあり得べきことの一証として律令時代の計世法に二通りあったことに類例を求められた。

(2) 田令集解六年一班条所引の古記に見える「初班死再班収也、再班死三班収耳」なる記載について、田中氏はこの条の法意を正しく伝えたもので、後年死の場合の収公規定の具体例と解すべきであるとしてこれを重視されたが、私はこれを養老令の知識が加わっているのではないかという頗る武断な想像によって斥けた。

先ず、(1)についてであるが、この点についての田中氏の解釈は、全くあり得ないことと言うのではないが、やはり卒直に言って氏の説に不利な点ではあるまいかと思う。しかも類例としてあげられた計世法に二通りあるということについても、なるほど律令時代の計世法には確かに二通りあるが、(5) 実は令文中での計世法には一通りしかないのであって、このことも注意して置く必要があろう。従って、田中氏の案では、大宝令内で死亡による口分田の収公、逃走による口分田の収公、王事不還による口分田の収公、その何れの規定にも「〇班」の如き用語法があるのに、それが同一の計班法をふまえた用語法ではない、という結果になることを甘受しなければならないこととなる。尤も、令文の用語法が整々として完全なものだなどという訳にいかないことは言うまでもない。例えば、令内の「課役」の語に租を含ましめねばならない場合のあることは旧来指摘されて来ている通りであり、神祇令と選叙令との「国造」の語義が同一でないことは私自身主張する処である。(6) 従って、計班法に二通りある可能性を全く否定する訳にはゆかないが、この課役や国造の場合は、そのような不完全さの生じた理由について、それぞれ唐令よりの継受や先行法規からの流例などによって一応納得のゆく説明がなされているので、これに類する説明が欲しい処ではある。そして、以上のことは、これを裏返せば結局私案の長所ということになるが、その際とても、私案では計班法に二通りある可能性を全く無視し、或いはこれに対する配慮を欠いた点がやはり弱点として残ることとなろう。

次に(2)に関しては、これが私案の最大の弱点であることは言うまでもない。ただ、大宝令文中に「初班従三班収授」の文言があり、この文中の「初班」が生後最初の班田を意味するのであれば、それを承知の上で、同じ条下で古記が「初班死再班収也、再班死三班収耳」の如く、初班を数えはじめの任意の某班年の意味で用いるのは、如何にも不可解という感をまぬかれないのではなかろうか。旧稿ではこの辺りの説明は簡にすぎて不十分であったが、私が敢えてこの弱点を承知の上で武断にもこの古記の記載を捨てたのは、およそこのような理由に基づいていたのである。しかし、とにかく私案の最大の弱点であることには変りはない。そして以上のことは逆に言えば、田中氏案の長所であることは言うまでもないが、少なくともその際は、古記の用語法に存する不可解さを解消する用意が田中氏案では十全でないことを指摘しなければならないのである。

以上は直接その基づく史料の検討を通じて優劣を比較してみたのであるが、その外、この大宝令に続く養老令との比較からする検討がある。即ち、養老令では一律に死後最初の班年に収公することに変えられたのであるから、私案をとれば、大宝令と養老令との収公規定の差は相当甚だしく、養老田令の初度の施行に伴って、初班死の中には十二年も収公猶予期間のくりあげられるものが出て来ることとなり（その他に六年くりあげられるものも出て来る）、後年死の場合の中には六年くり上げられるものも生ずる。一方、田中氏案をとれば、大宝令と養老令との差はほぼ適度であって、結局、初班死の場合の特例が廃止されただけということになる。従って、養老田令の初度の施行に伴って、実際上問題となるのは、新田令の施行に先立つ班年に初めて田を受けて、その後六年内に死亡したものだけで、それらの者の口分田の収公猶予期間が六年くりあげられることとなるにすぎない。これは確かに田中氏案の方が無理が少ないと言わなければならない。ただ私案の如くでもあり得ないことではないのであって、私自身この点を承知の上で旧稿を草したのであることは申すまでもない。従って、両案それぞれに長所・短所を有しているのであるから、この程度では強いて何れを取り何れを捨てるということは決し兼ねる、と言わなければなるまいと思う。

ところで実は私案には一層大きな弱点が存在する。それは浄御原田令に於ける収公規定との関係である。後述するように、大宝二年の西海道戸籍に見える受田額の算定の依拠となっているものが浄御原令であるという私見が認められるとすれば、浄御原田令に於いては死亡者口分田の収公に関して養老令と全く同一の制度の存在せることを、大宝令と異なる点として指摘しなければならない(7)。即ち前述の大宝令と養老令との相違が、全く同じ形で此処に再び大宝令と浄御原令との差となってあらわれ、従って、この点からも田中氏案の方が無理が少ないことは改めて説くまでもあるまい。ただしかし、養老令に於ける改制の動機について、浄御原令の収公規定を改めた大宝令の収公規定が芳しくないので、養老令制定時に浄御原令の旧規定に戻したのであると解すれば、浄御原令と大宝令、大宝令と養老令の間の相違は少ない方がよいとは限らないこととなり、必ずしも田中氏案の方が有利だとのみは言えなくなる、と考えられる向きもあるかも知れない。しかし、此処で注意すべきことは、浄御原令と大宝令とでは収公規定の外に授田年令の規定も異なっており、その大宝令の授田年令規定は養老令にも受けつがれているということである。即ち、養老令制は単純に浄御原令制を復活したものではないということである。そこで此の点を考慮に入れて、浄御原令と大宝令との差をもう一度考え、その実際の切り換え時の状況を私案及び田中氏案によって想定してみよう。

先ず私案では、大宝令施行後第一回目の班田にあっては収公も授田も行われず、第二回目の班田の際に後年死者の分の収公と五年以下不給制による始めての授田が行われ、第三回目に至って漸くこれに初班死者の分の収公が加わり、大宝令制による収授が軌道にのることとなる。これに対して田中氏案では、大宝令施行後第一回目の班田に於いては後年死者の分の収公が行われるのみであるが、第二回目になるとこれに初班死者の分の収公と五年以下不給制による始めての授田も同時に加わって、大宝令制による収授が軌道にのることとなる。新制度への切り換え後第一回目の班田に於いては、旧制度との関係上、新制度が完全に行われるということは望み難いところであろうから、それは止むを得ないとしても、私案による場合の如く、第二回目に至ってもなお新制度が完全に行われず、その全面的な実施が第三回目の班田以後になるということは、確かにあまり望ましい状態ではない。しかも、私案の場合には、切り換え後第一回目の班年には収公も授田も行われないことになるから、謂わば、令に規定する六年一班制そのものに背馳する結果になるとも言えるのである。

このように考えて来ると、私案と田中氏案とには何れにも長短があって、この条の復旧の難かしさを改めて痛感せしめられる外はないのであるが、しかし、全体として見れば私案の方に弱点がより多いということを認めざるを得ない。従って、現在の段階では、一応田中氏の復旧に従って置くこととしたい。その文字の末は別としても、規定の内容そのもの——一般の場合には養老令と同じく死後最初の班年に収公し、ただ、初班死の場合だけは特別に更にその次の班年まで収公を猶予する――は支持すべきであろうと思うのである。

註

（1）滝川政次郎博士『律令の研究』・仁井田陞博士「古代支那・日本の土地私有制」（三）・（四）（「国家学会雑誌」四四―七・八）。

（2）拙論「大宝・養老令に於ける口分田の収授規定」（「法制史研究」七）Ⅱ大宝令に於ける口分田還収規定。

（3）喜田新六氏「死亡者の口分田収公についての大宝令条文の復元について」（「日本歴史」一一四）・田中卓氏「大宝令における死亡者口分田収公条文の復旧」（「社会問題研究」七―四）・時野谷滋氏「大宝田令若干条の復旧条文について」（「日本上古史研究」二―七）。

（4）田令集解応給位田条所引古記。ただし、この部分は、「穴云、…………、古記云、問、…………、答、…………、一云、…………、朱云、…………、」というような形式で引用されており、一云は古記に引用されたものともとれるが、また、穴云・古記云と並んで、古記とは独立の註釈ともとれるのである。しかし、令集解の全体にわたって調べてみると、「一云」という形式の引用は古記云の次に引かれることが圧倒的に多く、次いで釈云の次に引かれることも多く、この二つの場合が殆んどすべてで、その外には穴云の次に引かれる例が若干見られる程度である。従って、この一云は、その「一云」という不特定の記し様から言っても、またその存在する場所に限定のあることから考えても、それぞれその直前の古記、釈、穴等に引用されたものと見做すべきであろうと思う。特に古記に続く一云を調査した結果では、その内容から判断してこれを古記の引用と考えることを支持する例（一云が養老令文と異なる大宝令断文を引用している例――例えば田令官位解免条、とか、一云だけを独立の文章として取り出しては文意が通らず、古記の問答の間に対する答としてはじめて文意の通ずる例――例えば田令在外諸司条）はあっても、その逆に古記の引用と解することを積極的に妨げる例は見当らないようであるから、一般に上述の如く解することは許されると思うのである。

（5）この点は熊弘道氏が「律令時代に於ける計世法」（「続日本紀研究」一―四）に於いて指摘される通りである。

(6) 拙論「大化改新後国造再論」(「弘前大学国史研究」六)。
(7) この点は第二章第一節註(6)で述べるように、大宝二年戸籍に関する旧稿を草した際に見落していたことであつたので、以下の如き弱点が私の復旧試案に生ずることもまた気が付かないでいたのである。

第二節 大宝令条文の法意

およそ以上によって、大宝令による班田法を知るに足る重要な条文の復旧を終ったが、此処で更に多少の探求を要することがある。それは大宝令各条文の法意についてである。即ち、各条文の意味する処は殆んど自明のこととして特に取り立てて検討されることは少ないようであるが、しかし、ひるがえって思えば以身死応収田条の「三班収授」や王事条の「三班乃追」の如き句にしても、その意味する処が必ずしも明らかでなかったことは前述の通りである。このような例はそれほど多くある訳ではないが、それでも殊に口分条には一・二検討を要すると思われるものがあるので、本節ではその点を追求して置きたい。

一 「五年以下不給」の法意

1

先ず、念の為、口分条を掲げよう。

凡給二口分田一者、男二段、女減二三分之一一、五年以下不レ給、其地有二寛狭一者、従二郷土法一、易田倍給、給訖、具録二町段及四至一、

この条文中、先ず検討を要すると思うのは、「五年以下不給」の六字の意味についてである。これについては、普通、「六歳以上を以て受田年令とする」という理解が行われているが、その場合「六歳」というのが、数え年でいうのか、或いは満年令でいうのか、この点は必ずしも明らかにされていない。管見の及ぶ限り、この点に触れておられるのは仁井田博士だけであるが、博士もまた単に「満六歳以上」とされるだけで、その根拠は示しておられない。(1)そして仁井田博士以外の諸家は何れも明記されてはいないが、数え年と考えておられると言って差支えない。それは、これらの諸家が大宝二年の西海道戸籍を用いて法定受田額と実際の受田額との過不足を調査研究しておられる態度に明らかである。即ち、それらの研究は何れも戸籍に記された年令によって六歳以上の戸口と五歳以下の戸口とを区別して計算しておられるが、これらの戸籍に記された年令が数え年であることは現存する計帳を検討することによって容易に類推される処である。(2)従って、明記されてはいないが、実際には数え年六歳以上を以て受田年令とするという解釈が一般に行われていると考えて良いであろう。そして、その「数え年六歳以上」というのは、班田の実際に行われる年即ち班年に於ける年令を指すと考えられているようである。即ち、この解釈では、「五年以下不給」を「五歳以下不給」と同義に解し、且つ、更にこれを「六歳以上給」と同義に解する訳である。そして、「五歳以下」とか「六歳以上」とか言えば、当時に於いては数え年によって言うものであることは疑いがない。しかし、此処で問題なのは、令文にいう「五年」を、当時一般に数え年の年令を示す「五歳」と全く同義に解し去って良いものかどうか、という点である。単に時間的経過を示す用語としてならば「五年」も「五歳」も同義であろうが、年令の表記法としての「五年」

が果して「五歳」と同義であろうか。即ち、この「五年」という余り一般的とは思われない表記法に何らの抵抗も感ずることなしに「五歳」と解することが出来るかどうか。此処に第一の疑問がある。

更に、この受田年令を班年に於ける年令と解することも、造籍から班田に至る事務手続き上すこし疑問ではあるまいか。言うまでもなく班田の基礎となるものは造籍であり、その造籍開始、即ち手実提出時から班田の終了までは最も早く事を運んだとしても足掛け三年（満一年一〇カ月）を要し、班田だけに限ってみても両年にまたがる仕組みとなっている。この間に於ける死亡や年令の増加を処理調整するとなると、事実上、班田の直前に造籍をやり直すことと等しく、このことは造籍と班田との密接な連関々係を考えるとやはり疑問ではあるまいか。しかも令自体はこの点について何も規定している訳ではない。従って、六歳以上とは班年に於ける受田年令であるという解釈には特に根拠というべきものもないということになる。此処に第二の疑問がある。

そこで、以下この二点について検討を試みてみたいと思う。

2

先ず、奈良時代以前の文献に見える年令表記法についてであるが、私の調査した範囲では、その大部分は次の四つの型の何れかに属する。(3)

A型　年若干歳（御年若干歳を含む）

B型　若干歳

C型　年若干（春秋若干を含む）

D型　若干

この外「五年」の如く「若干年」と表記する例も後に掲げるように全く無い訳ではなく、少数ながら存するのであるが、それは全く文字通りの少数なのであって、当時慣用の右の四つの型から言えば異例のことに属する。そして当時一般に数え年を以て年令を数え、且つ、年令の表記法が一般にA～Dの四つの型の何れかをとっているとすれば、これらA～Dの四つの型で記された年令が何れも数え年であることは十分に認められる処であろう。してみると、これらの型と異なり、且つ、事例も少ない「若干年」の表記法を用いる場合には、或いは意識的に数え年ならざる年令即ち満年令を示さんとする意図が包蔵されている可能性を想定することが出来る。即ち、「若干年」と表記された場合がすべて満年令を示していると言うのではないが、少なくとも満年令を示す必要がある時には、一般に数え年を示す前記の四つの型の表記法を避けて、ことさらに「若干年」という表記法をとったと解する可能性が考えられる訳である。このような想定は、「若干年」なる表記法が少数異例なる点を考えれば、必ずしも不自然な想定ではないであろう。以下「若干年」という表記法の実例を掲げてその点を検討してみよう。

「若干年」という表記法を示す実例は、養老令本文に於いては当面の問題たる田令口分条の「五年以下不給」の外に一カ処一例あり（その他の場合はすべてB・C・D型）、更に令集解に於いては八カ条の令文について数箇の例があり（その他の場合はすべてB・C・D型）、その外、続日本紀に二例（その他の場合はすべてB・C・D型）、また天平九年の和泉監正税帳中に若干ある。今これらを順次掲記すれば次の如くである。

養老令

(1)　戸令国遣行条

凡国守、毎年一巡二行属郡一、観二風俗一、問二百年一、録二囚徒一、理二冤枉一、（下略）

(2) 田令口分条

凡給二口分田一者、男二段、女減二三分之一一、五年以下不レ給、（下略）

令集解諸説

(3) 戸令鰥寡条

或説、孤者十四以下無二父母一也、十五年者有レ妻、即為二人父一、非レ孤也、

(4) 戸令国遣行条

（義解）問二百年一者、問二其安不一也、（釈云）問二百年一、問二存不幷風俗一、（或云）問二有徳百年一、不レ問二无徳百年一、（跡云）問二百年一、謂尊二恤百年以上人等一、（穴云）称二百年一、九十以下非也、（令釈）因下観二風俗一問中百年上而能察二政刑得失一兼知二百姓患苦一耳、（或云）問二百年一、謂不レ限二男女貧富一皆同、（朱云）問二百年一謂女亦同者、未レ知、家人奴婢百年以上何、（讃案）問二百年一謂問二存不幷風俗一也、（下略）

(5) 田令園地条

朱云、（中略）又雖二五年以下一猶給不何、（中略）穴云、（中略）又五年以下又須下給二園地一不上依二給田之例一、（下略）

(6) 田令六年一班条

古記云、（中略）問、人生六年得レ授レ田、（下略）

(7) 田令授田条

古記云、（中略）先无、謂二初班年五年以下不一レ給也、

(8)　田令官戸奴婢条

朱云、官戸家人等、如二良人一五年以下不レ給何、(中略)貞云、(中略)放二良人一不レ可レ給二五年以下者一何、(中略)

古記云、(中略)問、家人奴婢六年以上同二良人一給不、答、与二良人一同、皆六年以上給之、但今行事、賤十二年以上給之、

(9)　選叙令授位条

古記云、(中略)然則十七出身、起二十八年一尽二廿五一合八年、(中略)皆限二十七年一出身、廿五年敍位耳、(中略)

依レ令、八考成選、十七年之出身、依レ格六考成選、十九年出身耳、

(10)　喪葬令服紀条

古記云、(中略)凡服紀者、八年以上皆為二報服一、七歳以下名為二无服殤一也、

続日本紀

(11)　和銅元年七月丙午条

有レ詔、京師僧尼及百姓等、年八十以上賜レ粟、百年二斛、九十一斛五斗、八十一斛、

(12)　養老七年十一月癸亥条

令三天下諸国奴婢口分田授二十二年已上者一、

天平九年和泉監正税帳

(13)　首部雑用費目

依五月十九日恩勅、賑給高年鰥寡惸独等人惣壱仟陸佰壱拾陸人、稲穀陸佰伍拾肆斛肆斗 僧一人八斗、僧七人別四斗、百年已上二人別一斛、九十年

巳上十六人別八斗、八十年已上九十四人、鰥一百七十四人、寡九百
六十九人、惸三百卅八人、独卅五人、合一千五百九十人別四斗、
依九月廿八日恩勅、賑給高年八十年已上壱伯弐拾伍人、稲穀壱百伍拾弐斛、百年三人別三斛、九十年廿一人別二斛、八十年一百一人別一斛、

先ず(1)であるが、唐六典によれば、本条に相当する唐令条文は「百年」の箇処を「百姓」に作っている。従って、この百年は或いは百姓の誤りかとも考えられるが、(4)に示すように集解諸説が何れも「百年」と記しているから、この条はやはり「百年」であったのであろう。この百年が百歳と同義か否かということが問題であるが、(4)に示された集解諸説は見られる通り「百年を問う」の説明に主眼を置き、「百年」そのものを説明しようとはしていない。僅かに跡の記載が「百年以上の人」と記しているが、他の諸説も百年そのものは跡と同義に解しているようである。しかし、百年を百歳とか年百とか言いかえることはしないで、常に令本文の文字をそのまま踏襲して「百年」とのみ言っている。従ってこの百年が百歳と同義か否かは(1)からもまた(4)からも知り得ない。しかし、この百年は戸令給侍条（凡年八十及篤疾給二侍一人一、九十二人、百歳五人、……）に見える「百歳」と関係があり、この百年を問うことと給侍条の立法とは同一趣旨のものであるから、百年は百歳と同義に用いられていると考えて良いであろう。これと関係の深いのが(11)である。この「百年」の箇処は「百は年に二斛」と読む案もあるが、(4)やはり百年はそのまま百年と読んで差支えない。本条の如く高年者優恤に当って、百・九十・八十の三段階に分って差等を設けることは戸令給侍条に基づくものであろう。そしてその例は続日本紀中に多数見受けられるが、右の(11)の例を除けば何れも次の例の如く「百歳」・「九十」・「八十」の如き表記法を取っており、この表記法自体もまた戸令給侍条の表記法と揆を一にしている。

給侍高年百歳以上賜二籾二斛一、九十以上一斛五斗、八十以上一斛、(5)

従って、(11)に見える百年も、結局は百歳と同義と考えて差支えあるまい。また、(13)もやはり高年者優恤に関するも

のであるから、同様の筆法で、「百年」・「九十年」・「八十年」はそれぞれ百歳・九十歳・八十歳と同義と考えて良い。次に(3)では明らかに「十五年」は「十四以下」に接続する語である。このことは同じ条下に「一云、孤、謂二十四以下一、何者、十五以上成二人父一故也」という記載の見えることを併せ考えれば一層明瞭で、この十五年は単に十五と言うに等しいと言わねばならない。この(3)と同様に考うべき場合が(9)である。これは引用した範囲内だけでも「十七年」・「十八年」・「十九年」・「廿五年」がそれぞれ十七・十八・十九・廿五と同義なることが知られるが、更に同条下の他の諸説、例えば釈が「皆限二年十七一出身、廿五叙位耳也」と言っていることと併せ考えれば一層明瞭となろう。(10)の場合も同様の筆法で「八年」は「八歳」と同義と見なすことが出来る。そして残る(2)・(5)・(6)・(7)・(8)・(12)の六例については、此処に引用した文章からも、また他の史料との比較からも、「五年」・「六年」・「十二年」等がそれぞれ五歳・六歳・十二歳と同義であるか否かは不明と申さねばならない。

　このように見て来ると、若干年と表記された場合も結局は若干歳・若干等と表記された場合と同義であって、とり立てて論ずるまでもないことのように思われるかも知れない。しかし此処に注意すべきことがある。その一は、(2)・(5)・(6)・(7)・(8)・(12)の六例――若干年が若干歳と同義か否か不明な六例――は何れも班田関係のものであり、且つ、現在知られる限りに於いては班田法に於ける受田年令に言及した史料は右の六例しかないということである。即ち、逆に言えば、受田年令についての現存史料には一箇の例外もなく若干年という表記法が用いられており、且つ、その場合に限って若干年が若干歳等と同義か否か不明であるということである。その二は、右の六例を除いた(1)・(3)・(4)・(9)・(10)・(11)・(13)の場合、なる程、若干年を若干歳或いは若干と同義に解して良いが、それらはそれぞれの場合に於ける一般的な用法ではなく、少数例外的な用法であるということである。例えば、(11)について言えば、これと同様な場合に於いて百年と表記するのはこの例だけであって、他のすべてが百歳と表記している。即ち、普通ならば百歳と表記する処を百年とも表記し得ると言うにとどまるのであって、特に百年という一般的ならざる表記法をとらねばならぬ積極的な理由を敢えて探索する必要もない。(1)・(4)・(13)もこの(11)との連関に於いて同様に考えられるし、(3)・(9)も同じ条下に引かれた他の諸説の表記法と比較してみれば、やはり同様に若干を若干年とも称する場合があると言うにとどまる。(10)の場合は比較すべき材料はないが、特に例外と見做すべき理由もなく、(3)・(9)の場合と同様に考えて良い。

以上によってみれば、ひとしく「若干年」なる表記法を用いていても、その中、

(イ) 班田関係の事例（(2)・(5)・(6)・(7)・(8)・(12)）に於いては若干年なる表記法の方が普通である、と言うよりそれ以外の表記法は見られない、

(ロ) その他の事例（(1)・(3)・(4)・(9)・(10)・(11)・(13)）に於いては、それぞれ同様な場合に若干歳または単に若干と表記する方が多数且つ一般的で、若干年という表記法は少数且つ例外的である、

という極めて対蹠的な差異の存することが知られるのである。従って、(1)・(3)・(4)・(9)・(10)・(11)・(13)等の事例を検討することによって得られた若干年＝若干歳・若干という結論をそのまま(2)・(5)・(6)・(7)・(8)・(12)等の班田関係の事例の上に無条件に推し及ぼすことは差控えねばならないことになるであろう。むしろ私はこの点を手掛りとして次のように考えることが出来はしまいかと思うのである。即ち、班田関係の場合、現在知られる限りの年令表記の例がすべて若干年と表記されていることは、結局、田令口分条に「五年以下不給」とあることに準拠し、これに発するものであろうが、それが一箇の例外もなく守られているということには、何か特別の理由があるのではなかろうか。尤も一箇の例外もないと言っても、それは僅か六箇の例について言っているのであり、しかもその中(5)・(6)・(7)・(8)は集解

の説であるから、これらは令の本文の表記法に従ったまでで、特に論ずるまでもないと言うことになるかも知れないが、少なくとも⑿の例はそのように片づける訳には行かないであろう。これは⑻にも今行事として引用されており、やはり養老七年発令の時に特に「十二年」と表記する必要があってのことと考えた方が良いようである。そう考えて来ると、これらの基づく処の田令の「五年」の文字が、五歳などと置き換えることの出来ない特別の意味を担った文字であることを示していると考えられないであろうか。

もしこのように考えることが許されるとすれば、五年・十二年は数え年ならざる満年令を示すもので、特に満年令を示す為に、ことさら当時一般に数え年を示す「若干歳」等の表記法を避けて「若干年」という表記法を用いたのである、という前記の推論が導かれて来る訳である。そして令に云う「五年以下不給」とは、⑹の古記によってみれば「人生六年得授田」と同義であることが知られるから、此処に私は、大宝令の法意に於いては満六歳以上を以て受田年令となす、という新しい解釈を掲げてみたいと思う。その際、若干年が満年令なら、「五年以下不給」は「満五歳以下は給せず」となり、満五歳を超える者、例えば満五歳と数カ月の者には受田資格ありということになって、満六歳以上のものに受田資格ありと解することは疑問であると考えられるかも知れない。即ち、「五年以下不給」と「六年以上給」とは、これらを数え年と考える場合に於いては同義となるが、満年令と考える場合には同義となり得ないことになり、遡って「若干年」を満年令と考えること自体が不当ではないかという疑問が生ずるかも知れない。なるほど、満六歳以上のものに受田資格ありとすれば、その場合、正確には「六年未満不給」というべきであり、六年未満は五年以下と同義ではないということになろう。しかし、それは「満何年と何カ月」という現代風の満年令表記法からいって正確なのであって、年以下の下級単位を用いず、一年を分割し得ざる最小の単位として考えれば、「六年以上」に対して「五年以下」という言い方で実は「六年未満」の意を表現することも可能である。この点を考慮に入れれば、満年令に於いても「五年以下不給」と「六年以上給」とは同義に解し得られるのであって、前記の如き疑問を解消し得ると思うのである。

3

次にこの受田年令は何時の年令を指すものであるかという点を考えてみたい。後述の如く大宝二年の西海道戸籍の検討から得られた処では、同戸籍に記載された受田額は同戸籍に登載された全戸口によって算出されている。恐らくは大宝四年頃に行わるべき班田の為にあらかじめ各戸当りの受田額を算出したものであろう。勿論この計算に当って「五年以下不給」ということの顧みられていないことは後述の通りであるから、この場合には戸籍登載の全戸口を対象としている訳であるが、これは結局、大宝二年造籍時（厳密には手実提出時）に於ける年令を以て受田年令としていると考えることが出来る。勿論、実際の班給は恐らく四年の十一月に開始されるのであるから、それまでの間に出生・死亡したものを更に追加・除外し、これらによって受田額を計算し直すという手続きを行うものと考えれば、受田年令とは実際に班田を行う際に於ける年令であるという解釈が成り立つであろう。しかし、そのような手続きを行うことは、全く不可能なこととは申せないが、実際には如何であろうか。班田の為の戸口の調査は班田開始前の或る時点を画して行わなければ統一がとれず、また事務手続きが余りにも煩雑となる。そしてその時期はやはり造籍時と考うべきであろう。そう解してこそ造籍と班田との密接な連関々係が肯定されるのではなかろうか。

勿論、今述べた大宝二年の場合には受田年令に制限がないのであるから、かかる場合に受田年令を云々することは少し無理と思われるかも知れないが、理論的に言えば、右の如く造籍時に於ける年令を以て班田実施の基礎としていることが考えられるのである。この事実によって考えれば、六歳以上を以て受田年令となすということも、実はその時の班田の基礎となる戸籍の造籍時に於ける年令について考うべきであることが知られよう。即ち、たとえ班年には受田年令に達していても、その前々年の造籍当時に受田年令に達していなければ、班田の対象とされない訳である。そしてこのように解する方が、造籍より班田に至るまでの官司の事務手続き上から言って、最も無理のない手続き経過を想定し得ると思われるのである。なお、以上のことは受田年令が数え年であっても満年令であっても言えることであって、**2**で述べた私案とは独立に主張し得るものである。

4

以上二点の論証、就中前者は絶対的な証拠に乏しく、推定の要素の多いもので、論証というべく余りにも力の弱いものであることは、私自身もまた認めるに吝かでない。しかし敢えて私がこれを提示する所以は、大宝令の受田年令を以上の如く解することによって、大宝令に於いて「五年以下不給」の制を立てた際の事情を無理なく理解することが出来ると信ずるからである。この点の詳細は後述にゆずるが（第四章参照）、要するに大宝令の受田年令を私案の如く、造籍時に於いて満六歳以上と解するならば、浄御原令から大宝令への切り換えが極めてスムーズに理解されると思うのである。従って私は、この点をたのみとして前記の貧弱な論証を強化し、外に抵触するような史料なり史料解釈なりの提示されざる限り、大宝令及びこれを踏襲した養老令の受田年令に関する規定を「造籍時に於いて満六歳以上」と解して差支えないと信ずるものである。

とは言うものの、以上の論は頗る推定的要素の多いものであるから、恐らく幾つかの反論が予想される。その尤なるものは、満年令によって受田資格者を決定するということであれば、初めて受田年令に達するものについては、個人毎にその生年月日を調査しなければならないことになるので、当時としては事務手続上あまりにも煩雑を極め、恐らく実行不可能であろうし、また現存する戸籍等にそのように生年月日まで記載した例のないことからも、私案は肯い難いという反論であろう。なる程、これは一応尤もな反論であるが、実は私案の如く解しても生年月日は必要でなく、従って手続きも少しも煩雑でない。後述のように（第四章）、生後始めて戸籍に登載される者は決して満六歳に達していることはなく、また、一旦戸籍に登載された者は引続き次回の戸籍に登載される場合は必ず満六歳以上となっている。そこで満六歳以上なりや否やは、生年月日を知らずとも、生後始めて戸籍に登録されたものであるか、或いは前回の戸籍にも既に登載されたものであるかを調査するだけで事足りる訳である。それも数え年から判断して満六歳以上或いは未満なることの明らかなものには必要なく、若干の疑わしいものだけを調査すれば良いのであるからして、事は至って簡単と申さねばならぬ。従って、この反論によって私案の成立を妨げられるおそれはないと思う。

かくて「五年以下不給」の六字は、班田の基礎となる戸籍の作製時に於いて満六歳以上の者に受田資格あり、という法意を示すものという新しい解釈を提示し得ると思うのである。(6)

二　「従郷土法」の法意

次に「従郷土法」の意味についても考えて置かねばならない。というのは、この郷土法というのは一般にはその地方の旧来からの慣習法的なものとして理解されているようであるが、この解釈は少し考えてみると不思議な点があるのに気が付くからである。この郷土法が実際に問題となるのは主として狭郷に於いてであるから、この郷土法の適用の結果生ずる事態は、全面的或いは部分的な口分田の減額ということであろう。そして、その減額口分田額の決定に当って、もし旧来の慣習法が準拠されるというのなら、その慣習不文の法は何時形成されたものであろうか。これは班田法に類似のことが大化以前からほぼ全国的に行われていたことを前提としなければ解し難いことであろう。勿論、班田収授法類似のことが屯倉等に於いて既に大化以前に行われていた可能性は否定し得ないものであるかも知れない。しかし、そのことが全国的に慣習法を成立せしめる底のものでないことは言うまでもあるまい。また、大宝田令の郡司職田条には「狭郷皆随二郷法一給」とあるが（附録参照）、この「郷法」は「郷土法」の誤りか、乃至は「郷土法」に等しい内容をもつものに外ならないであろう。そしてこの場合も、これをその地方の慣習法的なものという意味に解し得ようとは到底思われない。言うまでもなく、郡司の職田を対象とするその地方の慣習法などというものはあり得ないからである。従って、私はこの郷土法にはそのような慣習法的な意味はないものと思う。要するに文字通り郷土の法、即ち、地方条例ともいうべきもので、その際の郷土＝地方の範囲は恐らく原則としては国であったであろうと思うのである。このことは大宝二年西海道戸籍に記載されている受田額の検討によって知られる。次章に述べる如く、この「受田額」の算定に当っては、法定額より少ない、国毎の基準授田額が設定されていたが、これこそ「従郷土法」の適用によって決定せられた授田額と考える外はあるまい。即ち、これは明らかに、その国だけの統一的な法による口分田面積の決定である。つまり国衙に於いて、公的なデータ（人口・田積等）に基づいて統一的に決定された額に外ならない。この「その国だけの統一的な法」こそ「郷土法」に外ならないと思う。(7)

一体、この郷土法が、何故慣習法というような解釈を与えられるに至ったか。この点をすこし考えてみると、単に語感から来る直感的な解釈というだけでなく、養老田令に、公田の賃租に当って、「郷土の估価に随って賃租せよ」という規定があり、これがその地方の賃租率の慣行に準じて、と解し易いものであったことがその一つの原因であろう。この場合、賃租そのものは――公田賃租と限定しなければ――大化前代から行われ、その估価もおのずから慣習的に定まっていた可能性があるので、このように解釈することは許さるべきことであるかも知れない。しかしこの場合とても「国を範囲とした国衙公定の統一的な地子率に随って」という意味に解して一向に差支えない筈である。その場合、勿論、その估価の決定に当って国司が旧来の地方的慣習に依拠する可能性は大きいが、それは必要な条件ではないし、そのことが郷土估価という名称を生んでいる訳ではない、と解する訳である。

また、石母田正氏が提唱されたような[8]、班田実施の最終段階では口分田の配分は村落共同体にまかされた、その内部まで国司は介入しなかった、というような考え方もこの郷土法＝慣習法説に拍車をかけたかも知れない。しかし、この石母田氏の班田法についての一般的な理解に無理な点の存することは後述によって知られるであろうし、殊に右掲の事実を示す直接の史料としてあげられた田令班田条の「総集応受之人、対共給授」の部分の解釈には全く賛し難いので、この考え方に影響される必要もないと思うのである。

要するに、「従郷土法」とは、実際には口分田額が法定額に達しない国に於いて、国司がその減額率を何らかの形で算出して行うことを指すというべきなのである。

註

（1） 仁井田陞博士「古代支那・日本の土地私有制」（三）（「国家学会雑誌」四四―七）、「唐令では満十八歳を以て受田資格者としたのに対して日本令では満六歳以上であつた。」

(2) 現存する奈良時代の計帳には「生益」と註される戸口が存する。これらの戸口が去年の計帳作製後に出生したもの、即ち満一歳未満の者であることは言うまでもない。ところでこれらの「生益」とされた戸口の年令を調べてみると、何れも一歳または二歳である。このことはこれらの計帳に記された年令が数え年であることを示している。そして戸籍に於ける年令の数え方が計帳と異なるべき理由は考えられない。ただし、計帳に於いて「生益」またはこれに代るべき「新」等の註記なくして一歳の者がある。神亀三年山城国計帳に「女出雲臣波閇売、年壱歳、緑女」(大日本古文書一の三六三頁)、伝天平十二年越前国計帳に「女江沼臣族真積女、年壱、緑女」(同、二の二七五頁)とあるのはその例である。しかし、これらは「生益」或いは「新」の註記を脱したものと解し得るもので、計帳記載の年令を数え年なりと解することを妨げるものではない。

(3) 続日本紀和銅七年六月癸未条に「諸老人歳百以上賜穀二伍斛一、九十已上参斛、八十已上壱斛」と見えており、「歳若干」という表記法も存した如く見えるが、このような高年者優恤の記載の類例はすべて百歳・九十・八十となっている。従ってこれは「百歳」の誤りと解すべきであろう。因みに、日本紀略は同条を「百歳」に作っているが、これは或いは基づく処があるのかも知れない。

なお、この調査の結果、二・三の考うべき点を得たので、これを以下に付記して御参考に供したい。

(イ) 試みに古事記と日本書紀とを比較してみると、古事記は全くA型で、それも「御年若干歳」に統一されているが、日本書紀はA・B・C型が混在し、且つ、C型には「春秋若干」という表記法まで含んでいて統一がない。これは両書の編纂事情の相違をよく示していると思われる。なお書紀の場合も大部分は立太子と崩御の時の年令表記であるが、これらの表記法の特徴を巻毎に整理すれば、或いは近年盛んに行われている書紀の巻別分類の研究に役立つかも知れないが、データが必ずしも多くなく、またその研究方法を妥当なものとする為には幾多の専門的配慮を必要とすると思われるので、その方の専門の方に御任せしたい。

(ロ) 養老令本文・集解諸説・養老律本文・同疏文に関する限り、年令の表記法に一つの原則らしいものが存している。即ち百歳及び十歳以下については必ずA・B型を用い、九十九歳以下及び十一歳以上については必ずC・D型を用いていささかの混淆もない。これは唐令（『唐令拾遺』による）・唐律疏議（本文疏文とも）に於いても全く同様であって、わが律令の年令表記法に存する原則が唐の律令からうけついだものであることが知られる。これは確かに偶然ではないと思われるのであって、唐律疏議名例律犯時未老疾条の疏文に「十歳殺人十一事発」なる用法が見られることはこれを証する。なお、これによってみれば、A・B・C・D型の相互の関係はA型↗B型↘D型（A型↘C型↗D型）ではなく、A型→B型、C型→D型と簡略化されたのではないかと想像される。ただし、右に述べた原則が如何なる理由に基づくかは未だ明らかにし得ない。大方の御示教をお願いする次第である。

（4）朝日新聞社版『六国史』。

（5）慶雲四年七月壬子条。

（6）「正倉院戸籍調査概報（続一）」（「史学雑誌」六九―二）には、因幡国戸籍について「三一九―10『女海部小女年六』、三二〇―3『女海部黒女年七』、同―12『男伊福部小広年六』のいずれも頭部に朱で筆軸を印したごとき○印があるのは、三人の年令から推して班田収授法の初班と関係あるものとして注意される。」と報告されている。もしこの朱○印の意味が右の推定の如くであるとすれば、私見の如く「五年以下不給」を満六歳以上給田の意に解することが誤りであるか、或いはそれが法意としては誤りでなくても、実際に行われたのは数え年六歳以上給田制であったと解せざるを得ないことになろう。しかしこの戸籍を見ると、外にも三二〇―11「男伊福部広麻呂年九」、三二一―7「孫伊福部足人年九」、同―9「妹神部妹女年六」の如く、恐らく初班に該当すると思われるものが存在するにもかかわらず、これらにはそのような印はつけられていないのであるから、この朱○印を班田収授の初班と関係あるものとのみ決めて了うのは早計であろうと思う。従ってこの朱○印に十分の注意を払う必要は認めるが、しかしこれによって私案が全くくつがえされることになるとは思われない（三一九―10は大日本古文書一の三一九頁一〇行目の意、他も同じ）。

また、京北班田図の四条一里池上里十二坪の記載を見ると、「野麻呂一段二百五十八歩」の右側に「六才」という朱の傍書がある。これは西大寺蔵の原本について調査された大井重二郎氏の「大和国添下郡京北班田図」（「続日本紀研究」六―一〇・一一合）には見えていないが、東大史料編纂所の影写本（架番号 384/28）には見えているので、大井氏に重ねて原本調査をお願いしたところ、やはりこの朱傍書は原本に存する由である。とすれば、これは一見私の満六歳受田説には不利な材料のようであるが、これが本来の班田図に存したものかどうかは疑わしいし、またいかなる意味で傍書されたのかも明確でない。殊にこの野麻呂は郷戸主と思われるので、この年令には疑問がある。従って、これによって私見を改めるには及ばないと思う。

ただし、私は後世に於いて、班年に数え年六歳以上の者に班給するという班給法がとられた可能性を全く否定しようというのではない。延喜民部式下に「凡京職諸国大帳者、毎レ至二班田之年一、五歳已下男女顕注二年紀一」と見えているのは、そういう班給法が実際に行われたことを示すとも見られるからである。しかし、大宝令制定時に於ける法意は本文に述べた通りであったと思う。

（7）　続日本紀霊亀元年五月辛巳条には「其浮浪逗留経二三月以上一者、即土断輸二調庸一随二当国法一」と見えているが、この勅中の当国法とは、その国の調庸徴収の規定であって、例えば、上総国では調は一丁につき細布二丈で三丁成端（続日本紀和銅七年二月庚寅条）というようなことを指すものであろう。即ち、浮浪人はその本貫の調庸徴収規定と関係なしに、現住の国の調庸徴収規定に従うべしと言うのであろう。令に所謂「郷土法」というのは、謂わばこの場合の「当国法」に近い意味で用いられているのである。

（8）　石母田正氏「王朝時代の村落の耕地」（二）（「社会経済史学」一一―三）。

第二章　浄御原令に於ける班田収授法の推定

浄御原令に於ける班田法の規定は、その一部分と雖も直接これを提示する史料は存しない。そして、大宝令が大略浄御原令を準正として編纂されたものであるだけに、その内容はほぼ大宝令に近いものと想定されているにとどまるのである。(1)

しかし此処に注意すべきは、大宝二年の戸籍残簡である。この大宝二年という造籍年は正に浄御原令から大宝令への切りかえ時に当るのであって、この時の戸籍の記載の中には検討や推究の方法によっては、或いは浄御原令に於ける規定の一部を推定せしめる可能性を秘めたものがあるかも知れないのである。殊にこの年の西海道戸籍残簡(2)には各戸毎の受田額が記載されているので、浄御原令班田法の推定に資すべきものが見出されるかも知れない。このような観点から、私はこの大宝二年西海道戸籍に見える各戸毎の受田額の検討を行なってみたいと思うのである。(3)

ところで、この戸籍残簡はその特異な受田額記載によって、既に多くの先学によって言及の対象とされて来たものである。(4)それら先学の論は概括して言えば、実際の受田額と法定口分田額との間には不規則な過不足が存し、かかる過不足は郷土の法の適用、田品の斟酌等によって生じたものと見なされ、その班年については、大宝二年前後、或いは前回の某年と推測されている。而してこれら諸先学の立論は、何れも戸籍記載の受田額を実際に班給せられた結果を記したものと解して男女戸口数との関係を検討されたものであるが、果してそうであろうか。例えば、豊前国の戸籍中に受田額二町一段一七一歩という戸が三戸あり、また一町七段二二二歩という戸が二戸存する。かくの如く細かい整ならざる端数まで一致する戸が、知り得る限り僅か二四戸にすぎない事例中に二組五戸も存するということは、これを実際の受田額を記載したと見るより、何らかの基準に基づく計算の結果を記したと見る方が妥当ではなかろうか。即ち、この受田額はこの造籍に続いて行わるべき班田の予定額をあらかじめ記したものと解すべきではあるまいか。(5) 以下私はこの立場に立って、この戸籍に見える受田額数値を検討し、そこから浄御原令班田法の推定に資すべきものを探り出してみたい。

第一節　大宝二年西海道戸籍残簡の検討

先ず豊前国戸籍の検討から筆を起すこととする。この戸籍残簡中には上三毛郡塔里・同郡加自久也里及び仲津郡丁里の三里の分を合算して二四戸分の受田額が記載されている。その受田額の数値は筑前国の場合と違って一見甚だ不規則なようであるが、しかし仔細に見ると、前述の如く細かい端数まで一致する戸が二組五戸も存する。してみると、この戸籍の受田額には何らかの共通な基準が基礎となっているのではないか、即ち、法定口分田額の如何にかかわらず、この国としての統一的な男女基準授田額が存したのではないかという推測が可能である。然らばかくの如き男女基準授田額を二四戸の受田額の数字のみから探り出すことは出来ないであろうか。

今、二四戸の受田額をその額の小さいものから順次配列して、これに仮りにA～Xの符号を附すれば第一表①②欄の如くなる。そして大宝二年造籍の時に奴婢を所有していた戸（R・W・X戸）は、この受田額決定の際にも奴婢を所有していたと仮定し、計算を単純ならしめる為にこのR・W・Xの三戸を除外して、相隣る受田額の差（例えばB—A、C—B、D—Cと言う風に）を求めて歩数に換算して示すと⑤欄の如くなる。ところでこれらの差額は各戸の受田者数の差によって生じたものと考えることができる。従って今、男子に対する基準授田額をm、女子に対するそれをfとすれば、これらの差額は単複数のmとfの和または差を示していることになる（例えば、1m, 1f, 1m+1f, 1m−1f, 2f−1mなど）。従ってこの一七個の差額の中には端的にmまたはfそのものが示されている可能性があるし、また、若干の操作を施すことによって比較的容易にmまたはfに還元し得るものも少なくないであろう。この観点から最も頻度の多い五九五歩という数値に着目して他を整理してみると、

$$F-D=(F-E)+(E-D)=398+197=595$$

$$(O+P)-(N+Q)=(O-N)-(Q-P)=1385-790=595$$

の如きを得る。従って五九五歩を以てmまたはfと見なすべき可能性は非常に増大する。次に、これらの差額中数値の大なるものほどmとfとの和の形で示される可能性の多いことに着目して、それらを五九五歩で除してみると、

$$B-A=2181=595\times3+396$$

$$P-O=1586=595\times2+396$$

となり、全く同じ三九六歩の剰余を生ずる。而してこの三九六歩という数値は

$$I-G=(I-H)+(H-G)=201+195=396$$

にもあらわれて来る許りでなく、宛も五九五歩のほぼ三分の二に当る数値（小数点以下を切り捨てた数値）である。そこ

第　1　表

①大日本古文書一、頁数	②戸の記号	戸籍記載事項の整理 ③戸口数 男	女	奴	婢	計	④受田額(町)〜(段)〜(歩)	隣接する受田額差額の検討 ⑤差額(歩)	⑥差額の処理	⑦差額を生ずべき推定男女数 男	女	⑧推定受田者数 男	女	計
204	A						1〜0〜167	2181	595×3+396	+3	+1	5	2	7
177	B	8	3			11	1〜6〜188	394	396×4−595×2	−2	+4	8	3	11
202	C						1〜7〜222	0		±0	±0	6	7	13
208	D	6	7			13	1〜7〜222	197	396×2−595	−1	+2	6	7	13
191	E	5	9			14	1〜8〜 59	398	595×2−396×2	+2	−2	5	9	14
143	*F	7	7			14	1〜9〜 97	398	595×2−396×2	+2	−2	7	7	14
149	*G	9	5			14	2〜0〜135	195	396×5−595×3	−3	+5	9	5	14
159〜60	**H	6	10			16	2〜0〜330	201	595×3−396	+3	−4	6	10	16
164〜5	I	9	6			15	2〜1〜171	0		±0	±0	9	6	15
171	J	9	6			15	2〜1〜171	0		±0	±0	9	6	15
199	K					15	2〜1〜171	595		+1	±0	9	6	15
183&200	L	10	6			16	2〜3〜 46	595		+1	±0	10	6	16
169〜70	M	11	6			17	2〜4〜281	197	396×2−595	−1	+2	11	6	17
179	N	10	8			18	2〜5〜118	1385	396×5−595	−1	+5	10	8	18
210〜1	O						2〜9〜 63	1586	595×2+396	+2	+1	9	13	22
163	P	(11)	14			25	3〜3〜209	790	396×5−595×2	−2	+5	11	14	25
206〜7	Q	9	19			28	3〜5〜279					9	19	28
167〜8	R	12	14	2	2	30	3〜7〜 24	798	595×6−396×7	+6	−7			
146	*S	15	12			27	3〜7〜357	595		+1	±0	15	12	27
189〜90	T						3〜9〜232	193	396×8−595×5	−5	+8	16	12	28
187	U	11	20			31	4〜0〜 65	2	595×2−396×3	+2	−3	11	20	31
175〜6	V	13	17			30	4〜0〜 67					13	17	30
172〜3	W	16	13		1	30	4〜1〜 40							
157〜8	**X	(28)	32	15	12	87	9〜4〜 46							

備考
1. ＊…上三毛郡塔里　＊＊…上三毛郡加自久也里　その他…仲津郡丁里
2. 戸口数に(　)を附せるは記載不完全なるも計算によって補い得るもの

で一応さきの五九五歩を以てmとし、この三九六歩を以てfと仮定し、この両者を基準数として他の差額をすべて整理してみると、一箇の例外もなくすべての差額がこの二個の数値によって過不及なく表現されるのである（⑥欄）。此処に至ってわれわれは躊躇なく五九五歩を以てm、三九六歩を以てfと断定することができる。

然らばR・W・Xの三戸を除いたこれら二一戸の受田額は各々男子何名、女子何名の受田者に対して算定されたものであろうか。これを知るには先ず最も額の小なるA戸を取って計算するを便とする。

1町167歩＝3767歩＝2975歩＋792歩＝595歩×5＋396歩×2＝5m＋2f

計算の結果は男子受田者五名、女子受田者二名となり、これ以外の如何なる組み合わせも成り立たない。そこでこのA戸の男女受田者数を基準として、前に算出した差額を利用し、この差額を生ずべき男女受田者数（⑦欄）を順次加算して行くと⑧欄となる。

さて、以上の如くして得られた男女の推定受田者数は、奴婢の存否に関してのみ戸籍記載の戸口の内訳を参照したが、それ以外には一切戸籍記載の男女戸口数（③欄）を顧慮することなく、もっぱら男女各々の個人当りの基準授田額が存したらしいという推定に基づき、更に女子の受田額は男子のそれの三分の二であるという養老令の規定を援用して、受田額の数値を機械的に処理して得られたものである。ところで驚くべきことに、この推定男女受田者数の各々を戸籍に記載された男女数（五歳以下の小子・小女及び緑児・緑女を含む）の各々と比較すると記載ある限りの戸に於いて完全に一致する。これを偶然と見ることはできないであろう。そしてこれを偶然と見ることができないとすれば、われわれは次の諸点を認めざるを得ないのである。

(1) この戸籍の受田額は、大宝二年の造籍後、各戸の男女の口数によって計算されたものである。

(2)　その算定に当っては、男子は五九五歩即ち一段二三五歩、女子はほぼその三分の二たる三九六歩即ち一段三六歩を以て基準授田額とし、全く機械的に算出している。

(3)　右の基準は郡または里の相違によって変化しない。即ち、郡・里の別を問わず同一の基準が用いられている。

(4)　受田資格に関しては年令・課不その他一切の制限がなく、一歳以上即ち戸籍に登載されている限り、受田者とされており、また、その受田者は戸籍登載者に限られている。(6)

次に、以上の結論から更に奴婢に対する基準授田額を算出すると、既知の良民男女の基準授田額をW戸に代入して婢一人当り一三二歩なることが知られ、更にこれらをR戸に代入すると奴一人当り一九八歩なることが知られる。この奴の基準授田額は男子のほぼ三分の一（正確に女子の二分の一）であり、婢のそれは奴の丁度三分の二となっている。そこで、これら四箇の基準授田額によって男・女・奴・婢のすべてを含むX戸の受田額を算出すると、完全に戸籍記載の受田額と一致して過不及がない。(7)しからば更に

(5)　奴婢の基準授田額はそれぞれ一九八歩・一三二歩で、これらは良民男女のそれぞれ三分の一に当り、且つこの場合にも年令に制限はないようである。

の一項を附加せねばならぬ。かくて豊前国戸籍の検討より、われわれは以上五項の事実を知り得るのである。

次に筑前国の戸籍については如何であろうか。これについても前と同様に受田額をその額の大小に従って配列し、これに男女奴婢の口数を加えて表示すれば第二表前半の如くなる。この表に基づいて前述と同様の操作を施しても良いが、あまり煩雑にすぎるのでこれを省略し、恐らく豊前国の場合と同じ方式で計算されており、ただ基準授田額に相違があるものと仮定してその基準額を算出してみよう。今、奴婢ある戸を含めて任意にD・E・J・Pの四戸を取

り、男・女・奴・婢各一人の基準授田額をそれぞれm・f・m′・f′とあらわせば

D…… $5m+6f=360\times15+120$　　J…… $10m+10f+m'+f'=360\times29+60$

E…… $6m+6f=360\times17$　　P…… $20m+14f+f'=360\times50$

第 2 表

①	②	③ 男	女	奴	婢	計	④ (町)～(段)～(歩)
(筑前国戸籍)							
126	A	2	3			5	0～6～300
79～100	B	4	6			10	1～3～240
113	C	(4)	7			11	1～4～300
109	D	5	6			11	1～5～120
127～8	E	6	6			12	1～7～ 0
106	F	4	9			13	1～7～ 60
114～5	G	6	10			16	2～1～240
98～9	H	7	9			16	2～2～ 60
134	I	(11)	8			19	2～7～240
125	J	10	10	1	1	22	2～9～ 60
123	K	9	14			23	3～1～120
136～7	L	(13)	10			23	3～3～120
139	M						3～7～300
141～2	N	15	12			27	3～9～ 0
117～8	O	14	17			31	4～3～ 60
120～1	P	20	14		1	35	5～0～ 0
104～5	Q	40	47	15	22	241	13～6～120
(豊後国戸籍)							
214	A						1～4～214
217	B	6	9			17	1～5～330
備考	①②③④及び( )は全て第1表に同じ						

となり、これを解けば、男子の基準授田額は六〇〇歩即ち一段二四〇歩、女子のそれは四二〇歩即ち一段六〇歩、奴のそれは一八〇歩、婢のそれは一二〇歩となる。次にこの四箇の基準授田額によって各戸の受田額を算出してみると、一戸の例外もなく完全に戸籍記載の受田額と一致する。(8) 且つ、前掲の各基準授田額の数値は、男・女の比がほぼ三対二（正確には一〇対七）、奴・

婢の比は正確に三対二、良・賤の比はほぼ三対一（正確には男は一〇対七、女は七対二）となっている。
次に豊後国の場合は二例（第二表後半）しかないので計算は困難であるが、これも豊前国と同様の班田法が行われたと仮定し、女子の受田額が大略男子の三分の二であることに着目して算出すると、男子一人当りの基準授田額は四七八歩即ち一段一一八歩、女子のそれは三一八歩となる。この数値によってA戸の男女数を求めると（A戸にはその受田額から判断して奴婢は存しないと推察される）、男子七名、女子六名と整数を得ることができるので、右の数値は先ず誤りないと思う。(9) 以上の事実から

(6)　前掲の(1)・(4)は筑前・豊後両国の場合にも適用することができる。
(7)　筑前国では男子一段二四〇歩、女子一段六〇歩、奴一八〇歩、婢一二〇歩を基準授田額としている。
(8)　豊後国では奴婢については不明であるが、男子一段一一八歩、女子三一八歩を基準授田額としている。
の三点を認めざるを得ない。そして更に(2)・(7)・(8)の各項から
(9)　基準授田額は国別に相違しているが、男女（及び奴婢）の比率がほぼ三対二、良賤の比率がほぼ三対一なる点は各国共通である。
ということを知り得るのである。更に以上の諸点に関連して、この大宝二年の受田額の計算に当っては
(10)　三カ国とも三六〇歩一段制に基づく町段歩制を田積の単位として使用している。
ということも、この際明確にしておく必要があろう。(10)

註

（1）ただし、大宝令の租法と異なる所謂令前租法は、大体に於いて浄御原令に於ける租法――浄御原令で創始されたと解するか

否かは別として――と解されて来ている。私はこれに賛し得ないが、その詳細は第三章にゆずる。

(2) 大日本古文書一所収の「筑前国嶋郡川辺里戸籍」・「豊前国上三毛郡塔里戸籍」・「豊前国上三毛郡加自久也里戸籍」・「豊前国仲津郡丁里戸籍」・「豊後国戸籍」を一括して西海道戸籍残簡と呼び、以下この略称を用いることとする。

(3) 以下の記述は昭和二十九年に発表した「浄御原令の班田法と大宝二年戸籍」(「史学雑誌」六三―一〇)の一〜三を骨子とし、これをその後の学界の批判及び自らの反省によって補訂したものである。この旧稿に対して賛意を表せられ、或いは批判の労を惜しまれなかった井上光貞博士(「史学雑誌」六四―五、一九五四年の歴史学界)・今江広道氏(「戸籍より見た大宝前後の継嗣法」書陵部紀要五)・弥永貞三氏(『奈良時代の貴族と農民』)・時野谷滋氏(「義倉帳と九等戸」弘前大学国史研究二)・高橋崇氏(「大宝二年の造籍」日本歴史一〇二)・今宮新博士(『上代の土地制度』及び「上代土地制度の諸問題」史学三一―一〜四)・宮本救氏(「大宝令の施行について――特に大宝二年造籍との関連において――」続日本紀研究四―一一)・高島正人氏(「大宝二年戸籍の依令について」日本上古史研究二―一)・田中卓氏(「大宝二年西海道戸籍における『受田』――浄御原令受田一歳説に対する疑問――」社会問題研究八―一)の学恩に対し衷心より御礼申上げる。なお本章に於いて上記諸氏の論著を引用する際には、特にことわらない限り前述のものからの引用と承知されたい。

(4) 例えば、中島慶太郎氏「天平文書田税物価諸表」其一(「史学雑誌」三二―八)・仁井田陞博士「古代支那・日本の土地私有制」(三)(「国家学会雑誌」四四―七)・沢田吾一氏『奈良朝時代民政経済の数的研究』・滝川政次郎博士『律令時代の農民生活』・「口分田の田品について」(「史学雑誌」四六―七)・今宮新博士『班田収授制の研究』・徳永春夫氏「奈良時代に於ける班田制の実施に就いて」(上)(「史学雑誌」五六―四)など。

なお藤間生大氏の『日本庄園史』第三章に、この戸籍残簡の受田額に関する如何にも不可解な解釈が見えるのでここで一言して置く。氏は筑前国戸籍の肥君猪手の戸を例にとり、この戸の受田額一三町六段一二〇歩の中、緑児・緑女・奴婢を除いた人々の分は一一町四段二四〇歩となり、これを差引いた残り二町四段二四〇歩を奴婢総数三七人で割ると一人当り二四〇歩となる、これは「律令に規定された奴婢への給田数量(成人一人の給田二段の三分の一)と合致する、正に律令の規定は空文ではなかつた訳である。」（二六九頁）とされている。しかし、大宝令の規定では奴はなるほど二四〇歩となるが、婢は更に奴の三分の二で一六〇歩となるべきであったこと、及び「五年以下不給」制が奴婢にも適用されたこと、これらのことは周知の事実であると思われるのに、藤間氏がどうしてこれらを無視されたのか、諒解に苦しむものである。

（5）　徳永氏は前掲論文において、田籍ならともかく戸籍にこれより校田して決定さるべき受田額が記載されていることは疑問であるとされ、造籍と班田の年度関係上肯定できないとされている。しかし、氏も認められるように、戸籍を造った後に、この戸籍と照合して班田年の十月一日より田籍が造備され、それによって十一月一日より班田が開始されるとすれば、この田籍造備に許される期間は僅か一カ月にすぎない。しかもこの田籍は実際の給授の台帳となるものであるから、現地の実情を反映した実際的なものでなければなるまい。それを僅か一カ月で完成する為には、それ以前にあらかじめ紙上の計算で各戸の受田額を算出しておくことは、むしろ望ましいことではあるまいか。

なお「正倉院戸籍調査概報（続一）」（「史学雑誌」六九―二）によれば、筑前国戸籍について、受田の行は本文と筆勢を異にすると報告され、豊前国の分についても、各郷別に戸籍本文とは明らかに別筆でまとめて後から記入されたらしい、と報告されている。しかし、この報告の認めているように、これらの（豊後国の分も）受田額の記入は何れも国印の捺印前に行われたものであるから、本文の論旨には差支えを生じない。

（6）　この(4)項の後半部については、旧稿を草した時には特に言及することをしなかった。それは当時、大宝田令の以身死応収田条を養老令と異なるものと考えていなかった為に、この点に注意を払う用意が欠けていたからである。

（7）　595×28＋396×32＋198×15＋132×12＝33886＝360×94＋46

なお、この戸口数の内、男子を二八名とするに当っては、形式より見て有位の男子一名を脱しているという今宮博士の推定（『班田収授制の研究』二〇三頁）に従ったが、この推定は上記の計算によっても裏書きされる。

（8）　一例として男・女・奴・婢のすべてを有するQ戸の受田額を検討してみよう。この戸は有名な大領肥君猪手の戸である。

600×40＋420×47＋180×15＋120×22＝49080＝360×136＋120

(9)　A戸は奴婢を有せずと仮定してその男子数を x 人，女子数を y 人，男子基準授田額を m 段，女子のそれを f 段とすれば

$A \cdots\cdots xm + yf = 360 \times 14 + 214$

$B \cdots\cdots 6m + 9f = 360 \times 15 + 330$

とあらわすことができる。ところで $f = \frac{2}{3}m$ または $f \fallingdotseq \frac{2}{3}m$ と想像されるので，一応 $f = \frac{2}{3}m$ として計算すると

$$6m + 9f = 6m + 9 \times \frac{2}{3}m = 12m = 360 \times 15 + 330 = 5730$$

$$\therefore m = 477\frac{1}{2} \quad \therefore f = \frac{2}{3}m = 477\frac{1}{2} \times \frac{2}{3} = 318\frac{1}{3}$$

となるが，$\frac{1}{2}$歩，$\frac{1}{3}$歩の端数は $f = \frac{2}{3}m$ として計算した結果であろうから，実際には $f \fallingdotseq \frac{2}{3}m$ であったと考えられる。そこでこの端数を処理し，m，f の何れもが整数であり，且つ $f \fallingdotseq \frac{2}{3}m$ となる数値を求めると次の(イ)・(ロ)の場合が考えられる。

(イ)　(m切上げ，f 切捨て……$m=478$，$f=318$)　$478 \times 6 + 318 \times 9 = 2868 + 2862 = 5730$

(ロ)　(m切捨て，f 切上げ……$m=477$，$f=319$)　$477 \times 6 + 319 \times 9 = 2862 + 2871 = 5733$

(ロ)は計算が合わないから(イ)を取るべきであろう。

$\therefore m = 478,\ f = 318$

次にA戸の x, y を求めると

$B - A \quad (6-x)m + (9-y)f = (360 \times 15 + 330) - (360 \times 14 + 214) = 476$

しかるに $476 = 318 \times 3 - 478 = 3f - m$

$\therefore (6-x)m + (9-y)f = -1m + 3f$

$\therefore 6 - x = -1,\ 9 - y = 3$

$\therefore x = 7,\ y = 6$

念の為にA戸を検算すると次の如くで，過不足はない。

$478 \times 7 + 318 \times 6 = 5254 = 360 \times 14 + 214$

（10）宮本救氏による豊前国仲津郡丁里戸籍の整理復原（「古代戸籍の整理」史学雑誌六〇―三）の中、三（F―W―O）と四（G―X）は受田額と男女数との関係からも積極的に支持し得る（勿論他の復原も間違いはあるまいが）。なお同氏の筑前国戸籍の整理復原に（I―C）とあるのは（L―C）の誤りであろう。

第二節　浄御原令に於ける班田法の一斑

以上、大宝二年の西海道戸籍残簡を検討することによって、われわれは前掲(1)〜(10)の諸点を明らかにすることが出来たが、この中、特に(4)の前半は従来全く知られていなかった点であり、且つ、後半と共に前述の如き大宝令の規定と全く異なるものである。然らば、これは如何なる班田方式に則って行われたものであろうか。大宝二年という時点に於いて最もあり得べき場合を想定すれば、それは大宝令に先行する浄御原令に拠ったものと解するのが最も直截で可能性の強いものであると思うのであるが、しかしそう言う為には、なお幾つかの検討を要すべき点が残されていよう。以下それらについて若干考察を続けたい。

先ず第一に考うべき点は、前述の班田方式が、国毎の基準授田額は別として、それ以外の点ではすべて同一の班田法に依拠していると考えて差支えないか、という点である。具体的に言うと、豊前・豊後の場合は男女及び良賤の比はそれぞれ三対二、三対一、即ち、良男・良女・奴・婢の比率で示せば九・六・三・二となっているが、筑前ではそれが一〇・七・三・二となっており、この二方式の相違はこれを同一に処理し得ないのではないか、という点である。

現に田中卓氏はこの点を重要論点の一つとして浄御原令依拠説を否定し、大宝二年当時西海道地方は班田未施行という頗るユニークな説を打ち出しておられる程なのである。(1) しかし、私にはこの相違が同一の処理を拒むほどのものとは思われない。同一に処理し得ないと考えるのは、筑前国司が恐らく田令――それが浄御原令であろうと大宝令であろうと――に存した男女の比三対二、良賤の比三対一という規定を全く無視して、或いは此処に適用すべからざる郷土法を誤って適用して、一〇・七・三・二という独自の比率を先ず定め、その比率によってこの国の授田額を決定した、と考えることに発していると思われるが、私はこの考え方に賛成出来ない。この筑前国の基準授田額の決定に当っては、先ず男を一段二四〇歩と定め、それを基にして、次に女を何らかの方法で定めて一段六〇歩とし、同時に、奴をやはり何らかの方法で定めて一八〇歩とし、最後に、奴の一八〇歩を基準として婢をその三分の二たる一二〇歩と定めた、こういう順序で算出して行き、その結果がたまたま一〇・七・三・二の比率となったものであろうと思うのである。その際、その「何らかの方法で」というのが問題であるが、それはやはり令の規定に従って、三分の二、三分の一の率によって定めたものと解する外はないと思う――現に婢を一二〇歩としたのは奴の一八〇歩を決定した後に、その三分の二を婢の授田額としたと考える外はない――。その際、男は一段二四〇歩であるから、三分の二、三分の一を厳密に計算すれば、女は一段四〇歩、奴は二〇〇歩となるべきであるが、この数値をそのまま採用し難い事情があって、その近似値をとることとし、女を一段六〇歩、奴を一八〇歩としたのではないかと思う。勿論、一段四〇歩や二〇〇歩といえば、例えば豊前国の女の基準授田額の如く段以下の端数を切り捨てたりする(男の一段二三五歩の三分の二たる一段三六・六六…歩を切り捨てて一段三六歩とする)ことを要しない数値ではあるが、しかし、四〇歩という面積や二〇〇歩という面積が好ましからざる地積と考えられた可能性を想定し得ない訳ではない。例えば一段の土地を六分する、即ち六〇歩宛に区切る地割がその地方で既に固定していた為に、授田額を六〇歩の倍数として実際の班給に便ならしめる如く調整して置くことが望ましいと考えられたかも知れない。(2) これはあり得べき場合を推測してその一つを例示したにすぎないが、要するに、筑前国の基準授田額算定方式のみが他の二国とその基づく原理を異にしていると窮屈に考える必要はないと思う。そして、豊前・豊後両国と筑前国との双方を通じて、その背景にある依拠を探れば、やはり男女の比を三対二とし、良賤の比を三対一とする共通の規定があったのであり、一方はそれを厳格・窮屈に励行し、他方はそれを大まかに採用したという相違があるに過ぎまいと思う。勿論大まかに採用したといっても、それは郷土法を誤解した為ではなく、良男の口分田額が既に法定額より減額されているので、その際に極く若干の――しかも何らかの正当な理由に基づく――受田額の調整ぐらいは、郷土法の埒内にあるものと考えて差支えないであろう。

次に考うべき点は、これらの戸籍が何れも大宰府管内のものであることに着目して、前述の大宝令制との相違は此の年の大宰府管内のみの特例ではなかったか、という疑問である。もし特例である可能性が濃厚であれば、それだけ浄御原令依拠説はその限りで弱点を拡大する訳である。そして遺憾ながら、これを大宰府管内だけの特例ではないと断定するに足る積極的な証拠はないと言わなければならないが、その反対に、大宰府管内だけの特例であることを証するに足る史料もない。ただ私は同じ大宝二年の御野国戸籍残簡の記載様式が、この時この国に於いても大宰府管内と同一の班田方式をとったとすれば、その点では頗る都合のよい記載様式であったことには注目したいと思うのである。この国の戸籍には、例えば、

上政戸国造族加良安戸口五十一　正丁七 兵士一　少丁一 小子八　緑児一　并十八　正女八 次女一　少女一 小女五　緑女四 老女一　并廿　正奴一 少奴二　小奴三 緑奴一　并七

正婢四　小婢一　并六(3)
少婢一

の如き形式で各戸の戸口数の内訳を示し、そして受田額の記載はない。即ち男・女・奴・婢毎に小計をまとめているのである（右の例で言えば男一八名、女二〇名、奴七名、婢六名）。ところでこれらの小計は如何なる観点からなされたかということを考えると、大宝令の規定による受田額の計算には全く役に立たない（男女奴婢のそれぞれについて、その中に六歳以上の受田資格者が何名あるかは全く分らない）。また課口数を知る為なら、この小計は不要である。ただ前述の如き西海道諸国に於けると同一の方式によって受田額を算出する為には好都合な記載様式であると言わなければならない。(4)そういう意味からすれば、これは前述の班田方式を大宰府管内のみの特例ではないと見ることに有利なものとなるが、しかし、このように男女奴婢別に集計することにそれほどの意味がないとすれば、これは余り問題とすることは出来ない。事実、後世の神亀三年の山背国愛宕郡雲上里計帳にも、例えば

戸主従八位下勲十二等出雲臣真足戸
去年帳定良賤口肆拾人　男十八 女十三　奴六 婢三(5)

の如き記載が見えているから、男女奴婢別の小計を掲げることには特別な意味はないと考えるべきかも知れないのである。従って此の点にあまり執着すべきではないかも知れないが、ただしかし、宮本氏も言われるように、もし前述の班田方式を浄御原令の班田方式とし、美濃国もまたこれに依拠していると考えれば、同じ大宝二年の戸籍に於いて、西海道戸籍――課・不課別の集計法が行われていて、その集計部分からは課役の計算は可能でも受田額の計算の不便な西海道戸籍――の方には、それを補うかの如く「受田」の記載があり、御野国戸籍――男女奴婢別の集計が行われていて、受田額の計算が容易であると共に、男の内訳を見れば更に課役の計算も可能である御野国戸籍――の方

には「受田」の記載がない、という点が整合的に理解され易いのではあるまいか。

とは申せ、要するに以上述べた処は我田引水の感をまぬかれないので、これ以上提説する気はない。そこで今一歩をゆずって、これは大宝二年当時の大宰府管内に於ける特例であるとすれば、大宰府はこの特例を何に基づいて決定したのであろうか。もとより全く独創的に決定したという可能性も全くは否定出来ないが、やはり何か基づく処があったと考える方が穏当であろう。そしてそれを求むれば、やはり大宝令に先行する浄御原令の規定に求めざるを得ないのではあるまいか。即ち大宝田令の実施をおくらせて古き浄御原田令を依然として拠用したと考えるのが最も可能性の多い推定であろうと思うのである。

第三に、右のことと関連するが、私見は従来この大宝二年の造籍を大宝令の施行によるものと解して来た通説と、全く反するとまではゆかないにしても、多少齟齬を来すことになるので、その点よりする疑問に答えて置かねばならない。即ち、私見の如くこの大宝二年の戸籍に見える班田方式が浄御原令に拠っているとすれば、造籍そのものは大宝戸令に拠りながら、班田方式は依然として浄御原令に拠っているということになり、これは如何にも解し難いという疑問が生ずるであろう。しかし、大宝二年の造籍が大宝令の施行に伴うものと解することそれ自体には、特に反対する訳ではないが、実はあまり大した根拠はないのである。ただ、近江令の施行（部分的施行の意も含めて）によって庚午年籍が出来、浄御原令の施行によって庚寅年籍が作製されたことからの類推であり、更にその背景には大宝令の施行日時との近接ということが存している。この類推は大いに可能性のある推察ではあるが、しかし、必ずしも絶対的なものではない。先ず第一に大宝令の施行の月日であるが、今、続紀から関係の記事を拾うと、

大宝1・3・21　始めて新令によって官名位号を改正す。服制も実施。

4・7 始めて親王・諸臣・百官人に新令を講ず。
6・1 道君首名を大安寺に派して僧尼令を説かしむ。
6・8 庶務一に新令に依ることを勅し、使を七道に派して新令に依って政をなすことをのべしむ。
8・3 律令撰定なる。撰定者に賜禄。
8・8 明法博士を六道に派し、新令を講ぜしむ。
8・21 律令の撰定に預りし調忌寸老人に贈位。
2・2・1 新律を天下に頒つ。
7・10 詔して内外文武官に新令を読習せしむ。
7・30 始めて律を講ず。
10・14 律令を天下諸国に頒つ。
3・2・15(3) 律令撰定者に賜封。

の如くである。これによって見れば、恐らく大宝元年六月頃までには少なくとも令は脱稿し、八月に律令ともに正式に完成、爾後内外諸司に頒つべき多量の律令書の筆写・点検・装潢等に時を費し、最終的に全国の官司に頒布を令したのが大宝二年十月十四日であろう。とすれば、官名位号等を除いて実際にこの令が各国の国衙に到着して全面的に拠用せられるに至るのは、遠隔の国のことを考慮すれば、先ず早くてもその年の十二月中と見るべきであろう。大宝三年正月二日に七道の巡察使（正式の名称は不明）の派遣が命ぜられており、三月十六日に至って国博士及び郡司の選任に関して令の例外規定を定めているのは、(6) 大宝令が大体大宝三年初頭から実効力を発揮し出し、その実施状況の巡察が行われ、その結果として令の例外規定も認められるに至ったことを示しているのではあるまいか。かく解すると陸奥・御野・筑前・豊前・豊後の五カ国に於いて確認せられる大宝二年の造籍を、大宝令の施行による造籍と速断することはできないのである。更に考うべき点は、大宝二年が庚寅年籍造籍の持統四年より数えて正確に十二年目であることである。従って、もし浄御原令に六年一籍の規定が存していたとすれば、持統十年を中間にさしはさんで、大宝二年は全く定期の造籍年に過ぎないとも解されるのである。ところで、この中間の持統十年に造籍のあったことは既に徳永春夫氏の推定された処であり、且つこの推定を困難ならしめる事実は存在しないようである。従って、浄御原令には六年一籍の規定が存し、その規定に従って持統四年を起点として同十年・大宝二年と定期の造籍がなされたと解することが可能となる。(7)してみれば、大宝二年の造籍を大宝令の施行によるものと解する通説にも可能性はあるが、また同時に、浄御原令による定期の造籍にすぎぬと見ることにも可能性がある訳である。

しかし、大宝律令の全面的な施行を私案の如く大宝二年十月のことと見るべきでなく、もっと早い時期のことと考うべきだとされる向きもあろうし、また仮りに私見の如く大宝二年十月としても、その公布はこれ以前になされているので、大宝二年十一月の造籍や、この時同時になされた受田額の算定には大宝令が拠用されるのに何ら支障のない状況にあったとされる向きもあろう。(8)更に言えば、この受田額の算出は造籍事務の冒頭にではなく、その末期に行わるべき性質のものであるから、たとえ大宝二年の造籍が何令に拠ろうと、もしその令の造籍規定が大宝・養老令のそれの如きものであり、且つその規定通りになされたものとすれば、この受田額の算定は大宝三年の五月に近い頃であったこととなる。従って、この大化三年の春―夏の頃に至ってもなお大宝令が施行されていないとは考え難いという反論も可能である。そして、それらの意見は一々尤もで、私もまた敢えて全面的に反対するつもりはない。しかし、同時にこれらの意見によってこの受田額計算が浄御原令に拠っていると解すべき可能性が全く否定されたとも思われないのである。一つの令の施行ということは、それが部分的な施行を幾つか経て来た後の全面的な施行であっても、ただ施行を命ずることによって、その後ほど経ずして新令があらゆる面で拠用されると考えるのは危険であろう。浄御原令が制定公布された後でも、持統四年の造籍に当ってはわざわざ戸令によるべきことが令せられている[9]のはその例であろうと思う。従って、大宝二年十一月―同三年五月の造籍時に、大宝田令の拠用を妨げる事情は何もなく、その拠用はむしろ当然だと考うべき段階に至っていたとしても、なお且つ全国的に、或いは特定の地方で大宝田令が用いられず、依然として浄御原令が準拠された可能性はあると思うのである。少なくともこの可能性にして否定されない限り、私案の如き浄御原令依拠説成立の可能性もまた残されていると言わねばならない。

第四に問題となるのは慶雲三年の格に見える令前租法である。

准レ令、田租一段租稲二束二把（以二方五尺一為レ歩、歩之内得二米一升一）一町租稲廿二束、令前租法、熟田百代租稲三束（以二方六尺一為レ歩、歩之内得二米一升一）一町租稲一十五束、右件二種租法、束数雖二多少一輸実猶不レ異、而令前方六尺升漸差二地実一、遂其差升亦差二束実一、是以取二令前束一擬二令内把一、令条段租其実猶益、（下略）

この「令前租法」を浄御原令の租法乃至浄御原令を含めてそれ以前の租法と解するのが通説であるが、令前租法は同時に五百歩百代制の田積法に準拠しているのであるから、さすれば、浄御原令に於いては三六〇歩一段制は取られていないこととなり、三六〇歩一段制によって受田額を算出している大宝二年戸籍を私見の如く浄御原令に依拠せるものと解することと両立し得ない。これは重大な疑問であるが、実はこの通説にもまだ検討の余地があるように思われる。というのは、この格にしばしば見える「令」を大宝令と解し、従って「令前租法」を大宝令施行[10]直前の租法と解するのが普通一般に行われているところであるが、この解釈は必ずしも唯一絶対の解釈ではないからである。「准レ令云々」の令が直接には大宝田令を指すことは、慶雲二・三年の頃に相ついで大宝令の規定の変更が行われていることから察して恐らく誤りないであろう。しかし、だからと言って直ちに「令前租法」が大宝令施行直前の租法を意味し、従って浄御原令を含めてそれ以前の租法を意味するとのみ解すべきでない。例えば、大宝令の田積法・租法と全く同一の田積法・租法が近江令及び浄御原令に存在していたとすれば、それら三令を併せて「令内」と称し、それ以前を「令前租法」と称することもあり得るのである。また、大宝令の田積法・租法と全く同一の田積法・租法が浄御原令に存在しており、且つ慶雲三年までに施行された令が大宝令とその前の浄御原令の二令しかなかったとすれば、この場合もやはりその両者を併せて「令内」と称し、それ以前、即ち浄御原令施行直前の租法を「令前租法」と称することもあり得るのである。むしろ「令前租法」という用語から言えば、以上の二通りの場合の何れかと解する方が自然ではあるまいか。そして大宝令が大略浄御原令を准正として編纂され、且つ浄御原令の施行期間が僅か十二・三年間にすぎないことを考えると、この二通りの場合の中、後者の可能性は強いと申さねばならない。ただこの場合、大宝令施行以前における令の施行を持統三年六月の一回限りと見る点に問題はあるが、しかしこの点に関しても、近江令・浄御原令とも施行されたという説と、持統三年の施行、即ち普通に浄御原令の施行というのは実は近江令の施行であるという説との両説は、実は未だ何れとも決着を見た訳ではないのである(11)。従って何れにせよ、前記の如くこの格の令前租法を浄御原令施行直前の租法と見る可能性は依然として残されていると申さねばならぬ。かくの如く「令前租法」を大宝令施行直前の租法と見ることが必ずしも唯一の観方でないとすれば、第四の疑問もまた私見の成立を妨げるものではない。

以上、四つの点について考えて来たのであるが、これらは勿論何れも私見の成立を積極的に助ける性質のものを掲げたのではなく、むしろ私見の成立に不利とも見られることについて、それぞれ私案の成立を完全に妨げ得ないものであることを述べて、私案の成立の可能性の為に一条の細道を拓いて来たようなものである。そこで今度は観点を変えて、多少とも積極性のある別の論点を附加して置きたいと思う。

その論点とは、大宝令に見える如き「五年以下不給」制は、何時、いかなる事情で成立したかということである。この中、いかなる事情での方にはまた後に触れるが、要するに此処では大宝田令口分条の「五年以下不給」という部分が班田法成立の当初から存在したものかどうかという点を問題としてみたい。と言うのは、今、念の為に口分条を掲げると、

凡給口分田者、男二段、女減三分之一、五年以下不給、其地有寛狭者、従郷土法、易田倍給、給訖、具録町段四至。

の如き形式であるが、これを次の唐令

〔武 〕諸丁男中男給田一頃、篤疾廢疾給四十畝、寡妻妾三十畝、若為戸者加二十畝、(下略)

〔開二五〕諸丁男給永業田二十畝、口分田八十畝、其中男年十八以上亦依丁男給、老男篤疾廢疾各給口分田四十畝、寡妻妾各給口分田三十畝、(下略)

と比較すると、この「五年以下不給」の部分はいかにも挿入句的な感じが強いのである。つまり、これ以前に、この六字を含まない規定があり、その後、この六字が挿入されて本文の法意に限定的な変更を加えた、という感じが濃厚なのである。そして、実はこのように令の本文には手をつけず、字句を挿入附加することによって法意に限定的な或

い は例外的な変更を加える仕方には類例がある。その一つは平野邦雄氏によって指摘されているものである。即ち賦役令歳役条について「京畿内不在収庸之例」という例外規定の部分は大宝令に至って挿入されたもので、それ以前の浄御原令にはなかった、とされている。(12) また、宮本救氏の指摘される処によれば、戸令戸籍条について、浄御原令には唐令と同趣旨の「凡戸籍恒留二五比一、其遠年者依レ次除」までしかなく、大宝令に至って「水海大津宮庚午年籍莫レ除」という例外規定が挿入されたというのである。(13) これらの類例を考え合わせると、「五年以下不給」の文言も或る令までは存在せず、或る令で挿入されたらしいと考うべき可能性は頗る大きいと思う。そして、そう考えることが許されるとすれば、その挿入された時期はやはり大宝令を措いてはないのではあるまいか。こう考える方が上記の二例――この二例が大宝制令時に字句挿入的な仕方で浄御原令の法意を変更していることは、大宝令が大略浄御原令を準正として編纂されたことの具体的な姿を示すと言える――とも整合するのであって、私はこのような点を頼みとして、浄御原令には「五年以下不給」制はなく、これは大宝令に至って成立したものと考える。そしてこれを以て浄御原令依拠説の一つの支えとなし得ると信ずるのである。

以上、十分な論証、キメ手となる論証に乏しいうらみはあるが、私はやはり大宝二年西海道戸籍に見える受田額の計算に当っては、浄御原令に依拠していると考える。然りとすればその計算の要領は前掲(1)〜(10)項に尽されている。従って従来全く想像以上に出ることを許されなかった浄御原令の班田法の一部を次の如くまとめることができるであろう。

（１）　三六〇歩一段・一〇段一町制の田積法に基づいている。

(2) 男・女及び奴・婢の給田額の比は何れも三対二である。
(3) 良・賤の給田額の比は三対一である。
(4) 男・女・奴・婢とも受田年令に制限はない。
(5) 受田者は在籍者に限られる(「初班死従三班収授」の如き規定は存しない)。
(6) 郷土法に従うことが認められている。[14]

この外、浄御原令と大宝令との一般的な関係から言って、大宝田令条文の多くは浄御原田令からそのまま継承したものであろうが、具体的には不明という外はない。しかし、浄御原令の班田法は、その大要に於いては恐らく大宝令と大差がなく、ただ大宝令の「五年以下不給」制と「初班死従三班収授」制とが未だ成立していなかった、と考えることは許されると思う。そして、今日明らかにし得る大宝令との相違点が、共に口分田の班給と収公とに関する規定であることは、大宝令と養老令との実質的な相違点として第一章で指摘した諸点が、やはり何れも口分田の班給と収公とに関する規定であることと照応すると言うべきであろう。

註

(1) 念の為もうすこし詳しく記すと、この二方式の存在することは、田令の郷土法の解釈を誤解してその適用をあやまる国も生じた為ではあるまいか、もし然りとすれば誤解が生ずる程に北九州の班田制は不慣れであり、恐らくこの時にはじめて実施せられたのではあるまいかという推定に導かれる、というのが田中氏の考定である。ついでに田中氏のもう一つの主要論点を紹介すると、西海道戸籍の受田が近き将来における班田実施の為の準備であるならば、シナ戸籍流に已受・未受の額を記すべきであろうと思われるのにそれがない、このように恐らく手本とされた筈のシナ戸籍の「合」字「応」字及び已受・未受の記載をわざわざ省いたのは、已受も未受も書き様がない為で、換言すれば班田制が未だ此の地方に行われていないことを意味するのではないか、というにある。これらの外にも多くの論点が開陳されているが、主要論点はこの二点であり、この二点を支柱として「受田」記載の解明にむかわれる。そしてこの「受田」は六年後の、やがて実施せられるであろう班田収授の結果、各戸が受田することになるおよその額を機械的に算出したもので、実際とは必ずしも一致しないが、先ず大体のところはこの程度の受田となるであろうという参考資料に外ならない、という新しい解釈をされる訳である。この田中氏の論の中、第一の論点に従い得ないことは以下の本文に述べる通りであるが、第二の論点についても、遺憾ながら賛意を表し得ないので此処でふれて置くと、当然已受・未受の額を記載すべきであろうというのは、シナ戸籍と比較して受田＝応受田と解した上での話であって、受田と書く以上は已受と未受とを記載すべきが当然であるとは限らない。つまり受田の意味をシナ戸籍の応受田に相当するものと考えられるからこそ已受・未受の記載のないことが問題となろうが、はじめからそのことを度外に置けば、已受・未受の別のないことは問題とならない筈である。西海道戸籍残簡に「応受田」の如く「応」字を用いてないのは、田中氏の考えられる如く、班田がこれまで行われて来ていないからと考える必要はなく、受田を「応受田」と同じものとして取扱っていないからだと考えれば事足りると思う。本編第四章及び第二編第二章で述べる如く、郷土法は我が班田法の特徴で、恐らく唐及びそれ以前の均田法に於いては、三易田などの例外を除いて、一般には認められていなかったであろうと思う。その為に均田法に於いては法定額を「応受田」として示し、それから未受分を差引いて已受分を示すという形式をとる必要があったのであり、わが班田法では郷土法を認めているから法定の応受田額を示す必要もなく、従って已受・未受を記載する必要もなかったのである。およそ以上の如く考えるので、私は田中氏の「受田」に対する新しい解釈には基本的に従い兼ねるのである。

（2）　歌川学氏の研究（「中世に於ける耕地の丈量単位」北大史学二）によれば次の如き興味ある事実が知られる。即ち中世の丈量単位を、一段を三分または六分するA型と、一段を五分または十分するB型とに分ければ、一般に筑前国はA型の丈量単位つまりA型地割の分布の優勢な国である。そして普通には勿論B型に属する杖（一段の五分の一）が、この筑前国では六杖一段制、即ちA型の単位として用いられた例証が存在する。このような六杖一段制の例証のある国としては、外にも伊勢・常陸・豊後等をあげ得るが、これらの国もやはりA型地割の分布地であって、A型地割の分布地では杖が特にA型に変化して用いられているということを知り得るのである。従って筑前国の六杖一段制も単なる偶然ではなく、やはりよるべき処があったに相違ない。これは勿論中世のことであるが、丈量単位と地割との密接な相即関係を考えれば、これは当面の問題に対しても、一つの暗示を与えるものと言えるのではあるまいか。

(3) 大日本古文書一の三頁。なお、「正倉院戸籍調査概報(続一)」(「史学雑誌」六九―二)によれば、原本では「廾十八」・「廾廿」等の小計部分の位置が大日本古文書と異なっている由であるが、此処では男・女・奴・婢毎に小計されているという事実を看取し易いように大日本古文書のままに掲げた。

(4) 時野谷氏は私の旧稿のこの部分に対し、養老五年下総国戸籍に於いても、例えば倉麻郡意布郷藤原金弟の戸の場合をあげると、五歳以下の男女奴婢それぞれについての小計も記載されている、従って、この場合と同様に大宝二年美濃国の場合も、浄御原令の班田方式を背景に置かなくても解釈できるのではないか、と批判され、田中氏もこの批判に従っておられるが、時野谷氏がこの戸を示例としてあげられたのは、その意を解し難い。この戸の記載には何処にも〝五歳以下の男女奴婢それぞれについての小計〟(この表現自体が私見に対する批判としては意味をなさない)などは記載されていないからであり、この戸籍の集計法は西海道戸籍のそれと同一であるからである。

また高橋崇氏は、やはりこの下総国戸籍に言及されて、大宝令で班田法が六歳受田と規定されたのであるなら下総国戸籍にあってはそれに適した記載様式が採らるべきであるのに、下総国戸籍の戸口集計は従来の北九州戸籍と同一であるから、これでは役に立たぬ記載様式を用いていることになる、と述べられた。しかし、この場合〝下総戸籍にあってはそれに適した記載様式が採らるべきである〟というのは殆んど意味をなさないのではないかと思う。大宝二年の西海道戸籍でも別に私の主張する浄御原令の班田法式に適した集計記載法がとられている訳ではないからである。

要するに私の言いたいのは、御野国戸籍の集計法は私の主張する浄御原令班田法を念頭に置けば、それに最も適した集計法だというに過ぎない。ただし、私が旧稿で「それ以外の理由は考へ難いのではあるまいか」とまで言ったのは確かに言い過ぎで、「自説を有利ならしめるべく提言されたもの」との批判も甘受しなければならないと思う。その点についての反省は以下の本文で述べる通りである。

（5）大日本古文書一の三三四頁。

（6）続日本紀大宝三年正月甲子条・同三月丁丑条。

（7）徳永氏は前掲論文に於いて、続紀延暦十年九月戊寅条の「和銅七年以往三比之籍」、同宝亀十年六月辛亥条の「自庚午年至大宝二年四比之籍」に着目して、持統十年の造籍を推定しておられるが、延暦十年条の方は明らかに失考であって、この三比は大宝二年、和銅元年、和銅七年をさすものである。しかし、これを除外しても、なお宝亀十年条の存在によって持統十年造籍の推定は可能である。ただし、氏の推定は浄御原令に既に六年一籍制の存したことを前提としての立論と評されよう。従って、私が氏の推定による持統十年造籍の事実に依拠して浄御原令に六年一籍制の存したことを言うのはあたかも循環論証の如くである。しかし、持統四年と大宝二年との間が丁度十二年であり、しかもその間に一回造籍のあったことを推定せしめる史料があり、且つ大宝令・養老令が六年一籍制であることを考えると、これらのことが相倚り相扶けて浄御原令に六年一籍制が存し、持統十年にも造籍が行われたと考えて大過あるまいと信ずる。

（8）田中氏は続日本紀の大宝律令施行に関係のある記事を整理されて（簡略化して示せば次の通り、番号は田中氏の表の番号）、

番号	年月日	対象	事項
①～②	文武四・三・一五～四・六・一七	新律令	第一次撰定
⑬	大宝一・六・八	新令	公布
⑯	〃　一・八・三	新律令	第二次撰定
㉔	〃　二・二・一	新律	公布
㊴	〃　二・一〇・一四	新律令	施行

基本的には律令ともに、選定――公布――施行という形式をふんでいるとされ、且つ、公布と施行とは区別して考えるべきで

あるとされている。これは示唆に富む指摘であるが、しかし㉔の公布とされる処は「始頒律於天下」であり、㊴の施行とされる処は「頒下律令天下諸国」であって、私にはこの二つの句の間に一方を公布と解し、他方を施行と解して区別すべきほどのものは見出し難い。

(9) 日本書紀持統四年九月乙亥朔条。「詔二諸国等一曰、凡造二戸籍一者、依二戸令一也、」

(10) 以後しばしば「某令施行直前」と称することがあるが、これは一応大化改新詔の田積法・租法（その信憑性は別として）にまでさかのぼることを避けての用意で他意はない。

(11) 近江令が編纂完了後ある時期までに施行を了し、その後天武朝に至ってこれが改訂せられ、持統三年六月に施行されたのはこの天武朝の令であるというのが普通に行われている処であるが、これは滝川政次郎博士の『律令の研究』に詳しい。これより前、佐藤誠実博士の「律令考」（『国学院雑誌』五―一三）や中田薫博士の「唐令と日本令との比較研究」（『法制史論集』第一巻所収）等は持統三年六月施行の令を近江令なりとされたが、中田博士は今日なお旧説を支持される旨を明らかにしておられる（「古法雑観」法制史研究Ⅰ）。

なお、近江令・浄御原令の二令の施行を認めない学者は浄御原令という名称の存在をも認められないようである（例えば中田博士「古法雑観」）。しかし、中田博士も説かれる如く、大宝令の制定を「大略以二浄御原朝廷一為二准正一」と言ったのは、唐会要の資料となった某書に唐の武徳律令の制定を「大略以二開皇一為二准正一」（唐会要巻三十九）とあるのを襲用したものであろうが、その場合、後者が「開皇律令」の省筆であることを考えると、前者もまた「浄御原朝廷之令」（律については暫く措く）の省筆と考えることができる。と言うより「浄御原朝廷を以て准正となす」というのはいささか表現が不自然であるから、粉本となった舶載の某書に存した省筆を模倣したと考える方が妥当であろう。従って浄御原令の名称の存在を一概に空中の楼閣として否定するには当らないと思われる。

(12) 平野邦雄氏「大宝・養老両令の歳役について」（「九州工業大学研究報告」五）。なお、青木和夫氏の説（「雇役制の成立」史学雑誌六七―三・四）でも、「京畿内不在収庸之例」制の成立は大宝令からとされている。ただし、浄御原令の歳役条がどのような形で存在したか、或いは存在しなかったか、については言及しておられない。

(13)　大宝戸令に庚午年籍永年保存の規定が存したと解することに対して、大宝三年七月五日の詔「籍帳之設国家大信、逐レ時変更詐偽必起、宜下以二庚午年籍一為レ定、更無中改易上」(続日本紀大宝三年七月甲午条)が差支える如く解する向きもあろうが、それは詔の本旨をすこし誤解しているのではあるまいか。この詔は庚午年籍を「定」として「改易」することを許さない、というのであって、令文の規定、即ち、庚午年籍は永久に保存するということとは一応別の趣旨である。従って、大宝戸令に永久保存の規定が存したと解する場合、大宝三年にこの詔を出すことは令の規定と重複する結果になるからおかしいとか、いや、令の規定を再確認したのである、とかいった議論は必要ないものである。ただし、大宝令で永久保存を規定したのは、これを「定」として「改易」させないことに主眼があったという意味では、間接的に、重複する或いは再確認する、ということになるとも言えるが、少なくとも直接的にはそのようなことはないのであって、大宝令では永世保存ということのみを定め、大宝三年七月には——同一趣旨の発展上に於いて——これを定として姓氏等の改易を許さない、ということを詔したと見れば良い。従って宮本氏の説はこの詔文の存在によって掣肘を受けることはなく、支持するに足ると思う。

(14)　この六項目の中、(5)と(6)とは旧稿にはなく　この度附加したものである。

第三章　大宝令以前に於ける田積法及び租法の沿革

本章に於いては、班田法の不可欠の要素という訳にはゆかないかも知れないが、しかしこれと密接不可分の関係を有する田積法及び租法について、大宝令以前の沿革を探ってみたい。周知の通り、この問題は大化改新詔の信憑性の問題と互いに論証し合う謂わば循環論的な立場に立つ問題である。従って、論断が常に保留されねばならぬ運命にあり、以下の記述に於いてもこの運命をまぬかれ得ないのは誠にやむを得ない。

第一節　学説の回顧と問題点の指摘

大宝令以前の田積法・租法の沿革史については、既に先学もその解明に力を注がれ、幾つかの説が公にされている。しかし、直接この問題の解明に資すべき僅か数箇の資料の中、二箇までが日本書紀を出典とするものであるから、書紀に対する本格的な文献批判以前の論考は――部分的には注目すべき意見を包含するにしても――特にとりあげて学説史的回顧の対象とすることを省略しても差支えないであろう。この意味に於いて注目すべきは、言うまでもなく津田左右吉博士であって、本問題に関しても博士以降の諸説を顧みればこと足りる訳である。[1]

さて、右のような観点からすれば、本問題に関しては、管見の及ぶ限り、津田左右吉・坂本太郎・井上光貞三氏の説を以て既往学説の代表とすることが出来るようである。[2] そこで先ず、これら三氏の所説の要点を順次紹介し、その中から問題点の所在を指摘したいと思う。

(一)　津田左右吉博士説

(イ)　書紀の一般的性質から見て、改新詔の田積法・租法も他の条と同様に、近江令か持統令にあったと考える方が適切である（改新詔中の凡条はすべて単一の令よりの転載と見られる訳である）。

(ロ)　ところが、慶雲三年の格に見える「令前」の「令」は、格全体の精神から考えて大宝令を指したものと思われ、従って、令前租法は持統令の規定と推測すべきである。

(ハ)　従って、この令前租法と異なる改新詔の文字は近江令のものと考えられる。

(ニ)　田令集解田長条古記の記載は、近江令の田積法→持統令における改定（令前租法に伴う田積法）→大宝令における復旧、を示すものと考えられる。

(ホ)　近江令の規定は、多分、大化のそれを襲用したのであろうと思われるが、改新詔の記載そのものは近江令の文字を転用したものと見るべきである。

(ヘ)　書紀白雉三年条の記事は近江令からとって書き入れたものであろうが、後人の加筆かも知れぬ。ただし、分注は編者の過誤か、しからずんば、別人の記入したものかであろう。

㈡　坂本太郎博士説

(イ)　津田博士の書紀に対する批判的処置を念頭に置きながらも記事肯定主義の立場より、改新詔に見える大化の田積法・租法は信ずるに足る。

(ロ)　この大化の制は、間もなく、令前の制という大化以前と全く同じき田積法・租法に改められ（書紀白雉三年条には疑があるとしても、大体白雉三年、第二回の班田の頃に当ってこの改正が行われたと推定）、また、大宝令に至って大化と同じき制に還元する。この一見不可思議な改廃も、現存の史料による限り支持せざるを得ぬ。

(ハ)　そこで史料批判の見地を変え、大宝令文転載説をとると、田積法・租法の改正は僅かに一回となって解釈は容易となり、大宝令文転載説に有利となる。

(ニ)　しかし、田令集解田長条古記の記載は(ロ)の事実によく適合するのであり、その以外においてかかる改変の次第は認められぬ。従って、この古記の記載は(ロ)に支持を与えるものである。

㈢　井上光貞博士説

(イ)　大化より大宝に至る田積法・租法の沿革はあり得べからざることではないが、いささか複雑である（令前租法は近江令に始まり浄御原令に引継がれたと考える）。

(ロ)　そこで修飾の疑いのある改新詔を除いて次の如く考えると比較的スムーズな沿革史を得る。

(ハ)　即ち、ⓐ大化二年には田積法も租法も従前通り（町段制で現わせば二五〇歩一段、段租一束五把）。ⓑやがて白雉三年班田法完成の時三六〇歩一段の田積法を取り、租率は改定せず。ⓒついで近江令でも租率はそのまま、田積法は大化前代に返った。(3) これは各方面に復古的な天智朝にふさわしい。ⓓそして大宝令でまた三六〇歩一段制をとると共に、全然新しい二束二把の租率をきめた、ということになる。

(ニ)　こう見ても田令集解田長条古記の記載に矛盾がおこらないと共に、租率の改定も大宝の一回だけですむ。

(ホ)　なお、井上博士は言及されないが、以上の説によれば、結局、改新詔の田積法・租法は大宝令文の転載ということになる（改新詔中の凡条は単一の令から転載したものではなく複数の令からの転載と見られる訳である）。

見られる如く以上の三説は相互に顕著な食い違いを有しているが、これは一つには、主として書紀に対する史料批判の立場の相違に由来するものであると共に、他方、史料の稀少性の為に、事実の再構成の手続き中に、多分に推定的要素の混入を余儀なくされるからであろう。今すこし具体的に述べると、

(1)　先ず、改新詔の信憑性についての立場の相違である。即ち、坂本博士が書紀記事肯定主義の立場から、改新詔の田積法・租法を大化のものとされるのに対し、津田・井上両博士は令文転載説をとられる。更にその際、津田博士は近江令、井上博士は大宝令よりの転載と見ておられるが、この相違は、一つには、改新詔中の凡条を単一の令からの転載と見るか或いは複数の令からの転載と見るかの相違に基づくと共に、他方、書紀白雉三年条の解釈や天智朝以降の政治の性格についての見解の相違に基づいている。従って、その何れの立場をとるにしても、これら三説は相互に絶対に他を排し得るものではなく、何れの説もそれぞれみずからを主張し得るものである。

(2)　次に書紀白雉三年条の解釈の相違である。この条の記事に何らかの脱落や過誤の存することは明白であるが、更に進んでこの条から若干の事実を再構成せんとする時、津田博士はこれを白雉三年とは無縁のものとして殆んど無視されており、坂本博士は、この頃、田積法・租法の改正が行われて令前の制（即ち大化前の制に同じ）となったとされ、井上博士は、この記事を全面的に生かして、旧来の租法のままに三六〇歩一段制がとられたと解され

ている。これらの解釈は、何れも直接にこれを支持する資料はないのであって、令文転載説をとるか、非転載説に与するか、或いは後に言及する古記の田積法三度改制説の時期を如何様に比定するか、という点からの推定である。即ち、この記事を主体として何らかの主張をなすことは殆んど不可能なのであって、他の史料の解釈や操作の上から如何様にでも解し得る性質のものである。従って理論的に言えば、非転載説をとる場合にもなおこの記事を全面的に生かして、この時大化以来の田積法のままに租法のみを旧に復して段別一束半とし(即ち、後の慶雲三年制と同じ)、これより後の某時期に所謂令前の制に再び改定された、と見ることも可能となって来る。

(3) 第三番目の相違は、古記の田積法改制説の時期の比定、従って、令前の制の始期についてである。非転載説の坂本博士は大化二年→白雉三年頃(令前制)→大宝令とされるのに対し、転載説の津田博士は近江令→浄御原令(令前制)→大宝令、同じく井上博士は白雉三年→近江令(令前制)→大宝令とされている。これらの比定にも、やはり直接にこれを支持する資料はないのであって、前項と同様に全くの推定であり、その相違は根源的には改新詔の信憑性に対する立場の相違に発するものである。

従って、上記の三説は何れも許される範囲内におけるあり得べき推定のすべてを尽しているとはいえまいが、恐らく主要なものを網羅しているのではないかと思われる。にもかかわらず、敢えて本章を草する所以は、実は三説に共通な史料解釈に却って問題が存すると思うからである。即ち、上記三説とも、

(イ) 慶雲三年格に見える令前租法を大宝令以前の租法と見る点、

(ロ) 田長条古記の記載を大宝令以前に於ける田積法改制の事実を証する史料と見る点、

この二点は全く共通で、これらの史料解釈は殆んど自明のこととして取り扱われている感があり、謂わば通説化して

いると言ってよいであろう。即ち、これらの共通な史料解釈の上に立って、書紀に対する態度の相違や、田積法改制の時期の比定の相違から、上記の如き見解の相違を来しているのである。しかし、右にあげた(イ)・(ロ)の二点は、果してしかく自明のことであろうか。

註

（1）学説史については、附記でふれる亀田隆之氏の「日本古代に於ける田租田積の研究」（「古代学」四―二）に詳しい。
（2）津田左右吉博士「大化改新の研究」（『日本上代史の研究』所収）・坂本太郎博士『大化改新の研究』・井上光貞博士『大化改新』。
（3）結局は同じことであるが、井上博士の説から言えば、白雉三年以前の法に返った、と言った方がよい。

第二節　慶雲三年格の検討

言う所の慶雲三年格とは、田令集解田長条古記に引用された同年九月十日（三代格廿日に作る）の格で、全文は次の如くである。

准レ令、田租一段租稲二束二把、以二方五尺一為レ歩、歩之内得二米一升一、一町租稲廿二束、令前租法、熟田百代租稲三束、以二方六尺一為レ歩、歩之内得二米一升一、一町租稲一十五束、右件二種租法、束数雖二多少一輸実猶不レ異、而令前方六尺升漸差二地実一、遂其差升亦差二束実一、是以取二令前束一擬二令内把一、令条段租其実猶益、今斗升既平、望請輸租之式折衷聴者、勅、朕念、百姓有レ食万条即成、民之豊饒猶同二充倉一、宜段租一束五把、町租一十五束、主者施行、（者勅もと勅者に作る。今私に改む。）

この格に見える「令前租法」は通例、大宝令以前（より正確には大宝令施行直前）の租法と解されている。その理由は冒頭に見える「准レ令」の内容が、大宝令をそのまま引きついだと考えられる現存養老令と同一であり、慶雲三年当時における現行法がまがう方なく大宝令である為に、この「准レ令」の令が大宝令と解されるので、従ってそれに続く「令前租法」が大宝令以前の租法と考えられるのであろう。これは外に牴触するものがない限り、支持さるべき自然な解釈と言ってよい。しかし、よく考えてみると、実は令前租法という用語自体に問題がある。大宝令以前に於いて如何なる令も存在せず、或いは存在するとも施行されなかったのなら、大宝令以前の租法を令前租法と呼ぶことは極めて自然なことであろう。しかし、周知の如く、大宝令以前に於いて既に近江令・浄御原令が存在し、且つ施行されたことが通説として認められている。私自身はこの中近江令の施行については否定的な見解を持っているが、少なくとも浄御原令の施行は認めざるを得ない。とすれば、令前租法を大宝令以前の租法と解することは、浄御原令の租法をも令前租法と称することになり、このことは、令前という語義を考慮すると、やや不自然な感をまぬかれないのではなかろうか。しかも更に考うべき点がある。それは第二章で論じたように、浄御原令に於いては三六〇歩一段制の田積法を採用していたと考えられることである。もとより今問題にしているのは租法であって、田積法と租法とは必ずしも相即不離の関係を保たねばならないという訳ではない。そのことは外ならぬこの慶雲三年の格の示すところであって、この格によって三六〇歩一段制の田積法のままに段租一束五把の租法が行われることになり、且つ爾後永く変る所がなかったのである。従って、田積法の如何にかかわらず、大宝令の租法は一段二束二把であり、大宝令以前の租法は一段一束五把であったと解することも不可能ではない。しかし、少なくともこの格の示す所では、令前租法は百代についてその租を三束と定めたもの、即ち令前租法は五百歩百代制の田積法の上に立った租法であると解さねばならない。従って、三六〇歩一段制をとる浄御原令の田積法と、令前租法の基礎になっている田積法とは明らかに相違しているのであって、このことは、令前租法を以て大宝令以前の租法と解する上にやはり支障となるであろう。

以上述べた如く、この格に見える令前租法を大宝令以前の制と解することは、この格だけについてみても用語上不自然の感をまぬかれず、更に、浄御原令の田積法が三六〇歩一段制であったということとも牴触する。しからば、如何に解すべきであろうか。それに対する私案はおよそ次の如くである。

㈠　大宝令の田積法・租法と全く同一の田積法・租法が近江令及び浄御原令に存在していたとすれば、それらの三令を併せて「令内」と称し、それ以前を「令前租法」と称することもあり得る。また、大宝令の田積法・租法と全く同一の田積法・租法が浄御原令に存在しており、且つ、慶雲三年までに施行された令が大宝令とその前の浄御原令の二令しかなかったとすれば、この場合もやはりその両者を併せて「令内」と称し、それ以前即ち浄御原令直前の租法を「令前租法」と称することもあり得る。以上二通りの可能性が考えられるが、後者の方の可能性が強い。(1)

㈡　今、大化より大宝に至る間の文献から、具体的な数字を伴った地積の記載の例を拾って、年代順に配列してみると次の如くなる。

(1)　書紀天武十三・十・壬辰条

逮二于人定一大地震（中略）土佐国田苑五十余万頃没為レ海、

(2)　同持統三・八・丙申条

禁三断漁二猟於摂津国武庫海一千歩内、紀伊国阿提郡那耆野二万頃、伊賀国伊賀郡身野二万頃一、

(3)　己丑（持統三）年十二月廿五日采女氏塋域碑

飛鳥浄原大朝庭大弁官直大弐采女竹良卿所請造墓所形浦山地四千代他人莫上毀木犯穢傍地也、

(4) 書紀持統四・十・乙丑条

（大伴部博麻に）賜二（中略）水田四町一、

(5) 同五・十二・乙巳条

詔曰、賜二右大臣宅地四町一、直広弐以上二町、大参以下一町、勤以下至二無位一随二其戸口一、其上戸一町、中戸半町、下戸四分之一、王等亦准レ此、

(6) 同六・十二・甲戌条

賜二音博士続守言薩弘恪水田人四町一、

(7) 同七・正・丙午条

賜二船瀬沙門法鏡水田三町一、

(8) 同八・三・己亥条

詔曰、（中略、近江国益須寺に）入二水田四町布六十端一、

(9) 同十・四・戊戌条

（物部薬・壬生諸石両人に）賜二人（中略）水田四町一、

(10) 同十・五・己酉条

（尾張宿禰大隅に）賜二水田四十町一、

(11) 続紀大宝元・三・壬寅条

賜二右大臣従二位阿倍朝臣御主人（中略）備前備中但馬安芸国田廿町一

⑿　同元・八・丁未条

（三田首五瀬に）賜二封五十戸田十町幷綿絁布鍬一（中略）賜二大臣子封百戸田四十町一(2)

この中、(1)・(2)に見える頃は代と同じと考えて差支えあるまい。書紀の編者が唐の丈量単位と同一の文字を雅語に用いて、代を頃と修飾したものであろう。しかし、書紀編者の修飾はその点までにとどまるもので、本来町の単位で現わされていたものを代に換算して記したものとは受け取り難い。坂本博士の推定される如く、推古紀に見える「播磨水田百町」の原形は恐らく法隆寺資財帳の記載の如く「五十万代」であったろう(3)。かくの如く代を町と換算して改めた痕跡があるのに、その逆の場合は考え難いのではあるまいか。また、この数値は無稽のものとも思われぬ。従って、恐らく当時公的に代の単位が存したことを示すものであろう。そして代という単位は五百歩百代（一段に換算して二五〇歩）制の下に於てのみ存し得るものであって、三六〇歩一段制とは階調しないものである。従って持統四年以降に代の単位が現われて来ないのは、この頃五百歩百代制が廃止されたこと、即ち三六〇歩一段制が採用されたことを間接に示していることになりはしまいか。そして持統三年六月に諸司に班賜された浄御原令が実効力を発揮するまでの期間を計算に入れれば、右の変化は浄御原令の施行に基づくものと解し得るのではあるまいか。その際(1)・(2)・(3)の諸例が何れも一町以上の田積を代を以て現わしていることは、この時代に町が田積の単位として用いられていなかつたことを示し、従って十段一町制もまた浄御原令の施行によって採用されたものと考えて良いのではなかろうか(4)。即ち、浄御原令施行直前に於いては五百歩百代制が行われ、同令の施行によって三百六十歩一段制による町段歩制へ改正されたという推察が成り立つのである。そしてもしこの推察が許されるなら、これは正しく慶雲三年の格に言う令前租法から令の租法への変化に対応すると申さねばならない。即ち、この事実は浄御原令・大宝令の両者を併せて「令内」と称し、それ以前を「令前租法」と称したのではないかという推定を肯定する材料となろう。

㈢ 以上の如く考える場合、大宝令施行以前における令の施行を持統三年の一回限りと見る点に問題があるが、近江令・浄御原令の二令とも全面的に施行されたという通説には絶対的な根拠はない。(5) 即ち、私はこの格に見える令前租法を浄御原令施行直前のそれと解することが出来るのではないか、むしろそう解すべきではないかと思うのである。

そこで、もし右の私案が認められるとすれば、前掲三説中の令前租法の下限は、何れも浄御原令施行時まで繰り上げられねばならず、また、令文転載説をとる津田・井上両博士説の中、津田博士説は浄御原令よりの転載、井上博士説は浄御原令または大宝令よりの転載、と修正される必要を生ずるのではなかろうか。更に言えば、津田博士説が大化当時の規定として三六〇歩一段制・段租二束二把の制を認められる点も修正を要することになろう。言うまでもなくこの津田博士説は、改新詔の文字は近江令のものであるが、その近江令の規定は大化のものを襲用したものであろう、という推定の上に立つものであるから、改新詔が浄御原令よりの転載ということになれば、右の推定は成り立ち難いこととなり、結局、大化の制は不明とせねばならないこととなる。

註

（1） この㈠の点については、既に本編第二章第二節に於いて述べたので、以上はその要を摘んだものである。

（2） この外、書紀持統五・一〇・庚戌条に「畿内及諸国置二長生地各一千歩一」と見えているが、これは(2)に見える「武庫海一千歩内」と共に、距離を示す「歩」であろうと思う。(2)の場合は海であってその面積を示すことは無理であろうと思われるし、持統五年条の「長生地」というのは、恐らく(2)に所謂「禁断漁猟」の地に外ならないと思われるから、これまたその指定地の主要なものは海や湖沼であったと考えられ、従って、やはり一般的に面積で指示することは避けたものと思う。

（3）坂本博士前掲書、三四九頁。

（4）格に言う「町租稲一十五束」の「町」は令前租法の田積法に町の単位の存在せることを示すかどうか疑問である。これは百代三束、一段二束二把と、その田積を異にする単位に対して示された租額を同一の単位に於いて比較せんとしたものと考えられるが、その際、町はただ換算の便宜上用いられたにすぎぬこととなるからである。

（5）本編第二章第二節註(11)参照。

第三節　田長条古記の検討

次に古記の記載について検討してみたい。

古記云、問、田長卅歩広十二歩為レ段、即段積三百六十歩、更改ニ段積一為ニ二百五十歩一、重復改為ニ三百六十歩一、又雑令云、度レ地以ニ五尺一為レ歩、又和銅六年二月十九日格、其度レ地以ニ六尺一為レ歩者、未レ知、令格之赴、幷段積歩改易之義、請具分釋、无レ使ニ疑惑一也、答、幡云、令以ニ五尺一為レ歩者、是高麗法用為ニ度レ地令レ便、而尺作ニ長大一、以ニ二百五十歩一為レ段者、亦是高麗術云之、即以ニ高麗五尺一准ニ今尺一大六尺相当、故格云、以ニ六尺一為レ歩者則是、令五尺内積歩、改名ニ六尺積歩一耳、其於レ地无レ所ニ損益一也、然則時人念、令云ニ五尺一、格云ニ六尺一、即依ニ格文一可レ加ニ一尺一者、此不レ然、唯令云五尺者、此今大六尺同覚示耳、此云未レ詳、この史料は、前述の如く坂本博士説に於いて令文転載説に反対される積極的な依拠となっている許りでなく、津田博士説・井上博士説に於いてもその所説の上に相当大きな影響力乃至拘束力を持っているように思われるが、端的に言って、私はこの記載を大宝令以前における田積法改制の事実を証する史料と見る点に多大の疑問を表明せざるを得ないのである。

先ず第一の疑問は、これが大宝令を含めてそれ以前の田積法の沿革に言及しているものとは必ずしも断定し得ない点に在る。というより、そのように断定することの方がむしろ困難ではないかと思われるのである。それはこの記載の最初の部分の読み方に疑問があるからである。前掲三説に共通な史料解釈のよって来る所以は、この部分を次の如く読まれたからであり、その読み方は、今日殆んど一般化されているのではないかと思われる。

(1) 田長卅歩広十二歩為レ段、

(2) 即、

(3) 段積（大化マタハ白雉マタハ近江令制）三百六十歩、更改ニ段積一為ニ（令前制）二百五十歩一、重複改為ニ（大宝令制）三百六十歩一

即ち、(1)は大宝令の文をそのまま引いたものとし、これを(2)の「即」でうけて、次の(3)は大宝令の規定に至る沿革を述べたものと解せられる訳である。その際、(1)を大宝令文の引用と見る点は、言うまでもなく古記の他の類例から推して問題はないが、これをうけた(2)の「即」が(3)のすべてにかかると考えるのは少し不自然ではあるまいか。それより、先ず大宝令文を引き、これを「即」でうけて、その直後に令文の直接的演繹的な説明として「段積三百六十歩」と記載したと見る方が自然ではあるまいか。長辺と短辺とのみを示した令文から、段積を算出して記載したと解する訳であり、読み方としては次の如くなる。

(イ)　田長卅歩広十二歩為レ段、即。段積（大宝令制）三百六十歩、

(ロ)　更改ニ段積一為ニ二百五十歩一、

(ハ)　重復改為ニ三百六十歩一、

この方が令の註釈書として、また「即」の用法として、より自然ではないかと思われる。こう考えて来ると、終始大宝令制にのみ言及している(イ)に続く(ロ)・(ハ)は大宝令以降の改制となり、古記の成立年代とされる天平十・十一年頃の現実に立って、大宝令以後の田積法について言及していることとなる。

勿論、かくの如き大宝令以降における田積法改定の明確な事実は、史料上にも検索出来ず、また現実にも存しなかったであろう。従って、右の如く解するのは無理であるという反論が予想されるであろう。しかし、注意すべきことは、この記載が「問」の形で出されているということである。一体、質問の内容が何らかの誤解を含んでいる可能性は極めて大きく、更に場合によっては、故意に誤解に基づく質問を発せしめて、これに正しく答えるという手段が、註釈書の記述法として甚だ有効なものであるということも考えねばならない。従ってこれらの点を考慮に入れれば、大宝令以降における田積法改定の事実が存しないとしても、そのことは、この記載が大宝令以降の田積法について言及しているものと解する上に何ら障碍となるものでないことが知られよう。しからば、そのような誤解を誘発せしめるに足る事実があったかと言えば、かの和銅六年の唐大尺六尺一歩制をあげることが出来よう。そして、この和銅六年制を伝える唯一の史料は外ならぬ前掲の古記であり、且つこれを検討することによつて、古記が文をなした主意が実はかかる誤解をとかんが為のものであることも知られると思うので、以下しばらくその検討を試みたいと思う。

この古記記載は常套的な問答体をとっているが、先ずその質問の内容を考えてみると、「令格之赴」ならびに「段

積歩改易之義」の二点を質していることが分る。前者は雑令に「度レ地以二五尺一為レ歩」とあり、和銅六年の格に「其度レ地以二六尺一為レ歩」とあることについての説明を求めたものであり、後者は前掲の三六〇歩→二五〇歩→三六〇歩の段積改定の沿革についての説明を求めたものである。これは一見さほど関係のない別個の二点について質問したかの如く見え、また普通そのように理解されているようである。事実、「段積歩改易」（即ち、三六〇歩→二五〇歩→三六〇歩）を大宝令以前のことと解する通説は明らかにこの立場に立っている訳である。しかし、果してそうであろうか。此処に顧みるべきは右の質問に対する答である。古記は「幡云」として幡氏?の説を以て答としているが、その内容は大宝令以降の段積歩のみを問題としているとしか考えられない。もし大宝令以前の段積歩改易に対する解答としてならば、高麗尺六尺一歩・五〇〇歩百代（即ち、二五〇歩一段）制（令前制）と、同じく高麗尺五尺一歩・三六〇歩一段制（令制）との異同をこそ問題とすべきであるのに、この解答はもっぱら高麗尺五尺と唐大尺六尺との異同、従って、高麗尺五尺一歩・三六〇歩一段制（令制）と唐大尺六尺一歩・三六〇歩一段制（和銅制）との異同のみを問題としている。強いて言えば、「令格之赴」に対する答のみに終始していると言えるのである。即ち、質問は二カ条にわたるかの如く見えるが、これに対する解答は一カ条にまとめられているのである。ということは、一見二カ条にわたるかの如く見える質問の内容、即ち「令格之赴」と「段積歩改易之義」との両者が、実は表裏一体のものであることを示していると言って良い。そして「令格之赴」は明らかに大宝令制以降の問題であるから、これと表裏一体をなす「段積歩改易之義」がやはり大宝令制以降の問題であることをも同時に示していると言って良い。とすればこのことは、この古記記載の最初の部分を大宝令以降の田積法の沿革について言及したものと解する方が文章上自然である、という前段の考察の結果とも一致するのである。即ちこの問答の質問が、和銅六年の唐大尺六尺一歩制を誤解して、高麗尺六尺一歩制と思い、一歩の面積が増大し、従って一段が二百五十歩と改定されたと解しての質問であり、解答の主意はその誤解をとくことにあった、このように解釈してこそ首尾連関してこの記載の文脈を無理なくたどることが出来ると思う。解答の末尾に

然則時人念、令云二五尺一格云二六尺一、即依二格文一可レ加二一尺一者、此不レ然、

と見えていることは、当時、前述の如く誤解する向きがあったか、乃至はその恐れの存したことを示しているのであって、それに対して古記が文をなしたと解することは十分考えられる処である。かく解すれば、古記は大宝令→誤解された和銅六年制→天平当時の現状、について問の形式で文をなしていると解し得るのである。この立場に立てば、この古記の記載は大宝令以前の田積法に関しては史料となり得ないこと改めて申すまでもない。

しかし、退いて考えれば、この古記の記載を私見の如く解するのは、文章上は自然であっても、必ずしも唯一絶対の解釈ではない。従って、敢えて言えば、通説の如く読み、通説の如く解することも不可能とは言い切れない。前掲三説の立場はこれである。そこで今一歩を譲ってこの立場に立っても、実はなお重大な疑問が残る。次にこれを第二の疑問として提出しよう。

先ず、慶雲三年の格を古記が引用していることから判断して、古記作者が三六〇歩一段制の大宝令制以前に段制に換算して二五〇歩一段制の田積法の存したことを承知していたことは疑いない。従って、この古記作者が書紀の大化二年条に三六〇歩一段の田積法の記載されていることを知り、且つそれ以外に依るべき資料を持たなかつたか、乃至は書紀の記載から自由であり得なかったとすれば、この古記の記載は改新詔によって文をなしたことになる。即ち改新詔と古記とは親子関係をなすこととなる。従って、この可能性が否定されない限り、この古記の記載を以て改新詔

の信憑性を支える史料とすることは許されない訳である。同時にまた令文転載説に於いても、大宝令以前に於ける田積法改制の事実を示す史料として取り扱う謂われはないことになろう。

しからば果して古記作者は日本書紀を見ているかどうか。私は見ていると考えて差支えないと思う。その証拠は、公式令集解詔書式条の古記が、「大八洲未知若為」という問に対する答に於いて「日本書紀巻第一云」として諾冊二神の国生みの条を引用していることである。その字句に一・二の異同はあるが、明らかに書紀からの引用である。尤もこれに対しては、「日本紀」といわずして「日本書紀」という点を奇怪とし、古記の内容に非ずして他の注釈書の説か、または後人の加筆かと疑う向きもあろう。これは、「日本紀」の書名を「日本書紀」とも称するに至ったのは平安初期であろうという通説[1]を根拠とする疑問であるが、この通説必ずしも定説ではない。そもそもこの説は、平安初期に成った弘仁私記序・補闕記・日本後紀等に「日本書紀」と見えることから発しているのであろうが、しかし、これらの事実は、さかのぼって奈良時代後期更に中期に於いても「日本書紀」という書名が「日本紀」と並んで行われ得たことを否定するだけの力あるものではない。従って、天平期の成立たる古記に「日本書紀」なる書名の見えることは、必ずしも奇怪とすべきではないと思う。

しかし、なおこれを怪しむならば、右の古記中の「日本書紀」はもと「日本紀」とあったのを後人伝写の間に誤ったものと解することも可能であって、前掲の疑問には一応の解答が与えられるのである。従って私は、前掲の史料を古記が日本書紀を見ていた証拠となし得ると思う。

また更に一歩を譲って右の記載を証拠となし得ないとしても、天平時代、古記の作者が書紀を繙いている可能性は十分にある。勿論、当時に於ける書紀の流布の範囲をひろく見ることは危険であろう。しかし、既に完成の翌年養老五年に講筵の行われた書紀である。そして、天平三年の住吉大社神代記や、また出雲国風土記と同じ頃の成立と考えられる九州風土記甲類が書紀に拠っていることは、既に先学の説かれた処である。してみれば、古記の作者が書紀を見る機会を持ち得なかったとは到底考え難い。

かくて幾多の考慮を経たけれども、やはり古記作者は書紀を見ていると考定して差支えあるまい。然りとすれば、書紀の性質上、古記は書紀の記載から自由ではあり得ないであらう。勿論、祖先の系譜や家伝乃至地方説話等において、書紀に見えず、或いは書紀と一致せざる伝えを提示することは不可能でもなかったであろうし、その実例も存する。しかし、少なくとも持統朝以前の中央政府の重要な施策については、公式の記録たるべき書紀の伝えが唯一のものとされたと考えねばなるまい。このように考えて来ると、古記は完全に書紀の改新詔の影響下に拘束されていたこととなり、前述の如く、古記は改新詔の信憑性に関しては独自の史料性を主張し得ないこととなろう。更にまた、大宝令以前の田積法の沿革を探るに当っても、古記にそれ程強く拘束される必要もないことになろう。

以上、二段の考察によって、古記は当面の問題に関しては史料となり得ないことが明らかであろう。勿論、これだけのことから特に新しい積極的な結論を導くことの出来ないのは言うまでもないが、しかし、少なくとも既に坂本博士も認められたように、令文転載説に有利な結果となることだけは否定出来ないと思う。そして、更にその令文転載説に於いても、敢えて三六〇歩→二五〇歩→三六〇歩という田積法改定の事実を求める必要はないと申さねばならない。

註

（1）　伴信友『比古婆衣』巻之一「日本書紀考」（伴信友全集第四所収）。

第四節　既往学説の修正と新仮説の提示

以上、二節にわたって既往の三説に共通な史料解釈に存する問題点二点を追求し、その結果によって、それぞれ一応の修正を施すべきことを述べたが、今、便宜上これを図示すれば次図の如くである（次頁掲載）。

ところで此の修正は、三説に共通な史料解釈を検討することによって得られた一応の修正である。従ってそれは既往学説に対する直接的な修正の域を脱するものではない。勿論、これらの修正説は何れもこのままの形で成り立ち得るものであるが、しかし、その外に、前節までに示した如き史料解釈の検討の結果、従来の史料解釈に基づいては導き得なかった別個の仮説の成立する可能性が生み出されていることを忘れてはならない。それは令文転載説についてであり、これを直接提示しても良いが、説明の便宜上、修正津田博士説・修正井上博士説の両説から導き出してみたいと思う。

先ず、修正津田博士説であるが、この説に於いては令前の制の始期が明瞭でない。そこで、白雉三年条は如何様にでも解釈のつく記事であるから、これを本来の津田博士説のままに依然として無視すれば、令前の制は近江令を超えてそのまま大化まで遡り得ることとなる。一方、津田博士は言及されていないが、令前の制というのが大化前代の制と同じものであるという通説を此処に導入すれば、結局、田積法・租法の改定は浄御原令における一回のみということになる。次に修正井上博士説に於いては、白雉三年条の解釈に重要なポイントがある訳であるが、博士が敢えてこ

大宝令以前の田積法・租法沿革図

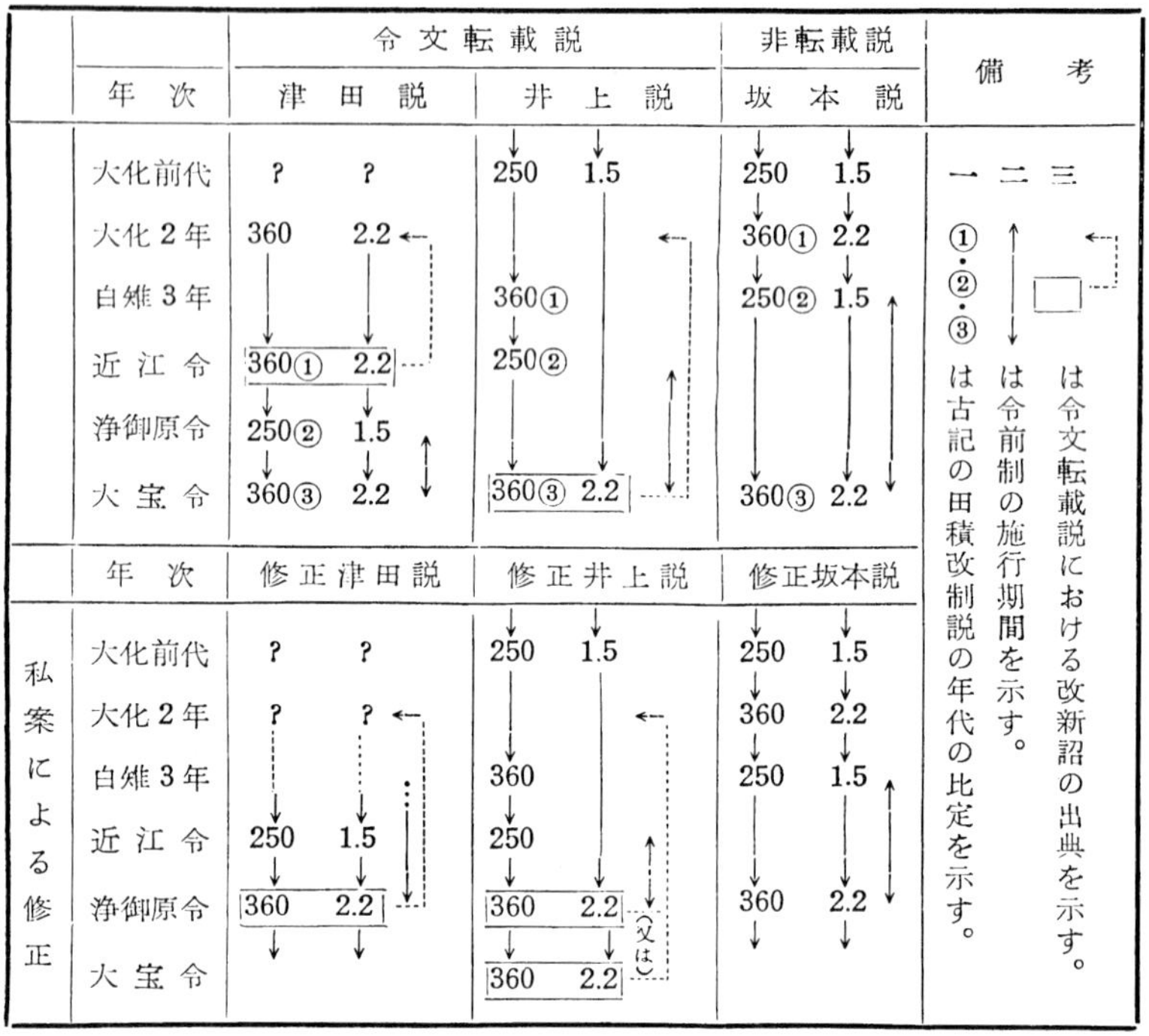

	年次	令文転載説 津田説	令文転載説 井上説	非転載説 坂本説
	大化前代	?　?	250　1.5	250　1.5
	大化2年	360　2.2		360①　2.2
	白雉3年		360①	250②　1.5
	近江令	360①　2.2	250②	
	浄御原令	250②　1.5		
	大宝令	360③　2.2	360③　2.2	360③　2.2
	年次	修正津田説	修正井上説	修正坂本説
私案による修正	大化前代	?　?	250　1.5	250　1.5
	大化2年	?　?		360　2.2
	白雉3年		360	250　1.5
	近江令	250　1.5	250	
	浄御原令	360　2.2	360　2.2（又は）	360　2.2
	大宝令		360　2.2	

備考
一　①・②・③は古記の田積改制説の年代の比定を示す。
二　↕は令前制の施行期間を示す。
三　□は令文転載説における改新詔の出典を示す。

の白雉三年条を全面的に生かそうとされるのは、スムーズな沿革史を描くに当って余り無理をせず、問題のある改新詔だけを動かすにとどめたいと希望された事もさることながら、更に言えば、三六〇歩→二五〇歩→三六〇歩という古記の記載に拘束された為ではないかとも察せられる。しかし、既に述べたように所謂古記の田積法改制説が当面の問題にとって顧みる必要のないものであるとすれば、白雉三年条を津田博士流に無視することが出来る。少なくともその為の障碍は取り除かれたと言って良い。そこで、白雉三年条を無視してみると、令前の制は田積法・租法ともにそのまま大化前代まで遡ることとなり、田積法・租法の改定は浄御原令における一回限りということになる。即ち修正津田博士説も修正井上博士説もこれに若干の再修正を施すことによって、全く同一の沿革史に導くことが出来る訳である。しかもこの沿革史は田積法・租法の改定をともに一回限りと見る点に於いて極めて解し易く、令文転載説にとっては最も好都合なものと言わなければならない。というより、実は、このような単純な沿革史を描き得ることが令文転載説の一つの魅力であった筈であるにもかかわらず、これまで古記の記載に不当に拘束されて果されていなかったと言うべきであろう。即ち、右に示した沿革史は許され得る最も単純な経過を示した仮説であり、これに至る為の障碍は前節までの論証によって取り除かれたという訳である。なお、この立場をとるにしても改新詔の田積法・租法を浄御原令よりの転載とのみは言い切れず、大宝令よりの転載と見るべき可能性も残されていると言わねばならない。従って、その点をも考慮に入れて前図にならって図示すれば上の如くである。

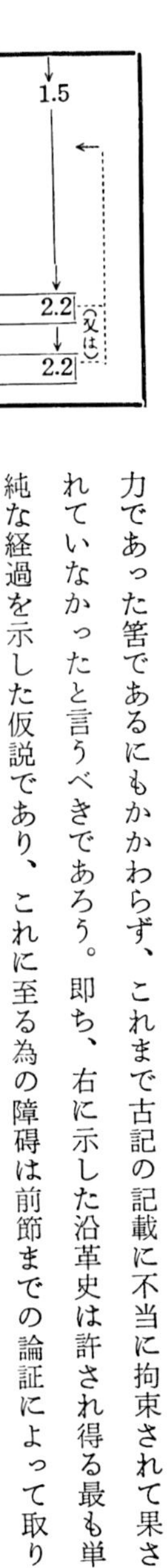

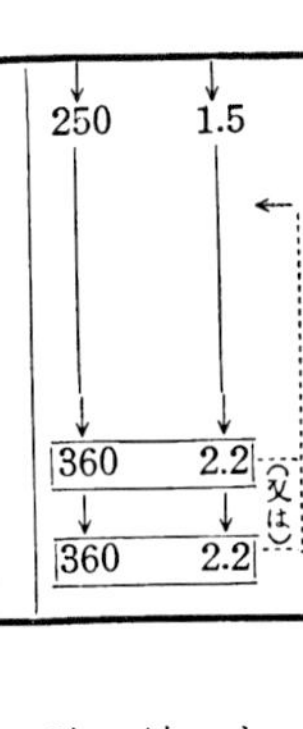

此処に於いて、右の第四説を加えて都合四箇の仮説が提示されたこととなるが、しからばその何れに従うべきかということが実は最も重大な問題と申さねばならぬ。そしてその際、転載説と非転載説との何れを可とすべきかということが先ず第一に決せらるべき問題であろうが、これは単に田積法・租法という限られた問題のみからは決し難いのであって、結局、改新詔全体の信憑性の如何にかかわる問題と言わなければならない。ただ、改新詔を信ずると田積法・租法の改定が余りにも度々行われたことになって、たしかに「あり得べからざることではないが、いささか複雑」であり、「不可思議な改廃」という印象は避けられない。そして、上来述べ来った処からは、この印象を払拭すべき材料は得られず、むしろ令文転載説の立場からの最も単純な沿革史を描く為の障碍が除去されるという結果になったの

であれば、令文転載説の方に若干の分があるのではないかとは言えるであろう。そして、その程度に於いて、逆に改新詔の信憑性を考える上に一つの材料を提供することになると言えるだけである。従って、繰り返し言うが、転載・非転載の何れの説に従うべきかは田積法・租法の問題のみからは決し難いということになる。

そこでこの際は、一応、両様の立場を認めるとして、先ず非転載説をとるとすれば修正坂本博士説に落ちつくであろう(1)。しかし、もし転載説をとるとすれば、修正津田博士説・修正井上博士説・第四説の何れを可とすべきであろうか。私は、転載説をとるならば第四説を以て可とすべきであろうと思う。転載説の生ずる所以が、「複雑」或いは「不可思議」な変改を克服せんとするものである以上、その点に於いて最も簡明な第四説こそ、令文転載説を代表し得べきものと思うからである。勿論この説にも弱点がない訳ではない。就中、白雉三年条を完全に無視して了う点は問題であろう。この点は井上博士説に於いては誠に巧みに生かされており、従って、修正井上博士説が或いは真実を伝えているのかも知れないが、しかしこの条を完全に生かすということは如何にしても肯い難い。かと言って、この条下の記事を完全に作為、或いは混入として無視して了うことは、やはり一抹の不安が残るようである。白雉三年頃にやはり何か田積法や租法の双方または何れかに変化があったのではないか、つまりこの記事自体は疑わしいにしても、その背景に何らかの制度の改定または制定を想定すべきではないかという疑問を全く消し去る訳にはゆかない。その点は確かに弱点と言えば言えるであろうが(2)、その点を考慮に入れても、なお、田積法・租法の改定を浄御原令における一回限りと見る点に於いて、第四説は有利な地歩を占めていると言うべきであろう。なお、その際、改新詔の文言を浄御原令のものとも大宝令のものとも見得ることは前に指摘した通りであるが、何れかといえば浄御原令のものと見る方が良いように思う。改新詔中の凡条を複数の令からの転載と見れば大宝令転載説もなり立つ訳であるが、そう見る場合には、個々の凡条にその典拠となった令を比定するにあたって恣意的主観的分子の混入を避け難いこととなるので、一応、浄御原令よりの転載と見ておく方がよいと思うのである。

以上は、もとより、転載説の立場に立つとすれば、という仮定の上に立ってのことである。非転載説に立つ修正坂本博士説は依然として成り立つ。そして右にのべた第四説と修正坂本博士説との差は、ただ転載説をとるかとらぬかという史料批判の立場の相違のみによって生ずるものである。

これを要するに、

(1) 令前制は浄御原令施行直前の田積法・租法と考うべきこと、

(2) 田長条古記の田積法改制説は、当面の問題に関する限り、その史料性は甚だ乏しいか、極言すれば皆無なること、

(3) 以上の二点から、既往の三学説はそれぞれ修正さるべきであると共に、最も簡明なる沿革史を提示する第四説の形成が可能なること、

以上の諸点が、本章に於いて私の言わんとした処なのである。

註

（1） 附記でふれる田中卓氏の説（「令前の租法と田積法の変遷」芸林九―四）もまた非転載説に立つ学説としては有力なものと言うべきである。

（2） この白雉三年正月条（「自二正月一至二是月一、班田既訖、凡田長卅歩為レ段、十段為レ町 段租稲一束半 町租稲十五束」）について、今宮新博士が「上代土地制度の諸問題」（「史学」三一―一～四）に於いて次の如く述べておられるのは参考すべき意見である。即ち、この

白雉三年正月条の「段租稲一束半、町租稲十五束」の分注は、慶雲三年の改制を記したもので後人の加筆と見ざるを得ない、また、同年四月条の「是月造二戸籍一、凡五十戸為レ里、毎レ里長一人、凡戸主皆以二家長一為之、凡戸皆五家相保、一人為レ長、以相検察」の記事を戸令と比較してみると、この「凡」以下の記事は戸令の為里条・戸主条・五家条のそれぞれの初句を以てあてていることが分る、これを以て推測すれば、前記正月条の「凡田長卅歩云々」の句が田令田長条の初句を引用したものであろうということが明らかであろう、と。

〔附　記〕

以上の考察は、昭和三十年に発表した旧稿(1)に若干の補訂を加えたものであるが、(2)この最初の発表と殆んど時を同じくして亀田隆之氏もまた私見とやや異なる新見を提示され、(3)その後、喜田新六氏・田中卓氏はそれぞれ既往の学説を批判して共に新説を提唱せられた。(4)これら三氏の説には傾聴すべき点も多く、また私見を支持しておられる部分もかなりあるが、しかし、当然のことながら私見に対する批判も多く含まれている。しかし、その批判を受けた現在でも、なお私見の大筋については訂正する必要を認め得ないので、敢えて以上の如くほぼ旧稿のまま提示した。ただし、このようなことは、私見に対する批判に如何にお答えし得るかということを明らかにした上でなければ許されないことであろうから、以下、その為に若干筆を費したいと思う。拙論に対して批判の労をとられた各位の学恩に対しては、この機会に深く感謝の意を表わす次第である。

最初に、念の為に三氏の説の結論だけをかかげて置こう。

先ず亀田氏は、改新詔浄御原令潤飾説に立ち、大化前ミヤケに於いて行われていた一〇〇代三束(成斤)制が、大化後班田法の施行に伴って全国的に普及して行った、そして浄御原令に至って、三六〇歩一段・租稲二束二把（不成斤）制となり、この田積法の方は行われたが、租法の方は実際には行われることなく、旧来通りの成斤による租法即ち一段一束五把（二段三束）制が行われ、大宝令の施行に至るまで続いた、と言われる。

次に喜田氏もまた改新詔令文転載説に立って、大化の頃には五〇〇歩一〇〇代の田制と一〇〇代三束（成斤）の租法とが行われていたが、白雉三年、田制は二五〇歩一段・一〇段一町制となり、租法はこれに伴って一町一五束（成斤）となった、その後、浄御原令で三六〇歩一段・一〇段一町制となり、租は一町二二束（不成斤）となって、これが大宝令に引きつがれた、とされる。

これらに対して田中氏は、この問題に関して従来とりあげられて来たすべての関係史料を肯定する立場に立ち、大化二年に三六〇歩一段・租稲二束二把制が定められたが、これは方針の宣言で、実際には白雉三年に田積法のみが実施せられ、租法は旧来慣行の一束五把（成斤）制が行われた、その後ある時代に、田積法は二五〇歩一段の大化前代の旧制に復旧したが、浄御原令または大宝令によって三六〇歩一段・二束二把制を回復した、と解されている。

ところで、この問題は、前にも述べたように多くの推定的な要素の混入を余儀なくされるので、如何なる説であっても、何れも自らを絶対に正しいとして他を排し得るほどに強力なものはあり得ないと言ってよい。従って、前記の亀田・喜田・田中三氏の説に対しても、それを全くあり得ざることとして批判否定し去るということは勿論出来ない相談であるし、私自身その意志はない。そこで以下の記述では、これら三氏の説に対する批判は省略し、ただ、私見に対して直接むけられた批判に対してだけお答えするということにしたい。

先ず、亀田氏の説の中で私見とかかわりのある点を述べると、私が慶雲三年格に見える「令前租法」を浄御原令前の租法と解したことを、氏は「苦しい解釈」として斥けられた。私自身はすこしも苦しい解釈であるとは思わないが、仮りに苦しい解釈という評に甘んずべき点があるとしても、大宝令以前に令が二回または少なくとも一回は施行されているのに——これを全く認めないのなら話は別である——その時代の租法を「令前」の語で示す不自然さを解消するには、私見の如く解するのが最もよいと思うので、この解釈は依然として固執したいと思っている。尤も亀田氏とても「苦しい解釈」とは言われたが、「成り立たざる解釈」と言われた訳ではなく、従って私見の成立の可能性そのものは認められるようであるから、これ以上この点にかかずらわる必要はない。(5)

次に喜田氏の説の中で私見を批判された点は、私が日本書紀その他の田積関係の記事によって三六〇歩一段制の浄御原令創始を間接に推察し得るとした点に対してである。即ち、「頃」を以て表現されているのは単なる水田ではなく、しかも地積をおおまかに表示した数であり、一方「町」を以て表現されているのはすべて小面積の水田賜田の記事であって、比較の対象が厳密を欠くから根拠が薄弱だとされるのである。これは如何にも尤もな批判のようであるが、しかしそれでは持統四年以後に頃や代を示す史料が存せず、持統三年以前の記事に町の単位が全く現われていないのは何れも偶然だということになる。或いは偶然かも知れないが、私にはどうも偶然とは思われないのである。また面積の大小ということも問題とされているが、(3)より前の示例に見える二万頃や四千代は町に換算して四十町・八町であり、逆に(4)より後の示例に見える四町・十町・四十町等は代に換算して二千代・五千代・二万代であって、このようにそれほど大差のない例もあるのである。また、(5)では「宅地」が町で示されていて、決して水田のみが町で示されている訳ではない。何分にもあまり多くない史料に基づいて推定せんとするのであるから、その根拠がどうしても確固たるものとなり難いのは、古代史の研究に通有の宿命であると言えよう。従って、これらの史料に対する私の解釈がよりよき史料解釈の提示に遭って退場を余儀なくされる可能性のあることは十分覚悟の前であるが、要するにまだその必要を認め得ないということである。(6)

最後に田中氏の説であるが、これは現在のところ、最も新しく発表された説であり、それだけに先行の諸説はみな殆んど全面的に批判を蒙っている。勿論私説もまた相当詳しく批判されているが、以下、直接私説を批判された主要な三点についてお答えして置きたい。

その第一点は、私の浄御原令三六〇歩一段説の前提となる大宝二年戸籍記載の「受田」についての解釈に対する批判であるが、これについては本編第二章第二節に於いてお答えした訳であるから、此処では繰り返さない。

その第二点は、田令集解田長条所引の古記の解釈をめぐってである。氏は、(イ)先ず私が古記の「田長卅歩広十二歩為段」を大宝令文の引用に外ならないと見ることを早計とされ、これを大化改新詔と考え得ることを主張される。(ロ)次に私が「更改段積為二百五十歩、重復改為三百六十歩」の部分を和銅六年制に対する誤解を示す為の仮想の作文と見ている点について、古記記載の全体から見て、令制と和銅制との差異の説明の為には、このような仮想は別に必要のないことであり、また不自然なことであるとし、更に私が(a)「田長卅歩………重復改為三百六十歩」の部分と(b)「又雑令云………以六尺為歩」の部分とを併列関係と見ているのを、年代的に一貫したものと見る方が穏当であるとされている。(ハ)そして更に最大の疑問として、「更改段積為二百五十歩」の部分を和銅六年制の誤解と見ることを仮りに承認しても、次の「重復改為三百六十歩」の部分は一体いつの改制と誤解したと見ればよいのか、事実上は大宝より天平に至る四十年足らずの間は一貫して三六〇歩一段制であったのに、如何に説明の為とはいえ、一度ならず二度までも〝誤解〟を想定することは無理であり、殊に「重復改為三百六十歩」の如きは誤解の拠って生ずる理由さえも見出し得ないのではないか、という点をあげておられる。

これらの中、先ず㋑であるが、これは田中氏御自身も大宝令文と見る方が、古記として、より自然なことは十分認められての上でのことであるから、私もまたあまりこだわるべきではないであろう。ただ前に「即」字の使用について述べた「直接的演繹的な説明」というのは――これは田中氏も認められた――大宝令の註釈書たる古記に於いては、その註釈の対象たる大宝令文に対してなされると解する方が遙かに自然であり、むしろこの点を出発点としてこれ以下の古記の文章の解釈に立ちむかうべきだ、というのが私の根本的な立場で、これは今以て変らないことだけは述べて置きたい。

次に㋺について言えば、なるほど氏の言われる如き批評もその限りでは成り立つかも知れない。しかし逆に言えば、この古記の問答の答の部分には「然則時人念、令云二五尺一、格云二六尺一、即依二格文一、可レ加二一尺一者、此不レ然」とあって、和銅六年制に対する誤解が事実存したか、乃至存するおそれがあったことを示し、且つ、その誤解を解いて見せているのに、もし、問の方に見える田積改制説が事実を示したものならば、この答に対応すべき問は見出せないということになるとも言えるではないか。また、(a)と(b)とは田中氏の如く年代的に一貫したものと見るより、併列関係と見る方が穏当であろうと思う。その理由の一つは、この両者が「又」字でつながれていることであるが、それは暫く措くとしても、この(a)と(b)との部分がこの後で「令格之赴幷段積歩改易之義」と質問者自身によって要約されていることは見逃せないであろう。此処では前の(a)・(b)とは逆に(b)・(a)の順序にならべ変えられている。これは普通ならば、文章のアヤにすぎないと言いたい処である。しかし、このような倒置は年代的に一貫した記載順序をもつものに於いては行ない難い処であり、単なる併列関係にあるものの場合に容易であることも、この際考えて置く必要がある。

最後に㈧は田中氏の最も重視される処である。しかし、これも遺憾ながら私説にとっては打撃とはならない。和銅六年制を二五〇歩一段制（高麗尺六尺一歩制）と誤解したという想定を認める限り、これが天平年間現行の三六〇歩一段制と異なる以上、和銅―天平の間に二五〇歩制→三六〇歩制の改変を想定するのは論理上必然であって、それはもう一度、二五〇歩制→三六〇歩制という観念を裏づける現実がなければならないとか、大宝より天平に至るまでの期間が短かいとかいうこととは無関係のことである。この古記に前述の如く「時人念云々」と見えるように、たしかに和銅六年に一歩の長さが一尺長くなった、従って一段の歩数が少なくなったのだ、と解する向きがあったか、或いはそのおそれがあったのであり、しかも天平当時三六〇歩一段制であったことは疑いのない事実であるから、もし実際に誤解した人がいたとすれば、その人は和銅六年以後の某時期に再び三六〇歩一段制に戻ったのであろうと考えた筈である。またもしそういう誤解をした人が実際にいたのではなくて、ただそのおそれがあったという場合でも右の事情は変らない筈である。従って、もうすこし叮寧に表現すれば、私の想定している誤解とは、和銅改制の時点に於いてではなく、天平という時点に於いて「和銅六年の改制によって高麗尺六尺一歩制、従って二五〇歩一段制が採用され、その後いつか再び三六〇歩一段制となって天平時代に至った」という、一時点に於ける一つの誤解が存した、乃至そのおそれがあった、ということである。今、もし和銅六年制を誤解して二五〇歩一段制の採用だと考えた人が天平当時に実在したと仮定すれば、その人は、和銅以後に何ら尺度に関する改制を示唆する現実がない以上、現在の時点たる天平当時に於いても依然として二五〇歩一段制が行われねばならない筈だ、つまり現在全国的に行われて誰もあやしまない三六〇歩一段制はおかしい、と考えるであろうか。それとも、この和銅制は現行のものと異なるから、恐らく中間に改制があったであろうと考えるであろうか。田中氏流の議論の進め方の帰結は前者となり、私の言わんとする処は後者であるが、その何れが常識的であるかは言を用うるを要しないと思う。要するに和銅六年の尺度改正令を段積歩改制と誤解したという解釈の仕方を全く認めないというのなら話は別であるが――田中氏は根本的にはこの立場に立たれるのであるが、その点について此処で云為しているのではない――仮りにもこれを認めるとすれば、それに引き続いて再び段積歩改制のことがあったと誤解したと想定することも、やはりあり得ることとして認めらるべきであって、この点に関しては批判さるべき弱点はない筈であると思う。

以上の如く、田中氏の批判の第二点中、(イ)と(ロ)とについては田中氏の解釈によって私の解釈がその存在を拒否される訳ではないし、最も重視される(ハ)についてはこれは全く当らざる処と言わざるを得ない。かくては私はこの古記の解釈をめぐる批判に対しては十分お答えし得ると信ずるのである。

田中氏の批判の第三点は古記の史料性に関してである。私はこの部分については二段・三段に議論を用意し、最終的には、古記は日本書紀を見ていたに違いないから、古記は改新詔の信憑性に関しては独自の史料性を主張し得ないことになり、更にまた大宝令以前の田積法の沿革を探るに当ってもこの古記にそれ程強く拘束される必要もない、ということを述べたのであるが、これに対して田中氏の批判される処はどうしても私には肯けない。私が言っているのは、古記作者は日本書紀の改新詔に基づいて田積法三転説を立てた可能性があり、この可能性が否定されない限り、改新詔の信憑性に関する論証に於いては古記に独自の史料性を認める訳にはゆかない、ということなのであって、これは文献学的な命題として当然のことであろうと思う。(7) たしかに田中氏の言われる通り、古記が日本書紀を見ていたであろうということと、日本書紀によって文をなしたであろうということとは必ずしも一致しない。しかしこれはあくまで「必ずしも一致しない」というにとどまるのであって、日本書紀によって文をなした可能性までも否定し得るものではないことは勿論である。田中氏御自身「たとへ古記を以て改新詔の実在を証明する積極的史料とすることは出来ないにしても」と言われているが、私が「独自の史料性を主張することは出来ない」と言っているのは、まさに此の「積極的史料とすることは出来ない」と言われることに外ならないのである。

以上、田中氏の提示された主要な批判点についてそれぞれお答えし得る途のあることを示した。前掲の亀田・喜田両氏の批判に対する解答と併せて、今日なお私が旧説を墨守する所以をほぼ明らかにし得たと信ずる。

註

(1) 拙論「大宝令以前の田積法・租法について」(「芸林」六―五)。
(2) 特に八八頁〜九〇頁の㈢の部分は旧稿「浄御原令の班田法と大宝二年戸籍」(「史学雑誌」六三―一〇)の一部を移して増補した。
(3) 亀田隆之氏「日本古代に於ける田租田積の研究」(「古代学」四―二)。
(4) 喜田新六氏「日本古代における田制租法の変遷」(「歴史教育」四―五)、田中卓氏「令前の租法と田積法の変遷」(「芸林」九―四)。
(5) なお、ついでに申し添えると、亀田氏は、私が持統三年八月丙申条の「武庫海一千歩内」なる記載に基づいて二五〇歩一段制の存在を認めているように記述されているが(亀田氏論文一五〇頁)、これは何かの誤解であろう。私は五〇〇歩一〇〇代制の存在を考えたことはあっても、二五〇歩一段制の存在を主張したことはない。旧稿(「浄御原令の班田法と大宝二年戸籍」史学雑誌六三―一〇、一六頁)に於いて「五百歩百代(一段に換算して二五〇歩)制」なる語を用いたのが却って誤解を招いたのであろうか。私としては、この一段二五〇歩制の存在に疑を持ったればこそわざわざ「換算」の語を用いて表現したつもりであった。

（6）その外、喜田氏は、私説の如き令前の五〇〇歩一〇〇代の田制から浄御原令の三六〇歩一段・一〇段一町制への転換は少し飛躍的であるとも言われる。即ち、この間に中間的な段階を考えた方が転換が円滑に行われるようだとされるのである。しかし、これはどのようにでも考えられることであって、殆んど問題にする必要はないと思う。

（7）田中氏は、私が「古記作者が、日本書紀の大化二年条に三六〇歩一段の田積法の記載されてゐる事を知り、且つ、それ以外に依るべき資料を持たなかつたか、乃至は書紀の記載から自由であり得なかつたとすれば」と述べたことをとらえて、これらの仮定は否定することは困難だが、同時に証明されざる仮定であって、この仮定が実証されなければ、古記の史料性を否定し得ない、とされる（田中氏論文、三四頁註3）。しかし、少なくとも史料の独自性に関してはこれは論理が逆であろう。このような仮定、即ち、史料としての独自性に対する欠格条件の存在が実証されれば、勿論その史料の独自性は失われるのであるから、その史料の独自性を主張する際にはこのような欠格条件の存在しないことを証明する必要がある。しかし、逆にその史料が独自性を主張し得ないことを示すには、そのような欠格条件の存在することを証明するまでもなく、ただその存在の可能性を指摘すれば足りる筈なのである。

第四章　班田収授法の組織とその沿由

以上、三章にわたる記述によって、大宝令に於ける班田法関係条文の復旧、その法意の検討、浄御原令班田法の一部の推定、大宝令以前の田積法・租法の沿革史の再構成などを一応終えた。此処から出発して、更に浄御原令に於ける班田法の全容、更にそれ以前の班田法、大化当時の班田法へと遡及して追求の手を伸ばすべきであろうが、それには拠るべき史料が殆んどなく、諸般の事情から臆測を重ねてゆく以外に方法がない。従って、ここで一たん追求の手をやすめ、とりあえず大宝令制による班田法の組織内容をまとめ、且つ、その個々の規定の生じ来った沿由について能う限り明らかにして置きたい。ただし、大宝令制として疑いのないものに限って採ってゆく方針なので、令集解の明法説や延喜式の規定などは、原則として取り上げないこととする。なお、便宜上、およそ養老田令の順序に従い、十六項目に分けて箇条的に記述することとしよう。

一　田積法は高麗尺五尺一歩制による三六〇歩一段・一〇段一町制をとり、田租は不成斤で一町二二束とする。

この田積法・租法の沿由については前章で詳細に述べたので、此処では省略に従う。

二　男は一人あたり二段、女はその三分の二たる一段一二〇歩の口分田を給する。

先ず第一に考うべき点は、男子一人の班給額を二段としたことの理由である。この規定が、大宝令から何処まで遡るかは厳密に言えば不明と言う外はないが、しかし、浄御原令では町・段・歩制がその田積法として採用されていたと考えられることは前に述べた通りであり、且つ、筑前・豊前・豊後の基準授田額の中、最も額の大きいものが男子一人一段二四〇歩であったことから判断すると、浄御原令ではこれより若干多い程度、つまり大宝令制と同じ二段であったと推定して差支えないであろう。この二段という田積は、周知の如く、古い田積法たる代制で示せば丁度一〇〇代にあたる数値である。二段という数値には、例えば唐の均田法に於いて丁男・中男の給田額が丁度一頃であるような落着きは少ないが、一〇〇代という数値ならばそういう基本単位としての落着きが感ぜられる。恐らく、はじめに男子一人一〇〇代という規定があり、それが町・段・歩制の採用と共に二段と換算されたと考えてよいと思う。しかし、それ以上のことは分らない。

次に女子の分を男子の三分の二としたことである。これは少なくとも前述の如く浄御原令まで遡ってあとづけられるが、[1] わが班田法の母法たる唐の均田法に於いては原則として女子には給田されることはなかった（寡妻妾の場合には例外的に三十畝給田）。そして却って北魏・北斉等の制度にはこれに類した規定があるので、わが班田法はそれらの北魏・北斉の制度を採用したのではないかとも言われている。しかし、これは実は誤りだと言わざるを得ない。その詳細は後述にゆずるが、（第二編第二章第二節及び補説参照）要するに唐より前の均田法に存したのは丁妻給田制とでも称すべきもので、わが班田法の女子給田制の祖型と見なし得る性質のものではないからである。

かくてこの女子に給田したことは恐らくわが国独自の創意であろう。それが如何なる観点に基づくかは他の諸点と共に後述にゆずり、此処では何故に三分の二としたかという点にだけ触れておきたい。この三分の二という男女比が偶然なされたものではなく、意識的になされたものであることは、位田の場合にやはり女が男の三分の二とされていることによっても疑いのない処である。ところで唐の僧尼・道冠に対する給田の規定にこれと類似のことがある。これは六典巻三戸部の条に見える処であって

凡道士給田三十畝、女冠二十畝、僧尼亦如之、

というのがそれである。(2) これは通典等には見えないものであるが、かつて玉井是博氏の言われた如く、(3) 一般に六典記載の均田法の内容はこれを唐の均田法制定当初からのものと考えて大過ないであろうから、わが律令制定者の参考とした唐令の中には、この規定があったと考えることは許されると思う。女冠及び尼は当然配偶者のないものであるから、この規定は北魏・北斉などの「婦人」の場合と違って純粋に女性なるが故にのみ男性の三分の二とされたと解して良い。従って、これはわが班田法が男女の給田額比率を三対二としていることの依拠と想定しても差支えない条件を具備している。恐らくはこの規定などを参考としてわが班田法の男女給田額の比が決定されたと考えてよいのではあるまいか。そしてその女子減額の理由は、唐にせよ日本にせよ、結局は男女の体力の差・消耗の差に求むべきであろう。ただしそれが当時の生活様式に於いても正に三対二に相当するものであったなどとは考えられないが、しかし日唐の立法者が彼らなりに此の点に注目して三対二としたということは肯定さるべきであろう。

また、三対二という比率を実施する為には、法定班給額がこの比率に適した三の倍数の値をとっていなければならない。従って、この三分の二制は五〇〇歩一〇〇代制の下に於いては存在し得ない。従ってこれは浄御原令施行直前には行われていなかったであろう。前述の如く一〇〇代の租を三束と定めた令前の租法が浄御原令施行直前の租法ではないかと考えられるからである。ただし、更に遡って大化当時に於いてもこの規定が存在しなかったとは必ずしも

言いきれない（改新詔の三六〇歩一段制は簡単には否定し切れない）ので、此処ではこの点は保留して置きたい。

三　ただし、班年に先立つ造籍時、厳密には手実提出時に満六歳未満の小児には班給しない。

この所謂「五年以下不給」制は一般に言われるように、六年一籍・六年一班制と関係が深いことは察するに難くない。しかしその関係について、六年一班制の成立を受田年令を六歳と定めたことに起因すると解する向きもあるが、これには賛し難い。前に述べたように、浄御原令に六年一籍・六年一班制の存したことは想像に難くないが、その際六歳受田制は未だ成立していないからである。即ち浄御原令に於いては戸籍在籍者全員に受田資格があり、「五年以下不給」制は大宝令に至って成立した制度である。とすれば、これは受田年令の引上げを図ったことを意味する。そしてその際、立法者の頭には既に浄御原令の規定によって受田している戸口（要するに前回の班田の基礎となった戸籍に登載された全戸口）が、大宝令の新しき受田年令規定の初度の施行によってその資格を失うことのないようにという配慮が存したと想像して差支えない。即ち前回の造籍時に於ける戸籍登載者（浄御原令の班田法によって既に受田している者）は、新受田年令規定施行の際の造籍時に於いては、その間正確に満六年を経過して、何れも満六歳以上となっており、前回の造籍時以降の出生者（即ち、生後始めて戸籍に登載される者で、旧来の浄御原令の班田法のままなら、この度受田の対象となるもの）は、何れも決して満六歳に達することはない。そこで大宝令の新班田法に於いて受田年令を引き上げんとする時に満六歳を経過したものを受田資格者とすれば、既得権を侵害される者は存せず、また既得権なき者が班田の対象となるということもない。これは結局、今回始めて受田資格を得べき筈の者の資格取得の機会を、全員残らず次の造籍時までおくらせることになる。即ち一回だけ足踏みさせたことになる訳である。

従って、言うならば、六歳受田制の成立が六年一籍・六年一班制と深い関係にある、というべきであろう。(4) 尤も、以上の論に対しては、それは浄御原令の全員受田制説を認めるからそうなるので、むしろ逆に、六年一籍・六年一班制が浄御原令にあるのなら、そのことから浄御原令でも六歳受田制であったことを考うべきであろうと反論される向きもあろう。しかし、それでは何故に六歳という年令を採用したかは全く説明が出来ない。六年一籍・六年一班制下に於いても、何も始めから六歳受田制を必然的に採用しなければならない理由はなく、三歳受田としてもまたは十二歳受田としても一向に差支えない筈である。また、逆に六歳受田制の方を主にして考えて見ても、それだからいって六年一班制は必然ではなく、十年一班でも毎年班田でも一向に差支えないのである。現に唐の均田法では十八歳受田制で毎年班田が行われる。(5) 従って、この六歳という年令の採用については、一般に、幼児の死亡率の高いことなどに基づいて——この点は別の意味で重要で、それは以下に述べる通りである——彼らが一個の人格として一人前でないから、というようなことによって説明する外はないことになるが、この程度の理由によるのであれば、「五年以下不給」というような余り普通でない年令表記に従ってまで六歳受田制を採用せずとも、仮寧令にいう「无服之殤」と合わせて「七歳以下不給」とするか、或いは戸令に見える丁中制のどれかの年令と一致せしめて置いた方が、よほど分り易く且つまた実際の取扱上便利であろうと思う。繰り返して言うが、従来なされて来たような説明では、一般的な意味での幼児不給田制ということは説明し得ても、六歳受田制（「五年以下不給」制）という具体的な年令の決定された理由は終に説明し得ないであろう。

要するに私は、この六歳受田制を班田法の成立と共に古いと考えては、その六歳と決定した確然たる理由を見出し得ないが、これを六年一班制・全員受田制実施後に於ける改訂と見れば、その六歳受田制を採用した理由と、「五年以下不給」の如き普通ならざる表現を用いた理由とを、ともに合理的に明確に説明し得ると思うのである。

然らば何故に大宝令に至って受田年令の引上げを図ったか、ということが次の課題でなければならぬ。これは一般に班給すべき田地の不足ということもあろう。(6) それはそれで必ずしも否定し難いが、更に考うべきことは、幼児の死亡率の高いということである。このことが現実の浄御原令による班田法の施行上に如何なる影響を及ぼすかというと、収公及び班給事例の頻繁さをもたらすと言わなければならない。換言すれば、各戸当りの受田額が頗る不安定となるということである。浄御原令による班田事務の実際を考えると、その戸に一人の生益者もなく、また一人の死亡者もなければ、それは旧来の口分田保有をそのまま認めれば良いのであるから、班給手続きとしては最も簡便であろう。その逆に受田者中の死亡者が多く、そしてそのような戸が一般に多ければ、それだけ収授の手続は煩雑となることは言うまでもない。従って受田年令をたとえ少しでも引上げると言うことは、幼児死亡率が高いという事実の存する以上、それだけこの煩雑さを解消し、口分田保有の安定を増す所以である。恐らくこのような事情が勘案され、それに水田の不足というような事情も手伝って、受田年令の引上げが図られたのではあるまいか。(7)

四　その地方の水田に余裕があり、または不足するような際は、国司が地方条例ともいうべき統一的な基準を設定して班田額及び班給比率を若干斟酌してもよい。また易田は他の一般の水田の倍額を給する。班給が終れば、その面積及び四至を記録にのこす。

口分田として班給される田が、水田であることは、田令には規定がないが、後世、山城・阿波の両国に限って陸田を交えて班給することが特例として認められていることから明白であろう。(8) その水田に過不足の存する際に於ける班給額調整の規定、即ち「従郷土法」制は、前述の如く既に浄御原令に存したと思われるが、現存の唐令逸文の中にはこれと同趣旨の規定は見られず、ただ開元二十五年令の注の中に寛郷の三易以上の田についての特例として「依郷法」ということが見えるだけである（附録参照）。

五 狭郷に於いてはその国郡の人でなければ田を給せられない。ただし、特別な勅による賜田はこの限りではない。また、どうしても水田が不足する時は寛郷に於いて、その本貫地たる国郡より隔てて給することを許す。これらは唐令に沿由のあるもので、特に言うべきこともないが、唐令との表現の差に注意すると、わが令に於いては「土人第一主義」とでも言うべきものが、より明確に打ち出されていると思う（附録参照）。

六 王事によって外国へ出かけて還って来られないものの分は、その同居の親属がある場合は、その収公のチャンスを一回だけおくらせて、不還認定後二度目の班年に収公する。本人が還って来た時は、その本人に給する。もし王事によって死亡した場合はそのものの分は子に伝えることを許す。

この規定の沿由は唐令にあるが、唐令で「六年乃追」とある処が「三班乃追」と変えられているのは、毎年班田制と六年一班制というシステムの相違によるものである。そして収公猶予期間は、これを唐制より短かくないように、しかもあまり長すぎないようにして、六年一班制システムの中で設定すれば、六年以上十二年未満即ち「三班乃追」ということになろう。なお、この規定は養老令で「十年乃追」と改められた。

七　口分田の賃租は官司に届け出た上で一年を限って許される。

これは厳密に言えば唐令には相当条文が存在しないので、恐らくわが国の独創と思われるが、その沿由は明らかでない。賃租を一年に限ることについて、石母田正氏は

私は今ここでは一応、それは村落の共同体的慣習に基くものであること、即ち村落共同体内に自由な小作が行はれる場合、それを一年に限定することによつて、土地の小作を一時的偶然的なものとなし、永代小作による各農家の村落の耕地に対する比較的平等な所有の崩壊を防止しようとする共同体的な制約に起源するものであると考へておかう。この太古から村落内に発生した慣習が、永代小作による班田農民の私的占有の強化を恐れ、かつ農村の階級分化の激発を防止しようとした律令体制によつて別の理由と利害から法制化されたのであつて、公田の賃租が一年に限られたのもその一つである。

と述べておられる。(9) 賃租そのものは大化前代から存在したであろうと思われるが、それを一年に限定することもまた大化前代からの旧慣かどうか分らない。要するに証明の不可能なことである。しかし、石母田氏のこの考え方は許され得る推察の有力な一つであろう。

八　口分田の班給に当っては、なるべく受田戸の便を考え、その家の近くに田を給する様にする。もし国郡堺の改正によって、口分田がその本貫と異なる国や郡に属するようになった場合や、現在の口分田が接続している(一括性を有している)場合には、班給し直さないでもとの場所にそのまま口分田の保有を認める。その本貫たる郡に水田がない時は、隔郡に於いて受田することを許す。

この規定は殆んど唐令のままであって、何処までわが班田法として積極性を持った規定であったかは疑問である。ただ、住居に近く田を班つことは、大化二年八月の詔中に

凡給レ田者、其百姓家近二接於田一、必先二於近一

と見えており、班田法に於いては古くから留意したことの一つであったと考えてよい。その際この規定は「百姓の家が田に近接している時は、必ず近い家を先にせよ」という意であるから、大宝令の規定との間にすこしニュアンスの相違を生ずることになるのは興味深い。即ち大化二年八月詔では、水田を主体として、その田になるべく近い家に班給すると言い、大宝田令では、家を主体として、その家からなるべく近い田を給すると言うのである。これは前者が班田制施行初期の規定として、口分田を給せられる家全体のことを考慮しているのに対し、後者が班田法成立後或る程度の時間的経過を経た後の規定として、戸内の新規受田者に対する班給分だけについて考慮している処から生じた相違ではあるまいか。

九　口分田は六年毎の班年に班給する。

この六年一班制の採用については、これを六歳受田制から説明すべきでないことは前述の通りである。しからば何によったかと言えば、それは六年一籍制によったものに外ならない。その六年一籍制は更に言えば唐の三年一籍制に基づき、その期間を倍にして六年一籍制と決定したものであろう。恐らくこれは官司の行政手続きの煩雑化を恐れたものと思われる。それはさておき、この六年一班制と六年一籍制とが密接な関係にある許りでなく、造籍と班田そのものが密接な関係にあると思う。この両者の密接な関係を最も肯定しておられるのは徳永春夫氏で、造籍のあったこ

とが証明されれば、班田もまたほぼ行われたと考えてよいとされる程である。[10] 私もまた、この造籍と班田との密接な関係を肯定する。勿論、造籍が班田の為にのみなされたなどと考えるものはあるまい（従って私は造籍を以て班田実施の間接史料とすることまで主張するつもりはない）。しかし、もし造籍が課役賦課の為になされたのであれば、それは六年毎ではあまり役に立たず、その為にこそ毎年作製される計帳が存在しているのである。また、定姓ということも造籍の果た重要な機能であろうが、しかし、定姓の目的のみならば戸籍という戸口調査的形態をとる必要はなく、従ってまた六年に一度の割合でアヂャストを繰り返してゆくほどのこともあるまい。要するに造籍の主要な目的は当時の用語で言えば「編戸」、即ち全人民・全家族を律令行政上の最末端組織たる公法上の戸に編成することにあったという外はないであろうが、[11] 班田は正にこの造籍時に把握された各戸の家族構成に基づいて行われるべきものであった（従って班田の実施が造籍後あまりおそくなることは家族構成の変化を生じて不都合である）。即ち班田は造籍に随伴した。これは現実には奈良時代の事例によって立証される。後に述べる如く、奈良時代には造籍期間がそれぞれ然るべき理由によって特例的に七年となったことが二回あるが、その二回とも班田期間もまたそれぞれ七年となっており、その後再び六年に戻っているのである（第三編第二章参照）。即ち、端的に表現すれば、たまたま「七年一籍」であればそれに応じて自動的に班田も「七年一班」となるのであって、この「六年一班」制の六年は「六年一籍」を前提としてはじめて意味があり、造籍期間と一致せしめるという意味である。つまり機械的に六年に一度班田を行うという意味ではないことを、くどいようだが注意して置きたい。

なお、造籍と班田との年度の関係については、令文には何の説明もないが、令集解の明法説は殆んどすべて次の如きスケジュールを提示しているので、これに基づいて説明のなされることが多い。

元年		2年			3年
11月上旬		5月30日	10月1日	11月1日	2月30日
造籍			校勘造簿	班田	

しかし明法説の成立した平安初期も含めて、現在知られる限りの史料からは、このようなスケジュールで造籍と班田が行われたことの立証される例は全くない。今、現在知られる限りの史料からは、と言ったが、それは遡っては持統四—六年の造籍・班田年度までそうであって、大宝令制定以前からのことであり、従って、この場合、明法説は徒らにあり得べき法理を抽象的・理論的に追求したにすぎないと評せざるを得ないことになり、この明法説に基づいて造籍と班田との年度関係を説明することは無意味である。

ところで、この六年一班制の創始は何時にあるのであろうか。これも厳密に言えば分らないという外はないことであるが、しかし推測する途が全くない訳ではない。それは前述の六年一班制が六年一籍制を前提とするということからの推測である。六年一籍制の存在は現在の古代造籍年次研究の成果から言えば、先ず浄御原令を遡らないと見るべきであろう。勿論、造籍年次の決定には推定的な要素が多いが、持統四年の庚寅年籍以前、庚午年籍に遡るまでの二十年間に造籍のあったことを想定するのは困難であろう[12]。そして、この二十年という間隔は確かに六年一籍制の不存在を想定せしめる。従って、恐らくは六年一籍制とそれに伴う六年一班制は浄御原令にはじまると考えて差支えないものと思う。

なお、この六年毎の口分田の班給が、各戸の口分田を全部割り替えるものではなく、異動のあった戸口の口分田のみについて行われるものであることは、後に触れる通りである（第三編第二章第二節参照）。

一〇　口分田は終身の用益を許される。死亡による口分田の収公は班年に行われるが、それには二通りの場合があって、生後はじめて田を班給されて二度目の班年を経験しない中に死亡した者の口分田は、収公の班年を一回おくらせて、その次の班年に収公する。それ以外の一般の死亡者は死亡後最初の班年に収公する。

この規定の前半、即ち「初班死三班収授」制が唐令はもとより、先行の浄御原令にもない大宝令独自の規定であることは前に述べた通りである。そこで此処では、何故これが大宝制令時に採用されたかという点を考えてみよう。

前述のように、大宝令では「五年以下不給」制を立てることによって旧来の受田年令を引上げた。これは実質的には各戸の受田額を減少せしめる措置である。それでは具体的にどの程度の減額となるか、大宝二年の西海道戸籍残簡に見える実在の戸を例として調べてみよう。先ず筑前国嶋郡川辺里の卜部志都麻呂の戸[13]であるが、この戸の戸口は男九人、女一四人で、この中「五年以下不給」制の適用を受けるものは男二人、女五人である。そこで令法定の受田額によって計算すると（浄御原令でも男一人二段という推定に基づいて）、浄御原令制では三町六段二四〇歩、大宝令制では二町六段となり、これは三割近い減額である（この場合、大宝令制というのは、「初班死三班収授」を無視しているので、この分は計算に入っていない）。勿論、この国では郷土法によって減額されて班給されているから、この国の基準授田額を用いて計算し直してもよいが、その際とても、浄御原令制と大宝令制との減額の割合そのものは大して変らない道理である。また、豊前国仲津郡丁里の丁勝馬手の戸[14]に例をとると、この戸の戸口は男九人、女六人で、この中「五年以下不給」制の適用を受けるものは男二人、女二人である。そこで再び前と同じ計算をくり返えすと、浄御原令制でならば二町六段、大宝令制でならば一町九段一二〇歩となり、二割五分強の減額である。要するに「五年以下不給」制のみが実施されると、従来に比較して約二、三割がた各戸の受田額が減少するのである。そこで、この減少分に対する反対給付として与えられたのがこの「初班死三班収授」の規定であろうと思うのである。もとよりこれは減少分のすべてを補うに足るものではない。仮りに初班死だけでなく死亡者全員の収公について「三班収授」制をとったとしても、大宝令制の方が受田する前に死亡する者が多いことになるから、それだけ受田額の減少は避けられない。まして、初班死の場合にのみ「三班収授」制をとるに於いておやである。しかし前述したように、当時、水田の不足という現象が既にはじまっていたであろうという推定に立てば、受田額の減額ということはやはり要求されていたであろうから、「五年以下不給」制採用による減額分を完全に補うことは意味をなさない。従って減額分に対する反対給付は、その一部を回復する程度にとどめられるのがむしろ当然であったと思うのである。また、「五年以下不給」制は幼年者の受給権を奪ったが、これと、この「初班死三班収授」制という、受給者中の最年少者の死亡についてのみ収公期を延期する特例を認めるやり方とは、その精神に於いて一脈相通ずるものがあると思う。更に、この「初班死三班収授」制の採用によって、生前・死後を通じて最低十二年間の口分田保有が保証されるということも、口分田保有の安定をはかるという意味で「五年以下不給」制の採用と相通ずるものを持っていると考えられるのである。なお、この「初班死三班収授」制は養老令では廃止された。

一一　口分田を還公する時には、戸主はその田積をはかって、なるべく一筆の田地を還公しなければならない。
これは唐令に相当条文が見当らないので、恐らくわが令の独創であろうが、何時にはじまるかは定かではない。そしてこれが口分田の散在形態を反映したものであることは後述する通りである（第三編第三章参照）。

二　口分田班給の手続きとしては、京国官司は班年の正月末までに太政官にその旨を申告し、十月一日から班給に必要な校田帳・授口帳の整備を行い、十一月一日から新たに班給される戸主を集めて、その面前で給する。そして翌年の二月末日までに終る。

この規定について考うべきことの一つは、班田法の施行担当者である。勿論、これは一般には「京国官司」が行うべきであったが、ただ畿内の場合には特に班田使（司）の任命・派遣が行われた。このことは大宝令には格別規定されていないが、しかし、これが大宝令以後の改正によって生じたものでないことは、持統六年に畿内に「班田大夫」が派遣されている（後の例から見ると、大和・河内等の国毎に大夫を派遣したのであろうか）ことによって明白である。[15] この畿内班田使のことは、この後天平元年に至るまで記録上に現われて来ないので[16]――この間三十七年、班田のチャンスは五回あった――或いは畿内班田使は必ずしも毎回設置されなかったのではないかとも疑われるが、しかしこの後の状態から推して、特にこの期間だけ畿内班田使派遣のことがなかったと考えるより、通例として存続していたと見る方が無難なようにも思われる。この点は如何とも決しかねるが（第三編第二章参照）、とにかく大宝制令時以前から畿内班田使派遣ということがあったし、後にもまた行われた。ただし、それがいかなる理由に基づくものであるかという点についての適確な説明は見出し難い。

なお、ついでに言えば、滝川博士や今宮博士は畿内の校田には校田使なるものが任命されると説明しておられるが[17]、これはさきの畿内班田使の如く古い起源を持つものか否か頗る疑わしい。畿内校田使の史料上の初見は延暦四年であって、これは勿論この時以前の畿内校田使の存在を否定するものではないが、畿内校田使はこの頃に採用された制度ではないかと思われるふしがあるからである（第三編第二章参照）。また両博士は畿外の校田は国司もしくは巡察使が行うと言っておられるが、[18]巡察使が校田をするのはその本務ではなく、たまたま天平宝字四年の巡察使に特に便宜上その任務を負わせたにすぎないのであって、これを一般化するのは無理であると思う。

次にこの規定については石母田正氏に説がある。[19]氏は田令に「総集応受人対共給授」と見えているのを重く見て、これは「村落の農民が参加することを規定せるもの」乃至「村落民の集合を必要とした」と理解され、「村落のどの耕地をどの位の面積で各農家に班給するかは村落自身の決定（村落全体による共同体的解決）に委せられたと見る外はない」としておられる。しかしこの田令班田条は全文が唐令を殆んどそのままうつしたものである（附録参照）。従って、石母田氏の最も注意される村落農民の参加集合という点は、わが令の起草者が石母田氏の説かれる如き現実的な必要から規定したものかどうかは不明であって、むしろ唐令のままに（「応退」の二字を省いてわが班田法との齟齬を除いた上で）この文言を採用したにすぎないと考える方が簡明ではあるまいか。ともかく、私はこの条文にそれほど積極的な意味を見出すことには賛し難い。

一三　口分田を授ける順序は、課戸を先にし不課戸を後にし、口分田の無い戸を先にし、口分田の少ない戸を後にし、貧戸を先にし、富戸を後にする。ただし、口分田を還公する戸の内に新たに受田する者がある場合は、不課戸であってもその同じ戸に優先的に班給する。

これは唐令と殆んど同一で、わが班田法に於いてどれほどの積極性を持つものであるかは疑問である。

一四　官戸公奴婢には良民と同額の口分田を給する。家人私奴婢には良民の三分の一の口分田を給する。

この中で官戸公奴婢については分らないが、家人私奴婢については前述のように浄御原令にも同様の規定があったものと思う。この規定は唐令と異なる点だけに、その沿由が最も問題となるが、この際もまた唐では奴婢に対して給田されず、北魏・北斉等の均田法に於いては奴婢に対する給田が行われているので、例えば、滝川博士はわが国の制度は北斉の制度をもじったものであると言われ、このような理解が一般的に行われているようである。しかしこれも前述の女子給田制の際と同様疑問と言わなければならない。その詳細は後述するが(第二編第二章第二節及び補説参照)、要するに、彼に存在したのは租調負担奴婢給田制とも称すべきものであって、わが無差別奴婢給田制とは趣きを異にする。従って、この奴婢給田制もまたわが班田法の独創にかかるものである。

次に、奴婢の給田額を良民の三分の一としたことは、恐らく浄御原令に始まると思う。これは女子の給田額の処で述べたように、三六〇歩一段制の存在と不可分的に結びつくが、この三六〇歩一段制は浄御原令施行直前には認め難いからである。ただ、大化当時に於ける三六〇歩一段制規定の存在がむげに斥け難いとすれば、男女の給田比率三対二と同様、この良賤の給田比率三対一もやはり大化当時存在したことを否定する訳にはゆかないようであるが、しかし、私は大化当時の班田法に於いては奴婢の給田額はこの様に少なくはなかったのではないかと思っている。大化改新が改新前の旧豪族勢力を殆んどそのまま持続せしめたという理解の仕方は今日ほぼ認められている処であるが、その際、これらの豪族が直接所有していた田地は、彼らが所有していた奴婢の数とおよそ比例していたであろうから、班田法の施行によって彼らの所有地を激減せしめないためには、その奴婢の給田額を良民に比較して三分の一という少額にすることは出来ないことであったろうと思うのである。そしてまたこのことは逆に言うと、奴婢の口分田額を良民の三分の一とすることは、奴婢所有者層にとっては、口分田額の減少を意味するのであるから、それが行われるというのは、それにふさわしい時代に於いてでなければならぬ。ところで、浄御原令の制定時、即ち天武朝がそれにふさわしい時代であるかと言えば、それは誠にふさわしい時代であると申さねばならぬ。天武四年二月、これより先きに諸氏に賜授の部曲を廃止し、また、親王・諸王・諸臣・諸寺の山沢島浦林野陂池の私有を廃止、五年四月・八年四月・九年四月・十一年三月と続く食封の位置変換・整理・全廃、[20]これら一連の現象はまさに右に述べた奴婢の給田額減少の措置と等質の現象と見得るであろう。このような点から、私はこの制度は恐らく浄御原令にはじまると信じて差支えあるまいと思っている。ただし、良民の三分の一としたその三分の一という数値が何に基づいて決定されたかはよく分らない。

なお、同じ賤民でも官戸・公奴婢に対しては良民と同額であって家人・私奴婢とは相違がある。この相違が何に由来するかということは、わが班田法の立法精神の一斑を窺うに足るものと思うが、これについては、徴すべき材料が殆んどないので、適確なことは分らない。[21]

また、田令集解の明法説では、雑戸・陵戸にも良民なみの口分田が給せられたとしているが、これは条文の論理解釈上当然許されるものである。

一五　全戸逃走の場合三年、戸口逃走の場合六年の追訪期間中に発見されなかった場合には、その戸または戸口の口分田は、この収公事由発生後最初の班年に収公する。それまでの間は、全戸逃走の場合は同里（郷）内の五保及び三等以上の親、戸口逃走の場合は同戸のものが租調を代輸して口分田を佃食する。[22]

この規定の沿由については不明である。[23] なお、養老令では追訪期間がすぎると直ぐ収公するように改められた。

一六　口分田が交錯している時は、双方にその意志があれば官司に交換を申し出ることが出来る。しかし、口分田は売却することは許されない。

口分田の売却禁止は直接にこのことを示す史料は存在しないが、唐戸婚律の諸売口分田条をわが養老の戸婚律は「凡過ニ年限一賃ニ租田一者……」と改めているので、この条文の論理解釈によって養老律令では口分田の売却は禁止されていたと見る外はない。そしてこれは大宝律及びそれ以前の規定に於いて異なっていたとは考えられない。

註

（1） その旁証として持統紀六年三月甲午詔「賜下天下百姓困ニ乏窮一者、稲男三束女二束上」をあげることが出来る。ここでは男女に賜う稲の量の比が三対二となっていて、その背景に当時男女の何かについて三対二の比率をとることが当然とされていたことを推知せしめる。その何かの一つを口分田の班給額と見ることはそれほど的をはずれたものではあるまい。なお、この史料について、特に注目されたのは亀田隆之氏であるが、氏はこれを租額との関係について考えておられる（「日本古代に於ける田租田積の研究」古代学四―二、一五五頁脚註）。当時一段につき一束五把の成斤による租法が行われていたという氏の主張が正しいとすれば、男子は二段の口分田の租として三束、女子はその三分の二の受田額として二束となって、この詔文と束数が一致して来る。恐らくこういう点を重視されてこの詔を租額との関係に於いて考えられたのであろうと思われるが、私には、租額と等量の稲を下賜したというような場合を想定してよいかどうか分らないので、ただその男女の比が三対二となっていることを重視するにとどめて置きたい。

（2） この規定は『唐令拾遺』に於いては

〔開七〕・〔開二五〕 諸道士受老子経以上、道士給田三十畝、女官二十畝、僧尼受具戒准之、

と復旧されているが、これは唐六典と白氏六帖事類集とに拠ったものである。ただし、当面の問題たる「女官(冠)二十畝」の部分は唐六典にしか見えないものである。そこで、此処では『唐令拾遺』から引用せず、直接、六典から引用した。

（3）玉井是博氏『支那社会経済史研究』所収「唐時代の土地問題管見」二七頁〜二八頁。

（4）田中卓氏は、私が「浄御原令の班田法と大宝二年戸籍」(「史学雑誌」六三―一〇）に於いて、「(大宝令において）何故に六才以上を以て受田年令としたかといふことであるが、これは恐らく六年一籍・六年一班制と関係があると思はれる」と述べたことの逆手を取って、「この推論を裏返へせば(中略）浄御原令制下にあつても、六年一籍・六年一班制が行はれてゐる以上、六年受田制の方が、一歳受田制よりも可能性が多いといふことにならう」と述べられたが（「大宝二年西海道戸籍における『受田』」社会問題研究　八―一）、これは論理上の誤りをおかしておられる。私が単純に「六歳受田制が六年一籍・六年一班制と関係がある」と述べたのであれば、これを裏返して、田中氏の如く主張することも可能であろうが、私の言わんとする処が、本文で述べる通り、「六歳受田制の成立が六年一籍・六年一班制と深い関係がある」という点に存することは言うまでもない。従ってこれを裏返しにしても田中氏の如くにはならない。

（5）今宮新博士は「上代土地制度の諸問題」(「史学」三一―一〜四）に於いて、「もし我国に於いて一才受田制が行はれたとすれば、班田は毎年行ふべきことが原則とならざるを得ないことは明白であらう」とか「もし一才で受田資格があるとすれば、毎年その年に生れた者に口分田を与ふることとなり、毎年班田が原則となるのであるが……」等と述べておられるが、これは殆んど理解に苦しむ処で、何か誤解されているのではあるまいか。博士の論法でゆくと、「もし六歳で受田資格があるとすれば、毎年その年に六歳に達した者に口分田を与えることとなり、毎年班田が原則となる」ということも同様に可能となるのであって、要するに受田資格年令が何歳であろうと、毎年班田制は成立し得る筈であるし、勿論六年一班制も成立し得る筈なのである。

（6）尤も大宝の頃に班給すべき田地に不足を来していたということを直接示す史料はない。しかし、養老年間に至って突然「田地窄狭」(三世一身法）などになる筈はないので、この頃から田地の相対的な不足という現象が起りつつあったと考える程度のことは許されるかも知れない。

(7) 私は、かつて前掲(註4)論文の結論に於いて、受田年令引上げの理由を口分田の不足を補うことにのみ求めたが、その後、再検討の必要を認め、旧稿「大宝・養老令に於ける口分田の収授規定」(「法制史研究」七)の四六頁註(8)ではその旨を断って置いたが、今、本文の如く改める。

(8) 続日本紀天平元年十一月癸巳条、「又阿波国山背国陸田者、不レ問二高下一皆悉還レ公、即給二当土百姓一(下略)」。これは延喜式にまで受けつがれている。延喜民部式上「凡山城阿波両国班田者、陸田水田相交授之」。

(9) 石母田正氏「王朝時代の村落の耕地」(三)(「社会経済史学」一一―四)。

(10) 徳永春夫氏「奈良時代に於ける班田制の実施に就いて」(上)(「史学雑誌」五六―四)。

(11) 天平六年出雲国計会帳には、天平五年八月送到文書として「応編戸状」なるものが見えている(大日本古文書一の五九二頁、なお、同五九〇頁にも「応戸編状(ママ)」と見えている)。これは天平五年十一月から造籍にとりかかるべきことを命じたものに外ならず、造籍=編戸なることを示し、また、他の史料によってその存在の認められている天平五年戸籍が、天平五年から六年にかけて造られたもの、つまり、戸籍に冠せられる年次は造籍開始年のものであることがはっきり分る。なお、岸俊男氏はこの時の応編戸の中央に於ける発令を七月頃と見ておられる(「郷里制廃止前後」(下)日本歴史一〇七)。

(12) この点については、第三編第一章の註(5)参照。

(13) 大日本古文書一の一二一頁~一二三頁。

(14) 同前、一六三頁~一六四頁。

(15) 日本書紀持統六年九月辛丑条。

(16) 続日本紀天平元年十一月癸巳条。なお、これより後にはしばしば記録上に見えている。

(17) 滝川政次郎博士『律令時代の農民生活』・今宮新博士『班田収授制の研究』。

(18) 同前。

(19) 石母田正氏「王朝時代の村落の耕地」(二)(「社会経済史学」一一―三)。

（20）日本書紀天武四年二月己丑条・五年四月辛亥条・八年四月乙卯条・九年四月是月条・十一年三月辛酉条。

（21）この問題を考えるに当っての一つの手がかりは、官戸・公奴婢の口分田と家人・私奴婢の口分田との間に、班給額の量的な相違の外に、租の輸不に関する質的な相違の存することである。即ち、家人・私奴婢に班給される口分田は、他の一般の口分田と同様輸租田であったが、官戸・公奴婢に班給される口分田は不輸租田であった。律令時代の田種の中、不輸租田とされたのは、寺田・神田、位田及び職田の一部など特殊な田であって、この点を考えれば、官戸・公奴婢への給田は一般の良民や家人・私奴婢への給田と簡単に同一視すべきものではないと言わねばならない。概括的に言えば、家人・私奴婢の口分田は良民のそれと同質であって数量上の差があり、官戸・公奴婢の口分田は良民のそれと数量を等しくしながらも異質のものであった、と言えるのである。

此処で唐の制度を見てみると、官戸には良民の二分の一の田が与えられたが、官奴婢には全く与えられなかったようである。この点について、玉井是博氏の「唐の賤民制度とその由来」には、「官奴婢は長役にして上番なき代りに日々公糧を給せられたるを以て田を支給する必要はなかつた。然るに官戸は一年に三箇月上番すれば足りる代りに、（中略）上番せる期間だけ公糧を支給さるるがその他の期間は自活せねばならぬ。その自活の資として百姓口分田の半を支給したのである。」（『支那社会経済史研究』一五九頁〜一六〇頁）と説明されている。この説明が正しいとすれば、官戸に対する口分田支給は結局公糧の支給と同性質のものに外ならないことになる。これを参考とすれば、わが班田法に於いて官戸・公奴婢に良民と同額の口分田を給し、それを不輸租としたのも、或いはこれと同趣旨のものと解すべきかも知れない。

なお、滝川政次郎博士の「律令の土地制度並に租税制度と家人奴婢との関係に就いて」（「法学協会雑誌」四三〜四・六）には、「大宝養老の田令が、富戸兼併の弊を来す憂のない官戸・奴婢等には、良人同額の口分田を給与した事は、田令が家人奴婢口分田の額を良人三分之一に減じた理由が、富戸兼併の弊を未然に防がんとする事にあつた事を語るものである。」と述べられているが、その結論の当否如何を問わず、その為に官戸・公奴婢同額給田制を引合いに出すことは問題であろう。前述の如き観点からすれば、官戸・公奴婢に良民と同額の口分田を給したのは、彼らが「富戸兼併の弊を来す憂のない」存在であったことに積極的な意味があった為とは言い切れないからである。

(22) 第一章第一節一の最後に復旧した大宝戸令戸逃走条による。

(23) 現在、この規定に相当する唐令の逸文は見当らないが、唐令にも類似の規定があって、それがわが戸令に継受されたと見られるふしがないでもない。詳しくは第二編第二章の補説参照。

第二編　班田収授法の成立とその性格

第一章　班田収授法以前の土地制度

わが国古代の土地制度は、大化改新を画期としてよほど明瞭となるが、それ以前のことになると、直接これを示す材料がなく、多く間接的な材料に基づく推定にたよる外はないので、あまり明瞭ではない。しかし班田法立制の意図と条件を探る為には、それ以前の土地制度に対する理解は不可欠の要件なので、出来る限りこれに肉薄して、その様相を明らかにする必要がある。従って、本編に於いては、先ずこの班田法以前の土地制度に対する検討から筆を起さねばならないが、前述のように、推定にたよることの多い問題だけに、学説史を追求してゆくという研究法が殊に要求されるのは止むを得ない。従って、本章の記述が学説史の検討に多く筆を費やす結果になることをあらかじめおことわりしておきたい。

第一節　学説史の回顧

1

わが国古代の社会経済史に関する研究は、大体明治中期頃から本格化して来たようであるが、その開拓者達は西洋経済史学の成果を吸収し、これをそのままわが古代史に応用せんとするに急であった為に、その所説はあまり実証的とは言えないものであった。そして勿論、古代の土地制度に関する研究に於いても事情は同様であった(1)。その間にあって、ひとり内田銀蔵博士の研究だけは(2)――最も初期に位するものの一つであるにもかかわらず――単に班田収授法に対する研究としてのみならず、大化以前の土地制度に対する研究としても価値の高いものであったと言わなければならない。即ち内田博士はメインやラヴレーの説と共にクーランジェの批判説をも紹介し、「一般に土地共有及定期班田の事実并に之に関聯せる諸問題は比較経済史上未だ決して充分に決定せられ了りたるものと云ふべからず」という処から出発し、むしろこの問題の解決に寄与する目的を以て均田法・班田法の比較研究を行い、両者の間に横たわる本質的な相違点を指摘し、この相違点の生じた所以は大化前代に班田類似慣行が存在した為と解する外はないという観点から、なお幾多の旁証を添えて(3)班田類似慣行大化前代先行説を提唱されたのである(4)。

その後、この内田博士の説が『日本経済史の研究』上巻に収録・公刊されるに先立って、吉田東伍博士もまた水口祭なるものの存在を前提とし、「天つ罪」に対する独自の解釈から上古に於ける水田の定期割替制の存在を主張され、(5)大正期までの学界は、ほぼこの班田類似慣行先行説を承認した形であった。

しかしその後、先ず内田博士の説に対しては、滝川政次郎・大森金五郎氏らによって反論が提出された。(6)それらは主として内田博士の説には文献的な徴証を欠くこと、及び均田法との相違点は班田類似慣行先行説を持ち出さなくても、彼我の立法精神の相違によって十分に説明されるという点の指摘に重点を置いたものであったが、殊に滝川博士は、この班田類似慣行先行説を批評して、「西洋の古代にあつたことは、又我が国の古代にもなければならないと考へる謬想から出た妄断である」とまで極言されたのである。内田博士が原始的土地共有制の存在を説く学説に盲従し、これを前提とすることによってのみ班田類似慣行の存在を説かれたのではないことは、前掲の引用文によっても知られる処であるから、この滝川博士の批評は酷評にすぎると思う。しかし一方、内田博士が「上古」に土地共有に基づく氏族制の時代の存在することを認め、且つその「上古」には大化前代の頃までを含ましめておられることも事実であるから、滝川博士流の批判の生じたのも故なしとしなかったのである。従って、その後津田左右吉博士の研究によって、大化前代のウジがクラン・ゲンス的な意味での氏族ではないことが明瞭にされるに及んで、(7)少なくとも文献学者の側に於いては、内田博士の班田類似慣行先行説はあまり評価されなくなり、代って滝川博士の見解が有力となって来る。殊に坂本太郎博士の『大化改新の研究』が、ニュアンスの相違はありながらも、結局この見解を推進され、且つ、発表以来意外に経済史家によって支持継承された吉田博士説の謂われなき所以を明らかにされたことは、(8)爾後の学界に於ける主導的な見解を定立した観があったのである。

しかし、この間に於いても班田類似慣行先行説が全く姿を消した訳ではない。即ち、小野武夫博士は万葉集に見える奈良時代の「標結」や現代の農村慣行、更に神話伝承をこの問題の解決の為に駆使され、土地の共有と定期割替の存在を主張された。(9) これは方法論上の新しさを持ち、単純に旧説をむしかえしたものではないが、しかし、津田博士の研究の成果が顧みられていない処にやはり根本的な欠陥があった。(10) また、少し遡って昭和十一年に発表された渡部義通氏の研究は、津田博士の研究を認め、大化前代をクラン・ゲンス的な氏族制の時代とは見ないが、しかしその遺制の存在した時代と見て、村落共同体内部に於ける共有耕地の割当制の存在を推定している。(11) これは内田博士の説が謂わば折衷的に生かされた如き見解であり、且つ、古代の土地所有関係をはじめて構成史的に把握されたものとして評価さるべきものであろうが、しかし、なお、史的唯物論の理論を素朴にわが古代史にあてはめたという印象をこばみ得ないものであった。

この外、赤松俊秀氏は滝川・坂本両博士の内田博士説批判を再批判し、更に全く独自の観点から班田類似慣行先行説の成立し得べきことを主張された。(12) 氏の説は、今日まであまり紹介・批判されたことがないように思うので、この機会にすこしく紹介し、且つこれに対する卑見を述べてみたい。

赤松氏は、大化元年九月十九日の詔から判断して大化前の屯倉・田荘は地子田であること、従ってその構造に於いて大化以後の乗田と全く同じと考うべきこと、然らば大化後の乗田及び初期荘園（共に地子田）の耕作者が班田農民であったことから判断して、屯倉・田荘の耕作者もまたそれ以外の恒久的な用益田に於いてその生計を維持していたと想定せざるを得ないこと、以上の諸点を主眼として、全国の耕作地の大半を占めた農民の一代用益田（屯倉田荘の耕作面積はこれに比べると狭いものである）は班田法の成文化されない状態であったとされる。そして滝川博士流の批判にそなえて、「我々が大化改新の直前に想定する田制は、人文の開けなかつた太古のそれでは勿論ない。逆に文化が栄え輝いた奈良時代の田制が、そのまま慣習として存在したと主張するのである」と結ばれるのである。この赤松氏の方法論は、大化後の土地制度の実態から大化前代のそれへ迫らんとするもので、その方法論自体はことに大化直前の土地制度を探る上には頗る有効なものであると思う。しかし、氏の立論の基礎にある「当時の状勢に於いては、地子田が存在すれば、我々はその地子田の外に地子田の耕作者をして一定の地子を貢納せしめる丈に、生計の基礎を与える班田の存在を想定せざるを得ない」という考えが一般的に成り立つものであるかどうかは疑わしいと言わなければならない。初期荘園が班田農民の余剰労働力によって開墾・耕作されたという氏の卓見[13]には私も服するものであるが、しかし、このような事実の存在は、地子田という僅かな同一性のみを導きの糸として前記の如き一般的帰結を約束するものではない筈である。此処に氏の説に於ける弱点の存することは否み難い処であろう。

2

以上の諸学説――少なくとも実証的な研究――は、内田博士以来の問題の立て方に影響されてか、主に班田法の前駆的制度という観点からこの問題を追求して来ていた。しかし、実は津田博士の研究以来は、問題は当然この観点をはなれてそれ独自の検討を要求していた筈である。そして前に触れた渡部氏の研究はそれに答えんとしたものであったと評せようが、これには前記の如き欠陥があり、より精密な実証と理論との統一が求められていたと言わなければならない。そしてこれに答えんとしたのが石母田正氏の業績に外ならないのである。

石母田氏の説は昭和十六年に相ついで発表された「王朝時代の村落の耕地」及び「古代村落の二つの問題」という二篇の長大な論文[14]にうかがわれるが、この二論文は発表後二十年近くを経た今日の学界に於いても、なお最も重きをなしているものであって、正にエポックメイキングなものであった。その説の大要は次の通りである。

先ず石母田氏は中世荘園の坪付からさかのぼり、奈良時代の史料を用いて、奈良時代の班田農民の所有地が分散していることを立証し、このような農民所有地の散在的形態が必然的にとる耕地の形態を欧州中世の村落の耕地形態に倣って錯圃形態と呼ぶことを提唱される。そして班田制自体にはかくの如く口分田を分散的に班給する必然性は全くなく、また、国家が班田農民の負担を平等にし、農民経営の維持存続をはかる必要から行なったとも解し難いとし、殊に欧州・シナ・日本の諸民族に於いて同様な耕地の形態が発見されたということは、それが人類の歴史に共通な事情から発生したことを物語るとされる。かくて「耕地が村落の共有として存し、村落の成員に定期的に分割され、一定期間の使用収益後更に耕地の割替が行はれるといふやうな農業共同体に於いては普遍的に認められる形式」が大化以前に存したとし、ただし、大化前代には既に耕地に対する各家族の私的占有は著しく早熟的に確立していたと考えられるので、それ以前の段階に於いて右の如き農業共同体が存在し、その遺制が土地共同所有の解体後に定着し、班田制によっても変更されず、中世にまで及んでいると解されるのである。従って、大化前代に於いては耕地の定期的割替制はもはや廃絶していたのであり、その存在を証明する資料として従来あげられた後世の資料は直接かかる慣行とは関係ないものであり、ただ中世荘園にまで見られる錯圃形態こそ、太古に於ける耕地の共同所有とその定期割替の存在を示すものであるとされる。次に主として大化前代の土地所有関係について、宅地・園地は鞏固な私有財産として家族の基本的財産となり、荒蕪地または空閑地は村落の完全な共同所有であったことが、後の律令制から遡及してうかがわれるとし、謂わばその中間に位するものとして耕地＝水田を考えておられる。即ち、水稲耕作は耕田に対する各農家の結合を強め、従って家族別の私的占有を早熟的に育成する傾向があり、また水稲はその性質上年々同一耕地に栽培しても収穫を減ずることなく連作の可能性があったから、この点からも私的占有は強められる、従って大化前代に於ける各農家の耕地に対する私的占有は既に永続的なものであった、しかし、耕地が単純に宅地や園地とは同列に置き難いものであったことは、後の律令制の検討からも考えられる処であって、「大化前代の村落においては、耕地に対する完全な私有財産権は未だ発達せず、個々の農家と耕地との関係は永続的な私的占有と規定すべきである」とされる。そして屯倉や田荘の如き大土地私有の発達は、そのまま村落内部の土地私有の発展の程度を測定するメルクマールとはならずとして反対論にそなえ、更にかかる耕地に対する私有権の発達を制約せる事情として、社会的分業の極度の未発達の為に共同体的結合が強く残存したからだと説明しておられる。また、荒蕪地については、万葉集に見える用益期間内に於ける一時的占有を示す標結慣行を古代からの慣行とし、大化前代の共有地の形態は、謂わば共同体の私有財産になっていない、それは当時の私有制の発達の段階に影響されたのではないかと推察しておられる。そして、以上の論に於ける所有の主体は、個別家族がまだそれから分離しないで包括されているところの一箇の封鎖的共同体としての「世帯共同体」であって、世帯共同体の私有財産とは構成員或いは若干家族の共有財産に外ならないとされる。およそ以上が石母田氏の説の要点である。

この石母田氏の説の中、班田農民の口分田や中世荘園の名田の散在形態を太古の共同体的分割の遺制と見る点は、岸俊男・宮本救・弥永貞三の諸氏が否定的な見解を表明しておられる如く[15]疑問であり（この点については第三編第三章で論及する）、また大化前後の共同体を世帯共同体と規定することも、その基づく理論自体に問題があろうし、またその理論を認めたとしても、その論証の主要史料たる奈良時代戸籍の性格から実証的な面で問題のあることも既に指摘されている通りである。[16]しかし、それらの点を除けば、大体大化前代六・七世紀の土地所有関係について、今日最も行われている説であって、今後の学界はこの石母田氏説の批判的摂取なしにはすまされないものと言えよう。それだけに一層慎重な検討を要するが、その一部は後述する如くである。

3

石母田氏の研究の後、この問題を論じた学者は割合いに少ない。石母田氏の論文発表後ほど経ずして発表された今宮新博士の研究、および戦後発表された中村吉治・三森定男両氏の論考等がその主なものであろう。

先ず、今宮博士の説[17]であるが、博士は先行の諸説を一々紹介批判し、その結果、班田類似慣行の先行を否定し、石母田氏説にも疑問を出された上で、御自身は田令を中心として古代の耕地所有形態を検討されたが、その結論として大化直前について述べられる処は、実は前述の石母田氏の説から殆んど一歩も出ていないように思われる。従って、今宮博士の研究は少なくとも大化以前の土地制度に関する限り余り重視する必要はないであろう。

次に中村博士の説[18]は、前に吉田博士の説の処でふれた「天つ罪」に対する詳細な再吟味を主要点として形成されたもので、「土地未分割として、耕作の分割という状体」がアマツツミに示される時代の状態で、これは、村の土地を村全体で持ち共同で経営している状態と、村の土地ではあるが家々が分割しているという状態、この二つの状態の中間的・過渡期的なものであるとされる。中村博士が社会制度組織の研究の進展に伴って土地制度の研究も進むであろうとし、その為に先人の用いた史料たるアマツツミの解釈を新たに試みられた点は評価されねばならず、またアマツツミそのものに対する研究としては出色のものと言わなければならないが、ただしかしアマツツミについては既に小野博士や石母田氏にも提説があるにもかかわらず全然これを顧みておられず、吉田博士の解釈のみを取り上げておられるのは不思議である。従って、「耕作期間の分割」という新しい概念を持ち出されているが、これが小野博士や石母田氏の言う「共有耕地の定期割替」ということと如何に相違するのか明瞭でないのが遺憾であると言わねばならない。(19)

最後に三森氏の説(21)を紹介しよう。氏の説はこれまでに見られないユニークなもので重要な問題点を含むものである。即ち、大化前に大土地所有の傾向のあることは、共同体内部に農地私有化の動きがすすめられた後であり、耕地割替慣行は水田の際は特別の場合をのぞいて必要もなければ望ましくもない、大化後の農民の口分田からの収入は最低生活費の五分の三ぐらいなので、各戸には口分田以外に少なくとも主食たる米を栽培することの出来る余分の田地が存在したのではないか、それは戸令や田令の条文の中にほんの僅かではあるが散見している、一般農民が令制施行の当初に既に口分田・宅地・園地の外に私有の田地を有していたと考えてさしつかえない、それは実は大化前代に農民が内村マルクと外村マルクの二つのカテゴリーの私有田を有していて、その中、大化改新によって収公され班田の対象となったのは外村マルクのみであり、内村マルクはそのまま彼らの私有地として認められたからであろう、と。

この三森氏の説は仮説として甚だ大胆で興味深いものであるが、遺憾ながら実証の方が伴っていない。氏の説には①農地所有展開の模式としての内村マルクと外村マルクの存在、②大化後の農民が口分田だけでは食糧にも足りず、何らかの米を作る田を保有していたに違いないとの想定、この二点が大きな支柱となっている。この中、①は結局実証出来ないことであるから支柱となし得るかは問題であるが、②は十分に氏の説の支柱とすることができる。つまり此の点を解決しない限り氏の説は崩壊することはない。そして実はこの点についての従来の説明は不十分であって、この問題はもっと前面に押し出されて再検討さるべき問題であろうと思う。従って私は、氏の説の有する問題提起的な意義を高く評価するものであるが、しかしその結論自体には賛し得ない。その理由については後に改めて述べよう。

以上、今日までに公にされた主要学説の概略を紹介しつつ、その間多少問題点を指摘して来た。この問題は一般に推定的な要素の多いものであるから、将来とも確固たる定説を得るという訳にはゆかないであろうが、現在の段階に於いて最も妥当と思う処を、如上諸点の批判を通じて私なりにまとめて置きたい。ただその場合、大化以前の土地制度について大略のことを何らかの実証に基づいて推知し得る範囲は、およそ六世紀以後のことに限られると思う。それは第一に、日本最古の文献たる記紀の原型をなすものの成立がおよそ六世紀のことであろうと考えられるからであり、(21)第二に、大化以後の土地制度から類推し得る範囲を六世紀より前に遡らせることは困難と思われるからである。そこで、以下、大体六世紀以降を大化前代とし、それ以前をすべて初期社会として、二節に分けて考察することとしたい。

註

（1）例えば福田徳三博士の『日本経済史論』（明治四十年刊、ただしDie gesellschaftliche und wirtschaftliche Entwicklung in Japan と題してドイツ語で発表されたのは明治三十三年）は、この時期の研究としては出色のものと思われるが、その所説は大要次の如くである。即ち、「凡ての水田及び陸田は氏人によりて共同に耕作され、其の収穫物が各氏人の間に分配せられたもの」と推断し、班田法はこの古習慣を参酌して制定したものと解している。この旁証としては、大和民族の発源地と考える古代シナ・現代ジャバに耕地共有の存する事実をあげ、また、当時の氏族には大氏と小氏とがあり、土地は大氏の共有、耕作は小氏単位、消費は戸単位と考えておられる。

（2）内田銀蔵博士「我国中古の班田収授法」（『日本経済史の研究』上巻所収）。本書の発行は大正十年であるが、緒論でものべたように、この論文が「我国中古の班田収授法及近時まで本邦中所々に存在せし田地定期割替に就きて」と題して東大大学院に提出されたのは明治三十一年の由である。

（3） 均田法との相違点の説明の為には班田類似慣行の先行を認めざるを得ぬ、という点をも含めて、次の九カ条を提示された。

(1) 大化改新後、班田法が速かに且つ円滑に実施せられたことは、これに適した事情があらかじめ存在したと推定せざるを得ない。

(2) 大隅薩摩に於いては、旧慣に反するとの理由で班田の実行がおくれたが、これは、他の場所では班田法が旧慣に反するものでなかったことを示す。

(3) 度地法・租法などでは明らかに旧慣を尊重しているのに、ただ班田法だけに限って新法を輸入するということは殆んど考えられない。

(4) 上古に於いては耕地の共有が普遍的であったと考えざるを得ない。

(5) 均田法との相違点は班田類似慣行の先行を想定しなければ説明に苦しむこととなる。

(6) 上古の社会組織は氏族共産の制であるから、この社会に於ける田地の定期班給は事理に於いて最もあり得べきことである。

(7) 改新詔に「初造戸籍計帳班田収授之法」とあることは妨げとはならぬ。

(8) 大化前代に於ける屯倉・田荘的大土地私有の存在も、その組織下にある田地は一小部分にすぎないものであるから、一般の田地に於ける村民の共産及び定期班給の存在を推定することを妨げない。

(9) 班田法が好果を収めることなく崩壊したのは、国民固有の習俗に反した制度であった為ではない。むしろ、速かに崩壊しうる原因をかかえ乍ら、とにかく、久しく持続した点を高く評価すべきである。

（4） その具体的な形としては、「其の田は、もと族若くは部に属するものと考へられ、族長若くは部長は之を其の族人若くは部民の各戸に適宜配当し、之を耕作せしめたることならん」と言われた。

（5） 吉田東伍博士『庄園制度の大要』（大正五年）。その説の大要は次の通りである。「毎年の春に、その水口祭をなし、斎串を立てゝ、その一年の田主を定める儀式を、一村多数の百姓立合で厳格に行」ったという前提に立ち、大祓の祝詞に見える天罪について、「田主の定まりし串を刺し替へることが、串刺の罪、田主の蒔いた後に、又占領を企てたのが、重播の罪、是らは正しく、上古の農業が、一村共同して、年々の田主を定めた時代の犯罪事件を示すもの」と解される。また、万葉集の「忌串立て神酒するまつる神主のうずの玉蔭見ればともしも」について、この神主は一村の祭司であり、その串は、その年の田主を定める為のもので、これはその時代の法式をうたったものとし、令に「凡春時祭ニ田之日、集ニ郷之老者一、行ニ郷飲酒礼ニ」とあるのが、この法式であるとされた。

（6）滝川政次郎博士『法制史上より観たる日本農民の生活律令時代上・下』（大正十五年刊、昭和十九年『律令時代の農民生活』と改題）・大森金五郎氏「大化改新前後の土地制度問題」（「歴史地理」六〇―一・二）。

（7）津田左右吉博士「上代の部の研究」（『日本上代史の研究』所収、初稿発表は昭和四年）。なお、わが国に於いて大化前代のウジがクラン・ゲンスと同一視されるようになった事情、及びその点から観た津田博士の業績に対する評価については、井上光貞博士の「庚午年籍と対氏族策」及び「氏族制に関する二つの理論」（共に『日本古代史の諸問題』所収）を参照されたい。

（8）坂本博士は「水口祭なるものゝ確実なる古書に記されたことを未だ見るに及ばない」と言われ、また「大祓詞や、日本書紀や、万葉集や、さては養老令やの語（中略）は決して水口祭の要素に対して必然の関係を持つものでなく、まして祭そのものの存在を示す如きは思ひも及ばぬことである」と述べておられる（三六二頁）。

（9）小野武夫博士『日本農業起源論』（昭和十七年）第二篇第二章「日本原始民の土地先占と用益慣行」（初稿発表は昭和十四年）。その説の大要は次の通りである。

先ず万葉時代、原野は多く無主であり、これに対して占有の意志表示と占有の確認の為に「標結」の慣習が行われた。それは木か竹かの簡単な標識を立てるだけで土地先占の形式が成立するのであって、この程度の標結やそれに伴う軽い排他的心理は当に時代相応の土地慣習を語っている。そしてこの標結は単に野生植物の採取のみを目的とするものであったのではなく、耕作の為に土地そのものの占有を意図するものと考うべきである。それは当時盛んに焼畑の行われたことによって想像される。また現存の部落有林野に於ける慣行を調査すると、焼畑を行う際の土地先占の形式は全く万葉時代のそれを彷彿せしめる。また、琉球・台湾・ツングースなどに於いても同様である。かかる土地先占の慣習は大化前に遡るものであろう。次に用益について言うと、弥生時代以降の土地用益は「概ね一定期間の占有に止つて、後世の如き永久私有にまで進んでゐなかった。」「土地は部族公有制であつたと言つてよい。」「唯水田に於ては水利の関係上立地的に制限せられ、次から次へと変更する訳に行かず、年々同一地域で耕作しなければならない。元来稲はその性状上年々同一場所に栽培してもその収量を減ずることなきがため、夙に連作の可能性が理解せられてゐた。それ故に水田耕作の場合に於ては耕作者間に土地の割換が常時慣行として実施せらるゝこととなる。」それは土地の生産力が場所によって異なり、自宅よりの往復の距離が遠近の差を生ずるので、それを平等化する為である。このことを間接的に立証するものとしては、記紀にスサノオノミコトがアマテラスオオミカミの御田に対して暴行したのは、「当時墾熟せる水田を割換へ、割換後における雙方の一方が不満を抱き、その不満を晴らすための意識行動の片鱗であつたと思はれる。」そして天罪の存在も「一地を永久に占有せず、何年か毎にそれを交換する慣習の下にあつたことを漠然ながら語つてをり、」「割換配当地に対する不平不備と言ふことを前提としなければ重播とか、串刺とかの抗争相剋は想像されない。」また万葉集に「上毛野佐野田の苗のむら苗にことは定めつ今はいかにせむ」とあるのは、水田の割換が行われて新たに占有すべき土地が定まったから、今は早や如何にしようも致し方が無いの意、また、「石上ふるの早田を秀ずとも縄だに延へよ守りつつ居らむ」「あしひきの山田作る子秀でずとも縄だに延へよ守ると知るがね」とあるのは、早稲田や山田が何人かに割り当てられ、割当てを受けた人が、その耕作地を確保する為に、新割換地に縄をはり、それを侵すことを防ごうとする意、と考うべきである。原始時代に於いては、土地は一般に氏族の共有であったが、降って、古墳時代となるにつれ、土地が族長の領土的性質を帯びるに至り、それを血縁集団たる大家族をして畑は焼畑式により、田は定期割換制度で耕作させていたと思われる。

(10) 小野博士の説に対して石母田氏は、註(14)所掲第二論文の(一)に於いて、「天つ罪」を重視すべきことを説き、未開社会に於いては一般に禁止的法令のみが発達する、それも公共的なものまたは共同の財産に対する侵害に関するものが圧倒的に多い、そこでこの「天つ罪」は共同の財産またはそう考えられているものに対する侵害と考えることが出来る、従って、「これらの罪が共同の土地を分割用益する農家の占有地に対する侵害と見られた小野博士の見解は、個々の農家の私有財産に対する侵害と見る見解に比較すれば遙かに初期社会に対する洞察を示すものである」と賞讃されつつも、しかし、これを以て大化前後の社会にまで引下げることはやはり困難であるとしておられる。

(11)　渡部義通氏「日本『古代』に於ける土地所有関係の発展」(『日本古代史の基礎問題』所収、昭和十一年)。その説の大要は次の通りである。

先ず、わが縄文時代の土地制度は「占有が則ち所有であるところの・而かもその主体は常に血縁共同体――おそらくは氏族乃至胞族――であつたところの土地関係、これが世界史的に共通せるわが原生的な土地制度であつた。」その後、弥生時代に入り、土地が生産の直接手段となるに及んで、これまでの原生的な土地共有制の上に「氏族・胞族及び部族領の一応の固定化と『領土権』の発達、氏族共有耕地及び世帯共同体によるその分割用益制の発生」などが見られるようになった。ところが共有地の分割耕作は世帯共同体の用益地私有化の傾向を促進し、私有地の発生を導いた。一般に土地の私有化は先ず宅地・園圃の上にあらわれ、ついで共同用益地内の自墾地を永続的な占有・用益する慣習が土地私有関係の萠芽となり、この自墾地私有制が共有耕地の割当てに於ける良田の追求、共有耕地そのものの侵蝕、他の生産手段特に労働力の取得に向わせる。一方、世帯共同体は「戸」へと変り、族長は社会的公僕から政治的支配者へと変らんとする。このような氏族社会は外部に向って富栄の原源を求め、征服戦が激化する。そして敗北集団は奴隷化されるか、または貢納制がとられる。そしてこの貢納制も恒常化と共に結局その土地に征服集団の勢力範囲たる性質を帯ばしめる。そして三・四世紀に入ると私有財産制と収取＝支配関係に基づく階級社会が形成される。それは鉄器生産の盛行によって土地の価値が加重され、土地が重要財産となった為で、「私有地は最早土地共有制に対して単なる従属的な形態ではなく、後者と相ならび・その存在は確立され・独立の意義をもつて来る。」そしてその所有者は強大な実力を有する族長や富者であった。かくて私有地は未開拓地にも及び、共有耕地の永久占有化が行われ、また、旧い共有耕地がそのまま族長家族の世襲私有地となる傾向もあった。かかる私有地が拡大し、兼併が行われて屯倉＝田荘の如き大土地所有を生み出すようになった。かくて土地貴族が各地に発生し、それらを更に兼併して中央貴族の大土地私有が展開した。ただし共有耕地の割当制は依然村落共同体の内部では行われたらしい。しかしそれは変質したものであって、生産経済主体は完全に父家長的家族であり、家族（戸）間には生産物の処分について何らの共同性もなくなる。

(12) 赤松俊秀氏「大化改新の田制改革に就いて」（「国民精神文化」六—四）。

(13) 赤松俊秀氏「公営田を通じて観たる初期荘園制の構造に就いて」（「歴史学研究」七—五）。

(14) 石母田正氏「王朝時代の村落の耕地」（「社会経済史学」一一—二・三・四・五）・「古代村落の二つの問題」（「歴史学研究」一一—八・九）。

(15) 岸俊男氏「東大寺領越前庄園の復原と口分田耕営の実態」（「南都仏教」一）・宮本救氏「律令制下村落の耕地形態について——特に口分田形態を中心に——」（「日本歴史」八六）・弥永貞三氏『奈良時代の貴族と農民』。

(16) 岡本堅次氏「古代籍帳の郷戸と房戸について」（「山形大学紀要〈人文科学〉」二）・岸俊男氏「古代村落と郷里制」（『古代社会と宗教』所収）・門脇禎二氏「上代の地方政治」（同前所収）・岸俊男氏『古代後期の社会機構』（新日本史講座）・直木孝次郎氏「奈良時代の家族と房戸」（「古代学」二—二）・塩沢君夫氏「古代籍帳の資料的価値について」（「経済科学」二—三）など。

(17) 今宮新博士『班田収授制の研究』（昭和十九年）。

(18) 中村吉治博士「古代日本の土地所有制について」（『土地制度史研究』所収、昭和二十三年）。

(19) なお、塩沢君夫氏の『古代専制国家の構造』に於いては、この中村博士の説がそのまま継承されている。

(20) 三森定男氏「班田制について」（「北海学園大学学園論集」二）。

(21) 津田左右吉博士『日本古典の研究』。

第二節　初期社会の土地制度

この問題については前述の如く幾つかの説がある訳であるが、石母田氏は「我が国の初期社会は土地共有をその出発点とし、その一定の発達段階においては土地割替慣行が存在し、かかる共同所有の解体後において始めて土地私有が発生した」と概括され、「土地の共同所有の解体の過程、耕地に対する農家の私的占有の発達の経過を歴史的に跡づけることは」「我が国においては不可能なことに属する」と言われる。これは確かにその通りであって、例えば渡部氏の説などはこの過程をむしろ理論的にのみ跡づけた如きものであって、石母田氏がこれを避けられたのは賢明というべきである。

しかし、石母田氏がその初期社会についての所説を王朝時代の村落の耕地形態から証明され得たりとされる点は従い難いので、本節では主としてこの点を問題としよう。

1

氏の説は先ず口分田が散在的形態をとっていたことの指摘から出発する。その為に用意された史料は、①文治二年の大乗院領大和出雲庄の坪付・②天平十五年弘福寺田数帳・③天平神護二年越前国司解・④山城国葛野郡班田図・⑤田令集解などである。この中、①は所謂均等名庄園の史料として著名なものであり、また、石母田氏が最も史料として重視しておられたものであるが、これを口分田の耕地形態の史料となし得るや否やは疑問であり、石母田氏御自身もその後の論文では異なった解釈を示しておられるので、(1)此処では省いた方がよい。また②については、石母田氏の史料解釈に誤りがあって、その史料としての力は石母田氏が考えられたものより減少するが、それでもなお、最小限ある郷戸の口分田が三カ処以上の場所に分散していたという一例だけは示し得る(補論第三章参照)。③以下についてはおよそ従って差支えない。従って、「班田制時代の村落に於ける農家の用益地が一段、二段と細分されて村落の各所に散在してゐたといふこと、換言すれば村落の耕地は細かい区劃に仕切られて、その狭い区劃に多数の農家の耕地が錯雑して入混つてゐた」という石母田氏の指摘は、その最初の「班田制時代」の語に「ただし、史料的に確実なのは奈良時代中期以後」という限定をつけた上で——即ち、班田法の制定施行の当初まで遡り得るかどうかは必要に応じて改めて検討の要がある、という条件つきで——支持するに足ると思う。

此処で問題はいかにしてかかる耕地の形態が成立したかという歴史的条件の検討にうつる。そしてこの点こそ石母田氏の説の中核をなすものであるが、その主要論点は以下の如くである。

〔A〕

(1) 耕地の有する様々な豊度や経営の為の便・不便を考えるならば、かかる耕地を農家が班給される場合、農家の班給地が散在的傾向をとらざるを得ないことは当然予想されるのであるが、しかし、それだけの理由では散在的形態をとる必然性はない。

(2) その必然性を理解する為には、当時の村落が、一つの村落共同体的性格を持ち、村落の生活を規定する共同体的精神の存することを知らねばならない。班田制によって土地を各農家に班給する場合、その班給額等の規定は国家の規定する処であるが、村落のどの耕地をどの位の面積で各農家に班給するかは、村落自身の決定に委ねられたと見る外はなく、村落自身の決定とは村落全体による共同的解決であった。

(3) 従って田令班田条にも、「至㆓十一月一日㆒総㆓集応受之人㆒対共給授」と班田に際し村落の農民が参加することを規定しているが、班給の額については法規に定められている処であるから、かくの如く村落の各農家の戸主が集合して国衙の役人とともに決すべき最も重要な問題は、村落のどの耕地をどの農家に配分すべきかということであったろう。この全農家にとって決定的な利害関係を持ち、しかも個々の農家の任意によっては決して解決することの出来ない性質の問題については、村落全体の共同的解決以外の決定の仕方は、大化改新前後の村落に於いて見出すことが出来ようとは思われない。

〔B〕

(1) 班田制は形式上は農民所有地の全部的な班給替えと見えても、実質上は大化前代の村落の耕地の形態を或る程度までは継承したものとも考えられるのである。その理由は次の如くである。

① 大化前代の村落に於いては、既に農民が自己の用益する耕地に対する私的占有は鞏固に確立されていたと考えられ、従って、それを全部的に班給し直すことは相当な困難を伴ったであろうし、また、この困難をおかしてまでやる必要はなかったであろう。

② 前掲の史料に見られる村落の耕地の存在形態は不規則であるが、もし班田制が農民所有地を全部的に班給し直したとすれば、はるかに整理された形をとったであろう。

③ 奈良時代の村落の耕地の錯圃形態がそれほど鮮明にして規則的なものでないことの理由の一つとして、班

田制以前の農民所有地の状態が残っているのではなかろうかと考えられること。

（2）班田は六年一班であるが、これは各農家の口分田の全部的な割替でなく、単に死亡者・逃亡者などの口分田を収公し、新たに六歳に達した男女に班給するだけであって、農家の基本的な口分田は依然変らなかったのである。

〔C〕

以上の論に対する反論として、班田制は班田農民の租調庸などの負担を前提とするものであるから、かかる班田農民の負担を平等にすることは、国家にとっても有利なことであり、農民経営の維持存続という観点からすれば必要であったという見解があり得る。しかし、これは次の理由によって支持し難い。

(イ) 村落の耕地の形態を規定する要因として国家権力の面のみを取り上げることは、先ず問題の全面的な理解を妨げるものである。

(ロ) 古代村落に於ける共同体的結合の強さを看却するものである。

(ハ) 班田制を含む律令制への無理解を示している。即ち、ⓐ班田制が耕地を平等に農民に班給しようとする場合、それは専ら班田面積の増減によって調節するのを例としたようである。即ち、易田の倍給とか、北九州戸籍に見える受田額が法定口分田数と一致しないのは口分田の田品を考慮したものと考えられるとかいうような場合がそれである。ⓑ更に班田制のみでなく、一般に田制に関する律令の規定は、それと根本的に矛盾しない限り、所謂「郷土法」即ち地方的な状況や慣習を基礎とするのをその精神としたのである。

(ニ) 欧州・シナ・日本等の諸民族に於いて同様な耕地の形態が見出されたということは、それが人類の歴史に共通な事情から発したことを証するものである。

石母田氏は以上の如く口分田の散在的形態の歴史的条件を考察された上で、その帰結として次の三点をあげられる。

〔Ⅰ〕王朝時代の村落の耕地の錯圃形態が班田制によって創造せられたものでなく、耕地の共同体的分割の表現であり、班田制は単にそれを定着化したに過ぎないとすれば、班田制以前の村落の耕地もまた必然的に錯圃形態でなければならなかったことは、論理的にも歴史的にも当然推定してよいことである。

〔Ⅱ〕大化前代に於ける村落の耕地の錯圃形態は、村落の耕地が共同所有から出発したことを前提とし、村落共有地の共同体的分割の遺制であったことをおのずから語っている。それはその以前の段階に於いて土地の共同所有にその基礎を持つ処の社会関係たる農業共同体の存在を必然的に証明する。

〔Ⅲ〕農民所有地の散在的形態が村落の農民に対して現実的な意味を持つためには、即ち、耕地のかかる形態の分割の形式が村落民の平等な利害を現実に表現するためには、耕地は定期的に割替えられなければならなかった。

2

以上の石母田氏の説には、古代村落の共同体的結合の強さというものが最も前面に押し出されて強調されている感がある。しかし、果して氏の言われる如くであろうか。

先ず〔A〕について………(1)に関してはほぼ問題はあるまいと思う。しかし、(2)は問題である。たとえ当時の村落が村落共同体的性格を強く保持していたとしても、そのことのみが口分田の散在的形態をもたらした必然性を説明するものかどうかは疑問で、これが氏の独断に非ざる保証は何もないのである。村落のどの耕地をどの位の面積で各農家に班給するかは、村落自身の決定にゆだねられたとのみ見るべきではあるまい。国家がその決定を行なった可能性は決して否定し得ないのである。これは〔C〕の㋑・㋺とも関連することなので更に後にふれるが、とにかく此の点について石母田氏のあげられた史料は、結局(3)のみである。ところが、これについては前に既に指摘した通りであって、この田令班田条の表現にあまり強い史料性を求めることは困難と言わなければならない(第一編第四章参照)。

次に〔B〕について……これは結局、史料のないことであって、その是非は何とも言えない。ただ条里制の施行による耕地の整理が大化前の農民の占有地に変化を与えたと思われるにもかかわらず、この点についての配慮を欠いているのが不思議である。なおまた、理由としてあげられたものの中、②は必ずしも賛し難い。「整理された形」というのが一円性を有するということであれば、国家によって積極的に散在的形態をとらしめたと解する立場からは逆の結論も可能であるからである。

最後に〔C〕について……この点が最も問題となる点であろう。即ち、この部分は当然予想される反論にそなえたものであるが、実はそれが殆んど成功していないのであって、この反論は最も有力な反論として成り立ち得る可能性を多分に残していると言わなければならない。以下、石母田氏があげられた理由㋑〜㊁を順次検討してみよう。

㋑……これは確かにその通りである。しかし、同時に古代村落の共同体的結合のみを取り上げることもまた問題の全面的な解決を妨げるもの、という評を甘受しなければならないであろう。

㋺……これもその通りであろうが、前項同様、一方に於いて国家権力の強さをも忘却すべきではあるまい。

㋩……班田制を含む律令制への無理解は、少なくともこの際はむしろ石母田氏の側にあるのではないかと思われる。

先ず⒜であるが、石母田氏の言われることには根拠がない。例としてあげられた易田の場合について言えば、隔年耕作地を倍給するのは当然であって、これは班田面積の増減によって田品をカヴァーして耕地の平等を実現せんとしたと解すべきものではない（しかもこれは唐の母法を継受したにすぎないのである）。また、大宝二年の北九州戸籍所載の受田額に過不足の存するように見えるのは、この受田額の計算には大宝・養老令に見える「五年以下不給」の規定が採用されていないことを看過して、六歳以上のもののみを受田口と見做して計算した為であり、「五年以下不給」を無視して計算すれば全く過不足はなく、口分田の田品を考慮した形跡の全くないことはさきに詳述した通りである（第一編第二章参照）。

次にⓑの「郷土法に従うこと」を「地方的な状況や慣習を基礎とする」と解し去るが如き点も、これまた却つて律令制への無理解を示すと言わなければならない。即ち、「郷土法」とか「郷土估価」というものには、それが地方の慣習であることを示す史料は全くないのであって、その文字面にとらわれた解釈にすぎず、これが国司がその部内に於いて一律に実施すべき謂わば地方条例の如きものであることもまた前に述べた通りである（第一編第一章参照）。従って、この郷土法の存在から前述の如き石母田氏の議論を導くことは誤りである。

㈡……これは特に積極性を持つものではない。同様な耕地の形態が、更に同一の発展段階で発見されるのでなければそのようには言えず、同一の発展段階のものか否かは結論が証明された上でしか言えない、という制約の存することを忘るべきではない。

以上の如く、石母田氏の説中の重要な部分たる〔C〕も殆んど成り立ち難いのである。なお最後にかかげた帰結三点は、以上の〔A〕・〔B〕・〔C〕の諸点が承認された上で始めて認められるべきものであるので、此処では批判の必要はない訳である。

以上は、石母田氏の説に追随して、その不完全なる点を論じたものであって、謂わば石母田氏の学説に対する批判の消極面にすぎない。そこで、次により積極的な批判を試みたいと思う。

その第一は、口分田の散在的形態が石母田氏の説かれる如く、村落の全部に於いて共同体的に決定されたものであるとすれば、その形態は口分田受班者にとつては概して好ましい形であったと言わなければならない。ところが、実はこれと反対の現象を想定せざるを得ない一史料が存するのである。それは弘仁十三年正月五日の太政官符であるが、それによると、諸国の駅戸の負担が過重なので、それを和げる為の一助として、駅戸の口分田は駅子の願いによって、駅家の近側の好田を択んで一処に混授することになった。即ち、駅戸にとっては口分田の散在的形態は決して望ましいことではなく、これが一処にまとめられていることの方がよかったのである。即ち、この措置以前の散在的形態は、村落内部に於ける平等の実現の為に忍び得る範囲を越えて苦痛であったのである。尤もこの駅戸の場合は、村落から引きはなされた戸の集団であって、一般の村落内の戸と同一視すべきではない、という反論もあり得よう。しかし、駅家を中心として存在する駅戸集団は、そのまま一つの郷または里をなしていたのであって、その駅戸の口分田だけを別個に考えねばならない必然性はうすい。また駅戸の口分田は特別だと言うのであれば、それは駅戸の口分田の散在的形態が共同体的な決定の結果ではなく、国家権力による決定の結果だということであり、少なくとも、国家権力によって耕地の散在的形態をとらしめる場合のあることを是認しなければならないことになろう。

その二は、より端的に各戸毎の口分田の散在している範囲が共同体的決定の可能な村落の範囲を越えている実例の存することである。即ち、岸氏や宮本氏の指摘される通り(2)、天平神護二年の越前国司解——これは石母田氏も錯圃形態の史料として用いられた——によると、例えば、坂井郡子見庄の庄域約二十町の範囲にこの時以前に口分田を班給されていた戸主は二十二人に及び、彼らの本貫は赤江郷・堀江郷・磯部郷・荒伯郷・余戸郷・粟田郷・長畝郷・高屋郷・桑原駅家という風に坂井郡の殆んど全部にわたっていたと考えられる。これは確かに口分田の錯圃形態を示すものではあるが、しかし、同時に、この場合の口分田の配分がもし石母田氏の説かれるように、共同体的な精神・規範・慣習によって行われたとするならば、その共同体は坂井郡全体を含むものと考えねばならず、そのような共同体はもはや村落共同体の概念によって律することの出来ないものと言わなければならない。従つてかかる錯圃形態の生じた原因を共同体的遺制の観点からのみ説明することは誤りという外はないのである（第三編第三章で再びふれる）。

その三は、やはり石母田氏が錯圃形態の史料の一つとされた山城国葛野郡班田図についてである。岸氏はこの図についても越前国の場合と殆んど同様の事実を指摘し得るとしておられるが、更に私は、この図に見られる錯圃形態は、国衙の班田台帳に基づく一定の班給地決定方針の枠内でのものと推定し得ると思う。その詳細は後に示すが（第三編第三章第二節）、要するに、この図に見える口分田の散在形態は石母田氏の説かれる如き共同体的な決定の結果ではなく、律令国家の末端機構による決定の結果に外ならないのである。従って、この図はより積極的に石母田氏説を否定する力を持っているとさえ言えよう。

以上の如く、口分田の散在的形態の歴史的条件として石母田氏の考えられた処は、その論証に多くの欠陥を持つと共に、それを否定する如き史料さえ存在するのであつて、これをそのまま容認することは困難である。従って、初期社会に於ける土地共有とその成員間への定期割替制の存在とは、口分田の散在的形態からも証明され得ないと言わなければならない。

要するに、わが国の初期社会の土地制度については、神話・伝承或いは後代の耕地形態その他今日残された資料から確実に証明することは不可能である。ただ、土地共有をその出発点とし、その一定の発達段階に於いては土地割替慣行が存在し、かかる共同所有の解体後に於いてはじめて土地私有が発生したと想定することが、可能性の大きな想定として許されるにとどまる。そして、仮りにこの想定を認めたとしても、その共同所有の解体後に於ける農家の私的占有の発達の事情を歴史的に跡づけることは全く不可能なのである。

註

（1）石母田正氏『古代末期の政治過程および政治形態』（社会構成史大系）六五頁・『古代末期政治史序説』上、一一八頁。

（2）前節註(15)所掲両氏論文。

第三節　大化前代の土地制度

1

次に大化前代の土地制度については、これを大化後のそれから類推する方法が比較的無難な方法として一般に認められている処であるが、この方法は既に石母田氏によって最もよく活用されているものであるから、ここでもまた石母田氏の説を中心として考えてゆくことが捷径である。しかし、その前に、先ず前述の三森氏の説を批判して置く必要がある。

三森氏の説の中心をなす点は、大化後の農民の口分田からの収入が、各戸の最低生活費の五分の三にも足りないから、一般農民が令制施行の当初から既に口分田・宅地・園地の外に私有の田地を有していたと考えて差支ない、という点にある。これは謂わば一種の論理的要請であって、それら私有の田地の存したことの実証としては、戸令や田令の条文に散見しているとされるのみである。そこで先ずその点から批判すると、第一に、養老田令官人百姓条に「凡官人百姓並不レ得下将二田宅園地一捨施及売易与上寺」とあるのは、裏返して言えば、寺以外に対しては寄附することも売買譲渡することも自由な田地、即ち私有の田地があったことになる、と言われるが、この条文中の「田」字が大宝令にも存在したかどうかは頗る疑問である（附録参照）。次に養老戸令応分条に「凡応レ分者家人奴婢 氏賤不レ在二此限一 田宅資財 其功田功封唯入二男女一 摠計作レ法……」とあって、口分田・功田・位田・職田など以外の田地が各人によって所有されていたことになって来る、とされるが、これも今日一般には大宝令にはこの「田」字はむしろ無かったと理解されているのである。[1] 従ってこれらの条文から、口分田以外の私有田地の存在を推定することは、養老令に於いては或いは可能かも知れないが、それに先立つ大宝令に於いては無理である。殊に戸令応分条の場合には、唐令にある「田」字を大宝令ではわざわざ省いている[2]ことに注意すべきで、この点を重視すれば、むしろ氏と反対の結論さえ導き得る。従って大宝令から養老令へと変ったことの理由を探求すること自体は重要な問題の一つであるが、そういう問題ならば、当面の三森氏の提起された問題をはなれることになる。

要するに、口分田以外の私有田地の存在を明らかな実証を以て主張することは困難である。しからば口分田よりの収入の不足は何によって補ったか、この点が最も根本的な問題となるが、この点について、例えば滝川博士は、園地に麦や黍をうえて食料とし、園地原野を開いて墾田を営み、公田・私田を賃租し、公営田の傜丁にやとわれたり、籍帳をごまかしたり、などの手段で対処したとされるのである。(3) これに対して三森氏は、班田制施行の当初からそうしたものに依存して補いをつけることを期待していたとは、とてもまともには考えられないとしておられるが、この三森氏の反対には私も同感である。滝川博士の言われる如き対処手段は広く律令時代を通じて行われたもののすべてをあげられたもので、班田法施行の最初からこういうことを必要とするような制度がとられたとは考え難い。しかし、だからと言って、三森氏の如き結論に導くのは早計であろう。第一に、口分田よりの収入は当時の農民の最低生活費の五分の三をまかない得るに止まる如き低額であった、という説は果してそのまま是認されるものかどうか。第二に、班田法の内容及び農民の課役負担が、大化以来養老令まで実質的な相違がなかったのかどうか。三森氏の説は此の二点についての配慮に欠ける処があると言わざるを得ないのである。先ず第一の点から言えば、これは実は滝川博士の説なのであるが、その計算の仕方には疑問があって賛し得ない。私はむしろ口分田よりの収入は農民の生活を一応支えるに足るものであったと思っているが、それについては一切を後述にゆずろう（本編第三章参照）。次に第二の点については、先ず班田額から言うと、大化当時の班田法が詳らかでないので何とも言えないが、前述の通り浄御原令の規定の方が既に大宝令・養老令の規定よりも一家族の保有面積は広いのであるから（第一編第二章参照）、これ以前の大化の制度について養老令と同一に考えることは不可能であろう。また、課役の負担については大化の頃と大宝・養老令制とを比較することは厳密には不可能であるが、一般には大化当時の方が軽かったのではないかと考えられているようである。(4) 従って、仮りに、奈良時代の農民が口分田だけでは生活できない状況であったということが事実だとしても、それを班田法の発足当時まで遡らすべき謂われはない。従って、三森氏の如き思考法によつて口分田以外の私有田地の存したことを推定するのは、殆んど根拠がないことと言わねばならない。また仮りに、口分田よりの収入では不足であったとしても、それを補うものとして是非とも他の水田の存在を考えねばならぬということもない。園地の耕作や焼畑等による水田以外からの収入を無視すべきではあるまい。従って、大化前代の村落に、大化改新に際して収公されなかった内村マルクにあった田地の如きを想定する必要は毛頭ないと言わなければならない。

2

以上によって三森氏の新説を顧みる必要がなくなったので、改めて石母田氏の説を中心として考えてみよう。

先ず宅地については、令に於いては口分田と違って何ら班給の規定がなく、また班給額の限度についても記す処がない。また、園地は、田令によれば郷土の土地の多少によって毎人均給されることになっていて、やはり明確な班給額が定められていない。これは唐令に於いて園宅地について明確な班給額が規定されているのと相違する。また、園宅地は律令制に於いては売買・質入れの処分について何んらの制限もうけていない（ただし売買には官司の許可を必要とする）。これは口分田が自由処分を禁止されていたのと相違し、また、唐令が園宅地の処分に各種の制限を附しているのとも異なる。以上の如き点から、園宅地の私的占有は古くから発達し、大化前代に於いては既に鞏固な私有財産として家族の基本的財産となっていたという石母田氏の説は認めらるべきであると思う。

次に荒蕪地又は空閑地について律令では公私共利の原則となっているから、この地が大化前代に於いて村落の共有地であったことは疑いないという主張もまたおよそ認め得べきことである。

最後に水田について――これが最も中心的な命題であるが――大化前代に於いては耕地の定期的割替制はもはや廃

絶して、各農家の水田に対する私的占有は永続化していたとされる。ただし、水田に対する永続的な私的占有は前述の園宅地に対する如き完全な私有財産権と同一に考え得ないとされ、その理由として次の如き点をあげられる。

（1）耕地に対する農家の私有財産権は、宅地園地に対するそれよりもおくれて確立されるということが一般的に言われる。これは大化前代に於いて村落の耕地が私有財産化されていなかったことの積極的な理由にはならないが、それを予想せしめる理由にはなる。

（2）律令制に於いては宅地・園地は売買を許すのに、口分田は売買・質入れ等の自由処分を認めない。これは耕地は宅地園地と異なり、自由な処分の対象となり得ないという観念が支配的であった為ではないか。律令の耕地に対するかかる観念は、本来大化前代の農村に於ける耕地に対する制限された未発達の私有権の観念以外の処にその根拠を求めることは出来ない。

（3）大化改新が一挙に従来の農民所有地を「国有地」に転化し得たということは注目しなければならない。大化前代の農民の耕地に対する関係が完全な私有権であり、宅地園地と同様に売買・譲渡の自由な処分をなし得る程に私有制の発達が見られたとすれば、果してかかる形態の国家的土地所有なるものは成立し得るものであろうか。

（4）律令制度に於ける口分田処分の規定が唐令をそのまま機械的に採用しなかったこと（唐令に於いても売買・貼買・質入れは一般的に禁止されていたが、ただし幾つかの除外例があったのに、日本令には口分田の処分は全く除外例なく、絶対に許されない）。

この石母田氏の論に対して若干気付いた点を述べると、先ず理由としてあげられたものの中、（1）は現在追求している方法論と合わないので此処では問題としない。次に(2)はこのままでは余り論理的ではない。口分田は単に自由処分が許されなかったというのではなく、六年毎に収授されるものである。従って口分田の自由処分が許されなかったのは、この班田収授法そのものの本質的属性に過ぎないとも言えるのであって、その際は、問題はかかる収授法をⓐ何故田地にだけ行なったのか、ⓑ或いは何故田地にだけしか行ない得なかったのか、ということの理由を問う処に存する。その点、石母田氏は深く問題とされず、その論調より察すれば、およそⓑの方に従って解答を求めておられるようであるが、それならば結局(3)と同じことであり、且つまた、ⓐに対する配慮を欠いている点が不備と言えよう。しかし、このⓐの点をつきつめると、結局、大化後の土地制度から大化前代の土地制度を探ることは不可能なので、此処ではこれ以上追求することは省いて差支えない。次に(3)は前述のⓑを逆に言ったようなものであるが、最後の(4)と共に認めて良いであろう。ただし、「国有地」という石母田氏の用語については異議のある向きもあろうが、とりあえず非私有・非共有という程度の意味に於いて是認されてよい(この点は第三章でもふれる)。

以上によってみれば、石母田氏の主張の中、結局意味のあるものは(3)と(4)とに限られることになるが、これだけによっても石母田氏の説は大体首肯出来るものであると言えよう。しかし更に言うと、この永続的な私的占有というのは、私有とどれほど異なるのかということが実は最も問題である。おそらく売買・譲渡などの処分権のない点が最も異なるであろうが、この点とてもどれだけ保持されていたか疑問である。直木孝次郎氏の言われる如く、(5)大化元年九月詔に「有レ勢者分二割水陸一以為二私地一売二与百姓一年索二其価一」と見えることは、豪族の意図する賃租に応じ得る独立小農民の存在が前提されている訳で、これは大化前代に於ける農民的土地所有権の成立を旁証するものである。従って、この永続的な私的占有というのには相当に程度の差があって、ある処では村落共同体による制約が相当大きく、或る処では殆んど私有地と異ならないものとなっていたに相違ない。この段階差を認めず、一律に永続的な私的占有と称することは余り意味がない。この点だけは明瞭にして置くべきであろう。

3

ところで、大化改新前に一般に貴族・豪族による大土地私有が発達していたことは周知の通りであるが、このことと村落内部の土地私有の発展の程度とはいかなる関係にあるかということが最後の問題となる。しかし、この点については、石母田氏の説が最も備わっており、且つ、支持するに足ると思うので、以下にその要点を紹介するにとどめたい。即ち石母田氏は言われる、共同体から分離し、共同体的な制約から独立した貴族・土豪の手への私有地の集積は、共同体的結合によってしばられていた村落内部に於ける私有制の発展に比較すれば、遙かに自由であり急速であり独立的に進行するものである、しかし、土地及び人民の私有化の発展はやはり共同体の内部の私有制の発達と連関を持ち、これと対応するものである、即ち、農民の耕地に対する私有財産権が発展の傾向を辿っていること、共同体内の所有関係においては共同所有の原則ではなくして私有制の原則が規定的意義を獲得しつつあることを前提としなければ、土豪・貴族層に於ける私有財産の集積は考えることが出来ない、両者の間には、同一の法則が異なった形態で異なった速度を以て貫徹しつつあるのであって、大化前代に於いて耕地に対する私的占有が私有に向って強化されつつあったということは、単に共同体内部の孤立的現象ではなくして、当時の社会全体に於ける私有の発展に規定されたものであり、絶えずそれによって影響され、鞏固にされたのである、と。

なお、石母田氏は更に進んでこれらの占有や私有の主体の性質について論ぜられ、それを世帯共同体と規定され、この観点から如上の論を整理し直されている。しかし、この世帯共同体説に問題のあることは前述の通りであるから、此処ではこの点にはふれないこととする。

以上本節での検討の結果を要約すれば、およそ次の如くである。

(1) 大化直前の六・七世紀の土地制度については、大化後の土地制度から遡って考える方法が有効であり、この方法に従えば、園宅地は各農家の鞏固な私有財産となり、空閑地は村落の共有地となっていた。

(2) 水田はこの二種の土地の中間的な性質のものであったが、どちらの性質により近いかと言えば、その水田という性質から考えて、園宅地の方により近いものであろう。そして、各農家の私的占有は既に永続化していたであろうし、処によっては、農民の土地所有がある程度発達していた処もあろう。従って、班田類似慣行の如きは大化直前の社会には存在しなかった。

(3) 貴族・土豪による大土地私有は当時進行していたが、これは村落内部に於ける、共同体的結合に制約された私有制の発展に比して一層進んだものであった。

註

（1） 中田薫博士「養老戸令応分条の研究」（『法制史論集』第一巻所収）。
（2） 同前。
（3） 滝川政次郎博士『律令時代の農民生活』。
（4） 坂本太郎博士『大化改新の研究』五八三頁。
（5） 直木孝次郎氏「律令時代における農民的土地所有について」（「ヒストリア」八）。

第二章　班田収授法の成立と制度の確立

第一節　班田法の成立より確立へ

一　班田法の成立

周知の如く、大化二年正月朔日の所謂改新詔の第三項に「初造二戸籍計帳班田収授之法一」と見えているのが、わが国に於ける班田収授法に関する史料の初見であると共に、またその成立を知らしめてくれるものである。しかし、一般にこの改新詔の文章にはいかにも書紀編者による修飾のあとのぬぐい難きものがあって、その為にこの詔の信憑性をめぐって種々の議論が提出されている実情であるから、当面の課題たる班田法の成立についても、先ずこの改新詔を如何に評価するかという点から出発しなければならない。とは言っても、これは容易ならざる大問題であって、これに深入りすることは余りにも多くの紙幅を費やし、且つ、本研究の目的から離れすぎるおそれがある。さりとてこれを避けて議論を進めることは許されない訳であるから、取り敢えず、現在の段階に於ける私なりの評価の大綱を示して置くこととしたい。

（1）改新詔の各項目毎の主文というか綱文にあたる処は、原文のままではないにしても何らかの形で原文に存したものであろう、ただし、書紀編者によって漢籍の利用や後世の知識による修飾の行われていることは認めざるを得ない、というのが現在一般に行われている意見のようである。私もまたこれに従う。

（2）しかし、第二項以下に見える細則的な規定――「凡」字を冠して令文と同一の形態をもち、また内容的にも後世の令文に類似した規定――を全部そのまま大化当時のものと判定することは危険であろう。坂本博士も指摘された如く、例えば第二項に於いて「里は一向問題になつてもゐないのに、里坊の長と里坊並び挙げたのは、それが他の文章から取られたとする疑を極めて熾烈ならしめる」[1]のであって、津田博士流の令文転載説の生ずるのも確かに故なしとしないのである。しかし、例えば第四項の「凡仕丁者改旧毎卅戸一人……」の如きは、令の文章としてはふさわしくない表現を伴うものであって、令文よりの転載とは考え難いのである。従って、令文非転載説の主張されるのもまた当然であろう。

（3）これは恐らく二者択一の問題ではなく、この凡条の信憑性の程度は大まかに言って、各項目毎に異なるのではあるまいか――或いは更に細かく各凡条毎に異なるかも知れない――と思われる。即ち、一義的に全部を肯定することも、また全部を否定することも、共に真相から遠ざかるのではあるまいかと思う。

（4）ただし、これは単に折衷的な観点からのみ言わんとするのではない。実は右のように考えることによって、令文転載説につきまとう弱点——何故に令文を転載する必要があったのかという事情の説明の困難な点(2)——をある程度解消出来るという点も考慮に入れているのである。即ち、書紀編纂当時伝存していた改新詔の内容の中、細則的なものの欠けた部分があったので、全体を整える為に、その欠けた部分を令文で補ったのであろう。このように考えれば令文転載ということの生じた事情の説明はつくのである。そして同時に、この時細則的なものが部分的にも伝えられていた——即ち、凡条の中には大化当時のものが存在している——からこそ、このような部分的令文転載ということの必要が起り得たのだ、ということも忘れてはならない。これは結局前記(3)の如き考え方を生ずる。

(5) 史料処理上の具体的な問題に当っては、以上の如き基本的な観点の上に立って個々の問題毎に検討し解決してゆく外はない。

およそ以上の如く考えているが、そこで当面の問題たる班田法に立ち返って考えると、その成立を示す文言は前掲の如く第三項の綱文の中に見えているのであるから、右の(1)によって、班田法は大化改新によって成立したと考えてよい訳であるが、しかし、これだけではやや心許ない気がしないでもない。そこで更にこのことを旁証するものを求めると、私はこの詔の第四項に「田調」の規定されていることに注目すべきであると思う。

この第四項は調庸に関する規定であるが、この部分は周知の如く一般に後の令制と異なる制度を示しているものであり、且つ、前掲の仕丁に関する凡条の文言の如く、その表現に令文としては適当でないものも存している。また綱文の文言が「旧の……をやめて……を行う」というような形式であることも、詔の原文に近い感じをいだかしめる。およそ此のような点から、私は第四項の税制関係の記載は、大化改新詔に存したものと考えて差支えあるまいと判断しているが、そう判断することが許されるとすれば、この税制の中の調について若干問題を生ずる。

此処に調として掲げられているものには、田調・戸別調・調副物の三種類があるが、この中調副物は文字通り「副」であるから、主たるものとしては田調と戸別調との二通りあることとなる。そこで問題はこの両者がいかなる関係にあるかという点に存する。もとよりこれについては多くの説明が成り立つであろうが、私には村尾次郎氏の「改新詔の文を熟覧した上で自然に感じとれることは、田調が新規制で、戸別調は旧制の〈一部?〉を遺したものではないかという点である」(3)という意見が最も妥当なものと思われる。そこで此の考え方を土台として更に推考を続けると、調の賦課単位として人や戸でなくて新たに田を採用するということは、水田が賦課の単位たるに堪える条件を設定するということである。その条件としては、勿論、先ず第一に納税単位そのものを決め、且つ、それを把握して置かねばならないが、改新の第一の目標が土地人民に対する豪族の私的領有関係の断絶にあるとすれば、その結果、納税者として表面に出て来るのは直接耕作者たる農民であって、田調とならんで規定されている戸別調の、その「戸」に外ならないであろう。即ち造籍＝編戸ということが基礎的な条件になるが、これは田調のみに限らず、大化の税制全般についての基礎的な条件である。従って、今の問題は田調だけに特別な条件ということであるが、この田調は「凡絹絁糸綿並随₂郷土所₁出、田一町絹一丈……」の示す如く賦課の基準を面積に置くものであるから、水田が賦課の単位たるに堪える条件とは戸毎の田積を確認登録するということになろう。これは結局校田に外ならない。即ち、全国的に田調なる制度を新たに採用するということは、その背景にはじめて全国的に校田を行なうということが予定されている訳であって、此処に新しい土地制度の出発点があることは明らかであり、(4)このことから班田収授法の成立を見とることは許される処であろうと思う。

かくて結局は通説通り、班田法の成立を大化改新に置く訳であるが、しからば、この時に為政者によって考えられた班田法はいかなる内容を持つものであったろうか。改新詔そのものには細則的規定として田積法と租法とが記されているばかりで、これらは班田法と密接な関係のあるものであり、或いは班田法の内容の一部となし得るものでもあるが、しかし、班田法の組織自体を示すものではない（しかも、第一編第三章でのべたように、実は大宝・養老田令と全く同一で修飾の疑いを否定し切れない部分でもある）。ただ大化二年八月の詔に

凡給レ田者、其百姓家近接二於田一、必先二於近一

と見えていて、これが大化当時の班田法の内容を伝える可能性のあるものとしては殆んど唯一のものである。そしてこの後、班田法の内容に関しては大宝令の断文に至るまで、直接これを示す史料は存在しないのである。

この事実は或いは史料遺存の偶然性によって説明さるべきことかも知れない。しかしまた、大化当時、班田法の内容については余り細かい規定は定められなかったのではあるまいかと想定することも許されるであろう。勿論一つの制度を実施する以上、何らかの依拠となる規定がなければならないのは当然であるから、そういう規定の存在を疑う訳ではないが、大化に際して、最も重大な関心事はむしろ改新詔の第一項に見られる、貴族・豪族の土地人民に対する私的領有関係を原則的に断絶することにあったであろうから、(5) 水田に関して言えば、それが校田によって国家の直接的掌握の下に入り、その耕作者が国家によって登録されれば、取り敢えずの措置は了する。即ち、造籍と校田ということが行われさえすれば、あとは農民の従来の水田占有状況をそのまま認め、これを直接耕作者として把握しさえすれば取り敢えずの措置は了する。そしてもしこれに制度的な色彩をつけるとすれば、現状を大して変更しない程度で一人当りまたは一戸当りの給田額を決定するとか、または先掲の如き規定とかを定めればよい訳である。

以上の如きは全くの臆測に過ぎぬことであるから、これ以上推論を進めることは差控えるが、要するに班田収授法の組織はまだ整っていなかったものと思う。班田収授法が制度としての意味を持ち得る為には、先ず単位当りの班給額が定められ、そしてこれが定期的に一定の普遍的な規則に基づいて収授されることが必要であろう。この中で班給額の定額化ということは、旧来の農民の水田占有状況を大して変更することなく行い得るものである。即ち、定額の決定に当って、現状をすこし合理化すればよい訳である。従ってこれは割合に簡単であり、おそらく大化当時から一人当り一〇〇代（良男）というような額が定められた可能性は大きい。しかし、六年一班、即ち、六年に一度ずつ各戸の班給額を調整するというようなことになると、おそらく大化当時、まだそこまでは決っていなかったのではないかと思われるのである。前述の如く、六年一班制は六年一籍制に基づくものであるから、六年一籍制の存在せざる限り六年一班制は存在する筈がない。そしてこの六年一籍制は浄御原令にはじまると考えざるを得ないことも前述の通りである。従って定期的な班田額調整ということは、大化当時未だ規定されていなかったのではないかと思うのである。

要するに班田収授法は大化改新に際して成立した。しかしそれは制度的には未だ整わざるものであった。殊に定期的な収授の規定を欠いた不完全な制度でしかなかったと思うのである。そういう意味からは、或いは後に確立し来る班田法の端緒的な形態が大化改新に際して成立した、というべきかも知れない。

なお班田法の起源について、大化前代にミヤケなどに於いて行われていたものが、大化改新によって全国的に拡充されたということも言われている。これはミヤケに於いて造籍や校田の行われたことがほぼ確かであるので、その点からの類推として意味のあるものと思うが、しかし、もしそれがミヤケの内部に於いて定期的な収授というものが行われていた、という意味で言われているのならば、それには前述のような観点から余り賛成し難い。ただ、大化当時の班田法の内容として右に推察したと同じ程度のものが、ミヤケなどに於いて行われており、それが大化改新によって一般的に拡充されるようになったというのならば、それは大いにあり得ることに違いないと思っている。

二　班田法の確立

しからば、この班田法は何時その制度を確立したか。大化以降の改新政治の発展の線を辿って、その制度的確立を大宝令に求める見解は、今日完全に一般化していると言ってよいであろう。これは確かに種々の点で敢えて反対し難いものに違いない。また今日に於ける歴史家の認識の上に於いてのみならず、律令時代人の認識に於いても同様であったことは、これを雄弁に物語る史料に恵まれている。(6) 従って私も敢えて反対はしない。しかし私はこの大宝令による確立ということは、むしろ総仕上げという意味に於いて言わるべきであって、実質的・本質的な確立は既に浄御原令に於いてなされていると信ずる。即ち、よく知られているように、大宝令は浄御原令の施行後僅かの年数しか経ない中に、この浄御原令を「准正」として成り立ったものであって、大宝令に於ける律令制の中心的な命題・原則は、実質的には殆んど浄御原令で定まっていたのではないかと思うのである。勿論、両者の間に差はあっても、その差は近江令（その存在を認めた上で）と浄御原令との差と比較して、質量ともに小さかったのだと思うのである。

例えば、青木和夫氏も指摘されたように、大宝令以降の太政官の八省制の如きは、浄御原令では八官制であったかも知れない。従って太政官制の総仕上げは大宝令をまたなければならなかったかも知れない。しかし、更に青木氏が指摘される如く、官位相当というような官人制度についてのより原則的な制度は浄御原令から創まっていると考えられる点など(7)は、右のことをよく示していると言わなければならない。

更に、戸籍や良賤の問題についても同様の想定に導かれる事例がある。即ち、延喜刑部式に

凡父母縁二貧窮一売レ児為レ賤、其事在二己丑年以前一、任依二元契一、若売在二庚寅年以後一及……

とあって、ケースの発生時が持統三年以前か同四年以後かということによって、後世の取扱上の差違を生じているのは、青木氏の説かれる如く、この式文の原形となった単行法の発令時（大宝二年―養老四年の間と青木氏は推定）に、庚寅年籍を一つの基準とする考えがあったことを示し(8)、このことは、ひいては、この年の戸籍がその記載内容に於いて、今日伝わる戸籍の如く、戸籍として整ったものとして最初のものであったろうという推定を導くのである。これもまた浄御原令に至ってはじめて戸令が大宝令制の根幹をなすものとして整々と整えられたのではないかと想定せしめるに足るものであるまいか。

しかも殊に班田法にあってはこのことは一層顕著である。前述のように、三六〇歩一段制・段租稲二束二把制・男女給田額比三対二制・良賤給田額比三対一制・六年一班制などの諸制度は浄御原令で創始された可能性が極めて濃厚なのである。

およそ以上の如き観点から、私は一般的に大宝令の制定を以て改新政治の総仕上げと見ることには敢えて反対しないが、そのことは、律令制の中の幾つかの重要な制度について大宝令制の根本・大本が既に浄御原令に於いて確立していたと見ることを妨げない、ということを強調したい。そしてこのことは当面の問題たる班田法に於いては最も顕著であるというのが私の主張したい処なのである。

ところで此処で問題を近江令のことに移さねばならない。即ち、以上の記述はもっぱら大化当時の制度と浄御原令

制・大宝令制のみを問題として、近江令の存在は殆んどこれを無視したかの如き形で進められて来たからである。しかし、もし浄御原令以前に近江令が施行されているのならば、その近江令に於ける班田法の規定はどの程度のものと考えるのか、という問に当然答えておかねばならないであろう。この近江令の編纂とその後ほど経ずしての施行ということは、今日では通説であるが、これに対しては中田薫博士らの如く、一般に浄御原令の施行と解されている持統三年六月の令の領布こそ近江令の施行だ——従って近江令・浄御原令と二つの令が施行されたとは認められぬ——という説もあり、[9] また青木氏の如く近江令の編纂・施行ということを認めない学説もある。[10] 私自身も田積法の沿革史から考えて（第一編第二章及び第三章参照）、近江令の編纂までもとは言わないが、少なくともその施行については疑問に思っている。仮りに施行されたにしても——法典として編纂・施行されないにしても、それに相当する規定が単行法として行われていたと考える場合も同じであるが——その内容はやはり浄御原令などに比較すれば頗る整わないものであったのではないかと思う。律令政治に於いて最も重大な基礎的牧民事項の一つである造籍が、庚午年籍以来庚寅年籍に至るまで二十年間にわたって行われた形迹のないことは、何よりもそれを雄弁に物語っていると思う。

このように、近江令の施行ということがおそらく考えられない——或いは田令に関してはと限定してもよい——とすれば、ここに更に浄御原令と大宝令とを同一範疇視した例、即ち、浄御原令を以て律令制の確立と見ることを推進せしめる例がある。それは所謂令前租法に関してであって、別の箇処で論じたように（第一編第三章）、慶雲三年の格に浄御原令の租法と大宝令の租法とをあわせて「令内」と称し、浄御原令以前を「令前」と称して、この両者を対比的に扱っているということである。尤も私が近江令の施行ということに対して否定的な見解をもっているのが、実は、この慶雲三年格の「令内」・「令前」を右の如く解するのが妥当だと信じたことからの帰結であるから、逆に近江令の施行の否定を前提として右の如く言うのは、循環論法の弊に堕しているとの評を甘受せざるを得ないことになる。従ってこれは特に積極的に取り上げることはさし控えるが、このような観点からこの慶雲三年の格文に対することも可能であるということだけは述べて置きたい。

とまれ、以上によって私は班田法は浄御原令で確立したと考えてよいと思っている。その制度にあらわれた特徴などについては後述にゆずるが、とにかく、班田法について何事かを説かんとすれば、以上述べた如き班田法成立以来の歴史を顧みること、即ち、浄御原令以前と以後とを無前提的に等質に取り扱うことを避けることが肝要だということを強調したいと思うのである。

註

（1）　坂本太郎博士『大化改新の研究』三一六頁。

（2）　この点は、田中卓氏の次の如き令文転載説批判に最も明瞭に指摘されている。即ち、「改新詔を虚構として令文転載説をとる学説の立場よりしては、一体何の必要があつて日本紀の編者が、事実ありもしない田積・田租の規定を改新詔の中に加へねばならないかといふ説明を要するが、一向にそれが明らかでない。」（「令前の租法と田積法の変遷」芸林九—四）。

（3）　村尾次郎氏『律令制の基調』一九一頁。この点について村尾氏の論旨をもうすこし詳しく辿ると、「旧の賦役をやめて」とあるからには、田調や戸調が前代の調制とちがったものであることは認めねばならぬ、しかし全然質量ともに違うものとして新規に定められたものとは思えない、およそ組織的な賦課の対象としては、個人か、戸か、田地かの三者しかないが、大化前代のある程度組織化された税制では、戸が賦課対象であったと推定される、改新に際して、田調と戸調と両方課するのは単なる無意味な重複ではなく、それ相当の背景と理由とがあるべきであろう、とすれば、田調が新規制で、戸別調は旧制の〈一部？〉を遺したものとの想定に導かれる、およそ以上の通りである。

（4）　井上光貞博士は『大化改新』に於いて、班田法施行の第一の意義を、国家が人民の田地を調査したこと、即ち、校田に求められ、この校田は大化前に屯倉又はその一部、大化元年に東国と六つの御県に於いて行われ、大化二年以降順次全国に及んだのであろうとされている（一四五頁）。これは私が確認したいとつとめている班田法大化改新成立説を是認した上での論ではあるが、ともかく、私見とウラハラの関係にあるものと言える。

（5）　これは結局、大化改新に於いてなされた私的領有の廃止と班田法の採用とは、何れに主眼があったかという問題である。勿論、この両者は実際上に於いては分ち難い処であり、一体的に把握すべきであると思うが、論理的に言えば、①私的領有の廃止の結果、班田法が採用されたというのと、②その逆に班田法の採用の為に私的領有が廃止されたというのとは、異なる訳である。この点について先学の学説を調べてみると、大化改新そのものの動機として主として大陸先進文化に対するあこがれを指摘する諸学説では、当然、均田法の導入に主眼があったということになって、②の観方がとられて来る。また、大化改新そのものは時世の要求に出たと解される三浦周行博士も、班田法の採用が改革の主眼であり。そのめざす処は富の分配の平均＝国家社会主義の実現にあった、とされる時（『国史上の社会問題』）、やはり②の観方に立っておられる。これらと対蹠的なのが津田左右吉博士であって（『日本上代史の研究』所収「大化改新の研究」）、博士は①の観方を明瞭に示された恐らく最初の学者であろう。そして、今日ではこの①の観方の方が有力なことは井上光貞博士も指摘される通りであり（『日本古代史の諸問題』所収「大化改新研究史論」）、私もまたこれに賛する。即ち、津田博士の言われる如く、実際上には均田法に関する知識があったればこそ私的領有の廃止ということが考えられたにせよ、本筋としては、私的領有の廃止の結果、それをいかなる形態で農民に耕作せしめるかが問題となり、唐の均田法を模範として班田法が立制されたと思うのである。

（6）　この点は既に坂本博士が『大化改新の研究』（五四二頁以下）に於いて、次の如き史料をあげて明示せられた処である。

○続日本紀養老三年十月辛丑詔

開闢以来法令尚矣、君臣定レ位、運有レ所レ属、洎ニ于中古一、雖ニ由行一、未レ彰ニ綱目一、降至ニ近江之世一、弛張悉備、迄ニ於藤原之朝一、頗有ニ増損一、由行無レ改、以為ニ恒法一、

○類聚国史一四七、天長七年十月丁未藤原三守奏言
　臣竊按昔我文武天皇大宝元年、甫制二律令一、施二行天下一、
○類聚三代格一七、承和七年四月二十三日太政官符
　律令之興、蓋始二大宝一、
○家伝下、武智麻呂伝
（大宝）二年正月遷二中判事一、公莅レ官聴レ事、公平无レ私、察レ言観レ色、不レ失二其実一、決レ疑平レ獄、必加二審慎一、雖レ有二大小判事一、其官方无二准式一、文案錯乱、問弁不レ允、於レ是譔事前後、奏定二条式一、大宝元年已前為二法外一、已後為二法内一、自レ茲已後、諸訴訟者、内決二已事一、不二敢公庭一、
○古語拾遺
　至二大宝年中一初有二記文一、
○弘仁格式序
　上起二大宝元年一、下迄二弘仁十年一、都為二式四十巻格十巻一、
○類聚国史八〇、弘仁十年十月甲子条
　民部省言、主税寮公文、自二大宝元年一至二大同三年一紛失凡八千七十一巻、

（7）青木和夫氏「浄御原令と古代官僚制」（「古代学」三―二）。なお、黛弘道氏「位記の始用とその意義」（「ヒストリア」一七）をも参照。
（8）前掲青木氏論文。
（9）第一編第二章第二節註（11）参照。
（10）註（7）所掲論文。

第二節　確立期の制度に現われた班田法の特徴

一　均田法との比較

わが班田法の性格を把握する為の手段として、先ず母法たる均田法との比較を試みたいと思う。勿論このような比較は早くから先人によって試みられて来たことであり、殊に、両法の全般的・綜合的な比較考察は既に内田銀蔵博士によってなされている[1]のであるから、今さら敢えてつけ加うべきものもないようであるが、一つには旧来の研究がわが班田法の内容を養老田令に基づいて把握していることに不満があり、しかも、第一編に於ける叙述によって養老令制と異なる浄御原令や大宝令の班田法の内容も多少明らかになったと思うし、更に従来の均田法の内容についての理解に対しても私なりに多少の意見があるので（補説参照）、これらの点から、両法の比較を試み直して置くことは此の際必要なことと思われるのである。

先ず最初に叙述の便宜上、先にふれた内田博士の説を紹介して置こう。内田博士によれば、彼我の制度には度地法や班田年限の外に、なお少なくとも九項目にわたる著しき相違ありとし[2]、それらの中には単に当時の彼我の社会経済状態の差異によって説明のつくものもあるが、以下に述べる四項は制度の本質にかかわるものとして特に注意すべきものとされたのである。

(1)　北魏は十五歳にして田を受け、北斉は十八歳に達し租調を輸するに至ってはじめて田を受ける。唐も原則として十八歳以上を以て受田年令とする。しかるに日本は六歳以上に達して班年にあえば、労働に堪えず少しも課役を負担しなくても口分田の全額を受ける。

(2)　北魏は老いて課を免ぜられるに至れば田を還さしめ、北斉も年六十六に達して租調を免ずると同時に田を還さしめる。唐に於いては老男は壮者の半ばとする。然るに日本では年令に関係なく終身の用益を許し、身歿する後、班年の来るを待って還公させる。

(3)　北魏・北斉とも婦人には男子の半額を給したにすぎない。唐では寡妻妾に限って三十畝を給するにすぎない。しかるに日本では女子にも男子の三分の二を給する。

(4)　北魏に於いては奴も良民と同額の露田を給した。北斉でも口数に制限はあったが、その制限内では良民と同額の露田を給した。しかるに日本では官戸奴婢に限り良民と同額で、家人奴婢は良民の三分の一を給するのみであり、且つ、後には奴婢に限り受田年令を十二歳以上とし、更に奴婢には全く給しないこともあるようになった。

そして、これらの相違点から、均田法が各戸の労働力に応じ調の負担に伴って田を支給するものであったのに対し、わが班田法にはかかることはなく、生活の必要に応じて田を給したものであったこと、及びわが班田法は均田法に比して遙かに均分主義に近いものであったことを主張されたのである。

この内田博士の説は、その後わが国の学界に於いて多くの人によって祖述されて今日に至っており、大体論としては敢えて異を立てる要もないようであるが、仔細に見て来ると問題があるように思う。ただ、私もまた内田博士のかかげられた四項に特に重要性を認める点では全く同感なので、以下この四項目について順次検討するという形で私見を述べたい。

先ず(1)である。これは彼我の給田規定の相違点として最も明白な処であり、両法の差異を端的に示したものとして誰人からも真先に指摘される処であるが、前述の如く浄御原令に於いては「五年以下不給」制が存在しなかったということが認められるならば、この彼我の相違点は、浄御原令を基準として見る限り一層明白となろう。即ち、わが班田法に於いては年令ということが完全に無視されていることこそ均田法との相違点の尤なるものとして特筆大書さるべきこととなるのである。勿論従来とても十五乃至十八歳以上と六歳以上とでは、これは質的な相違を示すものに外ならないことは認められて来ているが、それでもなお受田年令に高下の差があるというように、幾らか量的な相違をも加味して考える必要があったが、その必要は全くなくなり、受田年令上の制限の有無というような完全に質的な相違として把握されて来るのである。

次に(2)であるが、これは結局(1)と同じことに帰する。ただ、前述の如く大宝令には「初班死三班収授」という独特の規定があり、これもまた彼我の相違点の一つとして数えねばならないようでもあるが、しかし、これは浄御原令に於いては存在せず、浄御原令から大宝令へと移行した際に「五年以下不給」制の出現と伴って生じ、しかも養老令では姿を消したもので、その限りでは暫定的な意味で決定されたものであったとも言えるので、此処ではとり上げないこととする。要するに(1)も(2)も、ともに均田法に於いては口分田の用益権を与えられる期間に年令上の制限があるのに、わが班田法に於いては本来それが一切なかったということにまとめられよう。

次に、(3)に示された女子給田制に関する相違点はすこしく解説を要する点であると思う。この女子給田制については、唐の制度にはこれが原則として存在しない為に、唐以前の北魏・北斉の制度がわが班田法に採用されたとされ、且つその際、わが班田法では女子の給田額が男子のそれの三分の二とされているのに対し、北魏・北斉では男子の二分の一を給しているので、これを以てわが国の方が女子を優遇しているのだという見解が一般に行われているようである。(3)即ち、両者の相違は男子対女子の給田額比率の問題、つまり量の問題として把握されているように思われるのである。しかし私はこの見方には与し得ない。というのは、唐以前の均田法に於いては、わが班田法に於けるが如き意味での一般的な女子給田制などは存せず、もっぱら既婚婦人を対象とする謂わば丁妻給田制とも称せらるべきものが行われていたと思うからである。或いは女子は一牀単位の給田制に於ける給田額計算の対象にされたにすぎない、と言い直してもよい。その詳細は後掲の補説にゆずるが、要するに唐代に於いてもそれ以前に於いても、女子はそれ自らの資格に於いては給田の対象とは考えられなかった。これに対し、わが班田法に於いては女子たることは給田の欠格条件とはならなかったのであって、両者の相違は単に二分の一と三分の二というような比率の差、即ち量の問題に還元さるべきものではなく、より本質的な質の相違を示すものと言わなければならないと思うのである。

最後に(4)についても右とほぼ同様のことが言える。即ち、この奴婢給田制も唐には原則として存在しないものであるが、北斉では受田奴婢数には制限を加えたものの、その定数内では良民と同額の田を給したので、わが班田法の奴婢給田制は北斉の制をもじったものであるという見解がある。(4)しかし、この見解にもやはり私は賛し得ない。というのは、あたかも前述の女子給田制の場合と同様、この均田法に於いて給田される奴婢を無媒介的にわが国に於ける奴婢と同一視して了っている点に問題があると思うからである。わが班田法に於いては奴婢は課役等を一切負担しないものであった。これに対して北魏の奴婢は租調を負担した。また北斉の場合も租調を負担する奴婢に限って給田された。即ち、奴婢の受田口数には制限があったが、その制限外の奴婢は租調を負担しなかったのである。従って、彼に存したのは租調負担奴婢給田制であり、我に行われたのは課役等と関係のない単純なる奴婢給田制である。従ってこの両者の相違は前述の(3)の相違に頗る近似していると言わなければならない。

以上、内田博士の提出された四項目について、それぞれ一層その考察を深め得べきことを明らかにした。さて然らばこのような相違点を、より統一的に把握することが次の課題となる。そこで前記の諸点を改めて見直すと、(1)も(2)も共に丁中制に基づく制限の有無であるから、結局、租税制度との関連が彼にはあって我にはないということに帰する。そして(3)も、彼の給田対象たる丁妻はすべて同時に租調の対象となっていることを考えれば(補説参照)、丁妻給田制と一般女子給田制との差は、これまた租調制度との関連の有無に帰する。(4)もまた同様なることは今述べたばかりである。このように見て来ると、結局、以上の相違点は均田法が租調制度との対応関係を持っているのに(詳しくは補説参照)、わが班田法は全くこれを無視した形でその規定を造り上げているということに帰着しよう。それは単に均田法に対する理解が不十分なものであった結果、偶然生じたなどと言うべきものではあるまい。この点については第五章に於いて改めて論ずることとするが、此処では、従来、均田法と班田法との比較に於いて、質的な相違とあわせて量的な相違をも考慮せられて来ているのは意味のないことであって、すべて右の如く一元的に解し得られるものであること、及びその結果として、わが班田法の性格として従来一般に言われて来ていることは、均田法との比較という場の限りに於いては一層明確化するということを、取り敢えず提示して置きたい。

二　班田法に独自な規定

以上は均田法と班田法との相違点の一元的把握を試みたものであるが、このことから直ちにわが班田法の特徴乃至立法精神の如きものを引き出そうとしても、その結果生れて来るのは、例えば、わが法は唐制よりも社会政策的であるという風な、常に相対的な評価でしかあり得ないのが弱点である。そこで更に一歩を進めて、均田法と異なる点、即ちわが立法者の独創にかかる諸点を通じて、立法者の意図乃至それを規制した客観条件を探ってみる必要がある。そこで前に個々に指摘した如き独創的規定の中から、主として班田法の性格をうかがうに足る重要なものとして、次の五点を取り出して検討することとしたい。ただし、大化当時の班田法の内容は分らないので、以下の叙述は厳密に言えば確立期に於ける班田法の特徴ということになることを断って置きたい。

一　女子給田制

この問題を考えてみる為には、仮りに女子給田制の規定が存在しなかった場合、どのような結果が生ずるかを考えてみる方が捷径であろう。先ず第一に考えられるのは、女子だけによって構成される戸は、口分田の班給に全く与ることが出来ず、そういう極端な場合は別としても、女子の方があまりにも多い戸はやはりその戸口数に比して口分田額があまりにも少ないという現象を生ずる。もし、口分田以外に水田その他の生活手段の維持が豊富に許されているのであれば、このようなこともあり得ないことではないが、しかしわが班田法下に於いて、その当初から口分田以外の水田が適法的に占有を認められたと考うべき余地は殆んどないであろう。とすれば、この女子給田制は少なくとも良民に関する限り、各受田戸の人口構成と受田額との間にあるバランスをとる為の方法であったと考えてよい。これは更に換言すれば、班田法以前の農民の土地保有状況——田積と家族数とのほぼ一定の正常的な関係——を模式的にそのまま維持せんとしたものと考えてよいであろう。

二　受田資格の無制限と終身用益制

この場合も前掲と同様の筆法で、逆に受田資格に制限のある場合を考えてみればよいのであって、もし制限をつけるとすれば、当時に於いて考えられる制限は、結局丁中制による制限、即ち調庸雑徭の負担能力による制限となろう。均田法の場合はこれに外ならない。それがないということは、既に言い古されている通り、あらゆる良民がそのままの資格で受田の対象と考えられていることである。即ち、このことは、受田戸を対象として考えると、その受田戸の家族構成そのものが、そのまま班田の基礎となるということであり、これもまた結局は家族人口と口分田班給額との間に妥当なバランスをとることのみが要求されていたことを示すものと言わなければならない。

要するに、以上二点によって知られる処は、家族の人口数と口分田額との間にバランスをとるということに外ならない。更に男女の間に三対二という比率が設けられてあることは、その数値が妥当であるか否かは別として、家族構成の質と量との双方について口分田額とのバランスをとるということを求めているると見るべきであろう。とすれば、その際その受田家族の何とバランスをとらんとしたのであるか。考えられるものとしては労働力の総和、または食料を中心とする消費財の総和、この二つであるが、この際年令に制限のない点をもう一度考えてみる必要がある。即ち個人差を無視して一般的に言えば、労働力も消費食料も年令によって相違があることは改めて言うまでもない。しかし特に年少者の場合を考えてみると、成年者との労働力の差の方が、消費食料の差より大きいと言わなければならないであろう。従って、班田額は受田戸の労働力の総和とのバランスをとらんとしたと考えるよりも、受田戸の消費食料の総和とのバランスをとらんとしたものと考える方がよいと思う。即ち、この女子給田制と受田資格無制限制は、受田戸の生活の為の基礎としての貢献度に於いて公平ならしめんとした――或いは旧来、農民の維持して来た生活の基礎をそのまま認めんとした――ということの現われに外ならないと思うのである。

そして実はこのことは、男女給田額の比を三対二と決定するに当って、恐らくは唐の道士女冠僧尼に対する規定が参照されているのであろうという、前述の如き想定によってもまた支持が与えられよう。というのは、僧尼や道士女冠に対する唐の給田は他の一般人民に対する給田とは異なって、完全に課役制度から離れ、経済政策的な意味を担わざる処のものであって、彼らに一定の生活の資を与えんとするものであったに違いない。その際の男女の比たる三対二をわが班田法が採用していることは、わが女子給田制に同様の趣旨の存したことを肯定せしめるものと言うべきである。また、女子有位者に対する位田もまた男子のそれの三分の二とされているが、この場合、これら有位者は課役の負担とは無関係なので、その場合にもこの三対二の比率が用いられていることは、これまた口分田の女子給田制の理由を前述の如く考えることを助けるものと言えよう。

三　郷土法の設定

この郷土法というのは、前にも述べたように、わが令に独創的なものであるとまでは言えないが、唐令逸文と比較する時、少なくとも、わが立法者が殊に積極的な意図を以て制定した規定であったと認めることは許されよう。それも確かに田令だけに存するものであって、此処にはわが立法者の土地制度に対する思想の一端が現われていると見なければならない。

さて、この郷土法の意味は前にも述べたように、従来ともすれば考えられて来たような地方の慣習法の是認ということではなく、謂わば地方条例とも言うべきものである。そして班田法に於いてこの郷土法の認められているのは、口分田の班給額に関してである。従って、それはわが立法者が、規定の口分田額が必ずしも実行し難い場合のあることを予想して、その際、国司の口分田額決定に斟酌の余地を残したものであって、班田法の実施を容易にせんとする頗る実際的な措置と評することが出来よう。そしてこの郷土法を適用することの結果として、必然的に班田額に地方差を生ずる可能性が出て来る。前述のように大宝二年の西海道諸国の基準授田額は国毎に相違しており、例えば豊後国と筑前国とでは男子一人につき一二二歩の差があり、従って、一戸単位に考えれば、同一の家族構成の戸でも数段の差に及ぶ場合があり得る訳である。(6) この点から考えると、立法者は全国の農民に対して、最小限どれだけの水田が必要であるか、というような最低生活の保証をなさんとするよりは、少なくとも同一の地方、おそらくは同一の国内での分配の公平を主にしてこの法を制定したのではないかと思われる。或いはまた、地域的な分配の公平さえ維持されるのであれば、生活の保証に於いては多少欠ける処があってもとにかく実施を容易ならしめた方がよいと考えた、と言い直してもよい。

とにかく、この郷土法の存在は、わが立法者が班田の施行について割合に実際的な配慮を有していたことを示すと言ってよいであろう。

四　六年一班制

この六年一班制が六年一籍制に発するものであることは前に述べたが、これらの制度のもつ意味は、言うまでもなく六年という数値そのものにはなく、人口と口分田額との調整がある一定年の間隔をおいてなされるということにある。つまり、死歿・出生によって生ずる受田額の家族数に対する不均衡が数年にわたって存続することがあるということである。従って、上来述べ来った家族人口と受田額とのバランスに対する配慮といっても、それほど神経質なものではないと言わなければならない。これは令制に於いて、計帳を毎年作製し、それによって毎年の調庸の賦課を決定するやり方と比較してみれば明らかであろう。それは一つには口分田からの国家財政への収入そのものは水田面積に比例するのであるから、その占有関係、つまり人間関係については、特に調庸の場合の如き考慮を要しなかったということに基づくものでもあろうが、更には、よく言われるように、造籍・班田の頻繁な実施が当時の行政技術上実行困難なものであったからという、より実際的な理由に基づくものと言うべきであろう。ここにも前項で見た如き、制度の実施を容易ならしめんとする実際的な配慮が強く働いていることを認めざるを得ないのである。

五　奴婢給田制

この唐制と異なる奴婢給田制については、前述の如く、これを唐制などと比較してわが立法者が奴婢をも一個の人間として取扱ったからであるという解釈も行われているが、しかし、奴婢が経営の主体たり得ない以上、この見解は殆んど問題とはならないと思う。即ち、奴婢に対する給田といっても、それは奴婢の所有者に対する給田の一部なのであるから、むしろこの面からこの奴婢給田制にアプローチして行く方が正道である。ところでそういう観点から見れば、奴婢に田を給するということは、奴婢所有者層に対して、班田法施行以前から、その所有の労働力に応じて所有した水田を、ほぼそのまま認めるということである。或いは彼らが養う必要のあった奴婢人口に応じた水田積を、と言い変えてもそうひどい差はない。この奴婢に良民の三分の一の口分田を与えるということは、たとえば婢の場合を例にとると、その田積は法定で一人当り一六〇歩であり、これでは絶対にその食料すら保証し得る田積ではない。

もし奴二四〇歩、婢一六〇歩の割合で班給されて、これが老若男女を平均した奴婢の食生活をまかない得るというのなら、この三倍を班給された良民の生活はいかに課役の負担が重かろうと、なお楽な筈である。従って、この奴婢三分の一制は、奴婢に対する班給を全く行わない処まで進みたいが、それが不可能な為に妥協的に成立した措置であろうと思う。私はその成立を、前にも述べたように浄御原令と見、それ以前にはおそらく良民と同額班給ではなかったかと見ている訳であるが、このように、同額班給制から三分の一班給制へという方向を辿ったという見方が成り立つとすれば、それは班田法の成立当初には、奴隷所有者層の土地保有額をむしろそのまま認めんが為であり、後にはその全廃への方向で妥協したと解する外はないと思うのである。

註

(1) 内田銀蔵博士「我国中古の班田収授法」(『日本経済史の研究』上巻所収)。
(2) その九項目とは後掲の四項の外に、次の五項である。
(5) 北魏・北斉では牛に対して給田する規定があったが、わが班田法にはその痕跡を認めない。
(6) 唐制では癈疾篤疾は老男と同じく半額給田であるが、わが班田法では全額給田である。
(7) 唐制では商工業者は半額給田であるが、わが班田法にはこのような規定はない。
(8) 唐制では特別の場合(狭郷より寛郷へ移る場合など)には口分田の売買を認めたが、わが班田法では一切認めず、その代り、一般に一年を限っての売買は公許した。
(9) 均田法では口分田は主として陸田であるが、わが班田法では原則として水田である。
(3) 例えば滝川政次郎博士『律令時代の農民生活』。
(4) 滝川博士、前掲書。

（5）均田法と班田法に於ける奴婢給田制の相違について、滝川博士は

(1)　わが班田法は租税を負担しない奴婢に対しても多少の給田をして生活の保証を与えんとする社会政策的見地から出たものであろう。

(2)　しかし、これはわが為政者の誤解で、かかる政策の結果は奴婢を多く所有する富戸に田地が集中して、反対に貧戸の田地が少なくなる。

(3)　北斉に於いては既にこの弊害が甚だしかったのに、わが立法者がこの点を考慮せず、北斉に於ける失敗を繰り返えしたのは遺憾である。

と述べ（前掲書）、今宮新博士はこの観方を一応認めながらも、(3)の観方には賛成せず、

(1)　わが国の制度と中国の均田制とは立法の精神を異にしているので、奴婢を労働力と見なしたのではなく、一個の人間と見なしたのである。

(2)　従って、経済政策を中心とする唐の制度に於いては奴婢給田の廃止は社会政策的意味をもつが、わが国の場合はその反対である。

(3)　北魏・北斉に於いて奴婢・耕牛に対する給田が豪族への土地集中の弊害を生じたことも、そしてその為に唐の制度がこれを廃止したことも、わが立法者は承知した上で、それ以上のより高邁な社会政策的精神に立ってこれを行なったものと解さねばならない。

と言われている（『班田収授制の研究』）。これらの意見はむげに斥け難いが、その前提となる彼我の奴婢給田制の相違点の把握が曖昧なので、このまま従う訳にはゆかない。

（6）今、実例について言えば、豊後国の某戸（戸主名不明、大日本古文書一の二一七頁）は男六人・女九人で、その受田額は一町五段三三〇歩であるが、もし、この戸が筑前国に存在したとすると、その受田額は二町一八〇歩となる筈で、その差は四段二一〇歩に及ぶこととなる。

補説　均田法私見

均田法そのものについては、既に専門諸家の研究によって殆んど新たにつけ加うべき何ものもないかに見えると言っても過言ではあるまい。しかし私にはなお一・二の点で、殊に唐以前の均田法についての旧来の諸研究にやや疑問に思う点があるので、それらの点を卒直に開陳して、諸家の御叱正を得たいと思う。もとより私は、この班田収授法研究の必要から、僅かに均田法を垣間見た程度にすぎないのであるから、その私がこのような筆をとることは、まさに盲蛇におじずの評を甘受せねばなるまいと覚悟しているが、第一編第四章及び本章第二節の記述は此の私なりの均田法の理解に基づいているので、敢えて此処に附載した次第である。

一　女子給田制について

先ず第一に私の問題としたいことは、南北朝時代の均田法に於いて女子は如何なる取扱いをうけたか、ということである。具体的に言うと、北魏の均田法では

諸男夫十五以上、受露田四十畝、婦人二十畝、（下略）

と規定されており、[1] 北斉の方百里外及州人に対する給田は

一夫受露田八十畝、婦四十畝、（下略）

と規定されているが、これらに見える「婦人」或いは「婦」は如何なる意味であろうか、ということである。

ところが、この点について諸家の論考は、私の見た限りでは一般に大まかである。例えば、北魏の方を例にとると、原史料に見える「男夫」・「婦人」の語をそのまま用いながら、それが何を意味するかを述べておられなかったり、或いは、この「男夫」・「婦人」を別の語に言いかえる場合でも、大部分は男子・女子や男子・婦人などの語を用い、また一部では、「丁男」・「丁女」とか「丁男」・「丁婦」の如き語を用いているが、しかし、その言いかえの可能な所以には一切筆を及ぼしておられない。従って、この「婦人」を如何なる意義に解しておられるかは、それが積極的には示されていない以上、右に述べたような表現によって消極的に承知する外はないのであるが、右に掲げた如き幾つかの語は、常に同義ではないので、その意味のとりようによっては、均田法の内容に対する理解に相違があるということになろう。例えば、北魏の制に於いては、十六歳の良民の未婚女性は二〇畝の露田——実際はすべて倍給されたので四〇畝の露田——を給せられるものと解してよいか、或いはまた同様に、北斉の十九歳の未婚女性は四〇畝の露田を給せられるものと解してよいか、という問を発してみると、これに対する答は、この「婦人」・「婦」を女子一般（またはこれと同義での婦人）と言いかえての説明では、是と解する外はなく、これに反して「丁婦」が「丁妻」と同義なら、否と解せざるを得ないことになるのであって、均田法上の女性の取扱いについての理解は、よほど異なって来ることになろう。そこで改めてこの点を検討してみたいと思うのであるが、実はこの「婦人」の語義について、一般には前述の如く、大まかであるが、玉井是博氏の見解だけはかなり明瞭なので、[2] 先ず氏の見解を紹介して置こう。

氏は言われる、個人としての婦人を社会組織の単位とせずしてこれを男子に従属せしめ、一夫一婦を一単位と考えるのがシナ古代よりの家族主義の思想であって、それが為に周の井田制に於いても女子には独立的に田を分配していないし、唐の均田法に於ても同様である、しからば、「北魏以来の制度に於ては婦人に独立の給田を規定」しているが、これは何故であるかという問題を生ずる、これは恐らく拓跋魏の民族性によって説明し得るのではないか、そして北周に至り有室者を単位として給田した――即ち「既婚の女子に限って夫に附属せしめて田を給した」――ことは北方民族の思想が漸次シナ化しつつあったことを示すものである、と。

この玉井氏の理解される女子給田法の内容を、もうすこしかみくだいてみよう。氏は北魏・北斉の女子給田法と北周のそれ――「有室者田百四十畝、丁者田百畝」――とには相違のあることを認めておられる。(3) そして北周の制度では「既婚の女子に限って夫に附属せしめて田を給した」という表現から判断すれば、北魏・北斉では既婚・未婚を問わず一定年令に達した女子には独立に田を給した、と理解しておられ、この点に北周制との相違点を認めておられると解さざるを得ない。従って、氏が北魏や北斉の均田法について、男子・女子、或いは男子・婦人などの表現をとられるのは、この意味に於いてであり、丁男・丁女と表現されることもあるが、その際もただ十五歳以上という意味を附加しておられるに過ぎない。そしてこの玉井氏の見解に対しては、特にこの点を批判した議論も見当らないようであり、(4) また、そのことと前述の如く均田法研究家の多くがこの「男夫」・「婦人」や「一夫」・「婦」を男子・女子と言いかえておられることとは無関係ではないと思うので、この「婦人」＝女子説を現在に於ける通説と見做して差支えあるまいと思う。

しかし、この通説は果して是認し得べきものであろうか。私としては、この「婦人」を単純に女子と解し去ることには、いかにも賛意を表し難いところがあるのである。そして私見を端的に示せば、北魏・北斉の制度に於いても女子給田法は全く北周のそれと同一であって、やはり既婚女性に限って給田されるものと解すべきであろうと思う。そこで、以下その理由を示すこととしよう。

先ず理由の第一は、北魏の給田の規定に於いては「男夫」・「婦人」、北斉のそれに於いては「一夫」・「婦」が給田の基本単位として史料に掲げられていることである。此処で最も注意すべきことはこの「婦」の意味である。古代の漢文に於いては、この「婦」が現代日本語の婦人即ち女子と同義に用いられる場合もない訳ではないが、先ず最も普通には既婚女性のみに限定して使用される語であって、この語に遭遇した際は、特別な事情がない限り、既婚女性と解する方が自然なのではあるまいか。従って、均田法の場合にも、「婦」を以て既婚女性と解する方が自然であり、先ずこのように理解した上で、次にこの理解を不都合とする材料があるかどうかを検討し、この「婦」の正確な語義を決定するというのが最も正格の方法であろう。そして私の見る処では、均田法に関してのみ特別に「婦」が女性一般をさすということを立証すべき材料はないと思う。即ち、私は先ず第一に、この婦という文字の当時一般の語義用例を通じて通説に反対し、北魏・北斉に於いても女性は単に女性それ独自としては給田の対象とは考えられていない、原則として結婚を媒介として給田の対象となる、或いはより端的に言えば、夫に対する給田の一部として考えられているにすぎない、ということを主張したいと思うのである。

第二に、私見の方が均田法の沿革史を理解する上に於いて、より自然だということである。玉井氏の如き理解に立てば、前述の如く北魏・北斉の制度には前後の制度との間に特殊な相違点があることになり、しかもその相違点は特に民族性を以て説明されなければならないことになるが、これは如何なものであろうか。その点、私見の如く解すれば、北魏の制度は、十五歳以上の男子の中で既婚者は一夫一婦で六〇畝、未婚者は四〇畝、未婚女子には給田されない、ということになり（北斉の制度も同様な筆法で解せられ、北斉制を継承した隋も勿論同じ）、結局、北周の制度と同一ということになる。従って、要するに北魏以来隋に至るまで女子給田制の原則は同一であるということになって、その沿革史は最もスムーズに理解されることとなる。そして更に言えば、この場合給田の基本単位をむしろ一夫一婦と解することが可能となろう。ところが均田法は井田法を祖としたものであり、その井田法は一夫一婦の夫家を給田の単位としたものであるから、この井田法に於ける原則がそのまま南北朝時代の均田法に保持されているということになり、この点も私見を有利にするものと思う。

ただし、以上の点については、次の如き疑問に答えて置く必要がある。それは、もし私見の如くであれば、北魏・北斉の制度に於ては何故に北周制の如き簡明な表現を用いなかったのであるか、また、「婦人」・「婦」を既婚女性とするなら「男夫」・「一夫」もやはり一夫一婦の「夫」であって、未婚の男子は含まないのではないか、むしろそう解した方が井田法の一夫一婦給田法の伝統に叶うのではないか、等の疑問である。しかし、私の言うのは、井田法に於いては未婚女性が給田の際に問題とされていない、という方に重点があるのであって、給田法自体には変遷のあることを認めなければならない。私の言いたいことは、より適確に現わせば、この「男夫」・「婦人」は「丁男」・「丁妻」という意味であり、丁男には既婚・未婚ということは関係がない、そして当時はこの丁中制に基づいた給田が行われたのだ、ということなのである。このことは大英博物館所蔵のスタイン将来漢文文書六一三号(5)によって一層明らかである。この五四七年の戸籍又は計帳と考えられている敦煌文書によれば、給田されている者はすべて「丁男」と「丁妻」であり、その「丁男」の中には未婚者も存するのである。即ち、六世紀半ばに於ける、この文書に示されるほどの行政技術の発達を考えると、当時の給田規定としては、各戸の給田額計算の基礎として、丁男に若干、丁妻に若干、という風に規定する方がよく、従って、北魏の如き規定のあり方の方がむしろ望ましいのである。

第三に、実はこの敦煌文書の中に私見に有利な一つの例証がひそんでいるのである。それはこの文書では二十七歳の女性が「中女」とされており、しかもこれは山本達郎博士の言われる如く、未婚なるが故に中女とされていると考うべき徴証が存することである。このことは、女性が結婚によって「丁」となり、租調を負担し、給田に与ったことを示している。後に隋の制度では

女以嫁者為丁、若在室者年二十乃為丁、

とあって、この場合もやはり未婚では丁とされなかった。ただ、二十歳に達すれば在室者即ち未婚のままでも丁とされた点が恐らくこの敦煌文書の示す丁中制とは異なる点であって、この文書の示す丁中制では未婚女性は常に「丁」とはされなかったであろう。そしてこの方がより原則的な考え方であったろうと思われるのである。(6) このことを念頭に置いて、この五四七年をはさんでその前後に位する北魏と北斉の給田規定を考えた際、私見は一層有利さを増すであろう。

第四に、租調制との関係がある。後に改めて述べる如く、均田法は実は租調制と密接な吻合関係があり、口分田給授の対象と租調賦課の対象とは同一であると考えるのであるが、北魏・北斉の租調制に於いては未婚女性が租調を負担すべき規則はなく、彼女らは租調の負担から自由であった。そこでこの点からも未婚女性には給田されなかったことを推察して差支えないと思うのである。

以上、四項にわたって掲げた理由によって、私は、北魏以来隋に至るまで、女子給田制の原則は同一であって、そ

れは既婚者たる丁妻に限って給田の対象となる、或いは一夫一婦単位の給田額計算の対象となる、従って、女性一般を対象とした無限定的な女子給田制なるものは存在しなかった、と思うのである。

二 租税制度との関係について

次に問題としたいのは、均田法と租税制度との関係である。この点については勿論古くから言われていることであって、課役制度と密接な関係があるとか、税役制度と給付・反対給付の関係にあるというように表現されているが、しかし、私はより正確には租調の負担と給付・反対給付の関係にあると言うべきであろうと思う。以下、その根拠を示そう。

先ず第一は、今日、魏書食貨志や隋書食貨志等によって明らかにし得る処では、北魏より隋に至るまでの均田法と租調制に於いて、その授田の対象と賦課の対象とがほぼ完全に一致する、ということである。便宜上、原則的規定のみを図示しよう（次頁掲載）。これによってみると、例えば北魏では、婦人を前述の如く丁妻の意に解すれば、授田の対象は十五歳以上の既婚・未婚の男子、既婚の女子、奴婢及び丁牛ということになるが、これは一夫一婦、年十五以上未娶者、奴婢及び耕牛と言い直してもよい訳で、授田の対象と租調賦課の対象とは完全に一致する。北周の場合も同様である。ただ、北斉の場合は未婚成年男子の租調に関する規定が見えないので、この点だけが授田の対象と合致しないが、均田制に於いて北斉に倣った隋が、租調制の方で「単丁」とし未婚成年男子の租調を一牀の半分（僕隷と同額）と規定しているので、北斉に於いてもやはり同一の規定が存したと考えて差支えあるまい。仮りにこの点を保留し

	受田	租調
北魏	露田：男夫 40畝 婦人 20畝 奴婢 良ニ同ジ 丁牛 30畝（4牛ヲ限ル） 桑田（永業）：男夫 20畝 奴 良ニ同ジ	民調：一夫一婦：帛マタハ布1匹 粟2石 年十五以上未娶者 一夫一婦ノ1/4 奴婢 〃 1/8 耕牛 〃 1/20
北斉	露田：一夫 80畝 婦 40畝 奴婢 良ニ同ジ（限数アリ） 丁牛 60畝（4牛ヲ限ル） 桑田（永業） 丁 20畝	租調：一牀：調絹1疋，綿8両 墾租2石，義租5斗 奴婢 良ノ1/2 牛：調2尺 墾租1斗，義租5升
北周	田：有室者 140畝 丁者 100畝	賦：有室者：絹1疋，綿8両 粟5斛 丁者 有室者ノ1/2
隋	中男・丁男ノ永業・露田ハミナ北斉ノ制度ニ遵ウ	一牀：租 粟3石 調 絹絁マタハ布 単丁 一牀ノ1/2 僕隷 〃

たとしても、全体として均田法に於ける授田の対象と租調制に於ける賦課の対象とが殆んど一致しているという大勢は——「婦人」や「婦」を前述の如く「丁妻」と解する限り——認めざるを得ないと思う。

此のことは更に別の点からも確かめられる。それは北斉の制度であって、その規定には

率以十八受田輸租調、二十充兵、六十免力役、六十六退田免租調、

とある。即ち、これによってみれば受田資格の取得及び喪失の年令が、輸租調義務の発生及び消滅の年令と完全に一致せしめられており、しかも力役負担の年令とは必ずしも相応せしめられていないのである。もっとも、この記

載の中の「二十充兵」について曽我部静雄博士は、二十歳から負担するのは特別な役である兵役で、一般の力役は恐らく十八歳から負担するのであろうとし、力役負担と授田との相応を求めておられる。(7) 私には恐らく滋賀秀三氏の説かれる如く、(8) この「兵」は力役そのものに外ならないと思われるのであるが、かりに曽我部博士の説を認めても、「六十免力役」の方にはこのような力役と授田との相応関係を求め得べくもないことは明らかなので、前述の私見を変える必要はない。また同じ北斉の規定では

奴婢限外不給田者皆不輸、

とされていた。この「不輸」の文言が租調について言わるべきものであることは言をまたないから、これもまた給田と租調負担との相応関係を示していると言って良い。もっとも「輸」は庸についても用いられるが「庸」の出現は力役が歳役として定量化してから後のことと考うべきであるから、この際には、給田と相応関係を有し、かつ「輸」という語で表現される負担の中に庸——従って力役——を含ましめる必要はあるまいと思う。

次に根拠の第二は、前述の敦煌文書である。この文書に於いて、布・麻・租の賦課対象と授田対象とが完全に一致していることは、山本博士が分析された結果を要約表示された次表（次頁掲載）によって明らかである。これによってみると、丁中制や受田額・租調数量等の細目に於いては前述の北魏から隋に至る制度のどれとも完全には一致しないが、(9) 租調と給田との相応関係という点では揆を一にしているのである。更に、この文書の包含する戸集団には六頭の牛があるが、その中の四頭だけが「受田課」であり、一方、計算によれば調布及び租には牛四頭分が計算されているのである。これも丁度、北斉の「奴婢限外不給田者皆不輸」について述べたと全く同様のケースであって、給田と租調負担との相応関係をよく示していると言わなければならない。

次に第三の根拠は、以上のことと関連するが、隋より唐への租調賦課対象の変化が給田対象の変化と揆を一にしているということである。即ち、唐では女子は租調を負担しないこととした。租調負担の基本単位を「床」＝「牀」から「丁男」に変えたといってもよい。唐では女子の負担しないものには庸＝歳役もあったが、力役はそれ以前から女子は負担していないので、この点では従来と変りはない。また奴婢も租調の負担を免れることとなった。ところが、均田法に於ける給田の対象にもまた前代とくらべて変化を生じている。唐の均田法は前代までの均田法と比較すると、いろいろな要素が加味されて複雑となっているので、一概に割り切る訳にはゆかないが、女子は寡妻妾の場合を例外として、一般には給田の対象とされなかったし、奴婢に対しても同様であった。即ち、租調制と均田法との対象の変化が同じなのであって、これもまた給田と租調負担との相応関係を示していると見てよい。尤も唐の制度だけで見ると、給田の対象は原則として租調庸の負担者と同一であると見られる。それは誤りではないが、しかし、そのことから常に均田法と租調庸制との相応関係を結論するのは早すぎると思う。前述の如く、それ以前の制度と比較すれば、租調の賦課の対象の変化にそのことは明瞭に現われているのである。唐制で庸が均田法と相応するのは、租調賦課と給田との対象が変化して、それが庸の賦課対象と一致したことによって二次的に生じた現象であって、本

戸等	上，中，下
丁中	黄　—(3)，小　4—9， 中　10—17，丁　18—46， 老　65—
応受田	丁男　麻 10畝，　正 20畝 丁女　麻　5畝，　正 10畝 丁婢　麻　5畝，　正 10畝 牛　20畝(正)
布	丁(男女)　2丈 丁婢　1丈 牛　2尺
麻	丁(男女)　1斤 丁婢　8両
租	丁 上　2　石 丁 中　1.75石 丁 下　1　石 丁婢　0.45石 牛　0.15石

来的なものではないと言わなければならない。

第四の根拠は、以上に比べればやや弱いのでむしろ旁証とも称すべきものであるが、それは唐の均田法にもこの給田と租調との相応関係が見られるのではないか、ということである。わが戸令の戸逃走条によると、逃走戸の追訪期間中、その戸の「地」を五保及び三等以上の親が「均分佃食」することによって、その反対給付的に負担しなければならなかったのは「租調」であった。ところでこの「地」は「佃食」するものであるから「田」に外ならない。従って、逃走戸の租調を肩替りすることによって、その逃走戸の占有していた田の耕作収益権が与えられる訳である。このことを一般化すれば、班田の反対給付として考えられているのは租と調ということになる。しかし、周知の如く、我が国では、租は地税であって班田面積と比例するが、調は成年男子の人頭税であって班田とは全く関係がない。従ってこの「租調代輸」という規定がわが国独自の理由によって設定されたとは考え難いのであって、恐らく唐令に存した「租調代輸」制をそのまま受け入れたと解すべきであろうと思う。即ち、唐では逃走戸の租調を肩代りすることによって口分田を佃食することが、均田法の理念上当然のことであった、そして、わが国では租の性格も変り、調と班田法との相応関係も失われたにもかかわらず、唐令の規定をそのまま令に取り入れた、このように解することが出来はしまいかと思うのである。

第五に、ついでながら、もう一つの臆測をかかげたい。それは唐制に於いて水旱虫霜による損害に対する免税が、その程度に応じて、先ず租についてなされ、次に租調についてなされ、最後に租調庸雑徭に及んでいる、この順序である。これは租と調と庸と雑徭の負担の大小・軽重がたまたま損害の四分・六分・七分というのと見合う為と解せられなくもないが、そう解することが可能な為には、租は何分、調は何分、庸雑徭は何分に相当するという等式関係が、厳密にではなくても、ほぼ成立しておらねばならぬ。そして、それが成り立つのであれば、例えば損四分の場合に雑徭のみの免除から始めても差支えない筈である。いな、もし均田制が特に力役の負担と相応関係を有するというのなら、先ず力役についての免税が最初に考えらるべきではないかとすら言える。しかるにこの順序が租・租調・租調庸雑徭となっているのは、力役より租の方が、また租調の方が給田の反対給付と考えられていたことを示しているのではあるまいか。これは臆測にわたることであるが、敢えてつけ加えて置きたい。

以上にかかげたような幾つかの点を根拠として、私は、均田法は本質的には北魏以来、租調制と対応関係をもって来たと思うのである。そして唐に至って租調庸制と対応する如き形をとるに至ったが、それは租調の負担者がその範囲を縮少して力役の負担者と一致せしめられたことによって、外形上そうなっただけであって、理念的には、やはり均田法は唐制に於いても租調制と相応していたのであろうと思う。唐令の戸逃走条に「租調代輸」制の存したことを推定し得るとすれば、それはまさにこの均田法の理念に発したものに外ならないであろう。

以上の如き私の主張は、逆に言えば、均田法と力役との相応関係を原則としては認めないということになるが、おそらくこの点については反論が予想されるので、以下若干それについて記して置きたい。

先ず第一は、均田法は周代の井田法の流れを汲んだものであり、その井田法に於いては田土の分配は力役負担の有無によって決せられたものである、従って、均田法に於いては当然力役負担の有無を基準として田土の分配がなされたと考うべきである、以上の如き反論である。周の井田法に於いて田土の分配が力役負担の有無によって決せられた、というような理解の仕方に終始してよいものかどうか、私には多少疑問に思われる処がないでもないが、今しばらく此のことを認めたとしても、その原理が秦・漢・魏・晋等の王朝を経て、はるかに北魏の均田法に至っても、是非とも取り入れられていなければならないということはない。なるほど西魏や北周の制度は周礼に則ったものが多いであろうが、それでも周代の制度そのままではない。そして実は西魏が周礼に則ったことがわざわざ問題とされることは、それ以前の、均田法の基礎を置いた北魏に於いてはそうではなかったことを示している。そしてこのことは、その後をうけた東魏・北斉についても勿論同様である。従って、井田法の性格によって積極的に掣肘される必要はないと言わねばならない。

次に予想されるのは、北魏の均田法について「年及課則受田、老免及身没則還田」とあるが、この課が力役の意であるとすれば、これは力役負担の開始と免除とによって受田・還田が行われることを示すではないか、という反論である。私はここで所謂「課役論争」に立ち入る意図もないし、また、もとよりその力もないが、この記載に限って言えば、この課を是非とも力役と解しなければ意味が通じないという訳でもなく、またこれを力役と解すれば特に意味が明瞭になるという訳でもない（実はこの課を租調と解する通説の方が、前述の北斉の制度とも一致して、むしろ私見には有利であるが、それまでを主張するつもりはない）。ただ、この課を力役とのみ限定せず、もっと包括的な賦課の意味に取ることは、少なくともこの文章に関する限り差支えないと思うのである。

以上、私の気づいた範囲で、予想される反論に答え得たつもりである。そして以上の論述にして大過なしとすれば、均田法は本来、租調制と対応関係を有するものと認識されて来たもので、これは北魏王朝の均田法制定の意図について考える際にも必ずや顧みらるべき点であろうと思う。

註

（1）本稿に於いては、北魏・北斉・北周・隋の制度についての記述、及びこれらについての史料の引用はすべて魏書食貨志・隋書食貨志によっている。従って、以下、一々その出典を註記することは省略する。

（2）玉井是博氏『支那社会経済史研究』所収「唐時代の土地問題管見」。この論文には〝制度に現れたる婦人観〟なる一項が用意されている（四〇頁以下）。

（3）玉井氏は「（北周の有室者）百四十畝といふのは、北斉の制度に於ける男子の露田八十畝、及び桑田二十畝と女子の露田四十歩とに相当するもの故、実際の内容に於ては異る所がない」とも言われているが、これは北周の有室者と北斉の有室者とが同一になるという意味であって、北斉の規定と北周の規定とが同一であったという意味ではないようである。

（4）玉井氏の〝制度に現われたる婦人観〟に対しては、志田不動麿氏（「晋代の土地所有形態と農民問題」史学雑誌四三―一・二）や佐野利一氏（「晋代の農業問題」世界歴史大系四、東洋中世史第一編）によって犀利な批判が加えられているが、その外には聞かない。そして両氏の批判も女子給田制の相違を民族性に基づく婦人観の相違の如きものによって説明することにむけられているのであって、「北魏以来の制度に於ては婦人に独立の給田を規定」しているという理解そのものは別に問題とされた訳ではない。従ってこの点に関しては、まだ玉井氏に対する批判のなされたことはないように思われる。

（5）山本達郎博士「敦煌発見計帳様文書残簡」（「東洋学報」三七―二・三）。以下、山本博士の説として引用するものはすべてこの論文よりの引用である。

（6）この史料に見える在室者を、志田氏は前掲論文に於いて「室在る者」と読んでおられるが、これでは「有室者」と相通ずることとなって、意味が反対となる。

（7）曾我部静雄博士『均田法とその税役制度』九五頁。

（8）滋賀秀三氏「『課役』の意味及び沿革」（「国家学会雑誌」六三―一〇・一一・一二合）。

（9）ただし、若干の類似点はあるのでそれを掲げると、丁男・丁女の調布が各二丈、即ち一牀では四丈＝一匹となるが、この数量は北魏の一夫一婦の帛または布、北斉の一牀の絹、北周の有室者の絹の分量と一致する。また牛の調布二尺は一牀の二十分の一に当るが、これも北魏及び北斉の制度と一致する。

第三章　口分田の田主権

班田法の性格を考える一つのよすがとして、次に土地所有権の問題をとりあげたい。即ち、班田法の規定によって班給される口分田の所有権は何処に帰属するか、国家かそれとも班給を受けた私人か、という問題である。これは裏返して言えば、口分田の班給を受けた者、これを田主と呼べば、その田主が自らの口分田に対して有する権利、即ち田主権は如何なるものであるか、という問題ともなる訳であるから、その帰趨の如何によって班田法の性格についての判断は相当の影響を蒙らざるを得ないことになろう。

第一節　学説の回顧

1

この問題については、古くから所謂公有主義学説なるものが行われて来ていたが、それは周知の如く、主として口分田の班給と回収ということに根拠をおいて、土地公有主義の原則の存在を認め、その結果、農民は一般には国家より班給された口分田の終身用益権を持つにとどまるという理解に立つものであった。これは約言すれば、班田制度は土地国有を前提とすることによって成立するものであるというに外ならない。

ところが、これに対して正面から対立する所謂私有主義学説を唱えられたのは中田薫博士であった。(1) 今、その説の大要を示せば次の如くである。

（1） 所有権なる概念は、元来論理的に必然的な確定不動の概念ではなく、歴史的・具体的事実に則し、一社会一時代の政治的経済的状態に順応して変転する概念なるが故に、その当時の法律確信に照らして判断せねばならない。

（2） 律令の規定に現われている私有動産の外的目標は、消極的には「官」の所有する「官物」・「公物」でないということ、積極的には一私人が「財主」・「物主」として享有する「私財」・「私物」であるということである。

（3） この外的目標は、私有地たることの明白な園地・宅地・私墾地についても適合するから、私有田地の外的目標もまた、その目的物が「公田」・「官田」にあらずして「私田」・「私地」であり、その占有者が官ではなく「田主」・「地主」であるという二点に存する。

（4） 口分田・位田・職分田・賜田なども「官田」・「官地」ではなく「私地」・「私田」であり、その享有者は官ではなく一私人たる「地主」・「田主」である。従ってこれらの田の持主の有する権利も、園宅地私墾田の所有者と同種同類の田主権・地主権と解するのが当然である。

（5） ただ、一方は無期永代的であるのに対し、他方は有期的であるという相違がある。そして有期的所有権の背後には常に国家に属する期待的所有権もしくは類似の物的権利が潜在していた。

以上によって知られる如く、中田博士は所有権概念の歴史性ということを根本とし、当時の法律確信を探るに足る外的目標の設定という手続きによって所謂私有主義学説を唱えられたのである。

この中田博士の説は、その後仁井田陞博士その他の諸氏によって継承され、(2) 学界に与えた影響は決して小さいものではなかったが、しかし必ずしも学界の容るる処ではなく、やはり一般には公有主義学説の方が優勢であったと言ってよい。その基づく理由については、公有主義学説を支持される今宮新博士の中田博士説批判(3)に於いて最も詳細であるので、これを代表として次に掲げよう。

(1) 私有主義学説はあまりに法律上の字句即ち所謂外的目標にとらわれ過ぎてその内容を閑却する処がある。

(2) その外的目標は現在の私有権を示すものと見るべきではなく、むしろある権利の所在を示す標識たるに過ぎない。その権利には種々の内容があるが、その場合、殆んど用益的権能に過ぎない権利を特に一種の私有権と見做す必要はあるまい。

(3) 国家は口分田に対し、期待的所有権などの如き薄弱な権利ではなく、公法上の強力な権利を有していたと認むべきである。

(4) 私有主義学説は、国家が口分田以下の諸田に対して有している監督権を閑却している。要するに口分田を私法上の見地のみより考察することは、当時の土地制度の本質を真に明らかにしない。

(5) 西洋の例を以て推すのは危険である。

(6) 律令時代土地制度の成立についての史的考察、班田法の立法精神についての考察が十分でない。

この今宮博士の主張は、更にこまかい、史料に即しての疑問点の提示を伴っている訳であるが――例えば園宅地と動産との所謂私有権の内容上の相違の指摘など――、今それについて一々述べるのは繁にすぎるので、後に必要に応じてふれることとして、取り敢えず前記諸点に限って言えば、その説の根幹は(2)と(4)にあると言ってよい。ところが、中田博士の立論は、所有権概念の歴史性という基盤の上に――換言すれば、(2)のような見方を否定することの上に――立っているものであるから、これでは、要するに、直木孝次郎氏も指摘される如く、見解の相違に帰せられ、一種の水掛論に堕するおそれがある。(4) 事実、水掛論的な傾向を持っていたればこそ、戦前に於いて両学説はその解決の為の共通の場を持ち得ないで、それぞれ別箇に存立して来たとも言えるのである。従って、この問題はなお根本的には解決されず、戦後、後述の如き石母田正氏の奴隷保有地説や細川亀市氏の王土主義学説が現われた所以もその点にあると思われる。ただ私は、中田博士の説は、中田博士と同じ立場に立ち、同じ方法に従った上で、なお且つ批判されねばならぬ弱点を持っていると思うが、それについては一切を後述にゆずることとしよう。

尤も右のように言ったからといって、今宮博士の批判が全く無用であったと言うのではない。博士の述べられたことが中田博士の説に対する批判としては必ずしも強力ではなかったにしても、そのことと、その一項一項がおのずからなる意義をもつこととは、全く別のことに属する。後述の石母田氏の説の如きは戦後に於いて最ももてはやされた説であるが、それは前掲の(4)をより徹底的に深化せしめることによって生れたものとも評し得るのであり、また、前掲の園宅地と動産との私有権の内容上の相違の指摘の如きも、これをより徹底することによって、中田博士説に対する内在的批判に到着し得ることは後述の通りなのである。

以上がおよそ戦前の研究として代表的なものであるが、この外にやや孤立的な研究として渡部義通氏の説(5)があるのでふれて置こう。氏の説は後述の石母田氏の説に影響を与えていると考えられるので、その律令土地法に対する全体的な評価については、その際またふれる機会があると思うが、口分田の所有権だけに限って言えば、国家が口分田私有を公認し乃至私有に基づける制度ではなかったが、口分田には私有制が潜在的に或いは萌芽的に内在した、と解しておられる。これは公有主義学説を否定する点では中田博士と同じ立場に立ちつつも、なお、班田制の一つの前提は一般民衆の土地が一括して一応貴族の集団的所有に移されたことにあったと見る点で私有主義学説とも異なり、形式的に見れば、公有主義学説と私有主義学説との折衷説の如き形をとったものと言えなくもない。――尤もこれは構成史的な理解そのものが質を異ならしめていることを承知の上での話である。

2

次に戦後の研究として先ず指を屈すべきは石母田氏の研究である。(6) 石母田氏の説は、謂わば中田博士説の批判的摂取を志したもので、問題を法意識或いは所有権概念の場に於いて提出する限り中田説に一貫性があるが、それのみでは歴史的に解決し難きものありとして、両者の止揚の上に自説を展開されたものである。これは今日、最も強い影響力を学界に対して持っている説であるが、その要領はおよそ次の如くである。

(1) 律令制の「土地国有制」は法的なフィクションであって、律令制以前の屯倉＝田荘的土地私有制と農民的土地私有制の必然的発展として法律化したもので、大化改新は古代貴族による人民の集団的共同支配の確立であるから、私有制の否定ではなく、あり方の変化であり、土地国有制は既に確立せる土地私有制の単なる現象形態である。

もつ。

（2）中田説は、律令制の「土地国有制」をそれ以前の土地所有形態と切断して単なる大陸法の継受としてのみ考察しようとする非歴史的な考え方を打破した点、及び、班田制を大化前代に於ける土地の共同体的所有の存在と系譜的に結びつけようとする内田銀蔵博士以来の傾向を克服している点、この二点に於いて積極的な意義をもつ。

（3）中田説と反対説とが対立的に存在する理由は、前者が、口分田に対する班田農民の所有権の不完全さはこの制限がこの時代の地主権に特有な附加条件にすぎずとするのに対し、後者が、その附加条件こそ本質的なものであって、私有権的モメントこそ却って附加条件であると考えるからである。

（4）実は中田説も口分田の私有権を制限するモメント、国家という強大な公権力を軽視しているのではなく、歴史的事実としては正しく評価している。ただそれが所有権という古代法の世界に於いては、単に私有権を制限する一モメントとしてしか評価されざるを得ないのである。

（5）公民とこの公権との関係は、結局、奴隷制的関係——奴隷制によってまだ解体されない独立の小生産者たる農民層の広汎な存在という歴史的条件によって特徴づけられた奴隷制的関係である。

（6）そして、大化前代すでに農民的土地所有が一般化されており、律令制的＝奴隷制的体制が農民的土地所有とその自由民的小生産者的性格を否定し得なかったことこそ、律令制的土地所有体系に於いて口分田が私田・私地、その所有者が田主・地主として現われて来る歴史的根拠である。

（7）古代国家の土地所有権と、口分田・位田・墾田などの土地所有権とは、所有権の質と性格と成立の場を異にする。口分田以下の土地の所有者が、地主＝田主であると同じ意味に於いて、国家は地主＝田主たり得ないのである。この点は古代的な法意識としてとらえねばならない。

（8）この土地所有権の世界に入らず、それよりもさらに強大な権力――それは奴隷制的な関係に基づいたものと考える外に考えようがない。超越的で強大な国家の公権力――必要とあれば律令の保証する土地私有権をも否定し得る公権力――の人民に対する支配と所有とが先ず存在し、いわゆる国家的土地所有なるものは、かかる関係の現象形態にすぎない。この公権力が所有するものは先ず人民で、土地所有はその「附帯事項」にすぎない。かくて班田農民は政治的奴隷 l'esclavage politique の一形態であり、口分田以下の土地は奴隷の保有地に比すべきものである。

この石母田氏の説に対しては先ず直木氏の批判がある。(7) 即ち直木氏は言われる、石母田氏の説は奴隷制を主張するに急なあまり、やや一方に偏した意見であるように感ぜられる、なるほど奈良時代社会に奴隷制的傾向の存するのは否み難いが、しかし国家権力が土地を媒介とせず直接人民だけを捉えたとするのは如何であろうか、日本の古代に於いて土地と人民とは分ち難く結合しており、国家は両者を同時に所有したのである、そして、国家のもつ強大な土地支配権を土地所有の一形態と見ることは必ずしも不当ではなく、このような古代国家の土地所有権は私人の土地私有権――七・八世紀には土地と人民とが家族を単位として結合する段階になっていたが、この結合を家族の側からみれば農民の私的土地所有となる――を全く排除することなく、支配統制するという形で併存したのである、要するに、土地公有主義の優越の下に、土地私有主義が微弱ながら併存しているというあり方が律令制下の土地所有の特色である、およそ以上が直木氏の説かれる処である。

その外、塩沢君夫氏の批判もある。(8) 塩沢氏は、石母田氏が国家の土地所有権の性格をさらに掘り下げることをせずに、これを所有権の世界を超越した強大な公権として了うことを不満とし、国家的土地所有権の本質は、私有権ではないが、もっと広い意味で同じ「土地所有権の世界」で説明されなければならない、土地所有の世界の中で公権力の基礎となる国家的土地所有の本質を明らかにすれば、それは国民的規模で集積された集団的土地所有だと考える外はない、と主張されている。

私は、石母田氏がこの問題を単に法制史の問題として放置せず、歴史的に解明されんとした、その意図と方向とは高く評価すべきであろうと信ずる。しかし、石母田氏の説は律令制社会を奴隷制社会ときめてかかり、口分田は本質的には奴隷の保有地に比すべきものであるという理解を確乎として根底に置いているのであるから、そのこと自体がすでに問題である以上、右に述べた如き批判の生ずるのもまた当然であろう。しかし、私をして忌憚なく言わしむれば、この石母田氏の説も、その批判説たる直木氏や塩沢氏の意見も、史料の解釈・操作に関しては全く中田博士説を容認した上で、その実証的成果をそのまま吸収したものである。即ち、具体的に言うと、律令時代の法律確信に於いては、口分田等に対して私有動産や墾田などに対すると本質的に変らぬ私有権が認められていた、ということを容認した上での議論である。従って、もし中田博士説自体がその実証の過程中に欠陥があり不備な点があって根本的に訂正を要する時は、それに伴って崩れ去る危険を蔵していると言わなければならない。そして実は中田博士の説には重大な欠陥が存すると思われるので、以下その点の記述に従うべきであるが、その前に、更に比較的新しい説として、前にふれた細川亀市氏の説が公にされているので、(9) その紹介と批判とを試みて置きたい。

細川氏は、そもそも土地私有権という概念は正に近代法の所産であって、旧時代にこれに妥当する概念はなく、従って律令の私田を近代的土地所有権論を以て律し去ろうとする処に無理がある、という根本的立場に立たれる。そして律令には土地を国家とか人民とかが所有するという権利の観念があったとは思われず、土地に関してはただ用益権及侵害排除権が存しただけである、そして口分田の基本的内容たる用益権なるものは、当時の人々の欲していた私有なるものと全く異なる概念であり、律令は当時の社会通念的意味に於ける土地私有権を剪除して、単に用益権を以てこれに代置する方法を意識的に敢行したものである、大化改新に於いて実現せるものは、全国の土地人民を王権の直接支配下においたのであって、国家の私有地としたのではない、即ち、国家の Eigentum にあらずして、König-liche Gebiete となったもの、謂わば王土主義学説を主張したい、と言われる。

細川氏は一般に律令そのものに於ける――律令時代に於ける、ではない――「私田」の田主権を問題とされながらも、その際、義解や集解明法説をそのまま律令そのものと見做す誤りをおかしておられるので、[10] その説は十分の説得力を持ち得ないと思う。また、「夫れ普天の下王土に非ざるはなし」という思想を以て王土主義なるものを唱えられる。正にその通りには違いないが、これは文字通り、普天の下、一切を王土とするという抽象的な政治思想の宣言であって、この旗印の下に於いては、山川藪沢も園宅地も口分田も墾田も特に区別はないことになる。しかし、ここで問題なのは園宅地や山川藪沢と区別される口分田等の田主権はいかなる性質のものであるかという点にあるのであって、此処に王土主義を持ち出すことは、問題の解決に寄与する処が殆んどないのではあるまいか。従って、ここではこれ以上の言及は控えたいと思う。

註

(1) 中田薫博士「律令時代の土地私有権」(『法制史論集』第二巻所収、初稿発表は昭和三年)。

(2) 仁井田陞博士「古代支那・日本の土地私有制」(「国家学会雑誌」四三―一二、四四―二・七・八)・西岡虎之助氏『奈良朝史』1

（綜合日本史大系）など。

（3）今宮新博士『班田収授制の研究』一三四頁以下。

（4）直木孝次郎氏「律令時代における農民的土地所有について」（「ヒストリア」八）。

（5）渡部義通氏「律令制社会の構成史的位置」（『古代社会の構造』所収、初稿発表は昭和十二年）。

（6）石母田正氏「古代法と中世法」（「法学志林」四七―一、『増補中世的世界の形成』所収）、

（7）註（4）所掲論文。

（8）塩沢君夫氏『古代専制国家の構造』一〇五頁～一〇六頁。

（9）細川亀市氏「律令に於ける私田の地主権」（『滝川博士還暦記念論文集』所収）。

（10）一例をあげると、田令義解に見える「墾田」は本来は開墾田である、従って、この田令に規定するところの開墾田は後の所謂墾田とは同視すべきでない、と言われるが、田令には「墾田」は存在しないのであって、令義解に言う「墾田」とは天平十五年以降の所謂墾田に外ならない。従って、田令義解に見える「墾田」を通常の意味の墾田と区別することは無用のことである。

第二節　土地私有主義学説の批判

一　所謂「外的目標」の検討

以上の如き既往学説の回顧によって取り敢えず指摘し得ることは、さきに既に述べた如く、中田博士以来の私有主義学説はその実証過程に於いて誤りなきものであるかどうか、この点の再検討を要するということである。そこで本項ではその点を考えてみたいと思うのであるが、その為には、中田博士の取られた論証方法そのものについて批判・検討を行わなければ意味がないことは既述の通りである。従って、先ず、中田博士の如く私有権の外的目標を設定することと自体が妥当であるかどうか、また妥当であるとすれば、その外的目標として指摘されたことは信ずるに足るものであるか否か、これらの点が問われなければならない。けだし、この外的目標の設定ということは中田博士説の根本命題をなすものであるからである。

先ず第一に、外的目標の設定ということ自体にすでに問題があることを指摘しなければならない。本来この外的目標の設定ということは形式論理学上の問題であって、私有財産たることの明白な田地が「私田」と呼ばれていても、その逆に、「私田」と呼ばれる田地のすべてが私有田地と見做さるべきものであるかどうかは分らない筈である。従って、この外的目標の設定ということ自体が本来的にそのような弱点を持っていることを先ず注意しなければならないが、しかし、もし明白なる私有地、例えば天平十五年の永年私財法発布以後の墾田などが、当時の法律意識に於いて常に一貫して「私田」とのみ意識されているというのであれば、大まかに言って、この「私田」を以て私有田地の外的目標とすることは必ずしも許し難いほどのことでもない。そして、口分田などがやはり「私田」とのみ意識されているというのであれば、口分田を私有権の目的物と見做すことも許される処であろう。要するに中田博士はほぼこのような立場をとっておられるのであろう。しかし、当時の法律意識に於いては、私有地たることの明白な墾田が常に「私田」とのみは考えられていない。むしろ私田とは別の範疇に入れられている例もあるのである。一例をあげると、田令集解荒廃条の

跡云、（中略）私田及墾田輸レ租、然則於二空閑地一輸レ租无レ疑、於二公田一亦輸レ租、不税之田上釈訖故也、

の如きがそれである。即ち、ここでは墾田は「私田」と区別されつつ公田と対照されているのであって、私有地なることの明らかな墾田が「私田」ならざるものとして把握されている。このような法律意識もまた存したのである。また延喜民部式上には、

凡私墾田用二公水一者、(1)不レ論二多少一収為二公田一、但水饒無レ妨処者、不レ論二年之遠近一聴レ為二私田一、

と見えているが、この史料の示す処に於いては、私田たることの条件は原則として公水を用いざることである。即ち、この場合公田か私田かの別は、公水を用いるか否かにその原理があるのであって、結局、国家の管理維持する灌漑排水設備を利用するか否かということが問題なのである。従って、この場合の公田私田の別に従えば、口分田は一般に公水を用いるのであるから、当然ここで言う私田には入らないということになろう。このように考えて来ると、

墾田・口分田等が「私田」と呼ばれることがあっても、それは当時に於ける唯一の法律意識ではなく、その一つを示しているに過ぎないことになり、従って、この「私田」を以て直ちに私有田地の外的目標とすることは危険だということになろう。

第二に、中田博士がこの「私田」を以て私有田地の外的目標とされたのは、私有動産の外的目標として「私物」・「私財」を設定され、此処から出発して「私田」を私有田地の場合にも適合せしめ得るとされたからである。即ち、「私財」と「私田」とは単に私有の対象物が異なるが故に「財」と「田」の相違が生じたのであって、両者の意義には本質的な相違はないと解されたからである。もし、「私馬牛」を「私物」・「私財」というが如く、「私田」を「私財」と言い換えることが出来るのであれば、中田博士の言われることは――たとえ外的目標の設定そのものにからむ弱点があるにしても――やはり相当蓋然性の高いものであることを認めざるを得ないであろう。しかし、この点にはやはり問題があるように思われる。その一つは周知の天平十五年の墾田永年私財法である。

勅、如レ聞、墾田縁ニ養老七年格一、限満之後依レ例収授、由レ是農夫怠倦、開地復荒、自今以後任為ニ私財一、無レ論ニ三世一身一、咸悉永年莫レ取、(下略)(2)

この史料には、田地が「私財」と表現されていることに特に注意を要すると思う。即ち、この時以来、墾田は「私財」となすことが認められたのである。ということは、これ以前の三世一身法施行時代には、墾田は「私財」ではなかったということになる。即ち墾田は私田ではあったかも知れないが、しかしまだ私財ではなかったということになる。「永年莫取」ということが成立して始めて墾田は「私財」とされた訳である。従って、天平十五年以後の墾田が私有地たることは誰しも異存のない処であるが、それは「私財」とされたからであって、この場合、私有地たることの外的目標としては「私財」の語をえらぶべきであろうと思う。この例のような場合を考えてみると、ただ「私」字を共通にするという理由だけによって、「私田」たることと「私財」たることとは、相通ずる概念であるときめてかかることは危険であると申さねばならない。従って、動産の場合に、「私財」の語が私有権の外的目標となり得ても、だからといって、そのことから直ちに「私田」を以て水田についての私有権の外的目標とはなし得ないと言わざるを得ないであろう(3)。

第三に――これは右述のことと結局は同じことになるが――「財」という語は、実は私有財産についてのみ言われるものではないかということである。中田博士が例証としてあげられた史料を見ても、「私物」・「私財」というのに対して、「官物」というのはあるが、「官財」・「公財」という例は皆目みあたらない。即ち、「財」という語は「官」とか「公」とかいう語とは熟し得ない概念と当時考えられていたのではないかと思われるのである。言い換えると、「財」はそのまま実は「私財」に外ならなかったのではないかと思われるのである。これはネガティヴな挙証に頼って言うのであるから、あまり強くは言えまいが、この点も、やはり「私田」を「私財」と全く同列に置き、これを以て田地の私有権の外的目標となすことを躊躇せしめるものと言わざるを得ない。

以上、三点にわたって若干の例をあげて述べて来たが、要するに私の言いたいのは、当時、田地の私有権の外的目標として最も確かなものと考えて差支えないものは、「私財」――及びこれに伴って「財主」――の語であって、もし墾田が「私財」と呼ばれる如く、口分田もまた「私財」とよばれているのであれば、所謂私有主義学説は全いが、ただ口分田が「私田」と呼ばれているということのみによっては、如何に所有権概念の歴史性を尊重しても、これを私有権の対象と認めるのは困難ではないかということにある。

二　口分田の田主権

以上によって、中田博士の所謂外的目標なるものは、口分田に対する田主権の性質を決定する上に、必ずしも信用し難いことが明らかになったと思う。しかる時は、いかに所有権概念に歴史的な変化を認めるにせよ、その内容として処分権の如き恐らく所有権の中心的な権利をさえ伴わない田主権を、敢えて私有権として考定する必要はないと言わなければならない。従って、国家によって班給と回収とが行われることに根拠を置いての旧来の「公有主義学説」はそのままの形でも復活し得るものと思う。しかし、私は更に別の一視点を顧みることによって、この点をより推進してみたい。

それは前掲の延喜民部式の規定である。この規定には、謂わば公水公田主義とも言うべき考え方が提示されていることを見逃す訳にはゆかない。そしてこの考え方は決して軽視すべきものではないと思うのである。この延喜式文が何時制定されたかは明らかではないが、田令集解為水侵食条にも

穴云、（中略）新出之地、負二公水一者皆為二口分一、雖二新出地一私開二井溝一造食者、為二墾田一

とあり、日本後紀大同元年七月七日条にも

畿内勅旨田、或分二用公水一新得二開発一、或元墾二瘠地一遂換二良田一、加以、託二言勅旨一遂開二私田一、宜三遣レ使勘二察一

とあって、勅旨田が公水を分け用いて開墾することが出来るのに便乗して私田を開くことをいましめていることは、私墾田の開墾に公水を用い得ざることを示しているし、また天長元年八月廿日の太政官符によれば、常荒田を耕作する百姓に一身の間耕食を許すに際して、

唯池溝堰等加二公功一者、不レ聴レ用二其水一、

と規定され、この公水公田主義とも言うべきものは、平安時代にはそのはじめから疑いなく存したものであり、恐らくは、より古くから存在したものと考えて差支えあるまい。(4) 勿論、墾田永年私財法発布以前には、私有の田地はなかったのであるから、逆に公水公田主義も存在しなかったと言うことになろうが、公水公田主義が永年私財法の発布によって突然生じて来るような性質のものでないことは言うまでもないから、この公水公田主義はそれ以前から潜在的に存在したと表現してもよい訳であろう。要するに全律令時代を通じて、この公水公田主義が貫徹していると考えて差支えないと思うのである。

ひるがえって思うに、大化改新に際して従来の貴族・豪族の大土地私有を廃するということ、即ち、彼らの水田に対する私的領有をとどめて、これを直接国家の管理下に入れるということは、同時にそれらの水田に灌漑すべき設備にまでその措置が及ばなければ、全く意味をなさないと言うべきであろう。これは農業技術的に見て当然のことであろうと思う。そして、この国家の直接の管理下に置かれた灌漑設備によって得られる用水が即ち「公水」に外ならない。そして原則として、この公水を用いる限り、たとえ私功を加えて開墾せる水田であっても公田とするというのであるから、前述の如く、公水を用いる口分田は当然「公田」の範疇に入って来ることになる。従って、ここには中田博士が指摘された如き、口分田を「私田」と考えるのと全く逆の、一つの法律意識が存している訳であるが、私は水田耕作に於ける灌漑設備の重要性を考える時、この、口分田を「公田」と見做す法律意識の方こそ、当時の所有権の内容をはかるにふさわしいものではないかと思うのである。即ち、この点から公有主義学説を推進し得るのではないかと思うのである。従って、口分田に対するような有期的・限定的な所有権、処分権もないような所有権を考えるよ

りは――換言すれば、口分田に対する田主権を制限された所有権と考えるよりは――田地に対しては私有権そのものが原則的に先ず否定され、班田法に認めるが如き田主権が与えられ、この原則を破って私有権が復活伸長して来たと解する通説に従うべきであろうと思うのである。

しからば、中田博士のあげられた如き「公田」・「私田」の別は何によるものであるかということが最後に改めて問われなければならないが、これに対して私は、第一次的排他的な田主権を私人が保有している田が「私田」であり、それ以外の田が「公田」であるという、頗る常識的な解釈を以て解答したいと思う。私財とよばれ私有地たることの明白な墾田もこの限りではやはり「私田」に外ならない。即ち墾田は三世一身法下に於いても当然「私田」であり、永年私財法の発布後に於いてもやはり「私田」たることは変りない訳であり、ただ、更に「私財」即ち私有地たるの性質がこれに加わったというに過ぎないのである。また、公水による「公田」たる口分田――決して「私財」と呼ばれることのない口分田――もやはりその限りでは「私田」である。

この私の解答は、特に積極的な依拠を示して主張する訳ではないので、頗る心許ないもののようであるが、しかし、こう解してこそ始めて寺田神田が公田乃至それに準ずるものとされる所以[5]が理解されるのではないかと思う。即ち、口分田は「私田」とよばれても、それは第一次的排他的な田主権を一私人が認められていることを示すに過ぎず、その田地に対する所有権はあくまで国家にあった。その意味では正に「公田」であった。それと丁度反対に、寺田・神田はその田地に対する所有権は直接国家にはなく、その寺院・神社にあって、その意味では正に「私田」であった。古記によれば、租を徴し得るし、売買も出来る。これは坂本博士の言われる如く[6]、まさに所有権の内容の一部の表徴とみなされよう。にもかかわらず、その田地に対しての第一次的排他的な田主権は如何なる一私人も享受していなかった。その意味に於いて正に「公田」の名に価したのであろうと思う。とにかく中田博士の説では、寺田・神田が公田とされる理由はおそらく説明し難いであろうと思う。口分田でさえ「私田」即ち中田博士説では私有地であるのに、後に荘園制的大土地私有の発達の中核をなした寺田が、この「私田」ではなく「公田」である、ということになって了うからである。

以上によって一応この問題の検討を終るが、最後に一言つけ加えて置きたいことがある。それは細川氏が口分田は国有地かという問を発し、「元来伝統的に使用されている国有地というのは、果して国家の所有地という意味であろうか、従来この点に対する論議が些か不明確の譏を免れない」とされる点である。(7) これは重要な発言ではあるが、しかし、従来とても「国有地」なる言い方も或いは「国家の所有地」と解することも、それほど行われていた訳ではないと思う。「土地公有主義」とか「土地国有制」とか或いは「公地」とかという言い方が多くなされて来ているが、これは逆に言うと、「国有地」とか「国家の所有地」とかいう言い方を避けて来ていることを示していると見てよい。その理由は、今日に於ける国有地の概念と異なるべきことを暗黙の内に諒解して来たからであろう。

註

(1) 「不」字は現行の延喜式には見えない。政事要略五三によって補う。

(2) 田令集解荒廃条所引天平十五年五月廿七日格。

(3) 大化元年九月甲申の詔に

其臣連等伴造国造……割二国県山海林野池田一、以為二己財一、争戦不レ已、或者兼二并数万頃田一、或者全無二容針少地一、……方今百姓猶乏、而有勢者分二割水陸一、以為二私地一、売二与百姓一、年索二其価一、従レ今以後不レ得レ売レ地、勿三妄作レ主兼二併少弱一、

と見えている。これは大化元年当時の詔文のままではないかも知れないが、少なくとも書紀編纂時代の用字・用語法を見るに

は差支えない史料である。ところで、この豪族たちの土地所有は私有の名に価するであろう。その際、その土地は「私地」であり、彼らはその私地の「主」であって、これもまた誠に中田博士説の外的目標に一致する。しかし、ここで特に注意を喚起したいと思うのは、その「私地」と、同時に「己財」と表現していることであって、この私有地ということは「己財」という表現で全からしめられているということである。勿論、これだけの史料から、特に積極的な主張を打ち出すことは不可能であるが、この史料が私案と吻合している点を指摘したいのである。

(4) この点については、時野谷滋氏「田令と墾田法」(「歴史教育」四—五・六) 参照。

(5) 田令集解荒廃条所引穴云「其寺神田、量レ状亦可レ為二公田一也」。

(6) 坂本太郎博士『大化改新の研究』五四六頁～五四七頁。

(7) 細川亀市氏、前節註(9)所掲論文。

第四章　口分田の経済的価値

班田収授法の性格を考える為の一つの方法として、班田農民は班給された口分田によって、果してどの程度の生活が可能であったか、少なくとも立法者はどの程度の生活を保証せんとしたのであるか、という点を考えてみることは確かに有効であろう。ところでこの点については既に先学の研究が蓄積されていることなので、本章でも、その回顧と批判から筆を起すこととしたい。

第一節　学説の回顧と吟味の余地

一　従来の研究

この問題を考えてゆく上の根本の問題は、当時の水田からの標準的乃至平均的な収穫量がどれほどであったかということに存する訳であるが、それを決する為には、何を措いても先ず当時の斗量の実態を正確に把握することが先決であろう。そういう意味に於いては、沢田吾一氏の斗量に関する研究は頗る重要な意義を担うものであり、氏の精密な計算によって、当時の一升が現今の約四合[1]に相当することが確かめられるまでの古い研究はすべて無視してよいということになろう。そこで先ず当然とりあげねばならないのは、その沢田氏自身の説ということになる。

一　沢田吾一氏説

(1)　口分田の田品に等差のあることを認めねばならない。その実際の混在の状況は正確には不明であるが、一般の場合としては、かの七分法[2]（上田一、中田二、下田二、下々田二）を応用すべきであろう。

(2)　この七分法によって計算すれば、一町平均三一四・三束（成斤、以下同じ）の収穫となり、これから町別の租稲一五束と種稲二〇束を差引くと二七九・三束となる。

(3)　郷戸の平均を二七人とし、その内訳を当時の人口構成に関する研究の結果に基づいて左記の如くとすると、

男一二・三人	五歳以下	二・〇人
	六歳以上	一〇・三人
女一四・七人	五歳以下	二・〇人
	六歳以上	一二・七人

この郷戸の受田額は三町七段一八〇歩となる。

(4)　この口分田からの収入を(2)によって計算し、且つ、実際の収穫高は上田五〇〇束・中田四〇〇束・下田三〇〇束・下々田一五〇束の公称のそれよりも一割は多いと見て、一人一日平均で今量の二・四合となり、これは平均食料として不足する。

(5)　この二七人の郷戸に於いては、口分田三町七段一八〇歩の外に、陸田一町一段・水田八段ほどを加えてはじめて戸内の人口を養うに適する。

(6)　要するに「其の分班する所は、食糧を得るに要する田畝の約三分の二乃至四分の三なるに於ては、その貧者の浴する恩恵の程度は、従来史家の考へ居たる所よりは少かるべし。然れども社会を救済し貧富を緩和するの手段として、敢て極端に逸することなく、能く其の中庸を保持し穏健なる政策を採りたるは、転た余輩をして当路の賢明を偲ばしむ。」

以上が沢田氏の説の大要である。(3) ここでは、ⓐ口分田に田品の差を認め、ⓑその混在の割合として七分法を採用する、ということが計算の根本的な基礎となっている。そしてこれらが以下の諸説に於いて陰に陽に問題とされることは後述によって明らかであろう。

二　滝川政次郎博士説

次に掲ぐべきは滝川博士の説である。(4) これは謂わば悲観説の代表として最もよく引用されるものであるが、その論の大要はおおむね沢田氏のそれと類似したものである。

(1)　当時の経済単位として標準房戸を次の如く設定する。

男四人 { 受田　三人 / 不受田　一人 }
女六人 { 受田　五人 / 不受田　一人 }

この標準房戸の口分田は一町二段二四〇歩となる。

(2) 七分法を採用し、種稲・租稲を差引くと、この戸の口分田よりの収入は三七二・六七束となる。

(3) 当時の食料を男子平均二把四分、女子平均二把とし、緑児・緑女の食料を除いて——即ち男三人・女五人として——計算すると、一年間に必要な食料は六二七・八束となる。

(4) 故に「標準房戸の口分田の収入は、其の戸の必要とする食料の纔かに約五分之三を満たすに過ぎないのである。」

この滝川博士の説は、結局、前記沢田氏説のⓐ・ⓑを踏襲し、沢田氏の平均郷戸による計算を標準房戸による算出に変え、そして実収と公称との間の相違に対する斟酌を排して了ったものと言ってよい。

三 喜田新六氏説

喜田氏の説(5)は上記二説に対する批判として提出されたもので、その批判は主として口分田の田品についてのものである。即ち氏によれば、

㋑ 租が同一、授田額も同一であるから、「各人は同様の収穫を得ることの出来る口分田を班給せられた筈である。」

㋺ 故に「口分田には出来る限り上田が班給され、足らざる場合には、中田、下田等も加へられたであらうが、その場合には、上田の場合と同じ収穫を得る様に、田積の数を増されたであらうと考へられる。」

従って、ほぼ口分田よりの収入は食料として足るものであったとされるのである。しかし、㋑について言えば、かくの如く「班給された筈である」と無前提的に断定し得べき性質のものではないし、また㋺についても、「田積の数が増されたであらうと考へられる」証拠は存しない。もし、大宝二年西海道戸籍を念頭に置いて言われたのであれば、

それは既に明らかにしたように明瞭に誤りである（第一編第二章参照）。その他、一般に喜田氏の説には後述の赤松俊秀氏や宮城栄昌博士も説かれるように、滝川博士の反批判[6]に堪え得る根拠はないと言わざるを得ない。

四　赤松俊秀氏説

次に、赤松氏の説[7]もまた沢田・滝川両氏の説に対する疑問から出発する。即ち、

(1)　例えば天平十二年の浜名郡輸租帳によると、口分田はこの郡の堪佃田のほぼ八八％をしめているから、浜名郡の農民は疑いなく口分田に依ってその生活の全部を支えていたと言わざるを得ない。この事実は三百余束説が何らかの誤りを犯していることを示す。

(2)　弘仁式の田品別法定穫稲数は、地子算定の基数であって、必ずしも実収穫高を示していると解するを要しない。これは功稲及び私出挙利稲等の計算に基づく経済の原則より言えるし、また、これを明示する史料もある。

(3)　令の田租法は令前の租法と同じであって、それは一町から五〇〇束の収穫をあげられるということが前提となっている。そしてこの収穫高が最も普遍的な事実であったことは、代を以て田積をはかることが早くから行われていたことによって明らかであって、一代は即ち一束代で一束の収穫ある土地という意味である。律令時代の収穫がこの令前時代より低下したとは考えられない。

(4)　「先づ正確の実収高は今日では不明と云ふの外はない。然し通常は町別五百束を上下する収穫高であつたことは疑ふ余地がない。」

以上の赤松氏説では、謂わば幾何学のある種の問題に於ける吟味の如く、得られた結果から逆に綜合的に判断するという方法がとられている点、浜名郡輸租帳の如き具体的な数字を伴った史料に基づいて算出しておられる点、及び

主税式の田品別法定穫稲量の性質が本格的に論じられている点などに特色がある。

五　宮城栄昌博士説

以上はすべて戦前の研究で、沢田・滝川両氏の説が謂わば悲観説であり、喜田・赤松両氏の説がこれと対蹠的な謂わば楽観説であった。そして、この両者は別に統一されることもなく、殊に滝川博士説と赤松氏説とが、そのまま人の好む処によってそれぞれ採り用いられて来たというのが実情であって、この問題の解決は戦後に持ち来された。そして、戦後これに正面から取り組んで問題の解決をはかられたのが宮城博士であるが、その説(8)の骨子はおよそ次の如くである。

(1)　田品制は口分田制とは別の目的から生じたもので、賃租制度から起きたものである。そして、現存史料では奈良時代までは下々田は殆んど見られず、且つ、その穫稲数はほぼ主税式の穫稲数と一致している。平安時代になると下々田を設定し、その穫稲量を下田の半分と大巾に下げた。

(2)　七分法や三分法は、現存の史料によって調べてみると、全く実情に即していないばかりでなく、下々田の存在は見当らない。結局、七分法や三分法はその発出された時期の現実的要求に応じた政治的意義を有するもので、混田の実際的比率に即したものではなかった。

(3)　主税式の田品毎の収穫高は大体実数に近いものであったと見做される。ただし、下々田の存在は、これを全く否定するつもりはないが、むしろ多分に法律上の予測的存在の意義が強かったと言いたい。

(4)　結論として、「口分田の町別穫稲高は墾田登場以前、及び奈良時代末頃までの四百束前後、平安時代の三百束を上廻る量が、実収高であつたと言えよう。」

この説は、その論証の過程に於いて、既往の研究より数歩ぬきんでたものであり、結論としては、奈良時代については、悲観説・楽観説のほぼ中間の値となり、平安時代については、悲観説と一致しているが、このような時代差を考えたことは、また一つの特色であると言わなければならない。

二　吟味の余地

前項に述べたように、この問題に対する意見の分れる処は、細かい点は別として、大きな点をとって言えば、結局、口分田よりの実収穫は如何ほどであるか――勿論、口分田には豊度の差があるから、その平均的な、或いは標準的な収穫が如何ほどであるか――という点の認定に顕著な相違があるからである。その外、計算の対象となる経済単位を如何に把握するかという点も一様ではないが、しかし、受田額及び食料の数量に直接関係する男女の性別人口比及び年令別人口比については、何れも沢田氏の算出された数値をそのまま採用しているので、経済単位の大小はそのまま受田額及び消費食料の大小とほぼパラレルとなる。少なくともひどいアンバランスを生むおそれはない。従って、この点の相違は、少なくとも当面の問題にとっては直接の影響は殆んどない訳である。そこで問題は前述の如き口分田よりの平均的な収穫をどの程度に見積るべきか、ということに帰着する。そしてそれは更に具体的に言えば、

(1)　主税式に見える四等の田品制をそのまま口分田にも認め、また、その田品別の法定穫稲量をそのまま口分田の実収高にも適用し得るか、

(2)　口分田に各種の田品が混在していたとすれば、その混在の実際上の平均的な割合として所謂七分法を採用して

差支えないか、この二点に対する意見の相違を主要点とし、その外なお若干の問題がこれに附随する。そこで以下それらについて検討してみたい。

1

先ず前掲(1)の中、口分田にも田品の差があったかどうかという点については、沢田・滝川両氏はかつて自明のこととして取扱われたが、その後、滝川博士は喜田氏説に対する反論に際して、改めて口分田に田品の存在したことの論拠として次の三カ条をかかげられた。(9)

(イ) 田令従便近条によって、口分田の班給に土地の遠近と地形とが顧慮せられたとすれば、口分田の中にも中田・下田・下々田が介在したと考えねばならない。何となれば、上田・中田・下田・下々田の分布状態は、人家に近い上田だけを口分田に班給して、残余の中田・下田・下々田を乗田として残すように好都合にはなっていないからである。

(ロ) 続紀延暦十年五月戊子条に、王臣家国郡司及殷富百姓らが、自己の下田を以て貧家の上田と交換したことが見える。

(ハ) 大宝二年の九州戸籍に於いて同一里内で受田数に過不及があるのは、田品の上下が斟酌せられたからであろうと考える外はない。

この三カ条の中、(イ)については、この従便近条は唐令を殆んどそのまま採用したものであるから(附録参照)、形式的には別としても、実際上は果して口分田の班給に土地の遠近と地形とが顧慮せられたかどうかは疑問だという批判も成り立つ。従ってこれには余り重きを置くことは出来ない。また、(ハ)は既に論じたように（第一編第二章）、全くの誤りで、口分田の班給に当って田品を斟酌した形迹は、この場合ばかりでなく一般に見られない。結局残る処は(ロ)であって、これによって少なくとも延暦の頃口分田に田品の差があったこと――田品制があったというのではない――は認めざるを得ないであろう。(10) そしてこれを延暦期乃至それ以後にのみ限るべき謂われはないから、一般に口分田に田品の差ありということは認むべきことと思う。

しからばこの各田品の田からはどれだけの実収穫があったか、ということが問題となる。これについて、沢田氏は主税式の法定の穫稲量よりおよそ一割増しとおさえ、滝川博士はこの法定の穫稲量のままで計算され、宮城博士もまた法定穫稲量を以て大体実収に近いものであったと見做しておられる訳であるが、それらに対し、赤松氏は、これは地子算定の基数であって、口分田の実収高と解する要なしとされている。私は恐らく赤松氏説の如く、これはあくまで地子算定の基準にすぎないと思う。ただし、その為に赤松氏が用意された証拠は残念ながら何れも成り立たないと思うので、此処でその点だけは明らかにして置きたい。

先ず赤松氏は、田一町の耕作は町別廿束の種稲の外に百束の功稲、町別六十束に評価される労賃、溝池農舎の修理費とし町別十束余、計町別百九十束の支出は絶対必要だが、下々田の収穫が弘仁式通り百五十束なら、これから種子と功稲と地子（五分の一）を差引けば耕作者の手には労賃すら残らないという非合理的なことになる、と言われる。しかし、功稲というのは他人をして耕作せしめる場合の賃銀に外ならず、自ら佃作する場合これは不要である（謂わばこれが収入に外ならない）。また町別六十束の賃銀というのも誤りで、これは弘仁十四年二月廿一日の太政官奏によれば、食料に外ならない。[11] 従ってこれも自ら佃作する場合には考慮の要はない。従って、右の論法から下々田の公定収穫高百五十束を実収ならずときめつけることは正しくない。

次に赤松氏は私出挙の利が十割であることに着目し、今、百九十束の稲をもつものがこれを私出挙すれば、難なく十割の利をあげ得るのに、これを用いて田を賃租した場合には、企業としての危険は多いにもかかわらず、下々田なら労賃を得ず、下田なら私出挙の利益の半分を得るにとどまる、これはあり得ないことだ、と言われるが、これは右に述べた如く、他人を傭って耕作する時にのみ成り立つことであり、しかも公田の賃租権は自佃することによってのみ維持されるのであるから、この論法もまた成り立たない。

赤松氏は更に史料として弘仁十二年六月四日の太政官符を提示され、土地墝薄と称せられる劣田がなお町別三百束乃至二百束の収穫を有していたことは明らかであるが、これが特別の沙汰によって易田とされ倍給されたことは、[12] 平均的な収穫が三百余束程度でないことを明示するとされる。しかし、この赤松氏の主張が成り立つ為には、この官符が、連年耕作して二百乃至三百束の収穫しかないような劣田だから特に易田とされたという風に解釈されるものでなければならない。しかし、この官符の示す処はそうではない。この土地は隔年耕作することによって漸く二百乃至三百束の収穫しかあげられない田だからこそ「百姓の口分は空しく二段の名ありてただ一段の実を作る」という実情である、だからこの際正式に易田と認定して田令の規定により倍給して貰いたい（旧来は実際上は隔年耕作して来ているが——耕作の形態は易田だが——易田と認定されていないから田令の規定による倍給が行われていない）、これが官符の示す処である。故に換算すればこれは毎年町別百五十束乃至百束の収穫ということになり、これでは確かに劣田と言うべきであるから、この官符は赤松氏説の支証とはならない。

なお右に関連して、赤松氏は口分田町別五百束の収穫は束別に米五升を舂得することと結びついているという点から、更に進んで、町別三百束の収穫の時には束別に三升、町別に百五十束の時には束別に一升五合の結実しかなかったことになるとされているが、これは恐らく何かの誤解であろう。一束から舂米五升を得ることは町別五百束の収穫と関係なしに独立に成り立つことである。従って町別三百束の時も束別五升であって（即ち町では十五斛）、一般に「束」は既に安定した穎稲の単位として用いられたものである。そうでなければ、束と斛斗升とを混合併記し、それを合算してある正税帳の記載の如きは存在し得ない筈である。従って、天平宝字元年十二月廿三日付けの越前国使等解(13)に「束舂米四升以下三升以上」とあることから、この庄では天候不良のこの年でさえ町別四百束乃至三百束の収穫があると解されるのは誤りである。これは「雖レ有ニ数員ニ不レ愜ニ其実ニ」という状況を数的に具体的に説明したに過ぎないものであって、この文言からは、この庄で町別何束の収穫があったかは不明と言わなければならない。

以上が赤松氏の用意された証拠とそれに対する批判である。かくの如く赤松氏の提示された個々の証拠には挙証力があるとは思わないが、しかし、全体として赤松氏がこの主税式の穫稲数量を以てあくまで地子算定の為の基準であると主張される点は重要であると思う。即ち、これをそのまま移して無条件に口分田に於ける実収高と考えることはつつしまなければならないのである。

宮城博士はその点を十分承知の上で、しかし大体に於いては実収に近いと考えておられる。しかし、私はおそらく実収より幾分か下廻って決定されているものと考えている。一般に公称が実際より下廻って決定されることは沢田氏の記述された通りであろうと思う。その点、沢田氏の説は仲々慎重な配慮をひめていたとしなければならない。沢田氏はその差を約一割と見積られたが、これは全くの仮定であって、厳密には可とも不可とも評しようのないものである。ただしかし、私は上・中・下田の比率が五〇〇・四〇〇・三〇〇と概数になっていることから考え、このような概数ではいかなる場合にも実情を正確に表現し得ないものであるから、仮りに、たとえば如何なる程度の田を中田と認定したかというように考えてみると、実収四五〇束から三五〇束ぐらいの田を中田としたのではなく(こうすれば中田はおよそ平均して四〇〇束ぐらいの実収となり、標準穫稲は実収の平均と一致することになる)、四〇〇束以上五〇〇束未満ぐらいの田を中田としたものと考えている。こう考えると実収は公称より上廻ることになるが、その際の公称と平均実収との差はやはり一割前後ではあるまいか。ただしこれは全くの推定であるから、むしろ此の際は、一応宮城博士の「大体実数に近い」というのを、実数より必ずや下廻って設定されてはいるが、さりとてさほど実数からへだたったものではない、という意味で肯定して置いてよいと思う。

2

次に(2)の七分法の問題に移ろう。これについては、沢田・滝川両氏が口分田に於ける各田品の混在の割合として七分法を応用し得るとされるのに対し、赤松氏は前項でもすこしふれたように否定的な態度をとられ、宮城博士はより明確にこれをその法の発出された時期に於ける現実的要求に出るもので、混田の実際的な比率に即したものに非ずとされ、殊に下々田の存在については極めて強く否定的な見解を打ち出されている。私はこの問題についてはためらうことなく宮城博士の説を支持する。上田一・中田二・下田二・下々田二の七分法が決定されたのは延喜十四年のことであり、中田一・下田一・下々田一の三分法が決定されたのは延長六年のことである。[14] このように七分法や三分法が延喜・延長年間という律令制の崩壊期――あのおよそ実情とかけはなれた戸籍が造られ、京送された時代――に至って漸く決定されたものにすぎないということ自体が、この法の性格に一つの示唆を与えている。即ち、われわれは、この法に見える比率が実際の公田に於ける各種田品の混在の実情を示すものであるか否かなどと言う前に、この法が地子の収納を確保せんが為のものであることを先ず認識しなければならない。それは七分法の制定後十四年で三分法へと変更されたことに何よりもよく示されていると言わなければならない。僅か十四年の間に上田が全く姿を消し去るということが実情の反映でないことは言うまでもないことだからである。従って、この七分法をそのまま奈良時代または律令時代全般の口分田の田品混在の一般的な比率として採用した研究は、その点で議論が大まかにすぎたと評せざるを得ないのである。

ところが、この七分法や三分法については、上記の如き観点とは全く別の観点から、これを古い沿源を有するものであると説く学説がある。それは石母田正氏の説(15)であるが、この説はその意味で、右述の宮城博士の見解や私見と全く対立するものなので、此処でその批判検討を行なって置く必要があろう。

石母田氏の説かれる処はおよそ次の如くである。公田は零細な耕地に分割されて農民の小作地となったが、一般に上田の小作を希望するものが多いので、田品を顧慮して平均的に配分する必要があった。この必要が平安時代に七分法及び三分法を成立せしめたものであるが、平安時代以前に於いてもこの必要は存したので、これに関する慣習(七分法か三分法に近いもの)が、班田制施行以来村落共同体的慣習として存在した。ところが村落内部の階級分化の進行の結果、平安時代になると、村落の統合が弛緩し、その共同体的性格が凋落した。その結果、村落民への比較的平等な小作地の配分の不可能と、従ってまた下田以下の耕地の荒廃化を招き、かかる情勢が七分法、三分法を法制化せしめた真の原因であった。

以上の如き石母田氏の説は、卒直に言って何よりも第一に、氏が村落共同体的解決ということをあまりに重視し、それに引かれることによって真相の把握から遠ざかっていると評せざるを得ない。氏が「郷土法」をこの村落共同体の慣習と考えられるのもその点から発する訳であるが、その誤りなることは既に述べた処である。しかし、ここではその点は問わないことにして、史料に即して批判すると、氏は七分法及び三分法を公田小作地の各農家への配分法と考えておられるが、[16] この点に根本的な誤謬が存すると言わなければならない。これは延長六年十月十一日の太政官符をよく見れば分る通り、要するに、地子帳の上で国内を通計して、この七分法または三分法の如き割合で各田品の田が存することを求めたものであり、国司が上田を少なくして下田を多くしたり、中田・下田のみ載せて上田を載せないということに対する取締りで、結局、地子の確保に目的があったと見るべきものである。即ち、律令制の終末期に於ける律令行政の形式性や請負性を示すものであって、この率法は田品によって平均的に各農家に小作地を配分する必要から生れたのではない。更に言えば、石母田氏は村落内部に於ける階級分化の進行の結果の具体的な姿として、延暦十年の太政官符が、[17] 既に殷富の百姓のもとに上田や耕作に便なる土地が集中され、貧窮の農家の手には下田や不便な土地しか残されていない情勢について語っているとされるが、この延暦十年から数えて、延喜十四年七分法の成立は百二十三年後のことである。とすれば、階級分化による小作地の比較的公平な配分の不可能や下田以下の耕地の荒廃化などを以て七分法制定の真の原因と考えるにしては、七分法の成立はあまりにもおそきに過ぎるではないか、という疑問も提出されて来るのであって、畢竟、石母田氏のこの説は殆んど従い兼ねるものである。従って、もはや石母田氏の説によって前述の如き私見が、その成立を妨げられるおそれは全くないと言ってよい。

以上二項にわたる吟味によって、沢田・滝川両氏の悲観説はその立論の基礎に認め難いものの存することが明らかになったと思うが、更にその説の成り立ち難いことは赤松氏説の(1)によって明瞭であろう。この赤松氏の指摘は重要な指摘であり、殊に浜名郡輸租帳という具体的な史料に基づいているものであるから、私もまた氏の驥尾に附して少し詳しく研究してみよう。

3

本帳によれば、この郡では、堪佃田中の口分田は八八％弱、不堪佃田をも含めて計算すれば口分田は八二％弱ということになる。そこで、この不堪佃田が額面通りの真実の不堪佃田であるとすれば、この郡の農民は七五三町四段二一六歩の口分田よりの収入があったこととなる。この郡には七五〇戸の房戸があるので、一戸当りの平均をとれば口分田は約一町となる。そこで今、町別の穫稲を沢田・滝川両氏の説によって三一四・三束とすると、各戸の口分田よりの収入は、種子料・食料を差引いて二七九・三束ということになる。ところでこの帳には良民だけで五三三〇人、良賤あわせて五三七一人の「口」数が記されており、これを七五〇戸で平均すると一戸当り七人前後となるが、この「口」数は受田口数の意味に外ならない(補論第一章参照)。従って、各房戸には平均してあと一人か二人の未受田口が存したと考えられる。しかし、滝川博士の計算法に従って、敢えてこれらの未受田口は何れも緑児緑女であるとし、食料の計算には無視することにしよう。その際、この七人の中、男三人・女四人として、滝川博士の用いられた諸元をそのまま使用すると、この房戸の要する食料は五五四・八束となり、口分田よりの収入ではおよそ半分しかまかなえず、差引き二七五・五束の不足を生ずる。そこで、口分田以外の全堪佃田が農民に賃租されたとすると、その面積は九九町六段八五歩で一戸当りは約一段九〇歩、この田よりの収穫は町別三一四・三束として三九・四束、これから種子料・地子（機械的に五分の一として）を差引くと約二九束の収入となり、これでは到底その不足を補うに足るものではない。勿論これは郡内の水田だけに眼を着けたのであって、他郡にも口分田を持ち、他郡の水田をも賃租した可能性を考慮すべきであると反論されるかも知れないが、他の郡に於いても事情は大差ないであろうから、近隣の諸郡に於いて賃租田を有していたと考え得る為には、この郡が特に賃租田が少ないということでなければなるまい。そういうこともあり得ないとは言わないが、それによって補い得るものはそんなに多く見積れないと思う。また、陸田のことを忘るべきでないとも言われるかも知れない。この陸田はたしかに重要で、そのことは次節に於いても触れる通りであるが、それを考慮に入れても、なお、調庸その他の負担を負う農民の生活は成りたち難いことになる。

ただし、この帳については、その記載をそのまま実情の忠実なる反映と見做し難い点がある（補論第一章参照）。そこでもし、この不堪佃田の中の何割か、或いは極端な場合、全部が帳面上だけのみせかけの不堪佃田で、実際は耕作に堪える田であったと仮定したらどうなるか。不堪佃田の中の何割かと言ってもつかみ処がないので、極端な場合をとって全部がみせかけの不堪佃田であると仮定して計算すると、その際は一戸当りの平均の口分田は一町一段二六八歩となり、滝川博士説によるこの口分田よりの収入は約三二六束、食料からの不足分は約二二九束、賃租し得べき水田は一戸当り約二段二一六歩、これからの収入は約六四束となり、依然として不足を補うに足るものではない。しかもこれは最も極端にこの帳に作為が行われたと仮定した場合の数字で、実際にはこれほどまでの相違は出て来ない筈であるから、このような本帳の性質を考慮に入れても、なお、この町別三一四束強という穫稲では農民の生活は成り立たないことになる。しかし、この郡の農民はこれ以外に多少の他郡の水田の賃租や陸田耕作による補充はあったにせよ、とにかくこれだけの水田で生活して来たのであるから、たしかに赤松氏の言われる通り、この町別平均三一四束説には誤謬が存すると認むべきであろう。

しからば、赤松氏説の如く、町別平均五〇〇束前後と考うべきであろうか。仮りに前述の浜名郡の場合を町別五〇〇束として計算し直してみると、堪佃田だけの方で、口分田よりの収入は房戸平均四六五束、賃租田よりの収入は平均四七・五束、両者合算して五〇〇束余となり、これは十分ではないまでも、ほぼ食料を支弁し得る数値となる。従ってその点からは妥当な数値のようであるが、しかし、もし口分田その他で町別平均五〇〇束の収穫が普通であったとすれば、田品制に於いて、上・中・下・下々田を五〇〇・四〇〇・三〇〇・一五〇束と決めたことは余りにも実収と差がありすぎる。下々田については、宮城博士も言われるように平安時代に入ってから設定されたと私も思うので（補論第三章参照）、奈良時代については除外して、上・中・下田だけについて考えるにしても、それでもやはり差が開きすぎる。赤松氏がその恐らく唯一の根拠としてあげられた処は(3)であろう。これは一見有力な論拠のようであるが、実はあまり有力なものではない。一代はたしかに原初的には一束の稲を得べき土地であったろうが、それは、束も代も未だ単位として固定していない時期のことであって、一代が五歩と階調せしめられて、丈量単位として確定して来た後に於いては、この関係は既に失われて来ている筈である。束と代とがともに単位として固定していない時に五〇〇代の地から五〇〇束の稲が収穫されるのは普遍的な事実どころか当然すぎることであるが、しかしこの場合の五〇〇代は、代が丈量単位として確定し来った後の五〇〇代即ち一町の如く一定の面積を示すものではないのである。要するに、当時に於いては「代」とは「束」の代名詞であり、単位面積あたりの収穫量に差が存すれば（これは避けがたい）、同じ一代でも実際の面積には種々の差があった筈である。従って、代が確固たる丈量単位へと成長した後に於いては、必然的に五〇〇代の地から五〇〇束の稲がとれるということは普遍的な事実ではあり得ない筈であろう。ただ、令前の租法が一〇〇代につき三束、即ち、五〇〇代につき一五束と決められていたのは、一代から一束の収穫のあることが、当時の普遍的な事実と認識されたからではなく、代と束とが未だ単位として確立せず、代と束とが相関関係を持っていた時代に於いて、一〇〇束の収穫（これを生ずべき一〇〇代の地の面積は不定）に対して三束の租と決められていたことの伝統に従ったものであろうと思う。

以上によって、赤松氏の説もまたそのままでは従い難いとすれば、最後に宮城博士の説は如何であろうか。ただ、宮城博士説に於いては、種々の材料を列挙された後、結論を引き出される過程が省略されているので、推定に頼る外はないが、先ず奈良時代を四〇〇束前後というのは、この時代には下々田なしと見て、上田と下田との存在の割合をほぼ同一と見られたのではあるまいか（この場合、中田はどの程度に存在したとしても平均は必ず四〇〇束となる）。ついで平安時代のそれを三〇〇束を上廻るとされたのは、下々田の存在を認めてもよい平安時代については、ほぼ七分法によるる滝川博士説を認められたのであろうか。何れにせよ、このような推定を行なった上で批判してみても仕方がないので、これ以上の追求は控えた方が賢明であろう。

註

（1）沢田吾一氏『奈良朝時代民政経済の数的研究』。この書には「四合〇六撮」とこまかい数値があげられているが、これはもともと平均値をとることによって得られた数値であるから、そのこまかい端数にこだわる必要はあるまい。概数をとって約四合とおさえて置けば十分であろう。

（2）政事要略巻五十三、交替雑事（雑田）、延喜十四年八月八日太政官符（応諸国乗田嵤七分法事）。

（3）(1)・(2)・(6)は沢田氏前掲書四六五頁〜四六八頁、(3)・(4)・(5)は同書六一二頁〜六一九頁。
（4）滝川政次郎博士『律令時代の農民生活』前編第一章第四節。
（5）喜田新六氏「令制下に於ける戸の収入と租税の負担」（「史学雑誌」四六―四）。
（6）滝川政次郎博士「口分田の田品」（『日本社会経済史論考』所収）。
（7）赤松俊秀氏「律令時代の農民層の負担に就いて」（「史潮」七―四）。
（8）宮城栄昌博士「房戸口分田の穫稲数量について」（「史潮」四三）。
（9）註（6）所掲論文。
（10）強いて言えば、この続紀記事中の田品に関する部分は墾田についてのものであると解されなくもないが、しかし記事全体から判断してそれは強弁であろう。
（11）この公営田の設定に関する著名な太政官奏には、「徭丁食料七十二万三千八十四束人別米二升」及び「応役徭丁六万二百五十七人」の記載があり、これらから算出すると、一町当り六〇束の食料を要したことが分る。
（12）念の為その全文を掲げよう。

応下交野丹比両郡課丁口分為二易田一倍授上事

右得二河内国解一偁、件両郡司并百姓等申云、当郡土地墝薄、動罹二旱災一、一町所レ苅頴三百束以下二百束以上、若両年頻作者不二復及一此率一、是以去年耕田今年不レ作、毎年易レ田耕営得レ実、即此両郡百姓口分、空有二二段之名一、只作二一段之実一、所以百姓窮弊公役難レ済、望請、准二播磨国一、折為二易田一、依レ令倍賜者、国加二覆勘一所レ申有レ実、謹請二官裁一者、被二右大臣宣一偁、奉レ勅、如レ聞、比年此国衰弊殊甚、宜二課丁口分特依レ請給一、但民息之後、仍復二旧例一

（13）大日本古文書四の二五四頁。これは桑原庄に関するもので、「今年秋節雨風頻起、所佃之田悉皆萎枯、収獲之稲、雖有数員、不愜其実、一束舂米四升以下三升以上矣」と見えている。
（14）註（2）所掲太政官符及び政事要略巻五十三、交替雑事（雑田）、延長六年十月十一日太政官符（応諸国乗田暫停置上田定三分

法事)。

(15) 石母田正氏「王朝時代の村落の耕地」(三)(「社会経済史学」一一—四)。

(16) 例えば「七分法が上田一、中田二、下田二、下々田二の割合で混合することをいひ、三分法が中田一、下田一、下々田一の割合で各田品を配分するものであることはいふまでもない」というような表現にそれがうかがわれる。

(17) 続日本紀延暦十年五月戊子条。

第二節　口分田の経済的価値

1

以上、前節に於ける検討により、既往の諸説は何れも誤謬や不十分な処があって、その何れにも適従し難いことが分った。そこで今、改めて別個にこの問題を追求してゆかねばならないが、その為には一・二の着眼点があるように思われる(なお、ここではなるべく田品制に下々田が設定される以前、即ち奈良時代のものについて求めてゆくこととしたい)。

その一つは、当時に於ける実際の各種田品の混合の割合が最も問題なのであるが、全国的な一般的な比率を探し求めることは殆んど不可能である。そこでそれはあきらめて、田品の混合の割合の明らかな実例、及び田品毎の穫稲量の推定される実例に基づいて、平均収穫量を算出するという方法を取ってみるということである。

先ず史料を奈良時代に限定してみると、各田品混合の割合を知るに足る史料としては、宮城博士も用いられた天平神護二年十月廿一日の越前国使等解であろう。これによれば、天平勝宝九年に品治部公広耳が東大寺に寄進した墾田一〇〇町の中、約八〇町の分について田品が分るが、これは宮城博士の計算によれば、ほぼ、上田三二%・中田五六%・下田一二%の割合となっている。[1]この割合はおそらく口分田に於ける田品混在の割合を推す上にそれほど不都合なものではないのではあるまいか。例えば、天平十五年の弘福寺田数帳によって田品混合の割合を算出してみると、上田九一・五%(上々田一〇・八%、上中田七九%、上下田一・七%)、中田なし、下田八・五%(下上田〇・五%、下中田なし、下々田八%)となるが、これなどは恐らく先進開拓地に設定された寺領なるが故に殊に上田が多いのであろうし(補論第三章参照)、同様なことは天平七年の讃岐国山田郡田図[2]にもうかがわれる処である。こういう例と比較してみると、前述の越前国の場合の混田率は口分田のそれに近いと考えてよいと思う。そこで取り敢えず一応この比率に準拠することとしよう。

次に各田品毎の穫稲量の実例を考えてみたいが、直接これを明示する史料はない。ただ、讃岐国山田郡田図には、各坪毎に面積・田品と共に直米が記入されているので、この直米算定の基準となった地子率を五分の一と断定して誤りなければ、その単位面積あたりの穫稲量の算出が可能である。この田図によれば、寺領は南北二カ処にそれぞれ一区画をなしてまとまっていることが分るが、その中、南の分は破損の為不完全なので、北の方の一画だけを史料として用いてみよう。この部分全体の田積は一一町四一二束代、即ち、一一町八段六〇歩であるが、その直米は六三石四斗、これから地子率五分の一として町あたりの穫稲を算出すると五三六・二束となる。田品別では、上田は一〇町八段六〇歩に対して直米五八石九斗なので、その町別平均穫稲は五四四束強、中田は一町に対して直米四石五斗なので、町別穫稲は四五〇束とそれぞれ計算される。これらの数値は、それが寺領たることによっての影響は受けない性質のものである――寺領たることの影響は上田が圧倒的に多いという形で現われている――から、これを一実例として口分田等の場合にも応用し得るものである。そして、それはそのまま実収を示していると考えてよいであろう。このことは、各坪乃至一筆毎の直米に面積との対応関係がないこと、[3] 換言すれば、地子率を同一とした場合に穫稲量がバラバラとなっていることによって推察される処である。[4]

そこで、前掲の越前国坂井郡の約八〇町の水田に於いて、町別どれだけの実収があるかということの計算に右の数値を用いてみよう。ただし、山田郡田図には下田の実例がないので、下田は公田に於ける法定の穫稲量三〇〇束を一割増しした三三〇束を用いることとする。この結果得られる数値は四六六束弱である。これは同じ奈良時代とは言え、時処を異にした二つの僅かな実例をかけ合わせて導いた数値であるから、これを直ちに一般化する訳にゆかないことは言うまでもないが、取りあえず一つの数値として提出して置こう。

次に第二の着眼点は、前述の如き七分法や三分法がいかなる観点から決定されたか、ということである。これは延喜・延長年間の現実に立った政治的な意味のものであるから、実際の田品の混合率を示さないということは前に述べた通りであるが、しかし、それだけに却ってその数値には何か基づく処があったに相違ないと思われる。従って、それを探求し得れば、逆に実収高もまた判明するのではないかと思うのである。

ところで、この七分法や三分法は公田の賃租に対して行われたものであるから、当然、公田に於ける法定穫稲数がこれに対して適用される筈である。従って、七分法を用いれば五分の一の地子率で町別平均六二・八三束の地子を得、三分法によれば町別平均五六・六七束の地子が得られる。これは当時、諸国で当然輸さるべき地子の全額ではなく、その何割かであったに相違ない。それは当時の国司徴税の請負的傾向から推定される処である。しからば何割ぐらいに見積られていたと見るべきか。これは推定に頼る外はないが、この場合、例の田租の国内通計不三得七法が参考となろう。即ち、この七割の確保ということが地子の場合にも応用されたと考えると、七分法の場合は元来町別平均八九・七六束、概算九〇束の地子を徴するに足るだけの応輸地子田が存在したということになり、三分法の場合には、これより少し降って町別平均八〇・九束、先ず八〇束の地子を徴するに足るだけの応輸地子田が存したことになる。これは主税式の法定田品別穫稲量に於いて、七分法の際は町別平均四五〇束、三分法の場合は四〇〇束の穫稲のある公田が実際には存したということであり、これから更に、その実収高を求めれば、法定と実収との差を仮りに一割として四九五束及び四四〇束という数値が得られる。この際、七分法と三分法とのどちらがより不三得七法の比率に近いか不明であるので、便宜上両者の平均をとると、四六八束弱という数値が導かれる。これが、平安時代の公乗田に於ける平均的な町別実収高と考えられるが、奈良時代の公乗田が平安時代の公乗田より一層劣田であったとは考えられないし、口分田の豊度が公乗田のそれより甚だしく劣るとも見えないので、これを以て、奈良時代の口分田の町別平均実収高と置き換えることはさほど不都合ではあるまいと思う。

以上、相互に独立した二つの着眼点と方法とに従って推算を試みた結果、一方は四六六束、他は四六八束となり、ほぼ一致した数値となった。とは言え、勿論私はこの二つの数値の一致にそれほど大きな期待をかけようとするのではない。前者は僅か二つの実例からそれらを結合して導き出したものであり、後者は七割という推定と、七分法と三分法との平均というような便宜的な操作とが入り、しかも実収を機械的に公称の一割増と見たものであるからである。しかし、この一致を全くの偶然として斥けて了う気にもなれない。この両者がここまで近似したことは、私自身予期しない偶然であったとしても、これが一〇〇束や二〇〇束もの差を生じなかったということは、恐らくそれだけの理由と意味のあることであろうと思う。そこで今、これを生かし、少し控え目におさえて、町別平均の実収高四五〇束という概数を提出して置きたいと思う。

2

しからば、この町別平均四五〇束の収穫は当時の農民の経済生活にどれだけの価値を有したか。今かりに滝川博士の設定された標準房戸（受田一町二段二四〇歩）にあてはめると、口分田よりの収穫は五七〇束となり、これから種子料・田租を差引いて純収入五三七・三束となり、同じく滝川博士の計算による標準房戸の食料六二七・八束にはなお九〇束ほど足りないという結果を生ずる。従って、口分田よりの平均的な収入は、その戸の食料を満たすには約一割五分ほど足りず、況んや調庸等の負担のことを考えれば、到底生活費を支弁するに足りないものであって、この外に公田の賃租や園地・陸田の耕作などによって補い、更に逃亡・偽籍等の対抗手段をとる必要は依然として存在したと言わなければならず（町別平均三〇〇余束と見る時よりはその必要は少ないとしても）、逆に言えば、為政者は口分田の班給によって、この程度の生活を保証する意図しかなかったということになる訳である。

しかし、此処に考うべきは、これは養老令の規定による計算であるということである。そこには当然奈良時代に至るまでの現実的な要素が既に折りこまれていると見るべきであって、班田法制定者の意図をこのことから直ちに汲みとることは早計である。何となれば、第一編で述べた通り、浄御原令の受田規定は大宝・養老令とは異なっており、その規定による受田額は養老令の規定によるそれよりは多い筈なのであるから、制定者の意図を探る為には、より古い班田法規定に準拠して計算する必要があるからである。そこで今、浄御原令の規定を用いて滝川博士設定の標準房戸の受田額とそこからの収入を調べてみよう。先ず、浄御原令の規定では年令に制限なく班給されるから、受田人口は男女各一人を増さねばならない。また、浄御原令に於ける男女各一人あたりの法定班給額は厳密には不明という外はないが、前述の如く、大宝・養老令制と同一視することは許されるであろう。そこでこれらによって計算してみると、この標準房戸の受田額は一町六段となり、その口分田からの収穫は七二〇束、これから種子料・田租を差引いて六六四束の収入となり、これはこの標準房戸の食料必要量六二七・八束をカヴァーして余裕のある収入である。従って、少なくとも浄御原令制定者は、食料にも足りない口分田額を決定したものではなく、口分田よりの収入によって少なくとも食料を支弁することだけは可能ならしめていたのである。同じことは、遡って大化当時の制度制定者の意図についても想定を許されるであろう。況んや、かつて坂本太郎博士が、制度制定者の心理に対する解釈として、町別五〇〇束の穫稲が標準とされていたに違いないとされ、このような制定者の大まかな計算に一応の考慮を払う必要のあることを強調されたこと(5)をも想起すべきであって、前に早計であると言ったのはこの点からも支持されねばならないと思う。

およそ以上によって、班田法制定者の意図がその戸の食料の五分の三にも満たざる収入を得るにすぎない口分田を班給せんとする点にあったなどと解すべき謂われのないことを明らかにした。従って、沢田氏の「社会を救済し貧富を緩和するの手段として、敢て極端に逸することなく、能く其の中庸を保持し、穏健なる政策を採りたるは、転た余輩をして当路の賢明を偲ばしむ」という古典的評価は、実はあまり意味のないものと言わねばならないのである。

ところで以上の如く、浄御原令制下に於いて、口分田よりの平均的な収入が、その戸の食料を支弁するに足るものとしても、それは直ちに口分田の経済的価値をそのまま決定づけるものと言う訳にはゆかない。即ち、各班田農家の支出は単に食料にのみとどまるものでなく、この外になお多くの負担があったし、また、収入の方も口分田よりの収入のみにとどまるものではなかった。そこでその全収入源と全負担体系との相関に於いて口分田の価値を改めて考えてみる必要があるが、しかし、浄御原令制下に於ける負担量は現在全くと言ってよいほど分っていない。そして却って大化当時の負担量の方が明らかなのであるから、むしろ一足とびに問題を大化当時に移して考えてみたい。勿論、大化当時の班田法の内容は不明であり、それほど整ったものではあるまいと思われるのであるが、しかしそれは大化当時の班田法に於ける各戸の口分田よりの収入が、浄御原令制下とおそらく大差ないと想定することを妨げるものではないから、その点の顧慮は要るまいと思う。ただし、以下の考察には、収入と支出との平均値による計算の仕方というものはひからびた抽象であって具体的な農民生活の真姿を把握しがたい、という方法上の弱点があくまでまつわりついて離れない。しかし、このように方法上の弱点があるにしても、やはり一応は試みて置かねばならぬ考察であると思うので、以下敢えてそれを試みてみたい。

先ず、大化改新当時の税制であるが、これは例の改新詔によって伝えられているものである。そして、この税制についての記載には、令文の転載とは考え難いふしがあって、恐らくは大化当時のものと考えて差支えないであろうということは、第一章で述べた通りである。そこでこの改新詔によって田租以外の税制をかかげると、

①田　調……田一町につき絹一丈（絁なら二丈、布なら四丈）
②戸　別　調……戸毎に布一丈二尺
③調の副物……塩と贄その他
④官馬貢献……一戸に布一丈二尺
⑤武器貢献……人身に課す
⑥仕丁の庸……一戸に布一丈二尺・米五斗
⑦采女の庸……一戸に布一丈二尺・米五斗

の如くであって、この外に身役が存したであろうと思われるが、その詳細は不明という外はない。

そこで、この税制によって具体的に一戸の負担額がどのくらいになるかということを計算してみたいが、その前に、大化当時の「戸」の規模として如何なるものを想定すればよいかということを検討して置く必要がある。前には一応滝川博士の設定された標準房戸なるものを計算の基準として用いて来たが、これは奈良時代のこととしては妥当であっても、大化当時のこととしても妥当であるという保証はない。また、口分田よりの収入と所要食料との割合を計算する際には、この両者はともに戸口数との大まかな比例関係にあるので、戸の平均的な規模をどの程度におさえるかについて余り神経質になる必要はない。更に調庸が人頭税であれば、調庸の負担量も平均的には戸の大小とほぼ比例する関係になるので、調庸のことを考慮に入れてもやはり戸の平均的な規模の大きさについては大まかであっても大過はあるまい。しかし、大化の税制の如く戸別の税制が存する場合には、おのずから事情が異なるべき道理である。

しからば、大化当時の「戸」の規模は如何なる程度と考うべきか。大化当時の「戸」が後の所謂「郷戸」になる訳であるが、しかし、だからといって、奈良時代の史料から得られた郷戸の平均的な規模をそのままあてはめることは出来ないと思う。岸俊男氏の説によれば、(6)大化当時の「戸」、即ち五十戸一里編成当時の戸は実態家族に近いものであったというが、私もこれに賛する（詳しくは第三編第三章参照）。従って、むしろ房戸に近いものと考えねばならないと思うが、それでも、その平均的な規模をどの程度におさえればよいかは依然として不明である。そこで以下の計算では便宜上、仮りに前述の標準房戸を計算の基準として用いることとする。恐らく実際には当時の戸の平均的規模はこれより大きかったかも知れないが、戸別の負担という要素の存する場合には、戸の規模が小さければ小さいほど、戸別の負担がその戸の全支出に占める割合は大きくなる訳であるから、計算の基準としての戸の規模を小さくおさえておけば、戸の全支出に対して占める税負担額の割合を過小に評価する危険は避けられるであろう。

そこで標準房戸を用いて計算すると、先ずこの戸の受田額は前述の如く浄御原令に準拠すれば一町六段。この田積に対する①の田調は、便宜上、布で算出すると六丈四尺となる。この①に見える布の規格と②以下に見える布の規格とは異なっている可能性があるので明確には言えないが、仮りに後述の稲との換算値をここに適用すれば、布六丈四尺は稲一三・三束となる。次に戸別のものについて考えると、先ず②・④・⑥・⑦の布の計は四丈八尺となる。この布と稲との比価が当時幾許であったかは不明と言う外はないが、大化に最も近い時代の材料を求めると、和銅四年五月に銭一文＝穀六升、同五年十二月に銭五文＝布一常と定められた事例があり、(7)これらをもとにして村尾次郎氏がこの時以前に銭一文＝布一功＝穀五升という比価の存在を推定しておられるのは、(8)恐らく従うべき意見であると思われる。これによれば布一常は穀二斗五升即ち稲二・五束となる。一方、大化当時の布一丈二尺というのは、規格の変化を考えれば、養老元年制の二丈八尺一端制に於ける一丈四尺、即ち一常に外ならないと思われるので、この四丈八尺とは結局四常に外ならない。従って和銅頃の比価を用うれば稲一〇束ということになる。また、⑥と⑦との庸米の合計一石は、これを大升一石と考えれば成斤二〇束、減大升の一石と考えれば成斤一四束弱となるが、多い方をとって二〇束としよう。かくて布と庸米と合算して戸別の負担は三〇束となる。これに前述の①の田調一三・三束を加え、③と⑤とを適宜加算するとして、その総計は大約五〇束以内と考えてよいと思う。

その外に身役があるが、その内容が分らないので計算のしようがない。また、右の布にしても自家生産すればこれより安くつくのが普通であろうから、これも勿論厳密ではない。しかし、とりあえず平均的な目安として一応右の如き数値を考え得るのではないかと思うのである。

ところで、この標準房戸の口分田よりの収入六六四束が食料の六二七・八束をカヴァーして余裕のあることは前述の通りである。しかし、その余裕は約三五束程度なので、前記の五〇束の税負担プラス身役に堪えるものではないということになろう。しかし、当時の農民の収入が口分田よりの収入にのみ依存したのでないことは繰り返すまでもない。先ず水田としては公田の賃租があったであろう。当時、乗田として賃租に出される水田がどれほどあったかは不明であり、それを余り多く見積ることは危険であるとしても、逆にこれが全くなかったとは考えられない。従って公乗田の賃租による収入もまた無視し得ないであろう。また、口分田と乗田の外に相当の水田が存在した筈である。それは大化当時に於いては正確にはいかなる形態と名称とをもっていたか分らないが、後の令制に於ける神田・寺田・位田・職田・功田・賜田等に相当するものであって、要するに貴族・寺社などがその保有を公認された水田である。これらの水田の耕作は、一部は自家所有の奴婢によってなされたとしても、その大部分は結局は班田農民の賃租によって行われたと考えざるを得ない。ここにも農民の収入源がある筈である。次に陸田の耕作がある。これは園地のみならず宅地に於いてもなされたに相違ない。また、未墾地の焼畑耕作も軽視出来ないであろう。この焼畑耕作が当時の農業に於いて相当行われたことは、小野武夫博士の指摘される処であって[9]、これによる雑穀の栽培は食料の一部を供給したものと思われる。

このようにみて来ると、口分田よりの収入以外の収入がどの程度であるかは分らないにしても、それを加えた総収入は総支出をまかなうに足るものがあったのではあるまいかと思う。口分田よりの収入だけで不足する分は一五束ぐらいなのであるから、仮りにこれをすべて賃租によってまかなうとしても、賃租田をそう大して多く見こむ必要はないのである。上田ならば約一五〇歩、中田ならば約二〇〇歩程度の賃租で十分にまかなうことが出来る[10]。まして、この不足を補う手段は賃租だけに限らないことは前述の通りであるから、農民の平均的な収支は大体相つぐなうものと考えて差支えあるまい。

ただし、以上の考察は、最初にことわったように平均的な収支の計算であって、ここには一年のあらゆる時間は等質視され、日本のあらゆる地域差が無視されている。そして何よりも赤裸々な政治の場に於ける農民のシチュエイションが完全に捨象されて了っている。殊に身役の如きはその計算がなされていないが、仮りにこれが計算可能であったとしても、計算によってはどうにもならぬ性質のものである。また、慢性的とも言うべき水旱虫霜による減収も無視されている。従って、以上の計算――それも多くの推定に頼っての計算――があくまで一応の目安となるに過ぎないものであることは今更繰り返すまでもない。しかし、同時に、全く無価値なものでないことも、これまた繰り返す必要はあるまい。

なお右の計算に当っては、大化改新詔記載の税制に依拠したが、仮りにこの記載を信じても、その制度が直ちに実施されたかどうかは疑問であると見る向きも多いと思う。私もまたその実施の程度については確信はないが、ただ、仮りに実施されなかったとしても、現在の問題は班田法制定者の立制の意図の一端を探るのに主眼があるのであるから、その限りに於いては、実施の程度如何は大して問題ではないということになろう。

かくて、口分田よりの収入は、他の附随的な農民の収入と共に、およその総支出をまかなうに足るものであった。そして口分田よりの収入だけに限って言えば、およそ食料の必要量を満たして余裕のあるものであった。少なくとも立制者の意図に於いては、このような判定を下してよいと思う。

註

（1）第一節註(8)所掲論文。

（2）この田図については、福尾猛市郎氏「『讃岐国山田郡弘福寺領田図』考」（『第五回社会科教育歴史地理研究徳島大会記念、研究論集』所収）を参照されたい。

（3）前註福尾氏論文に掲げられた表の中から、北の一画の上田のみを抜いて例示しよう。

（面積）	（直米）	（町当直米）
一町	五五〇升	五五〇升
四五〇束代	五〇〇〃	五五六〃
四〇〇束代	四六〇〃	五七五〃
一町	五一〇〃	五一〇〃
一町	五〇〇〃	五〇〇〃
三五〇束代	三五〇〃	五〇〇〃
一町	四七〇〃	四七〇〃

一五〇束代	一八〇〃	六〇〇〃
七〇束代	一三〇〃	九二九〃
一一〇束代	一一〇〃	五〇〇〃
八七束代	一五〇〃	八六二〃
四九〇束代	六〇〇〃	六一二〃
一町	五五〇〃	五五〇〃
三五〇束代	三五〇〃	五〇〇〃

(4) 逆に地子率の方が不統一であった為ではないかと見られなくもあるまいが、これは賃租者の負担の公平を無視するもので、到底容認できない処である。

(5) 坂本太郎博士『大化改新の研究』三六四頁〜三六五頁。

(6) 岸俊男氏『古代後期の社会機構』（新日本史講座）。

(7) 続日本紀和銅四年五月己未条及び同五年十二月辛丑条。

(8) 村尾次郎氏『律令制の基調』一四三頁〜一四四頁。

(9) 小野武夫博士『日本農業起源論』第二編第二章第二節第一項「万葉集に現はれたる慣行」及び第四章第二節「王朝時代に於ける火耕」。

(10) 上・中田ともに輸租田を賃租する場合を計算したが、公乗田の賃租であれば、租が不要であるから、その分だけ更に少ない田積でよい訳である。

第五章　班田収授法立制の意図と条件

本章では、前四章に於ける検討の結果に基づいて、班田法がいかなる条件の上に、いかなる観点から立てられた法であるのか、という点を考えてみたい。これについては既に先学によって種々論議がなされて来ていることであるので、此処でもそれらの諸説を顧みつつ私見を開陳することにしよう。ただし、実は班田法立制の意図を探る為には、その立制者が何人、或いは如何なる階層・集団であるかという政治史的な検討が先行しなければならない筈である。これは具体的に言えば、班田法を成立せしめた大化改新の主体的な勢力をいかに把握するか、また確立期たる天武・持統朝、殊に持統朝初期の政治情勢をいかに判断するか、また、これらを綜合して改新―律令政治を如何ように方向づけるか、ということに外ならない。しかし、この点は近時の学界が殊に主力を注いで来ている処であるだけに、種種の議論が行われていて、適従する処を知らない。そこで、その何れかに従い、その前提に立って、演繹的に当面の問題に立ち向うよりも、むしろ何処までもなるべく班田法そのものに即して立制者の意図を探り、このことから逆に古代政治史の構図を描く材料を提供するという行き方の方が、学界の現段階に於いてはより生産的であろうと思う。以下の論述がこのような観点からなされていることをあらかじめお断りしておきたい。

第一節　班田法立制の条件

先ず、班田法の採用を可能にした条件について考えてみよう。早く内田銀蔵博士は大化前に班田類似慣行の存在したことを主張し、この前提的条件の存在によって班田法の採用と実施が容易であったと説かれた。(1) これは班田法の中の定期的割替という点を重視した上でその前提的条件を求められたものと言えよう。また、津田左右吉博士はやはり班田法採用の前提的条件として、農家の耕作していた田が自己の所有でなかった実情を提示される。(2) この場合はむしろ班田法に於いて水田が私人の所有を認められなかった点を重視しての所論であると言えよう。そしてこれは或る意味では、大化の前後を通じて農民の土地保有状況にそれほど大きな相違を認め難いという今日の学界の通説に途を開いたものとも言えるが、津田博士の説は大化前代に於ける農民的土地所有の未発達に重点があり、今日の学界の通説が班田施行の実際面に対する評価に重点を置いて論じているのとはやはり異なっている。

とにかくこの二つの見解は、従来班田法成立の条件として考えられたものが、班田法の如何なる点についての条件であったかということを示している。即ち、一つは定期的割替という点（六年一班制）であり、もう一つは私人の土地所有権の否認という点である。もとより前者はその背景に後者を前提として置いている訳であるから、この二つを併列するのは論理的な取り扱いではないとも言えようが、要するに問題としてはこの二点があった。そこで以下この二点について更に追求してみよう。

先ず第一の定期割替制に関する点は、要するに大化前代に於ける班田類似慣行の存否という問題に外ならない。そしてこの点については既に第一章で述べたように、内田博士の説は大化前代のウジをクラン・ゲンスに性急に結びつけていた当時の学界の水準に余儀なくされたものであり、その認め難いことは石母田氏の説かれる通りであると思う。ただしかし、ウジについての津田博士の研究によって、大化前代をクラン・ゲンスに比定される氏族制の時代とする考えがしりぞけられ、従って内田博士流の班田類似慣行先行説が遠ざけられた後に於いても、例えば、渡部義通氏は「共同体的諸関係が保たれた広汎な諸地方において旧くより現行されて来た地割制乃至班田制は、いまや正に新班田制の基礎をなした」とされ(3)、また藤間氏は大化前代に親族共同体なるものの存在を主張し、班田法の淵源はこの親族共同体内部の旧慣に基づくものとされ(4)、更にこの藤間氏説を批判された清水三男氏も、依然として「班田収授の法は内田博士が論ぜられた如く、大化以前の古習に基礎を持ち、大化以前の村に於いて、原始氏族制の崩壊によって生じた、より小さい血縁共同体なる親族共同体によつて、郷戸を単位に行はれ来たつた所である」と言われる如く(5)、この大化前班田類似慣行先行説は別の形で主張されている。即ち、渡部氏にあっては氏族制時代の土地割替制の遺制として、また藤間氏等にあっては新たに定立された親族共同体の内部に於ける旧慣として、班田類似慣行の存在が主張されているのである。しかし、渡部氏のクラン・ゲンス的氏族体制の遺制残存説はもとより、藤間氏の親族共同体説についても、「その存在を示す具体的な証拠はないようであつて、寧ろ理論上の要請に近いと思われる」のであり、しかも、これを班田制の先行形態の主体として捉えることは、「少なくとも班田制に関する限り、その制の実体の闡明に伴つて漸く下火になつて来ている」(6)のであるから、今日、この班田類似慣行先行説をむしかえす必要は殆んどあるまいと思う(7)。

次に第二の点――班田法に於ける水田所有権の否認が大化前代に於ける農民的土地所有の未発達に基づくか、ということであるが、この点についての津田博士の議論は大まかなものであるから、博士の提説そのものに対しては特に異論はない。しかし、この問題は津田博士の後、殊に石母田氏によって発展せしめられており、それに対する私見は既に第一章で述べた通りである。即ち、水田に対する各農家の私的占有は既に永続化していたであろうし、処によっては農民の土地所有の発達した地域もあったであろう。ただし、概して言えば、それらは園宅地が各農家の私有財産となっていたのと同一視される程のものではなかったと思われるのである。そして、この程度に於いて、班田法の施行を容易ならしめる条件となり得たことは認められなければならないであろう。

以上の論は、謂わば班田法成立の消極的な条件とも言うべきものであるが、戦後の学界ではむしろより積極的な条件とも言うべきものが主張されている。その一つは、井上光貞博士の改新研究の基調をなす考え方で、博士は官司制の成立、政治の技術化、法的権力による支配の拡大を基礎とする大和朝廷の官僚的な統一的直轄支配の成熟こそ改新の内的必然性であると言われるが、(8) 班田法は正にこの官僚的な統一的直轄支配が土地制度上に具現した形態と言えるものであるから、その意味では、これは確かに班田法の成立を導いた条件として数うべきものであろうと思う。

もう一つは、直木孝次郎氏の見解で、氏は六世紀以来の生産力の発展の結果として農民の土地に対する要求は高まる筈であり、口分田の支給は民衆のこの要求に応えたものであるとされる。(9) これは、班田法によって農民の水田占有情況は従来より改善されている、という観方に立っている訳であるが、私はこれを水田占有の安定化という意味に於いて肯定し得ると思う。即ち、大化前代に於いても各農家の水田に対する私的占有は永続化しており、しかも班田法の成立によって土地私有化の方向には進まなかったのであるから、この面では班田法は民衆の要求には応え得ない筈である。ただ、農民の水田占有は旧来からの地方豪族による大土地私有のよりはげしい展開や、直木氏が部姓郡司の検出を通じて指摘されたような地方富農層のあらたな出現などによって、質的・量的に不安定になりつつあったと思われ、一般農民の土地に対する要求は、先ずその占有を安定化することに現われたと思う。そして班田法の成立は確かにこれに応えたものに外ならない。この意味に於いて、六世紀以来の生産力の発展と、これに基づく農民の土地に対する要求の高まりとは、班田法成立の一条件であったと言えよう。井上博士の指摘される処が、謂わば上からの条件であるのに対して、これは下からの条件と言うべきものであろう。

尤も、この条件を考えることは、後述の、大化の土地改革の主眼が私的領有の廃止にあり、班田法はそれに随伴して採用されたという観方と、一見背馳するように思われるかも知れない。もし、農民の土地に対する要求の高まりに応える為に班田法が採用され、それを実現する為に私的領有が廃止されたというように見るのであれば、それは確かに背馳するが、しかし、それほどまでに農民の土地に対する要求に応えることに重点があったというのではなく、あくまで一条件として指摘し得ると言うにとどまるのである。

要するに、大化前、各農家の水田に対する私的占有は既に永続化していた。しかし、水田に対する私有権はまだ一般には発達しておらず、しかも、生産力の発展に伴って、農民は水田占有の安定化を求めていた。一方、大和朝廷の官僚的な統一的直轄支配は次第に成熟していて、これらのことが班田法成立の前提的条件をなしたのである。

註

（1）　内田銀蔵博士「我国中古の班田収授法」（『日本経済史の研究』上巻所収）。

(2) 津田左右吉博士「大化改新の研究」第六章班田(『日本上代史の研究』所収)。
(3) 渡部義通氏「日本『古代』における土地所有関係の発展」(共著『日本古代史の基礎問題』所収)九二頁。
(4) 藤間生大氏『日本古代国家』。
(5) 清水三男氏『上代の土地関係』一六頁。
(6) 藤間氏前掲書に対する井上光貞博士の書評(『日本古代史の諸問題』所収)。
(7) なお、竹内理三氏は条里制起源の問題と関連して、ミヤケに於ける賦課の負担の平等をはかる為に班田類似の割替制が行われたことを推定しておられるが(『律令制と貴族政権』第一部所収「条里制の起源再論」)、ここでの問題は全国的な規模に於ける班田法立制の条件としての班田類似慣行の存否如何にあるのであるから、この際は特にとりあげる必要はない。ただし、私もまたミヤケに於いて班田類似の土地制度の行われた可能性を認めることは前に述べた通りである。
(8) 井上光貞博士『大化改新』五七頁参照。
(9) 直木孝次郎氏「大化改新論」(『日本古代国家の構造』所収)三〇四頁。

第二節　班田法立制の意図

1

次に、班田法の制定に当って、制定者の意図した処が何処にあったかという点を考えることにしたいが、この点について、学界に大きな影響を与えたのは、班田法が専ら各戸生活の必要に応じて給田するシステムとなっていることを始めて指摘された内田銀蔵博士の説であろう。[1]博士は、均田法との比較の結果、均田法との著しい相違点として前記の如き特徴を指摘された訳であるが（第二章第二節参照）、ただ博士御自身はこの相違点の生じた所以を大化前代に於ける班田類似慣行の存在の中に求めておられ、此処に特に立制者の意図を認めようとされた訳ではなかったのである。そして、その後この相違点を特に彼我の立法精神の差として把握されたのが滝川政次郎博士であった。博士は、大化前に於ける班田類似慣行の存在を否定されるが故に、均田法との本質的な相違点を立法精神の差に求められたのであり、均田法が経済政策的立法精神に基づくのに対し、班田法は「田地を人々の消費によつて班ち与へんとする社会政策的精神に富めるもの」とされたのである。[2]この滝川博士の説は、その後、多少の相違はあっても、基本的にはほぼそのまま多くの学者によって継承され、今日の学界に於ける一つの代表的な学説と言ってよいであろう。

ところで、この観方は本来均田法との比較という観点から招来されたものであるから、そこにどうしても「均田法と比較して……」という相対的な評価の介入を拒み得ない訳で、この点が惜しまれるが、しかし、わが立法者が均田法をモデルとしながら、均田法をそのままには受け入れなかった――或いは受け入れることが出来なかった――という点では、消極的ながらも班田法の性格や立法者の意図の一部をのぞかしてくれるものと言うことは出来よう。そこで以下この観方について考うべき点を追求してみよう。

先ず第一に、班田法の内容は、たしかに公民の生活を保証するに足るものであったか、という点であるが、これについては――少なくとも確立期の班田法については――およそ次の諸点を指摘出来るであろう。

(1) 口分田よりの収入は、その戸の受田額が法定額であれば、原則としてほぼその戸の食料を満たすに足るものがあった。少なくとも食料の自給すら不可能な額を班給せんとしたのではない。

(2) 口分田の班給に当っては、口分田が受田戸の生活の為の基礎として公平に貢献し得るように――即ち、家族数の多い戸には口分田も多くという風に――配慮されている。

(3) しかし、それは全国一律の絶対的な最低生活の保証という意味ではなく、むしろ相対的な分配の公平を維持してゆくということである（貧富を平均するという意味ではない）。

従って、確立期の班田法の内容は、たしかに公民の生活を保証するに足るものであったと言えるが、しかし、このことから直ちに班田法立制の主たる眼目、即ち立法精神とも言うべきものが社会政策的見地と名付けらるべきものであったと結論することは危険であろうと思う。

その理由の一つは、内田博士の指摘された如き班田法と賦課の制との不対応が、浄御原令・大宝令・養老令に於いては認められても、大化当時に於いても妥当するかどうかは不明だからであるが、この点については後述しよう（大化当時の班田法の内容もまた農民の生活を保証するに足るものであったと推定して差支えないであろう、その点を問題とするのではない)。

もう一つの理由は、こういう観方の根底には、班田法のすべての内容が、立法者によって全く新たに、且つ、意のままに決定されたという考え方がひそんでいるように思われるからである。具体的に言うと、班田法の立法者は、知識としての儒教的牧民思想[3]に基づく創意によって、民生安定の為に均田法と異なる規定――例えば女子にも男子の三分の二の口分田を班給し、老幼の受田額と成人の受田額との間に差を設けない――を班田法の中に織り込んだのだ、というような考え方があるように思われるのである。しかし、班田法の制定者、殊に大化当時の立制者はそこまでの積極的な意図によって班田法の内容を決定したのではあるまい。前にも述べたように、大化の当事者は私的領有の廃止に急であって、班田法の細かい内容にまで考慮をめぐらしたとは思われないのである。そして、従来、このような立法者の積極的な意志――民生安定という立法精神――が特に考慮されて来たことの理由の一つとして、おそらく以下の如き事情があったと思われる。即ち、六歳以上の男女に班給するという大宝令の規定が大化当時まで遡ると考えられ、そして、この六歳以上という唐の均田法と異なる独自の受田年令の決定の仕方には、何か意識的な創意といったものを感じさせるものがある、恐らくこのような考え方があったように思われる。しかし、この六歳受田制は大宝令に於ける創始であって大化まで遡るものではなく、且つ、浄御原令に於ける受田年令無制限制を大化にまで遡らせることが認められるとすれば、この点での均田法との相違は一層甚だしくなるが、しかし、その相違はもはや量の相違ではなく、受田年令に制限を附すか否かという質的な相違となり、これならばそこに敢えて立法者の社会政策的意図の如きを求めずとも、他にその理由を探ることが出来る筈である。即ち、私の言いたいのは、六歳という受田年令を考え出したのではなく、受田年令のことは何も考えなかったのである、と極言することも可能であるということに外ならない。

かくて、私は班田法の内容が班田農民の生活を保証するに足るものであったことは認めるが、さりとてこのことから直ちに班田法制定者の積極的意志として社会政策的精神に基づく民生安定を引き出すことは、なお保留すべきであろうと思う。

2

ところで一方、以上とは対蹠的な次のような観方がある。即ち、渡部義通氏の表現を借りれば、土地国有制とは貴族階級の集団的所有ということであり、班田とは国有地への「労働の配分」であり、租税徴収のための統一的制度である、と。(4) この見解はその後、主として史的唯物論を奉ずる史家によって、多少の相違はあっても基本的には踏襲されて今日に至っている。例えば、藤間生大氏が「班田収授といふことが、人民に国から土地を支給することであるので、その意味と内容は、今まで屯倉・田荘等の田部が、自分を所有してゐる屯倉・田荘の持主から一定区劃の土地をあてがはれて、奴婢として働かせられたのと同じである」と言われ、(5) 或いは石母田正氏が三善清行の意見十二条の中の有名な「公家の口分田を班つ所以は、調庸を収め、正税を挙さんがためなり」の一句を引いて、これは「班田制の本質を卒直にのべているのであって、口分田は律令制の奴隷制的な収取を保証すべき保有地にすぎない」とされるの(6) などは、その例である。そして殊に三善清行という律令時代最後の一秀才貴族の証言は、班田法の性格を直接明示したものとして殆んど唯一の資料であるから、ここに依拠を求めての発言は如何にも有力といえよう。

しかし、この観方についてもなお考うべき点がある。その一つは、十世紀初頭の一貴族の班田観を七世紀の班田法成立当時にまで遡らしめて理解することが許されるかということである。即ち、この観方では班田法は制定以来不変のものとして取り扱われているが、そう解し去ってよいかということである。後に述べるように、私は班田法の崩壊現象の一つとして、班田観の変化ということを考えねばならないと思っている（第三編第四章参照）。従って、九世紀や十世紀の班田法が如何なる性質を帯びていようとも、そのことから直接制定当時の班田法の本質を探り出すことは危険であると思うのである。

尤も、この観方は何も三善清行の証言を唯一の証拠として形成されたものではない。というより、これは一旁証にすぎないものであろうから、これに拘わることはあまり意味がないかも知れない。そこで更に検討を進めると、この観方では我が班田法立案者、少なくとも確立期の班田法立案者は、何故、班田法と賦課の制度との間に全く何の関係もないような制度を作ったのか、殊にわが班田法の範とした均田法ではその点が明確で、そこに特徴を有していたのに、何故ことさらそれを継承しなかったのか、ということが説明されなければならないのに、その点がいかにも不十分である。むしろ近年ではこの点を軽視し、或いは無視し去っているかの如き印象をすら受けるのであって、その点では先駆者たる渡部氏の方がむしろ慎重である。即ち、氏は租・調・庸・雑徭・出挙等の負担は直接に班田制を前提とするものではなく、口分田の占有用益の反対給付的なものではないことを周到に指摘し(7)、且つ、「班田制および公民的な負担制は、むしろ律令国家えの公民の人格的隷属を前提として成立した(8)」と述べておられるが、しかし、それでもなお前述の如き班田制と賦課制との不対応の理由については、やはり説明しておられないのである。

しかし、私はこの班田制と賦課制との不対応という事情をもたらした歴史的条件をもっと重視すべきであると思う。この歴史的条件の重視ということこそむしろ我々が渡部氏や石母田氏らの方法から学ばなければならないものであった筈である。この点についてはもう一度詳しくふれるが、要するに、班田制を律令国家の収源と見る観方は、巨視的な観方としては成り立つとしても、しかし、それだけでは班田法の内容を前述の如く定めた立法者の意図は説明し得ないと思う。

3

次に班田法の採用と土豪との関係についても考えて置く必要がある。

かつて北山茂夫氏は、かの筑前国嶋郡大領肥君猪手の族長的大家族を復原・検討された著名な論文に於いて、「家族沢山と、したがって口分田をもっとも多く班給されることは、公民のなかのごく少数者に裕福の基礎を与える。とくに、そのさい、奴隷労働力の苛烈な搾取は、いよいよそれを強化実現せしめるものである」と言われたことがあるが、(9) この論法でゆけば、班田法は奴隷労働力を有し、大家族形態をとる戸ほど有利であるということになり、ひいては、班田法そのものが彼らの律令制下に於ける発展の為に有利なものであったという評価に導かれざるを得ない。

しかし、これは如何にも従い難い意見ではあるまいか。家族が多いことは確かに受田額の多いことを結果するが、同時に消費食料の多額なることをも結果する。従ってそれでもなお家族数の多いことが裕福の基礎となる為には、口分田からの収入が相当の余剰の蓄積を可能にする程のものでなければならない。そしてそれは恐らく氏の認められざる処であろう。私は口分田からの収入にそれほど悲観的な観方をしている訳ではないが、それでも家族数の多い戸に余剰の蓄積を可能にするほど豊かな収入があったと考え得ないことは前述の通りである。従って、班田法上は特に家族数の多いものが有利だということは考え得られないと思う。

また、奴隷労働力の所有が一般的に有利なことは勿論であるが、しかし、彼らの分として与えられる口分田は良民の三分の一であって、奴婢を所有することによって増える口分田収入は、到底、奴婢の労働力再生産に必要な食料を支弁するに足りないものであったことは言をまたない。彼らが賦役を免れていることは確かに奴隷所有者にとって有利であるが、それは班田法上の不利を補い得るものではない。即ち、奴隷労働力の所有が、少数の族長的大家族の裕福を強化することがあるとしても、それは班田法の然らしむる処ではないのである。この肥君猪手の戸の場合について言えば、北山氏も指摘されているように、この戸の戸主が大領として職田六町をもつこと、また戸主とその外に二人の男子が官人身分的資格をもち、従って徭役に煩わされることがなかったこと、或いは正丁が十三人もいるのに兵士を一人しか出していないこと、こういうような点こそこの戸の奴隷所有者としての族長的特質が律令制の中に再現されている点であり、更に彼らに裕福の基礎を与えるものと言えようが、班田法自体はこれとは無縁のものである。従って、少なくとも確立期以後の班田法が奴隷労働力を有し大家族形態をとる戸、要するに土豪の律令制下に於ける発展を有利ならしめるものとは考え難い。

一方、直木氏は、口分田の額が一定に限られたことや、土地の用益に厳しい制限を課したことは「土豪の出現を抑え、階級分化の進行を制止したものに外ならない」とされる。(10) ここでは班田法はむしろ土豪の出現をチェックする意図をもたされて登場する。前述の如く、班田法は旧来の土豪のその後の発展を約束する底のものではないと同時に、新たな土豪の出現を約束するものでもないことは勿論である。しかし、そのことに特に積極的な意図がひめられていたかという点になると、私にはなお疑問に思われる。直木氏の観方は、前に言及した点と共に、大化改新を六世紀以来の生産力の発展と階級分化の進行への対応と見る基本的な見解に発しているのであるから、軽々に論じ去る訳にはゆかないが、しかし、少なくとも班田法に限って言えば、特にそこまでの積極的な意図が存したと考える必要はないのではあるまいか。班田法に内在する性質として直木氏のとりあげられた諸点は、国家が土地の管理権を掌握し、且つ、その具体的な形態を均田法から学ぶことによって生じたものと解して置いてよいのではあるまいか。

4

以上、班田法立制の意図について従来公にされている見解を整理し、それらについての私見をのべて来たが、これらを通観して気付くことは、内田博士がつとに指摘されたわが班田法の特徴——班田法と賦課制度との不対応——が何に基づくのであるかということの探求が、その後あまり深められていないように思われることである。内田博士御自身は、これを大化前代に存在した班田類似慣行に於いて既に存在した特徴と見ておられる。即ち、この点に特に為政者の意図というものを考えてはおられないようであるが、その後、大化前代に於ける班田類似慣行の存在が否定され、これがむしろ定説化して来ると共に、この点の探求はあまり行われなくなって了ったように思われるのである。即ち、一方に於いては、やや安易に社会政策的立法精神の如きものの中に解消せしめられて了っており、他方、これに批判的な立場をとる人々からは、無視されているとまでは言えなくとも、少なくとも余り重視されていないと言えるのではなかろうか。

しかも、この二つの観方の間には殆んど何らの交渉もないままに今日に至っている。ただ僅かに井上博士が、「これ(班田法)は土地兼併を封じ、農民の基本財産を擁護する為の田制改革である。そしてその本来の目的は、すべての農民に税を課し、国家財政の基礎を確保するにあったというべきである」と言われ[11]、また、直木氏が「班田制は収奪のための手段だけではなく、民衆の欲求をある程度認めるとともに、階級分化の進行を押し止めるという二点において、社会の動揺を解消させようとした政策であった」と述べられた処に、(12)その統一的把握への志向を汲むことが出来る程度なのである。このような学界の現象は、要するに、班田法と賦課制度との乖離・不対応ということの生じた歴史的条件の探求がなおざりにされて来たからに外ならない。そこで以下この点についての私見を述べてみたい。

先ず、最初に考うべきは、実は大化当時の立法者が、全く賦課の制との対応関係を考えていなかったとは言いきれない、というよりは、むしろ逆にそういう考量がある程度存したと見るべきではないかという点である。改新詔に規定されている田調はその額が田の面積に比例する仕組みとなっている。従って、これは田租と共に口分田班給の反対給付的性質を帯びたものと言えるのである（均田法が租調と対応関係にあるのと類似していると言えないこともない）。そしてこの田調がおそらく大化新設のものであろうことは前述の通りであるから、このような班田法と調との対応関係が大化立制時に於いて考量されたと推定することが出来る。そしてこの場合、田の調は戸を単位として収納さるべきものに相違ないから、このような班田と調との対応関係は実際には戸を単位として成り立っていると見なければならない。とすると、大化の税制の大宗が戸税の形態をとっていることに改めて注意する必要があろう。即ち、戸税というシステムは、戸等が立てられない限り、各戸が均等に税役負担を行なうことに外ならないから、各戸の規模にそれほど極端な距たりがないことが前提となる。そして、これは班田法に於いても各戸の口分田受給額にそれほど極端な距たりを生じない結果をもたらす筈である。とすれば、この戸税の存在自体が、戸を単位として考える限り、班田法と賦課の制との対応を全く無視したものではないことを示している。勿論、その対応は厳密なものではあり得ないし、そこに田調の如く口分田額との厳密な対応関係を有するものの併置を必要とする程度のものであったとしても、しかし、その対応関係は決して失われはしない。成年良男人頭税を本宗とする令の賦課制の下に於いては、極端な場合には口分田を受ける戸が賦役の負担は皆無という事態を生ずることもあり得るが、そういうことは戸税主義の下に於いては絶対にあり得ないのである。私は、こういう緩やかな形での班田法と賦課の制度との対応関係が、少なくとも大化の当時には考えられていたことと思う。そして、それを招来した戸税主義は、実は大化前ミヤケに於いて既に実施せられていたと思う。ミヤケに於いて造籍が行われていたという例証によって、そこに直接的な人身の掌握が貫徹されていたという理解が一般的なようであるが、私は国家権力による掌握は原則として戸を対象とするのが一般的であったと思っている。(13) 大化の税制は、このミヤケにおける戸税を多少の整備を加えつつ一般化し、更に田調を採用することによって、班田と賦税との緩やかな対応関係をすこしひきしめる意味の規制を加えんとしたものであろう。

このような趣旨の下に於いては、班田法はそれほどことごとしき規定を必要とはしないかも知れないが、仮りに相当な規定をきめたとしても、受田開始年令を何歳ときめる必要などはない。また賦税のために丁中制を施く必要もない。従って、均田法に於いて、賦税制・丁中制との関連から定められていた受田開始年令の如きは全く無視され、この特徴が後の確立期の班田法にまで引きつがれて生きているのである。

要するに、大化の立制者は、班田法と賦課制度との或る程度の対応は考量していたと考うべきであり、この限りに於いては、班田法が農民の生活を保証するに足るものであっても、それは社会政策的立法精神の然らしめたものと言うより、すべての農民に直接賦課する為にその基礎を提供する、ということの方に重点があったと考えざるを得ないであろう。しかし、その対応がゆるやかであるということは、一つには戸税というものの性質の然らしめる処ではあるが、また一方、為政者がその対応にそれほど神経質でなかったことをも示している。そしてこれは結局、大化の田制改革に於いて、班田法の採用に第一義があったのでなく、私的領有の廃止に重点があり、それに伴う措置として班田法が採用されたということに基づくものと判断せざるを得ないのである。

5

次に、班田法と賦課制との不対応は、大化後の何時如何なる事情によって生じたのかということが問題となろう。

改新詔発布の後、大宝令制定に至るまでの賦課制の変遷については、現存史料は多くを語らない。ただ書紀によれば、大化二年八月に「男身調」が定められているが、これが果して事実を誤りなく伝えたものであるかどうかは疑問であろうし、また、事実としても、旧来の田調を変更したものか、或いは田調・戸調の双方を変更したものか、その辺りのことは明らかでない。(14)しかし、とにかく改新詔発布後、令制の成年良男人頭税の方向へ進んで行ったことは誤りあるまい。そして、持統四年九月の紀伊国巡行に当って「京師田租口賦」が免ぜられている事例(15)から判断して、少なくとも浄御原令制下に於いては、既に人頭税が本宗となっていたことは確実であろう。従って、大化改新より浄御原令の制定に至る間に、つまり正に班田法の成立より確立に至る間に、「戸税主義が揚棄されて人頭税主義が成立し来った——漸次にせよ一挙にせよ——にもかかわらず、班田法の方にはその班給方式の原理に根本的な変更が行われたとは考え難い。このことが、班田法と賦課制との不対応を生じ来った事情に外ならないと思うのである。

しからば、賦課の制に於ける戸税主義より人頭税主義への変化は如何なる事情・観点からもたらされたか。これは恐らく唐制に倣って租税体系を合理化する要求と、これを可能とするだけの行政技術の発達とに基づくものであろう。具体的に言えば、改新後に於ける全国的な造籍の実施が全国の人民の直接の把握を可能にし、同時に、その内容に干差万別の相違をもつ戸の実態の認識が、戸税のもつ不合理を明らかにした結果、生産労働力と適合した人頭税主義へ切り換えられたものと思う。この際、唐制が模範とされ、可能な限り採用されたに相違ないが、にもかかわらず、班田法の方には均田法の性格を移すことなく、一般人民に対する班給方式に恐らく抜本的な変化を与えなかったのは、既に大化以来の班田法によって安定化を約束されている各農家の水田占有状況を余り大きく変更することが、為政者にとって望ましいことでなかったからと考える外はあるまい。前に述べたように、確立期の班田法にあらわれた特徴として、家族の人口数と口分田額との間にバランスをとらんとしている点や、更に実施を容易ならしめんとする配慮が存したと認められる点などは、このことと関係が深いと思う。

要するに、班田法と賦課の制との不対応は、班田法の方に積極的な理由があって生じた現象ではなく、班田法の成立後に生じた賦課の制の側に於ける変化によって、後発的・二次的に生じた現象であると思う。従って、この点に特に積極的な意図を認め、ここから班田法の立法精神の如きを汲みとらんとすることは危険であろうと思う。また、次編で述べるように、後世、班田法の施行が困難となって、その内容に変更の手が加えられる時、常に賦課の制との対応関係という方向に於いてなされ、遂には前述の如き三善清行流の班田観を生ずるに至ったというのも、班田法と賦課の制との不対応が、立制者の本来的な強い要請に出たものでなく、二次的・後発的な事情によって生じたということに基因すると言ってよいであろう。従って、この点を承知の上で清行流の班田観に班田法の本質が露呈していると言うのならば、それは誤りと言う訳にはゆかないが、しかし、その場合にもそれをそのまま班田法立制者の積極的な主観的意図と置き換えることはやはり許されない筈である。浄御原令の立案者が、社会政策的立法精神に基づいて班田法の内容を規定したと考えるには及ばないが、さりとて、班田法を賦課制度の反対給付的なものとして制定しよう

とすることにそれほど強い関心を有したとも思われないというのが、私の言いたい処なのである。(16)

以上、本節に於いて述べたことを要約すれば、およそ次の三項に帰するであろう。

(1) 班田法立制の根本的な意図は、農民に直接賦課する為にその基礎を提供することにあった。従って、大化立制当初の班田法は、おそらく従来のミヤケ支配に於ける税制をひきついだ戸税主義に基づく賦課の制と、ある程度の対応関係を有していた。

(2) その後、浄御原令の制定に至るまでに、賦課の制に於ける原理は戸税主義から人頭税主義へと合理化されたが、班田方式の大本は変ることがなかった。そこに均田法と異なる班田法最大の特徴たる賦課の制との不対応という現象を生じた。これは班田法成立以来の農民の水田保有額をあまり大きく変更することが、為政者にとって望ましくなかったからであり、また、当時まだ水田に余裕があって、賦課の制との対応にそれほど神経質になる必要がなかったからであろう。従って、ここから所謂社会政策的立法精神の存在を導き出すには当らないと思う。

(3) 確立期の班田法の内容から見ると、口分田が生活の為の基礎としての貢献度に於いて相対的に公平となるように配分され、且つ、その公平を維持するように配慮されている。これは村落内の階級分化の進行を阻止する働きを有している。勿論、農村内の階級分化の進行の阻止は、水田に対する規制のみによって達成されるものではないのであるから、この点をどの程度に評価すべきかは問題であろうが、しかし、立制者がその効果に期待する処があったことは想定してよいであろう。また、班田法立制の意図を、律令国家の収源の確保とのみ見ることは、前述の班田法の内容から言って、十全の観方ではない。

註

(1) 前節註(1)に同じ。
(2) 滝川政次郎博士『律令時代の農民生活』。
(3) 前節註(2)に同じ。
(4) 渡部義通氏『古代社会の構造』、第五「律令制社会の構成史的位置」。
(5) 藤間生大氏『日本古代国家』二一九頁〜二二〇頁。
(6) 石母田正氏『古代末期政治史序説』上巻二一六頁。
(7) 渡部氏前掲書一五六頁。
(8) 同前、序文四頁。
(9) 北山茂夫氏「大宝二年筑前国戸籍残簡について」(『奈良朝の政治と民衆』所収)。
(10) 前節註(9)に同じ。
(11) 井上光貞博士『大化改新』一四七頁。
(12) 前節註(9)に同じ。
(13) これについて直接の証拠を提示することは困難である。しかし、令制下に於ける家人ですら頭を尽して使役することは認められなかった。即ち、そこに「家」の生活を認められたほどの家人は、そのみずからの「家」のための労働力を保留する権利を認められていたのである。もし家を無視して裸の人身を掌握することが従来ミヤケなどできびしく行われていたとすれば、家族生活をいとなみ得る者の中の最低の身分たる家人——令制の私奴婢には家族の生活はなかった——が有するこの権利は何処から生じたかを説明することは困難なのではあるまいか。なおまた、第三編第三章の補説参照。
(14) 日本書紀大化二年八月癸酉条。本居内遠『田制租法』には、「別に調有るに非ず、田の調は租に紛らはし、故に改む」と見えて、田調を変更したものと見ているが、坂本太郎博士は、田調と戸調とを男身調に変更したものと見ておられる(『大化改新の研究』四一二頁)。

(15) 日本書紀持統四年九月乙酉条。

(16) 浄御原令で確立した班田法は、前述のように、六年一班制その外若干の点で旧来のものを改め、或いは新たに立制したものがあったと思われる。それらを確実に指摘することは困難であるが、例えば、家人奴婢の給田額を良民の三分の一とすることや、女子のそれを男子の三分の二とすることなどは、この時にはじまる可能性が大きい。そして、もしそう認めてよければ、これはそれ以前の班田法に比して減額されたものであろうと思う。とすれば、そこには賦課の制との不対応を多少とも調整しようという考量を認むべきかも知れない。

第三編　班田収授法の施行とその崩壊

第一章　班田収授法施行上より観た時代区分

班田法の実施された期間は正確には把握し難いし、地域差もあることであるが、後述する処によって明らかなように、ほぼ延喜年間に至る二世紀半と考えてよいであろう。そこで先ず、この二世紀半に時代区分を施して置きたい。ところで、従来いかなる時代区分観が提示されているかというと、先ず今宮新博士は——特に積極的に時代区分観を示された訳ではないが——『班田収授制の研究』の章節の分け方から見ると、

奈良時代以前（大化—大宝）

奈良時代
- 初期（和銅—神亀）
- 中期（天平年間）
- 後期（天平勝宝—宝亀）

平安時代初期
- 1（延暦—天長）
- 2（承和—寛平）

延喜時代

延喜時代以後

およそ以上の如く考えておられるようである。そして、大別すれば天長以前を施行期、承和以降を崩壊期として把握しておられる。

次に、徳永春夫氏の「奈良時代に於ける班田制の実施に就いて」[1]は、大化より延暦に至る期間を取り扱っておられるが、これは換言すれば、これだけを一つの期間として把握しておられることを示すに外ならない。これはこの期間を律令政治の最盛期と見ておられることに基づくが、それでも宝亀以前と延暦期とを分けて記述しておられるのは、そこにやはり画期を認めておられるからであろう。

最後に、この班田施行に特に積極的な時代区分を試みられたのは林陸朗氏である。氏は「奈良朝後期における班田施行について」及び「平安時代の校班田」なる二つの論文[2]に於いて、特に造籍と校田・班田との年次関係に注目して、奈良時代を天平以前と天平勝宝以後とに分け（これは特にその点を論じられたのではなく、このように読みとり得るということである）、次いで平安時代については次の如く四期に区分された。

第一期　延暦年間

第二期　大同—天長

第三期　承和—貞観

第四期　元慶—延喜

そして、第一期を以て奈良後期の延長と見ておられる。

以上の諸研究を見ると、むしろ慣習的に先ず奈良時代以前と平安時代とが区別され、その上に立って、平安時代の中で特に延暦期がむしろ奈良末期の延長として捉えられている感が強い。しかし、奈良時代と平安時代とを区別することは、班田法の施行という観点からは特に意味の深いものではないから、これにとらわれず、班田法の施行そのものに即しての時代区分が必要であろうと思う。そして私の見る処では、大化より延喜に至る所謂律令時代は、班田施行の面からおよそ三期に分けるのが妥当であろうと思う。

その第一期とは、大化に成立した班田法が、制度としてその組織内容を確立するまでの時期である。第二編で述べたように、私は、大宝令の班田法に見られる如き整った組織・内容の大要は――多少の相違はあっても――既に浄御原令に存し、しかもそれ以前には未だ成立していなかったと見ているので、従って、この第一期はおのずから、大化以降浄御原令施行以前の約半世紀足らずの期間ということになる。これを成立期と名づけて置こう。

次に第二期は、浄御原令の施行以後、班田法がスムーズに実行された時期であり、第三期はその実施が困難となって制度が衰退し崩壊して行った時代である。しからば、この両時期の境目は何処に置くべきか。一般に制度の衰退・崩壊ということは除々に進行するものであるから、施行期と崩壊期との境目を判然と分けることは無理であろうが、やはり幾つかのメルクマールを立てて、それによって一応の時期の区分を行なうことは可能であり、また必要であろうと思う。

しからば、班田法の崩壊現象を示すメルクマールとして何をえらぶべきであろうか。私は、班田が全国一斉に行われなくなった時を以て、メルクマールの一つとすることが出来ると思う。弘仁五年七月の勅に「理、すべからく其の年限に依りて諸国共班すべし」とあるように、(3) 六年一班制は六年一籍制と相応じて全国同時一斉に行わるべきものであった。これが国によって遅速を生ずるということは、そこに明らかに制度の崩壊現象を認め得るのであって、その意味から言えば、私は延暦十九年こそ班田法実施上の画期であろうと思う。また、造籍とこれに続く班田との年次関係は、両者の密接な関係を考えれば、そこにおのずからなる限定を生ずる。即ち、籍年と班年との間隔は如何に拡がっても六年以上となることは正常でない。これは六年一籍・六年一班の原則からして当然のことである。ところが、この意味から言っても、前述の延暦十九年がやはり重大な一つの画期となって来ると思うのである。しかし、このことを言う為には、先ず律令時代に於ける造籍年次を明らかにして置く必要がある。

ところで、今日までの古代史家の研究によって造籍年たることの確認されている年次は次の如くである。

白雉	3	(652)
庚午		(670)
庚寅		(690)
大宝	2	(702)
和銅	1	(708)
〃	7	(714)
養老	5	(721)
神亀	4	(727)
天平	5	(733)
〃	12	(740)
〃	18	(746)
天平勝宝	4	(752)
天平宝字	2	(758)
延暦	1	(782)
〃	7	(788)
弘仁	3	(812)
天長	1	(824)
寛平	8	(896)
延喜	2	(902)
〃	8	(908)
長徳	4	(998)
寛弘	1	(1004)

その外に、間接的な材料によって次の年次もまた推定されている。(4)(5)

持統	10	(696)
天平宝字	8	(764)
宝亀	1	(770)
〃	7	(776)

しかし、私は天長五年五月廿九日の太政官符によって、更に延暦十九年（八〇〇）、及びそれに続く大同元年（八〇

六）の二回の造籍を推定して誤りないと思うのである。今、この官符の中、当面の問題に関係ある点を表解的にかかげると、

検二案内一、太政官去延暦十九年十一月廿六日騰勅符偁、隠首括出禁レ貫二京畿一……①
而依二太政官去大同元年八月八日符一、更聴二附貫一（中略）……②
因レ茲比二校籍帳一、弘仁三年九月損益猶同、……③
天長元年多二隠首一（下略）……④

となるが、この中、①の延暦十九年（八〇〇）は、延暦七年（七八八）から数えて丁度十二年目、②の大同元年（八〇六）は更にその六年後となり、造籍年としてふさわしい年次である許りでなく、その時の官符の内容は何れも造籍に関係深いものである。しかも、③・④によって、弘仁三年（八一二）・天長元年（八二四）の両年を籍年と認め得べきことが、下川逸雄氏の指摘の如くとすれば(6)、②の大同元年（八〇六）は③の弘仁三年（八一二）の籍年の六年前となり、その点からも延暦十九・大同元の両年を籍年と推定し得ると思う。要するに、この官符に引かれた四箇の年次（八〇〇・八〇六・八一二・八二四）が、何れも籍年たる延暦七年（七八八）を起点とする六年毎の年次にいみじくも一致するということを偶然と見ることは出来まいと思うのである。

以上のべた籍年と、今日班年として判明している年次とを対照してみると、ある時期毎にそこに一定の関係があり、それについては後に再説するが、要するに、奈良時代前期までは造籍の二年後、後期には造籍の三年後に班田が行われ、延暦期に入っては造籍の四年後に班田が行われているのであって、このように、漸次造籍と班田との間隔が拡がっていく傾向にあった。造籍と班田との密接な関係から言えば、造籍四年後班田ということは、既に相当アブノーマ

ルな状態であるが、もし、この造籍と班田との間隔が更に延びて、六年となると、遂に班年は次回の籍年と一致して了う（そしてこれ以上間隔の開くことは遂に造籍と班田との密接な関係を破壊する）。延暦十九年は、正にこの事態の現実化した年であったのである。

延暦十九年には、おそらく全国的な規模で班田が行われたであろうことは、この年に班田の明証のある国として、尾張・大隅・薩摩を指摘できるし[7]、またその前年の八月に畿内に校田使が派遣されている事実[8]によって、恐らく疑いあるまい。そして、この延暦十九年が、籍年と推定されることは前述の通りである。しかし、この時の造籍が、同年に行われた班田の基礎となったのではないことは言うまでもないことで、事実、既にその前年、延暦十八年（七九九）八月に畿内に校田使が派遣されていることはこれを証する。とすると、この延暦十九年（八〇〇）の班田の基礎となった造籍は、延暦七年（七八八）と同十九年（八〇〇）との中間の延暦十三年（七九四）に行われたと推定せざるを得ない。即ち、延暦十三年（七九四）の造籍に伴う班田は、旧来のシステムならば当然四年後の延暦十七年（七九八）に行われるべきであったが、何らかの事情によって二年延引し、遂に次の籍年たる延暦十九年（八〇〇）に至って漸く施行された、と解さざるを得ないのである。即ち、此処に班年が遅延して次の籍年と合致するという事態を惹起するに至ったのである。

この異常な事態を解消する為に、始めてとられた策が、翌二十年の班田一紀一行令であることは後に再説するが、要するに、延暦十九年の班田が、施行に伴う困難を漸くのりきって、やっと行われたものであったことは恐らく疑いないと思う。従って、この後六年一班の原則が破れ、一紀一行が令せられてからは、班田制が崩壊への途を辿ることとなったのは誠に止むを得ないことであったと言わなければならない。そのことは、この後、全国一斉同時班田という原則もまた蹂躙されたことに現われていると言えよう。即ち、弘仁五年七月廿四日の勅によれば、「大同以来、疾疫間発、諸国班田、零畳者多」という状況であるという。(9)従って、大同以前、即ち、延暦十九年の班田施行を最後として、全国一斉班田ということは行われなくなったと解して差支えない。右掲の弘仁五年の勅は、実はこの班年の統一を令したものであるが、この年次の統一が実現したらしくもないことは、今日、班田施行を示す史料として知られるものの中に、この時以後に於いて諸国の班年に統一の存した形跡を見出し難いことによって周知の事実である。

およそ以上の如き観点から、私は延暦十九年の班田実施までを班田の施行期、これより後を班田の崩壊期とし、その転換期を象徴的に示すものとしては、延暦二十年の一紀一行令発布をあげたいと思う。尤も、むしろ大まかに、延暦年間以前を施行期、大同年間以降を崩壊期として置く方が無難には相違ない。

なお、浄御原令施行以後、延暦年間に至る施行期は百年以上にわたっている。従って、その間の実施状況にもおのずから時代の差があるので、私は、天平十五年の墾田永年私財法の発布を画期として更に二期に細分することが可能であると思う。具体的に班年で示せば、天平十四年の班田以前と、同十八年の造籍以後とを分つ訳である。これは後述するように、造籍二年後班田というシステムから、造籍三年後班田というシステムへ変化した年であって、林陸朗氏もこの意味で此処に一つの境目を認めておられることは前述の通りであるが、私はより根本的に、班田制度が永代私有制という異質の土地制度と併存関係に入ったという点で、この時を画期とすべきだと思うのである。勿論これ以前に於いても、墾田の三世一身法の施行によって、既に班田制と相違する水田制度があった。しかし、この三世一身法下では、水田私有は有期限定的で、これは法理上将来班田制下の水田として回収すべく約束されたものであった。

しかし、天平十五年以降事情は一変する。班田法はおのれと全く対立する新しき土地制度と共存関係に立たされたのである。なおまた、この後、道鏡政権下に於いて一時寺院以外の墾田の加墾禁止が令せられたことがあったが、[10]これとても、禁ぜられたのは加墾であって、これまでに開墾せられた永代私有の墾田そのものは依然として存続したのであるから、右の口分田と永代私有田との併存関係そのものには変りはない。

かくて私は、班田法施行上より観た時代区分として、

第一期（成立期）　大化改新——浄御原令施行

第二期（施行期）　浄御原令施行——一紀一行令発布 ｛1 墾田永年私財法発布以前 2 墾田永年私財法発布以降｝

第三期（崩壊期）　一紀一行令発布——延喜

右の如く考えるのが妥当であると思う。なお、第三期の崩壊期についても、約百年の長期であり、その間、衰退の過程についても段階があるので、やはり細分が可能かと思われるが、これについては、特に取り立てて論ずべきほどの私案もない。ただ、畿内に関しては、およそ林氏の示された区分の第二期以降にそのまま従って置いて差支えないであろうと思う。

註

（1）第二章第一節註（1）参照。

（2）同前。

（3）日本後紀弘仁五年七月己巳条。

（4）造籍年次に関する史料は第二章に於いて示すこととする。

（5）この外に、白雉三年と庚午との間に天智元年（六六二）の造籍、庚午と庚寅との間に天武六年（六七七）の造籍をそれぞれ

推定する学説もある。それらは共にその可能性をひかえ目に提示されたものであるが、念の為にその説を紹介し、多少の私見を掲げて置きたい。

(1)先ず前者は林陸朗氏「続日本紀錯乱の文にみえる『壬戌歳戸籍』について」（「続日本紀研究」六—一）及び弥永貞三氏「大化大宝間の造籍について」（『名古屋大学文学部十周年記念論集』所収）に見えるもので、その根拠は、続日本紀和銅元年七月乙巳条に存する「紀伊国名草郷且来郷壬戌歳戸籍」なる十四字の衍字の解釈にある。両氏の説には多少の相違があるが、詮ずる所、公式令に年号を用うべきことが明示されている以上、「壬戌歳戸籍」という記し様は大宝以前でなければあり得ないという点に最後の根拠があるようである。しかし、それは大宝令の規定が忠実に守られているという前提に立っての議論であって、奈良時代をすぎ、平安時代ともなれば、こういう規定が必ずしも守られなくなる場合のあることも考えて置かねばならないのではあるまいか。養老五年の戸籍には「主帳无位刑部少倭」の如き署名が継目裏書に附加され、また、延喜八年の戸籍には「戸籍公文」なる用語が用いられているが、何れも令制とはことなる。勿論、確かに、今日知られる限りの籍帳類に干支を用いた例はないので、これはやはり大宝以前と考えた方がよいと言われるかも知れないが、しかし、大宝以後、殊に平安時代のものと見る可能性はなお残されていると思うのである。もし、平安時代の戸籍継目裏書の混入とすれば、延暦元年・延喜二年などが既知の造籍年として該当し、更に応和二年（九六二）とても全く可能性のないことではない。

ところで、以上の如く、あまり確かな根拠もないのに、敢えて私が平安時代説を唱えるのは、先ずこの記し様から見て錯簡説より戸籍継目裏書混入説の方に分があると思うからであり、第二に、もしそうだとすれば公文書の反古紙としての使用期から言って天智元年の戸籍は古すぎると思うからである。即ち、これが戸籍の継目裏書の混入だとすれば、それは何時行われたか。それが続日本紀の完成より遡らないことは言うまでもない。そこで、もしこれが天智元年の戸籍を反古紙としてその裏面を使用した為に生じた混入であるとすれば、随分古い戸籍が反古紙として使用されたことになる。或いは続日本紀の編修の過程に混入が行われ、それが完成奏上時にも気付かれないで残っていたのだと考えることも出来ようが、それでも造籍時と反古紙として使用した時期との間隔がそれほど短縮される訳でもない。これは奈良時代に於ける反古紙使用の例から見て如何にも不自然ではあるまいか。岸俊男氏の研究によれば、天平十三年までの公文類が一括されて天平十五年から天平勝宝初年頃までの間に金光明寺写経所において利用されている（『読史会創立五十年記念国史論集』一所収「籍帳備考二題」）。天智元年の戸籍が存在したとして、それが反古として利用されたとすれば、それは天平十五年以前に於いて可能性が強いが、その頃に既に続日本紀の編纂過程を考え、混入の行われる可能性を想定し得るであろうか。私にはそれが頗る疑問なのである。

(2)後者は、北山茂夫氏『日本古代政治史の研究』二〇一頁の註(4)に見えるものである。即ち、氏は「天武天皇は、六七七年九月に、浮浪人にたいする厳酷な処置を規定した法令を公布したが、これは、この年から翌年にわたる造籍、したがって、班田収授の実施に関聯をもつものであったのではないかとわたくしは考えている。しかし『書紀』には、ほかに、その事を明証する記載はない。天智・持統両朝の造籍にさいして出された浮浪人に関する詔から推して、やはり天武の場合も、すくなくとも造籍を考えていいのではなかろうか。」と言われる。これは言われる通り明証のないことながら、浮浪人対策を媒介としての推定であるから、全く否定することは出来ないが、やはり疑問であると思う。即ち、続日本紀宝亀十年六月辛亥条の「自庚午至大宝二年四比之籍」の解釈に於いて、北山氏説では、この四比を、庚午(六七〇)―天武六(六七七)―庚寅(六九〇)―大宝二(七〇二)と解すべきこととなるが、これと、通説の如く、庚午(六七〇)―庚寅(六九〇)―持統一〇(六九六)―大宝二(七〇二)と解するのとを比較すれば、後者の方に分があると思うからである。

(6)　第二章第一節註(1)参照。なお、下川氏が両度の造籍を指摘されたのは、この同じ太政官符によってである。

(7)　尾張国については天長二年十一月十二日尾張国検川原寺田帳（平安遺文五一号文書）、大隅・薩摩両国については類聚国史一五九（田地上、口分田）、延暦十九年十二月辛未条。

(8)　日本後紀延暦十八年八月丙戌条。

(9)　註(3)に同じ。

(10)　続日本紀天平神護元年三月丙申条。

第二章　班田収授法の実施状況

班田法の実施状況については、かつて、今宮新・徳永春夫両氏の詳しい研究があり、更に近年、宮本救・林陸朗氏らによって推進され、また、下川逸雄氏も関係史料をまとめてその所在を掲記された(1)。これらの研究によって、班田法の実施については相当な知見を持つことができるようになった訳であるが、なお論じ残された点もあり、所見を異にする点もあるので、以下、第一章でのべた時代区分に従って私なりにまとめてみよう(2)。

第一節　班田法成立期

大化二年の班田法立制以後、その施行のことがはじめて史上に記録されているのは、言うまでもなく、白雉三年正月紀の

自二正月一至二是月一、班田既訖、凡田長卅歩為レ段、十段為レ町、段租稲一束半、町租稲十五束、

という記載である。この記事に何らかの誤脱の存することは既に周知の事実であるが、同時にしかし、この白雉三年

或いはこの前後の年に班田が行われたということだけは、今日ほぼ認められている処であり、私もまたそれに従う。

ただ問題は、この時行われた班田が大化後最初の班田か、それとも二回目の班田かということであろう。これが二回目に当ると考えるのは、この白雉三年という年が大化二年より数えて丁度六年目なので、①大宝・養老令制に見える六年一班制が大化二年当時既に成立しており、②且つ、大化二年に第一回の班田が行われている、と考えれば正にこれに適合する、こういう観点から考えられているのである。ところで、この①及び②は何れもこれを完全に否定し去ることは困難なことであるから、このように白雉三年の班田を第二回目の班田と見ることは謂われのないことではない。そしてこの場合、この①及び②は白雉三年の班田を第二回目の班田と見る上に必須とは言えないまでも、かなり重要な条件となって来る訳であるが、しかし、①について言えば、前述の如く六年一班制の成立は浄御原令にはじまると見る方が妥当ではないかと思われ、また、②についても、初度の班田にはやはり或る程度の困難を伴ったであろうから、大化二・三年に班田がまがりなりにも完了したとは考え難いという観方もなり立つ訳であって、こういう点を考えると、この白雉三年の班田は大化改新後第一回目の班田の完了と見て置く方が無理のない処ではあるまいかと思う。(3) ただし、その際とても、私は「大化より引き続いて施行されてゐて、この頃に大体完了するに至つた」(4) と見るべきだとは思わない。この記事のかけられている場所そのものには疑があるにしても、この記事の内容を事実として生かす以上、「正月より是の月に至り」という表現の存することは無視出来ないのであって、この表現の如くであれば、さほど長からざる或る特定の期間内に行われたと解すべきだと思うからである。

なお、宮本救氏は「持統六年以降の班田年次史料が何れも、班田司の任命等班田の始年を示すに対し、『是月班田(マ)訖(マ)』と班田の完了を特に記している点、大化二年以後漸次進められ、そこに終了したことを意味すると見なければならない」とされているが、この白雉三年条には、なるほど完了を特に記していると共に、その開始もまたあわせて記しているのである。即ち、この時の班田は二ヵ年にまたがることなく、某年の正月から恐らく播種以前、即ち夏以前に終ったことを示していると見得るのである。ただし、その年が果して白雉三年かどうかはなお疑問の残る処であるから、その意味で、白雉三年を後世の所謂「班年」と確定する訳にゆかない点では私も同説である。

次に班田のことが史上に明らかなのは、持統六年紀九月辛丑条に「遣二班田大夫等於四畿内一」と見えることであり、これが持統四年の庚寅年籍、即ち浄御原令施行後初度の造籍に基づいての班田なることは周知の通りである。この時の班田については次節で述べるとして、ここでの問題は、この持統六年に至るまでの間に班田が行われたか否かということである。これについて坂本博士は、六年一班の原則が大化に定まったとの推定から、班田の実施に肯定的な見解を示しておられる。(5) また今宮博士は、大宝二年の戸籍に受田額の記載されていることを理由として、大宝以前に於ける班田の施行を認められるが、それが持統六年以前にも及ぶのかどうかについては、意見を明らかにしておられない(ただし、大宝二年の西海道戸籍に受田額記載のあることを理由として、これ以前にこの地方に班田が行われたと推定すること自体が誤りであることは、既に第一編で述べた通りである)。更に徳永氏は、天智九年の庚午年籍の徹底的な造備から考えて、この造籍にひき続く班田が実施されたのではないかと推定(ただし断定はひかえる)されたのみで、それ以外のことについては触れておられない。また、宮本氏は、この期間に班田施行があったかは甚だ疑問としておられる。これは厳密に言えば何れとも決しかねる問題であるが、どちらかと言えば、私も、宮本氏と同じく班田の施行には否定的な見解を持っている。前述のように、この期間内には未だ後世の如き整々たる班田法は規定されておらず、六年一籍制も六年一班制も存しなかった、従って、その定期的な実施ということは特に当時日程にのぼって来なかった、およそこのように私は推測しているのである。

註

（1）今宮新博士『班田収授制の研究』、徳永春夫氏「奈良時代に於ける班田制の実施に就いて」（「史学雑誌」五六―四・五）、宮本救氏「班田制施行年次について」（「続日本紀研究」三―八）、林陸朗氏「奈良時代後期における班田制施行について」（「同上」三―一二）・「平安時代の校班田」（「国学院雑誌」五九―三・四）、下川逸雄氏「班田制の施行について」（「日本歴史」一一三）。以下、本章に於いては、右掲の論著よりの引用は、特に必要のない限り一々註記しない。

（2）本章の一部は「班田制の実施に関する二・三の管見」と題して昭和三十三年九月発行の「日本歴史」一二三号に発表したことがある。

（3）井上光貞博士も『大化改新』一四五頁で、白雉三年に二回目の実施とみることは「土地人民の収公や、地方制度・編戸の制の整備の過程から考えて不自然のことで、第一回の成果の畢ったのは諸般の制の整った後のことであり、白雉三年はそれに当るのであろう」と述べておられる。

（4）今宮博士、前掲書一八六頁。

（5）坂本太郎博士『大化改新の研究』三五六頁～三五七頁。

第二節　班田法施行期

一　墾田永年私財法発布以前

この時期に於いては、先ず、前述の如く持統六年の班田がある。これについて今宮博士は、畿外諸国にも班田が行われたか否か不明として、むしろその点には否定的のようであるが、徳永氏は逆に肯定的である。私もまた徳永氏の見解を追う。この時の班田は、浄御原令の施行による初度の造籍とそれに伴う班田であった。前から何度も繰り返すように、おそらく後の大宝令にみられる如き班田法は、この浄御原令に於いてはじめてその骨子が定められたものと思われるのである。しかも、時あたかも草壁皇子の死後（三年四月十三日）、持統天皇が称制をやめて即位し（四年一月一日）、更に高市皇子が、大友皇子のごく短期間の在任をのぞいてはこれまで例のない――そして浄御原令制下に於いて最初の――太政大臣となり、多治比真人嶋が右大臣となって（共に同年七月五日）、盛んに新しき経綸を行わんとしつつある時であった。(1) このような政局を背景にして考える時、政府が班田の実施に熱心であったろうことは、容易に認められる処であろう。この時の班田が、造籍二年後に行われているということも、造籍によって把握した戸口を厳密に班田の基礎とする為に、授口帳・校田帳など――その名称がこの当時からあったかどうかは別として――の作製に時間をかけた結果だとも見られるのである。かくて私は、この年には東北地方や南九州の一部等をのぞいて、全国的に班田が行われ、しかも、それは本格的な班田施行の最初であったろうと思うのである。(2)

この持統四年に続く籍年は、同十年となることが予想されるが、この年に造籍のあったことを直接示す史料は存在しない。しかし、多くの史家が認めているように、間接的な材料によって、この年に造籍が行われたと考えざるを得ない。(3)そして、これに続くべき班田については、その証拠は皆無である。徳永氏は大宝二年戸籍に見える受田額を既授の分と見て、その証拠とされるが、これが証拠となり得ないことは前述によって明らかであろう。しかし、私は恐らく文武二年に全国的に行われたであろうと推定して誤たないと信ずる。

次の造籍年は大宝二年であるが、この時の戸籍は周知の如く、御野・筑前・豊前・豊後の諸国についてはその断簡が現存し、また、紀伊・讃岐・陸奥における造籍の証拠も存するので、(4)この年の造籍は疑いない処である。この造籍が普通に解せられる如く、大宝令の施行に伴う初度の造籍たるや否やについては、前述の如く疑問をもつものであるが（第一編第二章参照）、要するに、これにひき続いておそらく二年後の慶雲元年には班田が実施されたのではないかと思う。ただし前述の如く、西海道戸籍に見える受田額の算出法は浄御原令の規定によるものと私は考えるが、それをそのままこの慶雲元年に実施したか、或いは大宝令の新制によって計算をし直して実施したのか、このあたりの事情は一切不明である。しかし、強いてその何れかと問われれば、私は浄御原令のままではなかったかと思っている。

なお前述の如く、この西海道戸籍の受田額の検討から、この時までは北九州ではまだ班田が行われず、次回の和銅三年に至ってはじめてこの地方に班田法が施行されたという説が、田中卓氏によって唱えられている。(5)これに従えば、班田法施行の範囲はこの時に於いて――従って勿論これ以前に於いて――九州を含まないことになり、持統六年以来ほぼ全国的に行われて来たであろうという私見とは相容れない。しかし、この説は、前述の如き西海道戸籍記載の受田額の検討から導かれた「五年以下不給」制の不存在を、私見の如く浄御原令の規定の発動と見ることを不可とし、別個に、この地方に於ける特例として解決せんとして到達された結論である。従って、その出発点において私見とは異なるので、遺憾ながらこの説には服し得ない。

さて、次の籍年は和銅元年となるべきであるが、この年が籍年であったことは史料が証する。(6) これに続く班田はおそらく和銅三年に行われたと考えて差支えあるまい。なお、今宮博士は、続紀神護景雲元年十一月壬寅条に見える

四天王寺墾田二百五十町、在二播磨国餝磨郡一、去戊申年収、班二給百姓口分田一、而未レ入二其代一、至レ是、以二大和山背摂津越中播磨美作等国乗田及没官田一捨入、

なる記事中の「戊申年」を以て和銅元年とし、この記事から和銅元年の班田を推定しておられる。尤も博士は「戊申の年の班田を和銅元年とすれば、丁度班年に当る時に班田が施行されたこととなるのである」と言っておられる処から判断して、班年を籍年と同一視しておられたらしいので(7)（これは『田制篇』の理解の仕方を襲ったものであろう）、これにひかれて、この戊申年を和銅元年とすることに傾かれた点もあったらしい。しかしこの戊申年については、これを徳永氏や下川氏・宮本氏らの如く、神護景雲二年と解する向きもあり、事実、関係史料を検討してみると、一義的に神護景雲二年とも、また和銅元年とも解し去る訳にもゆかないように思うのである。(8) 私は今何れとも決しかねるが、和銅元年が籍年であることから考えれば、戊申年はこれを避けて、あたかも班田の年に相当する神護景雲二年に求めた方がよいように思っている。ただし、かりに戊申年を和銅元年としても、それは収公の年をさすに過ぎず、この年を以て班年と見ることは出来ないと思う。

次の籍年は和銅七年の筈であるが、これについては讃岐国に関して証拠がある。[9] ただし、これに引き続いて霊亀二年頃に班田の実施をみた証拠は全くない。

ところで、この後間もなく養老年間には、養老律令が撰進され、この際、班田法にも変更が加えられた。その大部分は字句の修正などであって、一般に班田法の内容そのものに影響する処は少ないのであるが、口分田の収公規定に関しては相当大はばな変更が見られる。それは既に指摘したことであるが、大宝令に於ける「初班死三班収授」の特例的な規定が省かれ、王事条の「三班乃追」が「十年乃追」となり、戸令戸逃走条の「地従一班収授」が「其地還公」と変って、大体に於いて収公猶予期間が短縮されて来ている。これはやはり当時に於ける口分田の不足という現象に対処せんとしたものであろう。

また、大宝令の班田条または授田条に存した「其収レ田戸内有下合二進受一者上、雖二不課役一先聴二自取一、有レ餘収授」の規定が養老令では省かれているが、これが如何なる理由に基づくものであるかは判然としない。この規定は、要するに、その戸から還公された口分田そのものを同戸内の新受田者に優先班給するということであろうから、これは大宝令制下のみならず、養老令制下に於いてもやはり行われて差支えのないことであろうし、また実際に行われていたに違いない。にもかかわらず養老令でこれを削ったのは、特にそれが規定するまでもないことであると考えられたか、そうでなければ、この規定のままでは差支えの生ずるような事情が新たに生じて来ていたからであると解する[10]外はあるまいが、しかし確かなことは分らない。

ところで問題は、この改正養老田令が何時実施されたか、ということである。勿論、一般的には養老令の施行は天平宝字元年のことであるからこの新班田法もその時以後に実施された、具体的に言うと、天平宝字五年の班年に至って実施されたと考えてよいようであるが、しかし実はその時をまたずして施行されたと推定することも可能である。例えば、養老田令の公田条(大宝令と異なる)は天平八年三月に実施にうつされた(附録註1参照)。また、赤松俊秀氏は大宝戸令応分条が養老戸令応分条へと改正されたことによって、養老・神亀・天平の戸籍計帳に入籍遅延の事実が顕著となることを説明しておられる。(11) これは頗る説得力に富んだ説明であるが、もしこれが認められるならば、養老戸令応分条の如き重要な条文は天平宝字元年の公式の施行をまたずして実施されたと考える外はない(戸令集解応分条、「物云、依二元(先)格一与二平分一」)。こういう類例を基礎にして考えれば、新班田法が天平宝字元年以前に施行された可能性は決して否定出来ないのである。

しかし、全く逆に、養老令の公式的な施行後に於いても大宝令制のままに行われていたのではないか、という推定も不可能ではない。田制に関係の深い例を拾ってみても、養老田令の施行にもかかわらず、大宝田令で用いられた名称、例えば大納言以上職田・在外諸司公廨田・郡司職田(これらは養老令ではすべて職分田と統一的に改められた)などは依然として用いられており、ことに在外諸司の公廨田など、その後新たに全く性質の異なる、諸官司の財源をまかなう為の公廨田が成立して来て、これと紛らわしいにもかかわらず依然として用いられて来たのである。これは言ってみれば単に名称に関することにすぎないから、これを類例とすることは憚かられるが、しかし養老令が四十年間も施行されなかったあげくに、あまり現実的な理由もなくして仲麻呂によって施行を令せられたという事情(12)を考えると、全くあり得ないことではないのである。

従って、新班田法は、天平宝字元年の養老令の一般的な施行よりも早く施行された可能性もあり、また、天平宝字元年以後もなお施行されなかった可能性もある訳であるが、私は前の可能性を重視する。おそらく天平元年の班田収授に関する措置こそこの新班田法の施行を示すものではないかと思っているが、この点については後述しよう。

さて、和銅七年に続く籍年は、六年一造から言えば当然養老四年であるべきだが、この時には一年おくれて養老五年に造籍の行われたことは、同年の下総国戸籍断簡及び讃岐・近江・紀伊・河内等に於ける造籍の史料の存在(13)によって周知のことである。この時の造籍が規定より一年おくれた理由については、岸俊男氏の言われる通り(14)、郷里制の施行後初度の造籍の為ということであろう。これに伴って班田も一年おくれ、養老七年となったのであろう。続紀養老七年十一月癸亥条に

令₂天下諸国奴婢口分田授₁十二年已上者₁

とあって、田令の規定がこの年の十一月に改変されていることは、この度の班田の施行がこれより以前（養老六年など）に行われていないことを示しているし、また、次に述べるように、天平元年が班年たることは確実であるが、この天平元年から六年をさかのぼると正に養老七年となるので、これは間違いのない処であろう。

この奴婢の受田年令の引上げは、旧来の「五年以下不給」制を、奴婢に限って「十一年以下不給」制に改正したことで、その具体的な年令の決定法は「五年以下不給」制の成立し来った事情と全く同一に説明し得よう。即ち、新規定の初度の施行によって、旧来の受田奴婢は誰一人としてその既得権を失うものもなく、新たに受田資格を取得した奴婢はすべて一回だけ（即ち六年だけ）班田のチャンスをおくらせるように受田年令の引上げをはかれば、満六歳受田制を満十二歳受田制とすればよい。これがこの時十二歳という年令の決定された理由である。これは三世一身法施行直後のことである点から見て、その理由が「田地窄狭」ということにあったと解することは謂われのないことではないが、それよりは、三世一身法の施行によって奴婢所有者層の水田保有高の増大を来すことに見合う政策であったと

見て置く方がよいのではあるまいか。

なお、この後二年を経た神亀二年七月壬寅条に

以二伊勢尾張二国田一、始班二給志摩国百姓口分一、

と見えるが、これは今宮博士や徳永氏の推される如く、この度の班田の遅延または継続と見るべきであろう。しかし、これは志摩国という水田の甚だしく不足している国の口分田班給の特例であって（このようなことが特例であって一般的な現象でないことは、これが延喜民部式まで受けつがれていることによって明らかであろう）、これを以て今宮博士の如く「当時恐らく班田は全国一斉に行はれたのではなくて、すでに諸国に於いて、その時期を相違して施行せられるに至つたものと想像される」というのは当らないと思う。当時、班田の施行が漸次困難となりつつあったという傾向は認めなければならないであろうが、しかし、班田の時期が国毎に相違する処まで行っていると見るのは早きにすぎる。従って、「和銅末年頃より養老・神亀年間に至る班田は、これを班年毎に行はれたとはなし難く、また造籍と共に施行せられたとも認めることが出来ず、更に各地方の班田時期には相当の時日の差異が存したと思はれるのである」(15)という今宮博士の評価には全く従い兼ねるのである。

養老五年より数えて六年目は神亀四年であるが、この年に造籍の行われたことも既に指摘されている通りである。(16)この造籍に基づく班田の施行はやはり二年後の天平元年であった。これは続紀天平元年三月癸丑条に

太政官奏、（中略）又班二口分田一、依レ令収授、於レ事不レ便、請悉収更班、並許レ之、(17)

と見えていること、及び同年十一月に京及び畿内の班田司が任命されていることによって明らかであり、またこの班田の結果を記した伊賀国に於ける「天平元年図」存在の明証もある。(18)

ところで、今回の班田に当っての問題は、右掲の太政官奏によって、令に依って収授することが事に於いて不便であるから悉く収めて更に班つ、という措置のとられたことの実態である。これについて、かつて津田左右吉博士は「此の変改は班田制にとつては極めて重大事」と表現されたことがあるが、それ以上詳しく言及された訳ではない。[19]また徳永氏も「今や班田に著手せんとして予て感ぜられてゐた不便を除かんが為に令制の改正が為されたのであらう」と解されただけで、その内容には立ち入っておられない。しかし、両氏ともこの時旧来の班田収授の方法に変更を加えたという点は認めておられるのである。ところが、これに対して、今宮博士はこれを班田制の頽廃に対する一つの対策であったと考えられる。即ち、班田制そのものには別に重大な変化があった訳ではなく、頽廃に瀕した班田制を改めて施行せんとしたと考えられる訳である。このような博士の見解の背後には、前述の如く、天平以前養老・神亀の頃すでに班田の施行が相当混乱して来ているという理解がある。しかし、この見解に従い難いことは前に述べた通りであるから、従って、この天平元年の太政官奏の狙いとする処についての推測にも、なお議すべき点があるように思われる。そこで今あらためてこの太政官奏のもつ意味を考えてみたい。

先ず第一に考うべきは、令に依って収授することに基因する不便とは何か、ということである。考えられることの一つは、その不便を取り除く為にとられた措置が「悉収更班」ということであるから、旧来悉く収めるという措置がとられていなかったことの結果、何らかの不便が生じたという解釈である。「悉収更班」ということを行わないというのは、要するに、部分的に退田者の分のみを収め、新規受田者の分をそれによってまかなうということである。このような収授法が班田法の施行以来とられて来たであろうということは、既に諸家によって認められている処であるが、このような収授法を班年毎に繰り返えしてゆくと、各戸の口分田はますます散在的形態をとらざるを得ないし、また、公乗田も小地片となってそれら口分田の中に散乱した形となる。しかも、男・女・奴・婢の口分田額が完全に同一額であれば、問題はやや簡単となるが、これらの間に九・六・三・二の比率による差等がある以上、右に述べた小地片の散在という形態は一層激化せざるを得ない。これはたしかに収授を行う側に於いて不便を生じたに違いないのである。従って、もし出来ることなら、全く新規まき直しに口分田を班給し直した方がよいということになろう。これは謂わば令の規定面ではなく、その実施面より生じた不便ということである。

しかし、この「依令収授於事不便」という文言からは、むしろ、当時依拠していた令の規定面から不便が生じて来ていることを察せしめる。そこでこの点を重視すれば、大宝田令の収授規定中に実施上不便な規定があるのでそれを改め、その新規定を適用するに当って全面的に班給地を更改したいのだ、という解釈が成り立つ。そしてそれにふさわしい不便な収授規定を大宝令中に求めれば、例の「初班死三班収授」の規定こそこれに該当するであろう。しかも当時すでに養老令は撰進されており、その養老田令に於いては、この特殊な規定は廃止されて、「毎レ至二班年一即従二収授一」という一律の簡明な収公規定に統一されているのである。従ってこの解釈が成り立つとすれば、これは要するに養老令を部分的に施行するということに外ならない。

およそこの二通りの解釈が考えられるが、私は後の方の解釈がよいと思っている。それは、この措置の発令された時期に意味があると思うからである。天平元年三月と言えば、長屋王失脚の直後であり、長屋王の失脚をはかったのが藤原氏であろうことは疑いのない処であるから、長屋王失脚直後にとられたこの措置の立案は藤原氏によってなされたに違いない。このことは今宮博士も認められる処であるが、博士はこの頃班田制が頽廃していたのを回復したのだという観点から、「地方政治の刷新を断行せんとしたもの」と見ておられる。これは誤りと言うのではないが、より根本的には、藤原氏が班田法の施行に熱心であったことに帰着さるべきではないかと思う。前述の如くこの年の十一月には京及び畿内の班田司が任命されたが、これも、史料上に於いては持統六年以来はじめてのことである。これは全く史料遺存の偶然かも知れないが、或いは畿内班田司(使)が一たん廃絶されていたのを、この時に特に復活したものと考えることも敢えて不可能ではない。というのは、この班田司の任命と共に、位田・功田・賜田・職田等についての一連の措置が令せられているが、[20]この中、位田・功田・賜田等はおそらく畿内に多く、また、職田は畿内外国折半制を布いている点などから考えて、これは、この年の班田、殊に畿内の班田に当っては、その国の国司がその国だけで解決し難い、中央政府からの統一的な措置を必要とするようなことが含まれており、畿内班田司が特に任命派遣されるということのあり得べき状態であったと考えられるからである。

とにかく長屋王失脚後の藤原氏が班田の実施や位田・職田等の受給地の整理に熱意を有したことは疑いあるまい。当時の藤原氏と言えば、要するに不比等の子女達である。その彼らが班田収授について何らかの措置を取らんとする時、父不比等の主宰の下に改正された、より合理的な養老田令の規定を実施にうつさんとしたと想像することは許さるべきであろうと思う。こういう観点から、私は全くの推断であるが、敢えてこの天平元年三月の措置を以て養老田令による新班田法、殊にその簡明なる収授規定の実施を令したものと解するのである。

ただし、この際に於ける具体的措置として「悉収更班」ということが実際に行われたかどうかという点になると明らかでない。今宮博士は、すでに給与されている一般民の口分田を全面的に収公して班給し直す必要は存しなかったという理由から、これに悲観的な解答を与えておられるが、私はやはり少なくとも畿内乃至その周辺あたりでは実施されたのではないかと思っている。というのは、前述の十一月の位田・職田等に対する措置は、この三月の「悉収更班」

の措置と有機的な連関を持つものであるからである。例えば、位田の受給地を決定する為にも自由に指定し得る水田が必要であったに違いない。殊に位田は一町を単位として細分しない建て前であったから、[21]なおさらのことである。また、この十一月の措置では、位田・功田・賜田などは改易させないで本地に給するということをわざわざ言っているが、これは一般の口分田が「改易」させられるべきものであったからであろうという想定を導く。こういうような点をも顧みて、私は畿内乃至その周辺あたりでは「悉収更班」ということが多少なりとも行われた可能性を否定し得ないのである。

なお、天平二年三月の太宰府の奏言によって、大隅・薩摩両国が旧来班田を施行したことがないこと、及び今回も施行を遠慮したことが知られるが、[22]この奏言の存することから見て、この度の班田にあたっては、「今まで班田の施行されなかつた地方へもこれを施行せんとした」という点は、今宮博士と共に認めなければならないと思う。と同時に、今回の班田施行に対する政府当局者の熱意をそこに見るべきであって、前掲の所説はこの点からも支持されるであろう。

さて、次の造籍が規定通り天平五年に行われたことには証拠がある。[23]ただ、これにひき続く班田の直接の証拠はない。そこで、今宮博士は、おそらくこの時の班田は施行されないでしまったのではないかと疑っておられるが、一方徳永氏は、天平十二年の遠江国浜名郡輸租帳を検討すると、堪・不堪の両方に口分田も乗田も含まれている故、天平十二年より数年前の結果を記したものに相違ないとして、天平七年頃、この方面で班田の行われたことを推定しておられる。この理由づけには従い難いが、[21]しかしこの天平七年の班田施行そのものには悲観的となる必要を認めない。

天平五年の次の造籍は天平十一年となるべき処であるが、実際には一年おくれて天平十二年に造籍が行われた。これは証拠となるもののなかに、「准籍」というものが含まれている点に問題もあるが、[25]しかし、天平十四年に班田が行われたことには次に述べるような確乎たる証拠があり、そしてこれまでの例から言って班年の二年前を籍年とみなすのが最も妥当なので、この点を併せ考えると、やはり天平十二年の造籍は動かない処となる。そしてそれが予定年より一年おくれた理由については、養老五年度の場合と同様、岸氏によって郷里制の消長よりする明快な説明が与えられている。[26]この造籍の一年おくれに随伴して班田もまた一年おくれた。天平十四年の班田についての証拠の中最も強いのは、この年の班田図が所謂「四証図」[27]の一つにあげられて後世に於いて典拠とされたことである。

なお、岸氏は、班田図なるものが整備され、それが様式上もほぼ全国統一化されたのは、この天平十四年班田図からであったのではないかと推定しておられるが、[28]これは聴くべき意見だと思われる。

この天平十四年の班田を以て、墾田永年私財法発布以前の班田は終った。今、その造籍年と班年との史料的に明確なもの、及び間接的な推定材料の存するものを表示すれば次の如くである。

間隔	籍年	班年	間隔
	持統 4 (690)		
6		持統 6 (692)	2
	〃 10(696)		
6		?	
	大宝 2 (702)		
6		?	
	和銅 1 (708)		
6		?	
	〃 7 (714)		
7		?	
	養老 5 (721)		
6		養老 7 (723)	2
	神亀 4 (727)		
6		天平 1 (729)	2
	天平 5 (733)		
7		?	
	〃 12(740)		
		天平14(742)	2

右の如く、班田施行の徴証のあるものは、すべて造籍の二年後となっている。このことは既に宮本氏が述べられた処であるが、私は更に、より積極的にこの造籍二年後班田というシステムが六年一籍・六年一班制の採用以来定式化されていたということを強調し、あわせて造籍と班田との間の年には校田が行われたのであるということを推察したい。ただ後者については、確実な史料がないのが残念であるが、強いて二・三の例をあげれば、和銅二年（七〇九）の弘福寺水陸田目録一巻の存在は、(29)和銅元年（七〇八）造籍の翌年に校田が行われ、その校田の結果ではあるまいかと推察されること、及び養老七年（七二三）四月に令せられた三世一身法が、養老五年（七二一）造籍の翌年、即ち、養老六年冬から同七年春にかけて行われた校田の結果に基づいて発せられたものではないかとも考えられること、などを提示し得ることを附け加えて置きたい。

そして、右表中、班年としての証拠のない年も、おそらく籍年の二年後に班田が行われたと推定して差支えあるまいと思う。

二　墾田永年私財法発布以降

この期間は、謂わば奈良時代後半と延暦期とを一緒にした時代であるが、この期の特徴は、班田法が墾田の永年私財法という全く異質の土地法と併存しつつ、そしてその強い影響下に身をさらしつつ、しかもなお、よく施行されていたという点に求むべきであろう。

先ず、前期の最終造籍年たる天平十二年より六年後の天平十八年に造籍の行われた証拠が河内・紀伊両国にある。(30)

その後、これに続く班田については、伊賀国に於ける天平廿年校図の存在[31]によって、この年校田が行われたことが知られる。おそらく林氏の説かれる通り、この年が校田の年で、班田の施行は翌天平勝宝元年であろう。即ち、この回の班田から造籍三年後班田のシステムに変ったと考えられるのであって、その理由として林氏のあげられた、天平十五年の墾田永年私財法発布後最初の班年にあたっての特別な校田の必要性ということは支持するに足ると思う。[32]また「校田が手間どつて愼重に行われるようになつた基底には、その前の班年である天平十四年から、はじめてほゞ完備した班田図が全国的に作られるようになつたという事実が存するからではなかろうか」という岸俊男氏の推定[33]も一考に価すると思う。

次の籍年は天平勝宝四年に当るが、この年の造籍は確認されている。[34]この造籍後三年目の天平勝宝七年に班田が行われたことは、四証図の一つとして勝宝七歳図の存することが何よりも雄弁に物語る。

ついで、天平宝字二年の造籍も証拠があり、[35]また、同五年の班田にも幾つかの証拠があって、[36]全国的な実施を疑う必要はない。

この後、六年一籍制によれば、籍年は天平宝字八年（七六四）・宝亀元年（七七〇）・同七年（七七六）と続くべきだが、これについては何も史料がない。しかし、おそらく造籍は行われたと考えてよいのではあるまいか。これより後に造籍の認められるのは延暦元年（七八二）であるが、[37]これは天平宝字二年（七五八）から数えて二十四年目で、この間に三回の籍年をはさんで矛盾を来たさない年次になっていることはこの推測を助けるであろう。

ところでこれらの造籍に対応する班田の方であるが、先ず天平宝字八年に続く班田については、ほぼ神護景雲元年頃と判断し得べき史料が存する。[38]また宝亀元年に続く班田が宝亀四年になされたことは四証図の一つとしての宝亀四年図の存在が示している。大和国添下郡京北四条班田図はこの時の班田の結果を記したものである。[39] しかし、次の宝亀七年の造籍に対応する班田については、直接これを立証する史料は全く存しない。しかし、前後の情勢から判断して、その実施を全く否定し去ることは困難である。行われたとすれば、可能性のある年次は造籍三年後の宝亀十年か、或いは次回の例から見て造籍四年後の宝亀十一年であろうが、私は後述の理由によって、造籍四年後班田システムの開始を延暦五年と見ているので、宝亀十年と措定する方がよいと思っている。

ついで造籍の明らかなのは前述の如く延暦元年であるが、この際は三年後の延暦四年に畿内に校田使が派遣されており、[40] 翌五年に班田が行われている。これは全国的に実施されたらしい証拠も割合に豊富であり、[41] また何よりも延暦五年図が四証図の一つであることがこれを立証する。この度の班田は造籍後四年目となって、更に一年おくれたが、このことと延暦四年の畿内校田使の派遣とは関係が深いと思われる。即ち、幾内校田使という制度はこれからしばしば史料の上に見える処であるが、私はおそらくこの時にはじまるものと思うからである。勿論、この推定には確乎たる根拠はないが、畿内校田使の任命派遣のことは、この時に至るまで国史上に例がない。そしてこの前年の延暦三年十二月に王臣らの占拠せる山野を一切還公せしめ、違反者には違勅罪でのぞむという強い態度に出ていることを考える[42]と、畿内の班田に当っては、班田使の任命派遣の前年に校田使を任命派遣するという制度が、この時からとられたのではあるまいか。もとより、実地の検田は国司によって、もっと早くから着手されていると考えて良いが、それを最終的に国司と共に校定すべき畿内校田使を設定したことは、延暦期の政治の一つとして誠にふさわしいと思われる。

とにかく、この時の校田には、これまで以上の努力が払われ、その結果、畿内においては中央よりの班田使の派遣に準ずる校田使の派遣が新たに設定され、また、班年も一年のびて造籍四年後班田の新例を開いたと解して差支えないと思う。この時の班田の結果を記した延暦五年図が後年四証図の一つとされていることは、右の事情と無関係ではないであろう。

続いては延暦七年が籍年となるべきである。これについては明確な史料はないが、下川氏の指摘される如く、造籍が行われたと見てよい。[43] そして十年にはまた畿内校田使が任命され、十一年には班田が行われた。[44] この時の班田は、部分的には十一年〜十二年の農閑期だけではすまなかった処も生じているようで、十二年の七月に至ってなお山城国葛野郡の百姓に対する班給を指示している。[45] 当時少なくとも京畿内の口分田が不足して、同地方に於いて班田の施行が漸次困難となりつつあったことは、延暦十一年、京畿の受田額が遂に改訂されたことによって明らかである。

班二京畿百姓田一者、男分依レ令給レ之、以二其餘一給レ女、其奴婢者、不レ在二給限一。[46]

これは、令に明文のある制度に対する変更としては、養老七年の奴婢十二年給田制につぐものであるが、この改制に当っては、まだ課役負担の有無が受田額の差等に於いて特に考慮されたと見る訳にはゆかない。後世には、この課役負担の有無が班給額の差等決定に於いて重視されるようになるが、この際には、令に本来存した男女・良賤の差が一層拡大されたにすぎないと見るべきであろう。このことについては後にまたふれるが、要するに、課役制と班田制との対応関係はこれ以前すでに官人に意識せられており、この度の改制に当っても、その意識が背景にあることが想像されるが、しかし、それはまだ班田法の制度内容として公然と姿をあらわして来ていないのである。

延暦七年につぐ籍年は十三年であるが、これには全く史料がない。しかし、更にその後六年を経た十九年を籍年と認むべきこと、かつまた、この延暦十九年が全国的に班田の行われた年であったこと、従って、この延暦十九年の班田はこれに先立つ延暦十三年の造籍に対応して造籍後六年目の班田であったと考うべきこと、即ち、班年が遅延して次の籍年と合致するという事態に立ち至ったこと、これらの諸点については前に述べたので此処では繰り返えさない（第一章参照）。

そして、この延暦十九年の如き異常な事態は、この後も六年一籍・六年一班の規定を励行する限り解消することは不可能である。のみならず、戸籍の六年一造は守り易いが、班田は更に遅延して行く可能性があるので、このままでは、遂には次回の造籍の後に班田が行われるという事態、即ち極く近年に造籍が行われたにもかかわらず、更にその六年前の一期古い戸籍に基づいて班田を行わねばならぬという事態の出来も予想される。これに対処する手段としてとられたのが延暦二十年（八〇一）の一紀一行令である。[47] 十二年に一回班田を行うということは、この場合に即して言えば、延暦十九年（八〇〇）の造籍に基づく班田――それは延暦十三年（七九四）の造籍に基づく班田が延暦十九年（八〇〇）に行われたので、六年一班の原則から言えば、大同元年（八〇六）に行われるべきであり、再び造籍年と一致する異常な班田――を一回抜くことによって、造籍と班田との年次関係を調整するということに外ならない。一紀一行の理由としては「校班多煩」ということが掲げられているが、この四字の背景に存した具体的な事情は、およそ以上の如くであったと解して差支えあるまい。

以上、この期の造籍と班田とについて、前と同様に表示すれば次の如くである（次頁掲載）。

この表を見て知られるように、林氏の指摘された通り天平二十一年の班田からは造籍三年後班田システムに切り換えられており、これはおそらく宝亀十年まで続いたと思われる。そして、この籍年と班田との差は更に開いてゆき、遂に延暦十九年に至ってその間隔は六年となって次回の籍年と重なって了った。此処に於いてか、延暦十九年の造籍

	籍年	班年	
6	天　　平18 (746)		
		天　　平21 (749)	3
6	天平勝宝4 (752)		
		天平勝宝7 (755)	3
24	天平宝字2 (758)		
		天平宝字5 (761)	3
	?		
		神護景雲1 (767)	
	?		
		宝　　亀4 (773)	
	?		
		?	
6	延　　暦1 (782)		
		延　　暦5 (786)	4
6	〃　　7 (788)		
		〃　　11 (792)	4
6	〃　　13 (794)?		
	〃　　19 (800)	〃　　19 (800)	6

に対応する班田を一回省略せざるを得ないことになり、一紀一行令を発したのは、まさに班田法が衰退の途を辿りはじめたことを示すといってよい。浄御原令施行以前に於いてはいざ知らず、以後に於いては、造籍後班田を行わなかったというのは、おそらくこの時を以てはじめとするのではあるまいか。

なお、林氏は、前述の造籍三年後班田システムの時には、実は造籍の二年後に校田が行われる、即ち、元年造籍—三年校田—四年班田、というシステムになっていたとされているが、これには若干疑問をさしはさみ得ると思う。即ち、校田は一律に籍年の二年後にのみなされたと考えるより、籍年の一年または二年後、即ち籍年と班年との間に二カ年（二冬）にわたって行われた可能性を残して置く方が良いのではないか、その方が実情に合うのではないか、と思うのである。勿論、班年が造籍三年後となれば、次回以降の班年はおのずから造籍三年後となるから、それに間に合う程度にその前年校田すれば良い、と考うべきかも知れない。しかし、事実、天平勝宝四年（七五二）の造籍に対応して、その翌年の同五年（七五三）に越前国に「校田使」が存し[48]（林氏はこの史料を無視された）、更にその翌年の同六年（七五四）に伊賀国に「計田国司」・「校図」が存すること[49]、また、天平宝字二年（七五八）の造籍に対応して翌年の同三年（七五九）に諸道巡察使に検田を命じ、隠没田を勘せしめ[50]、また、越中国に於いては、「校田使」が「図籍」を造り[51]（林氏はこの点に触れられなかった）、更に、その翌年、同四年（七六〇）には七道の巡察使を任命して特に「校田」を主要な任務とせしめ[52]、事実その巡察使の一人が越前国では「校田駅使」と呼ばれていることなどは[53]、一律に造籍二年後校田と解し去る上に不都合なのである。ただ、延暦五年（七八六）の班田の前年、延暦四年（七八五）十月に畿内に使を派遣して校田せしめている点より察すれば、林氏の如く、班年の前年に校田を行うと解し得るが、これは前述の如く、この時から、畿内に対しては班年の前年に新たに「校田使」が任命派遣されることになったことを示すと解すべきで、この時の事例をさかのぼらせて、天平二十年頃より、班年の前年校田というシステムになったと解する必要はないと思う。そして、実はこのように解した方が、天平十八年（七四六）の造籍に基づく班田から、三年後班田となったことの理由として林氏の説かれるところを、一層良く理解することが出来ると思うのである。林氏は、この理由として、天平二十年が天平十五年の墾田永年私財法発布後最初の班年になっていて、特に校田の必要があって、翌年に班給が延びたことをあげておられる。林氏の表現は微妙であるが、要するに、天平二十年に旧来のシステムで班田に着手したところ、校田が殊の外手間取り、令に規定するが如く一カ月以内に行うことが不可能となって、この年に班田が行われず、翌年行われたのであろう、と解しておられると推定して差支えあるまい。然る時は、天平十八年造籍の後天平十九年には何らの校田事務も行われず、天平二十年の十月に至って、校田に着手し、その年の十一月には班田にまで手をのばす予定であった、と解さざるを得ないことになる。ということは、一般に、これ以前に行われた造籍二年後班田システムの際においては、班年になって初めて校田に着手したと理解せねばならないことになる。しかし、それでは、何故に造籍二年後班田のシステムが採用されて来たかを説明し得ないことは、前に述べたところから明らかであろう。校田が必要であり、且つ令に規定するが如き簡単なものでなかったことは、六年一班制と共に古いと言わなければならないのである。従ってこの場合も、天平十八年の造籍の結果に基づいて、旧来の如く天平二十年班田施行を目途として天平十九年から校田にかかった、ところが、この時は永年私財法発布後最初の班田収授で、土地保有関係が余りにも複雑なので、校田が天平十九年冬―同二十年春の一期ですまず、天平二十年冬―同二十一年春の次期に持ちこされ、従って班年が一年のびた、そして、校田に手間取ることはこの時に限らなかったので、この後の班田に際しては（この後よりは必然的に造籍三年後班田となるべきことは林氏の言われる通り）、その二年乃至一年前（即ち造籍の一年後または二年後）から校田が行われるようになった、それが史料の上にあらわれたのが前掲の天平勝宝四・五年、天平宝字三・四年の校田関係史料である、およそこのように解する方が良いのではあるまいか、と思うのである。

三　概　括

以上の班田法施行期に於ける班田と造籍との実施状況の探求に当っては、僅か一・二の国に造籍の証があれば、それを以てその年を籍年とし（即ち全国的に造籍が行われたとし）、また、同じ程度の班田の証があれば、同様その年を班年として全国的な班田の施行を推定して来た。これは実はすこし大胆なやり方であって、慎重を期し厳密を求めれば、四証図のある場合などを除いては、その施行の範囲は不明として置くべきだとされる向きもあろう。例えば、今宮博士の研究などはこの線でつらぬかれており、その意味では班田の施行についてやや悲観的な見解が多く披攊されていると言えよう。これはたしかに尤もなことであるが、しかし、私はやはり上来述べ来ったようにむしろ楽観的に考える方がよいと思う。というのは、某年に造籍の証のある国と、それに近い某年に班田の証ある国とは、毎回殆んど一致しない。即ち、相互に独立の、偶然に遺存している史料によって個々に推定された籍年であり班年なのである。にもかかわらず、両者の間には、天平十四年以前は二年、以後は三年というように年代的に統一のとれた全く錯乱のな

籍年の間隔	籍年	班年	籍年・班年の間隔
	持統4 (690)	持統6 (692)	2
6	〃10 (696)	〈文武2 (698)〉	2
6	大宝2 (702)	〈慶雲1 (704)〉	2
6	和銅1 (708)	〈和銅3 (710)〉	2
6	〃7 (714)	〈霊亀2 (716)〉	2
7	養老5 (721)	養老7 (723)	2
6	神亀4 (727)	天平1 (729)	2
6	天平5 (733)	〈〃7 (735)〉	2
7	〃12 (740)	〃14 (742)	2
6	〃18 (746)	〃21 (749)	3
6	天平勝宝4 (752)	天平勝宝7 (755)	3
6	天平宝字2 (758)	天平宝字5 (761)	3
6	〈〃8 (764)〉	神護景雲1 (767)	3
6	〈宝亀1 (770)〉	宝亀4 (773)	3
6	〈〃7 (776)〉	〈〃10 (779)〉	3
6	延暦1 (782)	延暦5 (786)	4
6	〃7 (788)	〃11 (792)	4
6	〈〃13 (794)〉		
6	〃19 (800)	〃19 (800)	6

(註)〈　〉は推定によるもの

い年次関係が存在するのである。この事実は改めて重視さるべきであろうと思う。即ち、これによって少なくともわれわれは某年を籍年・班年と決定すべき基礎を与えられる訳であり、更に進んでこのことから、その籍年・班年に於ける造籍と班田の施行の事実を、その史料の存する国以外にも拡げて一般化することに強い支持を与えられると思うのである。そこで、前掲二箇の籍年・班年の表をまとめ、更にこれに推定による籍年・班年をも加えて一括表示して置こう（前頁掲載）。

註

（1）北山茂夫氏『日本古代政治史の研究』・直木孝次郎氏『持統天皇』等参照。

（2）扶桑略記には、この年九月条に「遣二使諸国一定二町段一」という表現が見えている。史料としてどの程度に評価すべきか不明だが、参考としてかかげて置く。

（3）第一編第二章第二節註（7）参照。

（4）紀伊国については続日本紀宝亀十年六月辛亥条、讃岐国については同延暦十年九月戊寅条、陸奥国については「和銅元年陸奥国戸口損益帳」（大日本古文書一では「陸奥国戸籍」と題されている）。

（5）田中卓氏「大宝二年西海道戸籍における『受田』」（「社会問題研究」八―一）。

（6）紀伊・讃岐両国についての史料がある。註（4）に同じ。

（7）今宮博士、前掲書二〇九頁。ただし、『上代の土地制度』一一四頁では表現を変えて「たゞこれは没収した年が戊申年であるということをいっているのであって、百姓に班給した年が何時であったかは不明である。或いはその翌年であったかも知れない。」とされている。これは和銅元年が籍年であり、籍年と班年とを区別すべきことを考慮された結果であるかも知れない。

（8）下川氏は「続日本紀神護景雲元年十一月壬寅条」（「日本歴史」一二〇）に於いて、大日本古文書二十一所収宝亀四年二月十一日の太政官符の「依太政官去神護景雲三年六月十五日符、献入四天王寺田替、収人々位田班給百姓口分田」の部分を、「神護景

雲三年六月十五日に四天王寺に田のかわりを献入し、人々の位田を収公して百姓の口分田に班給せよ」という意味に読み、四天王寺に献入した田は乗田や没官田と考えておられ、これから戊申年＝神護景雲二年説を導いておられる。これに対し、志水正司氏は「『続日本紀神護景雲元年十一月壬寅条』の疑問」（『日本歴史』一二三）に於いて下川氏の説を反駁し、前引の部分を「神護景雲三年六月十五日の太政官符に依つて四天王寺に献入せる田の替りに、人々の位田を収めて百姓の口分に班給したい」という意味に読み、四天王寺に献入せられた田というのは百姓の口分田であるとされ、ここから今宮博士説を支持しておられる。この官符のこの部分の読み方は志水氏の方が正しいと思われるが、しかしこの史料は官符としては頗る整わないもので、その読解にはよほど慎重を要すると思う。そして、その点については、実はこれより前に宮本氏がより詳細にその解釈の容易ならざる所以を説明しておられるのであつて、下川・志水両氏とも、その宮本氏の出された種々の矛盾や疑問点に逐一こたえられない限り、説得力が弱いと思うのである。

（9） 註（4）に同じ。

（10） そういう事情を房戸制の成立ということに関連づけて考えられないこともない。第三章で述べるように、房戸制の成立後、口分田の班給は房戸単位に行われることになった。従って、この「収田戸」を房戸と読み変えればこのまま通用する筈であるが、しかし、「雖二不課役一」即ち不課戸と雖も、の戸は必ずしも房戸とのみ読み変え切れない場合が生じたのではないか、ということである。これについては第三章の補説で詳述するが、要するに不課戸という時には郷戸を対象として言う時があるらしいのである（常に、というのではない）。従って、この規定の本旨――この場合に即して言えば、同じ班給単位即ち房戸内部に新受田者がある場合には、その戸＝房戸がたとえ不課戸であつても、その房戸に優先的に給する――が必ずしも生かされない場合が生じて来るおそれがある。こういう事情からこの部分が削除されたと想定することも出来ない訳ではないが、この不課戸に関して述べたことは不確実なことなので、やはり、一応は不明として置くべきであろう。

（11） 赤松俊秀氏「夫婦同籍・別籍について」（読史会創立五十年記念『国史論集』一所収）。

（12） 坂本太郎博士「養老律令の施行に就いて」（『史学雑誌』四七―八）。

(13) 続日本紀、宝亀四年八月辛亥条、延暦二年九月丙子条、同十年九月戊寅条、正倉院文書勘籍（寧楽遺文五三五—七頁）。
(14) 岸俊男氏「古代村落と郷里制」(『古代社会と宗教』所収)。
(15) 今宮博士、前掲書二一三頁。ただし、『上代の土地制度』一一七頁では「また造籍と共に施行せられたとも認めることが出来ず」に相当する部分が削られている。
(16) 続日本紀宝亀四年八月辛亥条、註(13)所掲正倉院文書、出雲国風土記意宇郡余戸里条、など。なお今宮博士が神亀三〜四年に造籍とされたのは（前掲書二一二頁）、何かの誤解であろう。
(17) 続日本紀天平元年十一月癸巳条。
(18) 天平神護二年十二月五日伊賀国司解（大日本古文書四の六二八頁）。
(19) 津田左右吉博士『日本上代史の研究』二四〇頁。「此の変改は班田制にとつては極めて重大事であるにかゝはらず、さうすべき必要があつたとすれば、それは実際に於いて班田の収授に幾多の困難が伴つてゐたことを示すものである。」
(20) 註(17)に同じ。
(21) 延喜民部式上に、「凡乗田可レ充二品位田一者、以二全町一給之」と見えており、これが少なくとも奈良時代末期まで遡ることは、宝亀八年七月二日の大和国符（大日本古文書六の五九七頁）によって察せられる。これを更にこの時代まで遡らせることはおそらく差支えないことであろう。なお、この件については石母田正氏「王朝時代の村落の耕地」(三)(「社会経済史学」一一—四)の附記参照。
(22) 続日本紀天平二年三月辛卯条。
(23) 註(13)所掲正倉院文書。
(24) 天平元年以来班田が行われなかったとしても、堪・不堪の両方に口分田も乗田も含まれ得る筈であるから、徳永氏の言われる処は理由とはならない。
(25) 註(13)所掲正倉院文書。このうち、船連石立および嶋吉事の勘籍に「天平十二年准籍」と見えている。

(26) 註(14)に同じ。

(27) 弘仁十一年十二月廿六日太政官符。

(28) 岸俊男氏「班田図と条里制」(『魚澄先生古稀記念論叢』所収)。

(29) 延暦十三年五月十一日大和国弘福寺文書目録(平安遺文一二号文書)。

(30) 註(23)に同じ。

(31) 天平神護二年十二月五日伊賀国司解(大日本古文書五の六三五頁)。

(32) 宮本氏は天平二十年を班年と見て、造籍二年後班田システムの存続をこの回まで認められたが、これは林氏の批判の如く校田の年であって、班年は翌年と見るべきであろう。ただし、林氏が天平勝宝元年班田の証としてあげられた処には賛し難いので左に記して置く。

林氏が天平勝宝元年班田の証としてあげられたところは、天平神護二年九月十九日越前国足羽郡司解に見える同郡上家郷戸主別鷹山の申状に、論所八段の地は天平勝宝元年八月十四日その父豊足が「判給」をうけた土地であると述べている(大日本古文書五の五四三頁)、ということである。しかし、これは、係争中の田地の帰属を決したに過ぎないものであって、この「判給」の行われた年が班年なるべき必然性はない。今、大日本古文書中より類例を求めれば、天平三年七月廿六日に「判給」し、更に、天平宝字二年八月十七日にまた「判給」した例があるが、(大日本古文書五の五六二頁・五六三頁)、この天平三年(七三一)及び天平宝字二年(七五八)の両年とも班年でないことは明白である。更に、「判給」の行われた月が、冬―春の候でなくて、八月であることも、班年のことと解する上には不都合ではあるまいか。およそ以上の如き理由から、前掲の史料を証拠とすることには賛し得ない。

(33) 註(28)に同じ。

(34) 天平勝宝七年三月廿七日造東大寺司解(大日本古文書四の五〇頁)。

(35) 続日本紀神護景雲元年三月乙丑条。

(36) 天平神護二年十月廿一日越前国司解（大日本古文書五の五六三頁・五七四頁）、天平神護二年九月十九日越前国足羽郡司解（同五の五四四頁）、天平神護三年二月十一日民部省符（同五の六四一頁、同五の六四四頁）など。

(37) 続日本紀延暦七年十一月庚戌条。

(38) 前述の如く続日本紀神護景雲元年十一月壬寅条に見える戊申年を神護景雲二年と見て、同元年冬〜二年春の班田を想定した方がよいように思うからである。なお、下川氏は、天平神護二年十月廿一日の越前国使等解によって神護景雲二年より二年前の天平神護二年を班年とされた。下川氏が依拠されたのは、おそらく「越前国坂井郡田籍」なる別筆の表題であろうが、これは文書の内容から判断して、後に東大寺に於いて古文書の整理の際に誤って附せられたものと思われるので、下川氏には従い難い。林氏は同年十二月五日の伊賀国司解によってこの天平神護二年を校田の年とされたが、従うべき意見であろう。

(39) 宮本救氏「八・九世紀における散田について」（「続日本紀研究」五—八）、岸俊男氏註(28)所掲論文、大井重二郎氏「大和国添下郡京北班田図について」（「続日本紀研究」六—一〇・一一合）など参照。

(40) 続日本紀延暦四年十月丙寅条に「遣使五畿内検田、為班授也」とあるが、ここには厳密に言うと「検田」と記されて「校田」とはない。しかし、当時、検田が校田に等しく、田令の「預校勘造簿」を意味したことは、延暦六年から同十四年に至る間の成立と推定される令釈が「田起二年十月検班」（戸令集解造戸籍条）として、「校勘造簿」と「給授」とを「検班」と略している点から察して誤りないであろう。

(41) 続日本紀延暦五年四月乙亥条、同九月乙卯条、弘仁十一年十月十七日大和国川原寺牒（尾張国衙あて）（平安遺文四六号文書）、天長二年十一月十二日尾張国検川原寺田帳（同五一号文書）などが従来指摘されているが、その外に、未紹介のものとして、延暦十三年五月十一日大和国弘福寺文書目録（平安遺文一二号文書）に見える

「大和国高市郡田白図延暦六年班田司案」

なる史料がある。これは延暦五年九月に任命された畿内の班田司の活動の一端を示し、延暦五年から六年にかけて班田の行われたことを示すと言ってよい。即ち、延暦五年を班年とする一証となろう。

(42) 続日本紀延暦三年十二月庚申条。
(43) 註(37)に同じ。
(44) 続日本紀延暦十年八月癸巳条によれば、この時、畿内の班田使が任命されているが、この年に班田が行われたのではないと思う。このすこし前の五月戊子条には、国司豪族の不正を天平十四年図・勝宝七歳図によって改正せしめるに当って「為ニ来年班レ田也」と記載されているからである。この班田使の任命は、実は畿内校田使の任命であって、彼らが翌年そのまま班田使に任命されたものか、或いは、班田使の名の下に延暦十年には校田を行い、翌十一年には班田に従事したかの何れかであろう。十一年に班田の行われたことは、以下に述べる如くこの年十月に京畿の受田額の改訂が行われたことによって疑いあるまい。
(45) 類聚国史一五九(田地上、口分田)、延暦十二年七月辛卯条。
(46) 同前、延暦十一年十月庚戌条。
(47) 承和元年二月三日太政官符「太政官去延暦廿年六月五日符偁、校班多レ煩、一紀一行者、又去大同三年七月二日符偁、事乖ニ実録一、宜レ依ニ令条一者」。なお、今宮博士は前掲書三一七頁に於いて、延暦の一紀一行、大同の六年一班等を畿内のみのものとし、畿外に対してはかかる政策はとられなかったと解しておられるが、その実例として挙げられた処は挙証力はないと思う。即ち、仁寿三年の太政官符によって、美濃国に於いては、令制通り六年一班の制を行わんとしたことが知られる、とされるが、これは、延暦・大同の改変が畿内だけであった為と解する必要はなく、これらの改変が全国的なものであっても、大同三年以来は令制なのであり、且つ、承和元年の一紀一行は畿内だけなのであるから、仁寿の頃、美濃国で令制通りなのは至極当然のことである。また延喜二年の官符についても同様である。むしろ、本文に於いて述べた一紀一行令発布の事情から、全国的に実施されたものと解して差支えないであろう。
(48) 天平神護二年九月十九日越前国足羽郡司解(大日本古文書五の五四五頁)。
(49) 天平神護三年二月十一日民部省符(大日本古文書五の六四〇頁)及び同二年十二月五日伊賀国司解(同五の六三五頁)。
(50) 続日本紀天平宝字三年十二月丙申条。

（51） 天平神護三年二月十一日民部省符（大日本古文書五の六四五頁）。
（52） 続日本紀天平宝字四年正月癸未条。
（53） 天平神護二年十月廿一日越前国司解（大日本古文書五の五七四頁）及び註（48）所掲足羽郡司解。

第三節　班田法崩壊期

この期間については、実は班田法の崩壊過程という観点から、種々な崩壊現象やそれに対する対策ということを細叙すべきであるかも知れない。しかし、それらの点については既に今宮博士の研究に詳しく、且つ、次に掲げる延喜二年三月十三日の太政官符によって要をつくしていると思う。

太政官符
　応勤行班田事
右田令云、六年一班、承和元年格云、畿内一紀一班、而畿内承和十一年校田不レ班、暨二于元慶五年一乃行二校班一、自餘諸国五六十年或不二班給一、是則徒設二条章一、曽不二遵行一之所レ致也、遂使下不課之戸多領二田疇一、正丁之烟未レ授二口分一、調庸難レ済大概由レ此、加以荒熱之処逐レ年各異、水陸之便随レ日不レ同、而国宰只見二図内之荒廃一無レ知二帳外之墾□一、因レ茲不堪佃田毎年過レ率、応レ輸租穀毎秋減レ数、又戸籍所レ注大略或戸一男十女、或戸合烟無レ男、推二尋其実一、為レ貪二戸田一妄所二注載一、是以一国不課十二倍見丁一、其分田応レ輸終入二私門一不レ為二国用一、公損之甚不レ可レ勝レ計、左大臣宣、奉レ勅、六年一班期限短促、宜下仰二下諸国一、一紀一度校レ田言上、幷進二授口帳一、待レ裁班給上、即以二新制之年一為二計班之初一、毎レ満二班年一、必令二勤行一、若有二習レ常緩怠空過二班年一者、依レ法科処、兼拘二勘租帳一、仍須二官符到後百日内一弁行具レ状言上、其近年班レ田者、起レ自二班年一為二計数一之、

延喜二年三月十三日

そこで本節では、この期間にどの程度の班田の実施があったかということを探って、逆に、崩壊の様相を浮び上らせたいと思う（崩壊現象やそれに対する対策の中の主なものについては第四章でふれる）。

なお、この期間に於ける班田の施行は、前述の如く全国同時一斉に行われたことはないので、前節に於ける如く籍年を基礎として考えてゆくことは余り意味がない。むしろ地域差を生じたという点からして、地域毎にトレースしてゆく方が賢明であるが、こういう追求法については既に林氏の力作が発表されており、また、今宮博士も畿内と畿外とに分けて崩壊過程を追求しておられるので、その意味からも、この両氏の説に卑見を交えつつ略述する程度にとどめて置きたい。

一 畿内

畿内に於いては先ず一紀一行令の発布によって、延暦十九年（八〇〇）の造籍に基づく班田は原則として行われることはなく、これによって造籍に対する班田のおくれを回復した形となったので、一紀一行令は一応の使命を果した。(1)そこで、次の大同元年（八〇六）の造籍に続くべき班田からは令制通りに六年一班とすることが可能となり、大同三年七月、六年一班制に復したのである。(2)この大同三年の措置を桓武朝の諸施策に対する平城朝の復旧という観点から見

ることは、外にも類例があり、[3]それだけに根拠のある観方であると思うが、ただし、それが可能であったのは、右の如き事情によるものであることを指摘して置きたい。

とにかくこの令制復帰によって、大同元年（八〇六）の造籍に基づく班田が、少なくとも畿内では四年後の弘仁元年（八一〇）に行われた。これは日本後紀弘仁元年九月戊戌朔条に「遣二使畿内一、班二民口田一」とあり、また、承和元年二月三日の太政官符に畿内の班田について「去弘仁元年班田、天長五年又授」とあることによって明らかである。「大和添下郡京北三条班田図」はこの時の班田の結果を記したものである。[4]ところで此の度の班田について、今宮博士は大同三年末より翌四年を経て弘仁元年に至って完了したと見ておられる。これは大同三年九月に大和国が校田使の減員を請うていること、[5]中右記嘉祥元年二月二十八日条に大同三年山城国葛野郡図帳の存在が記されていること、大同四年九月に畿外居住の京畿百姓の口分田が問題となっていること、[6]などによっている訳であるが、これに対して、林氏は、これら大同年間の挙例をすべて校田に関するものではないかと見ておられる。私は林氏の見解に従うもので、前引の承和元年の官符の表現は、この弘仁元年を以て所謂「班年」とする表現に外ならないと思うのである。即ち、弘仁元年から二年にかけての農閑期に班田が行われたと解すべきであろうと思う。

この後、造籍は下川氏の指摘される通り、弘仁三年（八一二）・天長元年（八二四）の二回が史料上から推定され、更にその中間の弘仁九年（八一八）も史料は全くないが籍年と想定し得よう。しかし、班田の方は行われなかったようである。弘仁十二・三年の頃には少なくとも班田を施行せんとしたらしい形迹を見出し得ないではないが、[7]しかし承和元年の官符には「去弘仁元年班田、天長五年又授」とあって、この間の十八年は畿内では少なくとも全面的な班給はなかったと見るべきであろう。

かくて、天長元年の造籍の結果、天長三年十一月に畿内校田使が任命され、四年正月、再び畿内校田使が任命され、五年正月に班田使が任命された。[8] かくの如く天長五年から六年にかけて班田が実施されているのは、[9] 造籍と班田との年次関係に於いて、大同元年（八〇六）―弘仁元年（八一〇）の場合と同じく造籍四年後班田システムであり、これは畢竟、延暦元年（七八二）―同五年（七八六）、延暦七年（七八八）―同十一年（七九二）以来のシステムがなお守られていることを示し、ひいて、弘仁元年以来十八年、即ち途中二回の班田を行なっていないにしても、班田が造籍との対応関係を失っていないことを示すといってよい。そして弘仁以来漸く衰えかかった班田の施行を、畿内だけにせよ回復するに与って力があったのは、恐らく天長二年四月右大臣となり、同じ時に左大臣となった冬嗣とならんで廟堂に立った藤原緒嗣ではなかったかと思う（冬嗣は天長三年七月没）。なお、この天長五年の班田に際しては女子の給田額が三〇歩であったことが、元慶三年十二月四日の太政官符によって分る。これは前掲の延暦十一年の給田規定を守って実際に給田額を算出した結果であろうと思う。要するにこの時、良民の男は二段、女は三〇歩、奴婢はなしという給田法であったのである。

さて、この天長五年の班田の後、畿内の班田について徴し得るものは、承和元年（八三四）に於ける畿内一紀一行令の発令である。[10] この発布を令した太政官符には、延暦の一紀一行令に拠るのか、大同の令制復帰令によるのか不明だからそれを明示することとして、畿内一紀一行令を発したことになっているが、これは一紀一行令発布理由の説明としてはいかにも諒解し難い点がある。むしろ、この年が天長五年から丁度六年目の班田にあたっていたが実施出来そうにもないので、班田の施行を一回延ばしたものと見るべきであろう。もし、天長元年の造籍についで同七年（八三〇）の造籍があったとすれば、承和元年はこの年から四年目に当るから、前記の造籍四年後班田のシステムはこの頃まで守られようとしていたことになる。しかし、この時の班田が結局行われ得なかった処に時代が現われていると言うべきであるし、天長七年の造籍そのものも証拠のないことであるので、これは全くの推測にとどまる。

この承和の一紀一行令が実行に移されたとすれば、次の班年は承和七年（八四〇）となるべきであるが、しかし、この年班田は行われなかった。そして、同十年に至って漸く畿内校田使が任命され、翌十一年その若干名が変更された上で班田使に任命された。[11]しかし、前掲の延喜二年の官符に「畿内承和十一年校田不レ班」と述べているように、もはや班田は実施されなかったのである。そして、それが承和十一年だけに限ったことでなかったことは、貞観十七年八月廿二日の太政官符所引の右京職の解に「検二案内一、自二天長五年一至二于今茲一惣卅六箇年、班田之事絶而不レ行」とあり、また元慶二年三月十五日の勅に「自二去天長五年一以来五十箇年不レ行二此事一」と見え、[12]更に寛平八年四月十三日の太政官符所引の山城国の百姓の愁状に「件口分従二天長年中一領来稍久」と述べていることなどによって明白としなければならない。尤も今宮博士は、この時以降一部では班田が行われたとされ、若干の史料を提示されているが、[13]それらはすべて林氏の言われる如く、校班田実施の努力を示すものではあっても、それは同時に班田施行の困難さが増大していることを示すものであって、結局、班田の実施を汲み取り得べきものは元慶年間に至るまでないのである。

かくて元慶二年三月十五日、畿内諸国に対して「校班之政」を励行すべきことが勅によって厳命された。[14]この時の勅が、直接的にはいいい「子細校定依レ実言上」、即ち校田の励行を命じたものであることは林氏の言われる通りであろう。そして翌三年十二月三日に班田の実行を命じている。この時は在地の国司をして班田を行わしめるのが原則であったが、特に山城国管内には官人を派遣した。その官人らの肩書を見ると、左少弁・諸陵助・主計少属・左京少属であって、実務に明るい連中が派遣された感があり、「山城国地接二京輦一、人多二権豪一、班給之務、若将レ成レ妨」という状況に対して有効に対処しようとしていることが認められる。[15] この時の班給額は史料に遺っているが、それによるとはじめ京戸の女子は班給をやめ、畿内の男子の分をやや増して一段一八〇歩とする予定であった。ただし、実際に班給されることになったのは、山城国の場合、京戸の男は水田一段一〇〇歩、土民の戸は男水田一段一八〇歩・陸田六〇歩であった。[16] この時の班田は元慶三乃至七年にわたる困難なものであったが、ともかく行われたことはこれを示す史料に恵まれている。[17]

この後、畿内に於ける班田施行の徴証は遂に見出すことが出来ない。[18] 恐らくこの元慶度を最後として班田法の施行は、畿外より一足さきに、史上より姿を消したものと思われるのである。

以上、大同以降の崩壊期に於ける畿内の班田施行のあとを一括表示すると次の如くである。

間隔	籍年	班年	間隔
6	大同1 (806)		
		弘仁1 (810)	4
6	弘仁3 (812)		
		〔不実施〕	
6	〈〃 9 (818)〉		
		〔不実施〕	
6	天長1 (824)		
		天長5 (828)	4
	〈〃 7 (830)〉		
	〔一紀一行令…承和1 (834)〕		4
		〔コノ間不実施〕	
		元慶3 (879)	
		〃 7 (883)	

(註) 〈 〉は推定

二　畿外諸国

畿外諸国について、大同以降に於ける班田関係の史料が僅かなりとも遺っているのは、伊賀・伊勢・尾張・近江・遠江・美濃・上野・因幡・美作・備後・阿波・土佐・筑前・筑後・豊後・肥前・壱伎・多褹などの国嶋である。それらについては、前述の如く殊に林氏の研究に詳しいので、その一々を列挙することは省略し、この中、関係文書が割合に豊富に遺存している伊勢国、及び、唯一種の史料によって班田施行の大勢をうかがうに足る上野国、この二国についてのみ詳しく見ることとし、他は林氏の研究に卑見を加えたものを末尾に一括掲記するにとどめたい。なお、右の伊勢・上野の二国は、たまたま畿内周辺の謂わば先進地域と、関東の謂わば後進地域とを代表するような地域的な分布をなしており、この点からも、班田施行の大勢をうかがうに足るものがあろうかと思うのである。

一　伊勢国

この国では、大国・川合両荘の帰属について争論が繰り返された為に、校班田関係の史料が割合に豊富に遺っているが、その史料を列挙するのは煩にすぎるので、なるべくもとの表現を尊重しつつ、それを年代順に掲げると次の如くである。

この表によって、およそ大同・弘仁・承和・嘉祥の四図については、これをこの国に於ける班田の証として誤りないであろう。ただ、その中で弘仁度については、これを十一年とするものと十二年とするものとの二通りがあり、林

A				承和図	嘉祥図	
B	大同四年図帳	弘仁十一年図帳		承和九年図帳	嘉祥二年班田之時	
C	大同図籍	弘仁図籍		承和図籍	嘉祥図籍 嘉祥二年班田之時	
D		弘仁十二年図		承和九年図 承和図	嘉祥二年田籍 嘉祥図 嘉祥二年後図	
E						去延喜年中三郡令班田之日
F						延喜二年班田図籍
G				承和玖年図帳		
H		弘仁十二年図帳	天長五年図帳			
I				承和班田	嘉祥班田	
J				承和図	嘉祥図	
K						延喜班田之時 以延喜三年立条里定坪並

① 出典は左記の通りである。なお、原史料の表現を分解して表示した場合もあるので、その際の原史料の表現を必要な限り附記しておく。

A 貞観五年九月三日民部省勘文案(平安遺文一三八号文書)、「宝亀承和嘉祥等図」。

B 寛平十年三月十六日民部省符〈承平二年十月廿五日伊勢太神宮司解案所引〉(平安遺文二四二号文書)、「大同四年弘仁十一年承和九年図帳」。

註

C　寛平十年三月十六日民部省勘文〈承平二年八月五日太政官符案所引〉（平安遺文四五六〇号文書）、「大同弘仁承和嘉祥等図籍」。
D　昌泰元年八月十六日太政官符〈F所引〉（平安遺文二三三号文書）、「承和嘉祥両般図」。
E　延長三年八月廿五日伊勢太神宮司牒（平安遺文二二二号文書）。
F　延長七年七月十四日伊勢国飯野荘太神宮勘注（平安遺文二三三号文書）。
G　長保元年十一月三日東寺領伊勢大国川合荘坪付（平安遺文三八二号文書）。
H　康平五年五月十三日伊勢国四天王寺領坪付（平安遺文九八〇号文書）、「弘仁十二年天長五年等図帳」。
I　寛治五年七月東寺別当時円請文案（平安遺文一二九七号文書）、「宝亀承和嘉祥班田」。
J　康和元年閏九月十一日明法博士中原範政重勘文（平安遺文一四一二号文書）、「宝亀嘉祥承和等図」。
K　長承二年五月伊勢国大国荘田堵住人等解（平安遺文二二七二号文書）。

② この外、承保三年十一月廿三日東寺領伊勢国大国荘司解案所引承平二年十二月日庄日記（平安遺文一一三七号文書）に「弘仁三年図帳」なるものを引いているが、これについては、校班田とは無関係のものならんという林氏の弁析に従うべきであろう。（補註参照）

氏は、十一年が校田帳で十二年が班田帳と考うべきか、或は班田が両年にわたって実施されたと考うべきか、この両様の可能性をあげておられるが、私はその外に、十一年は十二年の誤記と見て、弘仁十二年の班田と考定する仕方も残されていると思う。そして、承和・嘉祥などの例との調和という観点から、むしろこの考定に従いたいと思っている。

次にHの「天長五年図帳」を検討しよう。これは唯一例しかないので、それだけに疑えば疑えるものであるが、ただここで注意すべきは、このHの対象とする郡は安濃郡であり、安濃郡に関する史料はこのHだけだということである。他のA〜G、I〜Kはすべて飯野・多気郡に関するものである。従って、これらに此の天長五年班田を伝えるものがないということは、これを飯野・多気両郡と安濃郡との地域差に還元して説明することができる。勿論、安濃郡に関してだけでもこの史料は孤証であるが、「弘仁十二年図帳」がDなどとの照合によって捨てられないものである以上、少なくとも安濃郡に関しては、天長五年の班田を認めて差支えないのではあるまいか。

最後に延喜の班田であるが、A～Dは延喜以前の史料なので、これに言及しないのは当然としても、E以下の史料中、G・H・I・Jに見えない点がすこしその施行の程度を疑わしめる。尤もI・Jは要するにAをそのままうけているらしいので（表の註①に記載したAとI・Jとの表現を比較参照）、これに延喜の班田がないのはその為と解されるが、G・Hに見えない理由はよく分らない。延喜二年という年代を考えると、この延喜度の施行は或いは部分的施行に終ったのではないかと思われる。しかし、それにしても、本節の冒頭にかかげた延喜二年の太政官符「応勤行班田事」が励行されたことを示す確実な証拠はこの伊勢国の分だけであって[19]、その意味に於いて貴重な示例と言わなければならないであろう。

なお、厳密に言えば、大同・承和・嘉祥度の班田についても、飯野・多気両郡に於いて施行された証拠はあるが他郡では不明であるから、伊勢国全部にわたっての施行を疑うことも出来よう。しかし、A～Dの史料が民部省符や太政官符という形式のものであることは、やはり伊勢国全体についての図籍が存在したと想定することを有利にしていると思うので、この疑いには拘束されなくてもよいと思う。

二　上野国

長元年間の所謂「上野国交替実録帳」[20]には、国司の交替に際しての実勘の結果として既往の田図についての記録がある。先ず、その関係部分のすべてを左に示そう。

無実

四証図参佰肆拾肆巻年別分拾陸巻

天平拾肆年　天平勝宝漆年　宝亀肆年　延暦伍年

班田図五百拾陸巻

弘仁弐年捌拾巻　天長五年捌拾漆巻　嘉祥肆年捌拾陸巻　斉衡弐年［　　］同参年弐(ママ)巻　貞観漆年捌拾陸巻　仁和元年捌拾陸巻

□(校カ)田図陸佰参拾巻

弘仁十年捌拾陸巻　天長十年捌拾陸巻　承和元年捌拾陸巻　同八年［　　］仁寿二年捌拾陸巻　貞観二年捌拾陸巻　延長三年捌拾陸巻　昌泰三［　　］

破損

班田図拾弐巻

弘仁二年壱巻□九里代　天長五年参巻二巻失口一巻無口一里　嘉祥四年壱巻無三里　斉衡三年弐巻　貞観七年無各二里　仁和元年参巻二巻無口各四里

□□図伍拾弐巻端朽損不中用

弘仁十年壱巻無帋　天長十年肆巻各□里　承和肆年参巻一巻无奥里一巻无四里　貞観弐年陸巻已朽損　昌泰参年弐拾玖枚

以上件破損文簿、去長□参年正月十一日焼亡无実者、

この記載にはいくつかの解し難い処がある。とりあえず気付く点をあげても、

(1) 冒頭の細注「年別分拾陸巻」はいかにも巻数が少なすぎる。ただし、これはおそらく「年別捌拾陸巻」の誤りであろう。三四四巻を四分すれば八六巻となるし、また、他の記載に「捌拾陸巻」という例の多いこともこれを助ける。

(2) 各項の配列は年代順であるのに、無実校田図の項で「貞観二年」と「昌泰三年」との間に「延長三年」が入っているのはおかしい。これが外の年号の誤記とすれば「元慶三年」・「仁和三年」・「寛平三年」の何れかであろう。そしてこれは何れとも決し難いが、畿内の例などから見ると元慶三年の可能性が最も大きいと思う。(21)

(3) 破損の第二項「□□図伍拾弐巻」は内訳の合計と一致しない。内訳の合計は一四巻と二九枚である。昌泰三年の二九枚を二九巻と読み変えて合算してもやはり合わない。

以上のような点を数えることが出来るのである。この中(1)・(2)については大体右にのべたように解し得るが、(3)はすこし疑問が大きいようである。従って、果してこれによって班田の状況を探ってよいものか疑われもするが、しかし、この点も、本帳が律令制の実施の全く失われ去った長元年間の公文であるということを顧みれば、さほど気にすべきではないかも知れない。そして、私はこの巻数の数値の生じ来った過程について、次のような推察が成り立つと思っている。

先ず、私はこの国の班田図・校田図の各年度毎の巻数は八六巻であったと思う。これは前述の如く、四証図が八六巻の四倍の三四四巻となっていることでも知られるし、また、本帳中に八六巻という巻数が九例も存していることによって間違いあるまい。更に言えば、班田図なるものは岸氏の明らかにされた如く、条里制の条毎に一巻をなしていたものである。(22) そして、平安時代には条そのものが増えることはなかったと思われるので、班田図の巻数そのものは増やす必要はなかった（各巻の内容・長短に時代的変化がなかったというのではない）と考うべき可能性が大きい。

そこで、この各年度毎の総数八六巻という数値を念頭に置いて、無実班田図の項を見れば、この「伍佰拾陸巻」というのは正に八六巻の六倍である。即ち、六回分の班田図のあるべき総巻数なのである。おそらくこういう点から導かれた数値であろうと思う。次に校田図の方は、無実の分の合計「陸佰参拾□巻」と破損の分の合計「五拾弐巻」とを合算すると、六八二巻＋X巻という数値となり、これは八六巻の八倍たる六八八巻と考え得るものである。即ち前掲の無実の分の合計の欠字を「陸」と見れば、この無実と破損との合計は、八回分の校田図のあるべき総巻数を示しているということになる。即ち、これらの数値はその内訳とは一致しないが、少なくとも班田図が六回分、校田図が八回分存在したということを示すだけの力はあると思うのである。[23]

以上のように考えた上で、班田図の存する年次を数えると、「斉衡弐年□」と「同参年弐巻」の記載に問題があるが、これを一応同一班年度に属する班田図と見れば、

弘仁二年　天長五年　嘉祥四年　斉衡二・三年　貞観七年　仁和元年

と正に六回となり、同様、校田図については、この際も無実の「承和元年」と破損の「承和肆年」とは年次が近接しすぎるので、一応同一の校田年度に属する校田図と見れば、

弘仁十年　天長十年　承和元・四年　同八年　仁寿二年　貞観二年　延長三年（ママ）　昌泰三年

と都合八回となり、これも前掲と一致する。そこで一応右の一四箇の年次を以て、校田または班田の年と見ることは恐らく許される推定であろうと思う。今、年代順に整理して掲げると次の通りである（ただし、「延長三年」は「元慶三年」の誤記と推定、斉衡二・三年および承和元・四年はそれぞれそのまま統一せず、嘉祥四年は仁寿元年と表現）。

	校田	班田	
弘仁2 (811)		○	
〃 10 (819)	○		17
天長5 (828)		○	
〃 10 (833)	○		
承和1 (834) 〃 4 (837)	○		23
〃 8 (841)	○		
仁寿1 (851)		○	
〃 2 (852)	○		4
斉衡2 (855) 〃 3 (856)		○	
貞観2 (860)	○		10
〃 7 (865)		○	
元慶3 (879)	○		20
仁和1 (885)		○	
昌泰3 (900)	○		

以上、畿外諸国中、伊勢・上野両国について班田施行のあとを探ったが、この外の諸国の分については、現在までに判明している校班田関係の事象とその年次だけをかかげて置こう。

伊賀国　「延喜三年図」存す。(24)

尾張国　「弘仁十二年図」（おそらく班田図）存す。(25)

遠江国　仁和元年、損口分田の代授を認む。(26)

近江国　「弘仁十二年図」存す。(27) 承和四年「造班図預」在任中。(28)

美濃国　仁寿三年、班田手続きの簡略化を申請す。(29)

因幡国　「弘仁十四年図」・「嘉祥三年図」（ともにおそらく班田図）存す。(30)

美作国　貞観二年、英多郡の水田狭少にして口分田不足の故を以て、同郡所在の皇太后宮職水田を他へうつす。(31)

備後国　元慶三年、国より進官の授口帳の数によって班給すべきことを申請し許可さる。(32)

阿波国　「弘仁三年図」（おそらく班田図）存在の可能性あり。[33] 天長七年、水田一〇町二段は民の口分田として班つも水利の便なきを述ぶ。[34] 承和十一年、国衙来年班改すべきことを牒す。[35]

土佐国　仁和元年、給田額改正の上、班田の施行を命ず。[36]

筑前国　「承和十四年校図帳目録」存す。[37] 仁寿二年班田。[38] 貞観十五年、給田額改正の上、班田の施行を令す。[39]

筑後国　元慶四年より三十余年前（承和十年代か）に班田、[40] 元慶四年、校班手続きの改正を申請、許可さる。[41]

豊後国　元慶四年以前（おそらく近き過去）に校班手続きの改正を申請、許可さる。[42]

肥前国　元慶五年より四十年前（承和八年前後）に班田。[43] 元慶五年、校班手続きの改正を申請、許可さる。[44]

壱岐嶋　大同二年、校出隠田中より嶋司公廨田・郡司職田を割き、その余を口分田として班給す。[45]

多褹嶋　同前。

以上、畿内と畿外諸国にわけて見て来たが、これらを概観すると、畿内は大同以降元慶までに三回、畿外諸国は、その終末期はまちまちであろうが、ほぼ延喜までに多くて五・六回、というのがこの崩壊期百年間に於ける班田実施回数ではなかったであろうか。

註

（1）　今宮博士は前掲書三一五頁に於いて、この一紀一行制は、これより七年後の大同三年に、再び令制の六年一班制に戻ってしまったから、実際に於いては実施されなかった、と言われるが、一紀一行をただ機械的に十二年に一度の意味に解すれば、確かに言われる通りである。しかし、本文の如く解すれば、延暦十九年の班田から弘仁元年の班田に至る十年間に班田が行われなかったことこそ、この一紀一行令が実施されたことを示すと言わなければならない。

（2） 承和元年二月三日太政官符。なお、第二節註(47)参照。
（3） 恐らく延暦十六年九月をそれほど遡らざる時に設置された勘解由使が大同元年閏六月に廃され、また、延暦十六年以来固執された戸別定免の免租法が、大同元年十一月「不三得七之旧例」に復していることなど。
（4） 第二節註(39)所掲論文参照。
（5） 日本後紀大同三年九月乙巳条。
（6） 大同四年九月十六日太政官符。
（7） 「応留田図除田籍」と題する弘仁十一年十二月廿六日太政官符の存在、及び弘仁十二年十月、校田使班田使の派遣をやめて「此廻班田令₂国司行₁」と命じたこと（天長六年六月廿二日太政官符）など。
（8） 日本紀略天長三年十一月丁丑条・同四年正月丁丑条・同五年正月丁丑条。
（9） 宮本救氏の研究によれば、「山城国葛野郡班田図」はこの天長五年の班田図にその後二・三回書き入れのなされたものであるという(同氏「山城国葛野郡班田図について」続日本紀研究六—三)。この班田図の存在によって、天長五年の畿内の班田実施は確実である。
（10） 註(2)参照。
（11） 続日本後紀承和十年十一月庚子条・同十一年二月乙卯条・同年十月壬午条。
（12） 三代実録元慶二年三月十五日条。
（13） 続日本後紀承和十三年十二月乙亥条・同十四年十月乙酉条・同十五年二月癸巳条などに見える班田使の任命・変更など。
（14） 註(12)に同じ。
（15） 三代実録元慶三年十二月三日条・同八日条・同廿一日条。
（16） 元慶三年十二月四日太政官符及び三代実録元慶四年三月十六日条。これらの史料に見える数字には若干錯綜があるが、結局は本文に示したような班給額が決定された。

（17）長保四年二月十九日山城国珍皇寺領坪付案「元慶三年絵図並田籍」（平安遺文四一六号文書）・延長四年二月十三日民部省符「去元慶四年班田之日」（同二二三号文書）・前掲延喜二年官符「曁㆓于元慶五年㆒乃行㆓校班㆒」・三代実録元慶七年七月廿一日条・九月廿三日条・十月十日条・十二月十七日条。なお、三代実録仁和二年七月十五日条によれば、山城国紀伊郡の官田七段百二十歩を以て右京の凡直春宗ら六人の口分田として給していることが知られるが、これがわざわざ特記されていることから見れば、これは何か特殊な事情に基づくものであって、一般的な班田の実施を示すものとは見なし難いと思う。

（18）類聚符宣抄所載寛弘八年十二月廿六日太政官符に引かれた摂津国雑掌秦吉成の寛弘四年十二月八日の解には「謹検㆓案内㆒、此国校田授口帳、合期勘造、進㆑官先了、随則請㆓官省外題㆒又了、爰欲㆓拠勘㆒之間、所司勘返云、班符未㆑下国租帳、非㆑蒙㆓宣旨㆒輙難㆓勘済㆒者、雑掌抱㆓公文㆒徒辛㆓苦寮底㆒、望請官裁、任㆓先例㆒被㆑下㆓宣旨於所司㆒、班符未㆑下間置㆓勘出㆒、勘㆓済件年年租帳㆒者」とあって、当時、摂津国ではなお校田帳と授口帳の勘造進官が行われていたことを示しているが、これはおそらく形式的なものにすぎないであろう。まして班田が行われていないことは、班符（おそらく班田を命ずる太政官符の略称）が下らない為に租帳の勘済が出来ず（第四章第二節参照）、宣旨によって特別な措置をとるということが、すでに「先例」となっていることによって知られよう。

（19）後に示すように、伊賀国に「延喜三年図」の存在が知られるが、これが班田図であるという確証はない。註(24)参照。

（20）平安遺文四六〇九号文書。

（21）林氏は「延長三（八九一）」と表現しておられる処から判断して、八九一年即ち寛平三年を考えておられるらしいが、その理由は示しておられない。

（22）岸俊男氏「班田図と条里制」（『魚澄先生古稀記念論叢』所収）。

（23）この考え方でゆくと、破損の班田図の一二巻という巻数をいかに処理するかが直ちに問題となるであろう。私はこれを無実の班田図との二重計算であろうと見ている。即ち、破損の方の巻数が確実に知られており、校田図の場合はその巻数五二巻を有るべき総巻数から差引いて無実を六三六巻としたが、班田図の場合にはそれを怠って二重計算という結果を招いたのであろうと思うのである。なお、無実の班田図中の「捌拾巻」・「捌拾柒巻」という数値はむしろ疑わしいと思う。

(24) 康保元年十二月十九日夏見郷刀禰解案（平安遺文二八一号文書）。ただし、この図が校田図か班田図かは分らない。

(25) 天長二年十一月十二日尾張国検川原寺田帳（平安遺文五一号文書）。

(26) 三代実録仁和元年四月十七日条。

(27) 承和四年四月廿二日元興寺三論衆解（平安遺文六二号文書）。これが班田図である可能性は大きい。

(28) これは前註所掲の元興寺三論衆解に加えられた国判中に見えるものであるが、未紹介の史料なので左に掲げよう。

判、造班図預穴太古麻呂宜承知、依件勘附之、権介藤原朝臣浜雄

この「造班図預」というのは外に聞いたことがないが、穴太氏が近江国と関係の深いこと(『日本古代人名辞典』参照)から察して、おそらく班田図作製担当の国衙の下級官人であろう。そしてこの国判は解が出されてからそれ程時を経ずして加えられたものと考えて差支えないから、これを以て承和三年冬―四年春の近江国の班田の一証とすることが出来ると思う。

(29) 仁寿三年五月廿五日太政官符。

(30) 延喜五年九月十日因幡国高庭庄検田帳（平安遺文一九三号文書）。「弘仁十四年」と見えているのみであるが、これが「弘仁十四年図」を意味することは、前後の記載様式から判断して疑いない。

(31) 三代実録貞観二年六月廿三日条。

(32) 同前、元慶三年五月廿三日条。

(33) 嘉祥三年阿波国新嶋庄坪付（平安遺文九九号文書）。この坪付によれば、「宝亀四年図被輸公一町四段」及び「弘仁三年被輸公八町六段七十歩」という類似の記載があり、これによって「弘仁三年図」の存在が推定される。

(34) 類聚国史一五九（田地上、口分田）、天長七年四月戊申条。

(35) 承和十一年十月十一日阿波国牒（平安遺文七五号文書）。

(36) 三代実録仁和元年十二月廿七日条。

(37) 貞観十年二月廿三日筑前国牒案(平安遺文一五七号文書)。これは未紹介の史料である。
(38) 三代実録貞観十五年十二月十七日条及び貞観十一年十月十五日太宰府田文所検田文案(平安遺文一六二号文書)。
(39) 前註所掲三代実録。
(40) 三代実録元慶四年三月十六日条。
(41) 同前。
(42) 同前。
(43) 三代実録元慶五年三月十四日条。
(44) 同前。
(45) 類聚国史一五九(田地上、口分田)、大同二年十月丙子条。

〔補註〕 なお、教王護国寺文書巻一所収の年紀欠「伊勢国川合大国荘文書目録案」(五二号文書)に

一巻、図帳案承和二年四月十五日

と見えているが、これについても同様に考うべきであろう。

第三章　口分田耕営の実態

本章での課題は、口分田は実際にはどのように農民に班給され、農民はこれをいかように用益したかということであるが、これを考えてゆく為には、先ず第一に、班田法施行時代にその生活の単位となった実態家族はいかなるものであったかという点を明らかにしなければならない。即ち、耕営の主体についての考察である。そして次に、口分田そのものの存在形態、即ち耕営の客体についての考察が必要である。そしてこの両者の結合によって口分田耕営の実態の把握につとめてみたい。

第一節　班給の対象と用益の単位

班田収授と限らず、律令行政が一般に「戸」を単位として行われたことは、改めて説くまでもないことである。そして、この「戸」が具体的にはいかなるものであったかは、幸に当時の籍帳が今日に伝えられているので、それによっておよそ明らかである。従って、この籍帳によって示される「戸」の姿が、そのまま当時の家族或いは経済単位の真の姿と一致していると見得るのであれば、殆んど問題はないであろう。しかし、この籍帳の示す「戸」に含まれる親属の範囲には大分大幅な相違がある。その上さらに、所謂「郷戸」とか「房戸」とかよばれる二重構造が存在する。(1)これらの点は「戸」をそのまま実態的な家族と見做すことを躊躇せしめ、その結果、この「戸」の性格をめぐって幾多の議論が提出され、古代家族―古代村落史の最も重要な論点となっていることは、改めて説くまでもないことである。従って、以下の議論を進める為には、既往の学説を一々吟味し、問題点を指摘し、各学説に対する取捨撰択の原理を明らかにした上で、自らの信ずる処を提示すべきであろうが、しかし、これはこれとして一箇の大問題であるので、これに深く介入し、多くのウェイトをかけることは、本研究の主題から余りにも離れることとなる。そこで、此処ではその一切を省略したい。そして、結論的・概括的に言えば、岸俊男氏の見解が(2)最も妥当なものであると信ずるので、以下、岸氏の説の大要を紹介し、これに従って当面の問題を考えてゆくこととしたい。

岸氏は、郷里制と郷戸・房戸制が政治的機能の上で類同性を有し、密接な関係にあるという指摘の上に立って、次に如く理解される。即ち、

(1)　郷戸も房戸も法的擬制の色彩の濃いもので、当時の家族の実態をそのまま示したものでない。籍帳上の房戸は確かに郷戸に比較すれば当時の家族の実態に近いものであり、ある場合は一致するものもあったろうが、決してすべてがそのままのものではなかった。

(2)　大化以後の社会を通じての基本的家族は、戸令集解五家条の古記が五保について「一戸の内縦へ十家あるも戸を限りとなし、家の多少を計らざる也。但し一戸の内の人他保に至りて家あらば、便を量りて他保に割き入るのみ」と記している、その場合の家である。

(3) 里制施行の当初に於いて里の最初の構成要素となった戸は、すなわち当時の生活単位であり、実態家族であった単一家族としての家ができる限りそのまま採用せられたであろう。

(4) ところが、時代の推移と共に人口の増加は、一家すなわち一戸内の血縁親族の範囲を次第に広汎なものとし、実際には戸を幾つかの家に分裂独立せしめて行くのである。しかしながら一戸五十里という法制上の制限は簡単にこれを破ることができず、最初の里の建置に当って編戸された郷戸は新しい戸を分析せしめることが困難であったため、必然的に現存籍帳にみるような大家族となって行った。

(5) 例えば、一つの標準として庚午年籍の造られた天智九年に最初の編戸があったとして、その時、父と子を中心とする戸、すなわち家であったものが、三十年後の大宝頃の造籍では、その子が戸主となり、兄弟とその子すなわち甥姪が戸に含まれることとなり、さらに二十年後の次の養老頃では、先の戸主の子とその兄弟の子、すなわち従父兄弟の関係が戸内に生れて来るというように、世代の交替に応ずる親属関係の発展が大宝・養老の戸籍に於ける親属記載範囲の顕著な相違となって現われているのである。

(6) 「かかる戸の膨脹、全体的には里内の地方行政の複雑化に対処し、貢租徴税を確保するため(3)」霊亀に至って郷里制に改めるとともに郷戸内に新しく房戸なるものを設定した。このようにして設定された房戸は当初は擬制でなく家を単位とし、家族の実態に極めて近いものであったろう。そこで養老五年の下総国戸籍の記載は、当時の実際の家族形態に極めて近いものであったと認めてよいのではないだろうか。

(7) この房戸も、その後、固定化し形式化し、房戸制も郷里制の里とともに廃止され消滅した。

およそ以上の如くである。

さて、以上の理解と班田法とはいかに関連して来るであろうか。「戸」の性格の如何にかかわらず、口分田の班給がこの「戸」を単位として受田額を算出し、この「戸」を対象として班給したことは、大宝二年の西海道戸籍によって明らかであり、恐らく間違いのない処であろう。田租の減免が一般に「戸」を対象として行われることもこれを証している。(4)

ところで「戸」には、はじめは五十戸を以て一里を構成すべき戸（これはその後膨脹して「郷戸」となる）、この一種類しかなかったのであるから、班田の対象とした「戸」もこれ以外には考えられず、その限りでは問題がない。そして、その後房戸が出現し、郷戸房戸制が成立するに及んで、郷戸を単位としたか、房戸を単位としたかが直ちに問題となるが、おそらく房戸を対象単位とするようになったと思われるのである。

先ず第一に、続日本紀養老四年十一月甲戌条に房戸の租を免ずる記事がある。これは房戸のもつ口分田の面積が明らかでなければできないことである。次に、天平十二年の遠江国浜名郡輸租帳に於いては、口分田の田租減免が房戸毎になされている。これもまた房戸毎の受田額が判明しているから――事実この輸租帳には房戸毎の受田額を註記している――可能なことである。これらの例が示すように房戸の受田額が判明しているということは、房戸を単位とした班給が行われたことを示すものであると言ってよい。尤も、この輸租帳に見える種々の数字には信頼の置けない点が多いが（補論第一章参照）、房戸を単位とするという建前でこの帳が作製されているということは信じて差支えないものである。

そして、一方、この房戸制の存続期間中――史料的には養老元年十一月～天平十二年十一月であるが、岸氏の言われる通り、霊亀元年～天平十一・二年の郷里制の存続期間と一致すると見るべきであろう――郷戸を単位に班給した実例はないようである。(5) 従って、房戸制存続期間中は班田は房戸を単位としてなされたと考えてよいと思う。

この房戸制の存続期間がすぎると、今度は班給の対象としては郷戸しかない訳であるから、郷戸単位に班給したことは容易に考えられる処であるが、これは史料上では天平十五年の弘福寺田数帳によって立証される。即ち、この帳によれば、山城国久世郡列栗郷所在の弘福寺領の周囲に口分田を持つものとして、

列栗郷戸主□□広庭
同郷戸主並栗臣族手巻
同郷戸主山背忌寸□

の如きが記載されているが、この場合の班給は郷戸を単位としてなされていると考えざるを得ない(補論第三章参照)。

以上の如く、口分田は、最初は「戸」単位に、ついで郷戸・房戸制が行われると房戸単位に、そして房戸制が消滅すると郷戸単位に班給されたと考えざるを得ないのである。とすると、ここに一つの重要な問題を生じて来る。というのは、前述の岸氏の見解に示されているように、最初の「戸」も「房戸」も、その立制の当初は実態家族かそれに近いものであったろうから、その際には、法律上の口分田の受給単位と実際上の経済単位との間には、全く乖離がないという訳ではないが、非常に少なかったであろう。従って、この場合はあまり問題はおきて来ないであろう。しかし、これらの「戸」や「房戸」が擬制的な「郷戸」や「房戸」としての性格を強めてゆくと、実際の経済単位と班田法上の班給の単位との間にギャップを生ずる。概して言えば、実際の家族は「戸」・「郷戸」・「房戸」の中に幾つか併存するという形となるであろうから、「戸」や「房戸」を単位として班給された口分田は更にその内部で家族単位に再配分されねばならないことになるが、これはどのように行われたのであるか、という問題が生じて来る訳である。

ところが、この問題についての史料は殆んど何も遺されていないと言ってよい。また、令の上に規定されている戸主の権利・義務といったようなものは、戸が擬制的なものである場合、どの程度のものと考うべきかというようなことも、この際当然問題となって来る訳であるが、これについても班田法に関しての直接の史料は殆んど存在しない。従って、この問題については何も分らないと言った方がよいのであるが、しかし、多少推定的な史料がない訳ではない。それは口分田の入質に関する証文である。今日、口分田入質の示例は管見では二例しか見当らないが、その一つは次の如きものであり、(6)

謹解　申出挙銭請事
　合請銭四百文　　質口分田二段
高屋連兄胲
相妻笑原木女　　女稲女　　阿波比女
□人生死同心、八箇月内半倍進上、若期月過者、利加進上、謹解、
　若年不過者稲女　阿波比女二人身入申
　　天平勝宝二年五月十五日

他は次の如くである。(7)

丈部浜足解　申請月借銭事
合銭壱貫文「伍佰文」利者加月別百三十文　質物家壱区　地十六分之半板屋二間　在右京三条三坊　又口分田三町葛下郡

右、限二箇月、本利幷将進納、若期日過者、沽成質物、一倍将進上、仍録事状解、
宝亀三年二月廿四日専受浜足「五」

先ず前者から見てゆくと、前章で述べたように天平勝宝元年冬より二年春にかけて班田が行われたと考えられるので、この高屋連兄胲は班田の実施直後に、占有を確認されたばかりの口分田を質物として借金していることになる。その際、彼が少なくともある実態的な単婚家族の長であることは、妻子を伴っていることによって明らかであるが、しかし、彼が郷戸主であるのか、また房戸主的なものであるのか、或いはその何れでもないのか、それらの点は一切不明である。またこの二段という田積は、正に令制による男子一人分に相当するが、彼がその身の分だけを入質したのか、或いは戸または家族の口分田の中の一部として自分の分などということなしに入質したのか、これもまた不明である。ただ連帯責任者が妻子のみに限られている点から判断して、単婚家族の長としての兄胲が、彼の自由になる自らの家族の口分田の一部か、或いはもっとはっきりと自分の分だけを質物として借銭したという感が深いのである。

次に、後者について見ると、先ずその質物の大きい点が前者と非常に異なっている。即ち、口分田三町というのは令制通りに計算すれば、良男九人良女九人の計十八人、或いは良男七人良女十二人の計十九人の受田口を有する戸の口分田額である。そして、この外に未授の幼年男女口が存在し得るのであるから、先ず二十数名の戸口数となる。もし、受田口一人あたりの受田額が令制より少なかったとすれば、この戸口総数は一層増える訳である。とすると、この三町の口分田がこの戸の口分田のすべてであるとしても、この戸は実際の家族としては大家族にすぎるので、おそらくは郷戸、或いは郷戸主直属の所謂「主戸」、或いは数家族を含んだ房戸的なもの（当時房戸は存在しなかったが、かつての房戸の遺制がのこっていたとすれば）の何れかと考えた方がよいと思う。そうすると、この丈部浜足は郷戸主また

は房戸主的なものであって、彼はその支配下にある口分田のすべて或いは大部分を質物となし得たことになる。質物には板屋二間も含まれているが、これも彼が単婚家族の家長たる以上のものであると見るに適している。このように見て来ると、この示例では郷戸主または房戸主は、その郷戸なり房戸なりの占有する口分田については相当強い権限を保有していた、と考えざるを得ないことになって来るのである。

とにかく、示例はこの二つしかなく、何れも多くの推定を要し、ことに前者に於いてはそれが甚だしいので、これらのことから何らかの結論を引き出すことは慎んだ方がよいであろう。しかし、想像を許されるならば、口分田は戸主を通じて（郷戸・房戸制下では房戸主を通じて）班給され、その戸内に於いて、戸主は更にその構成家族＝「家」にこれを配分する。そして各「家」の長はその配分された口分田に対して用益権を持ち、或いは質物としたりすることもできるが、戸主或いは房戸主は郷戸全体或いは主戸・房戸（何れもその中に幾つかの家を含み得る）の占有する口分田について、より上級の権利をもっていたのではあるまいか。郷戸という集団は、その意味で、法的擬制に立った全く公法上の団体にすぎないのではなく、実態家族とは乖離したものであったにせよ、あくまで有機的な集団であったと思うのである。それは岸氏が説かれる如く、戸が里制施行の当初にあっては家族の実態に近いものであって、それがその後膨脹変化して来たものが郷戸であるという、歴史的な背景によって肯かれる処であろうと思う。

註

（1）天平十二年の遠江国浜名郡輸租帳には「郷戸」と「房戸」とが併記されているが、この帳に於ける「郷戸」は「房戸」と通計されているので、房戸をその中に含んだ房戸より上級の単位としての戸という意味ではない。即ち、戸主直属の所謂「主戸」を示すのである。これが当時の公文上の正格の用法かも知れないが、しかし、このことを承知の上で、「主戸＋房戸（＋房戸）」の如き戸を郷戸と呼んで、房戸より上級の単位として用いることは差支えないであろう。

(2) 岸俊男氏『古代後期の社会機構』（新日本史講座）。

(3) 房戸制の成立と貢租徴税との関係については、岸氏の、正しいが、しかしやや大まかな指摘から出発して、より細かく考察することが可能である。この点については本章末の補説を参照されたい。

(4) 続日本紀大宝元年十月乙未条によれば、紀伊行幸に際して担夫の田租が免ぜられているので、担夫の個人の田租を免ずるという意味にとれないこともない（それは計算上可能である）。しかし、これはおそらく慶雲三年十月十五日に行幸の従駕騎兵の「庸調幷戸内田租」を免じた（続日本紀同日条）のと同一で、その担夫の戸内の田租を免ずる意と解すべきであろう。また、養老元年九月二十二日・二十七日に行宮に供した百姓の租を免じた（続日本紀）のも同様であろう。

ただ、続日本紀天平六年四月甲寅条・天平宝字五年十一月丁酉条・同六年二月辛酉条・同七年正月戊午条・延暦八年八月己亥条などには、健児・兵士等についての田租免の記事があり、同じく神護景雲元年八月癸巳条・同二年二月庚辰条・同癸未条・同壬辰条・同五月辛未条・宝亀三年十二月壬子条・同十年八月丙辰条等には、孝子順孫義夫節婦以下鰥寡惸独貧窮老疾者についての田租免の記事があるが、これは「其身田租」・「其身今年田租」などの表現の如く、おそらく本人だけであろうと思われる。しかし、これらは特別の理由があって行われたことであって、一般には田租免は戸を単位としたと考うべきである。

(5) 天平七年の相模国封戸租交易帳では、封戸の戸数を郷戸で計算していることが明らかである。しかし、この帳では田積その他の記載はすべて郷別となっているので、封戸に対する口分田の班給が郷戸単位になされたか房戸単位になされたかは不明である。封戸の戸数を郷戸で計算するということ自体は、令に規定された「戸」が歴史的に郷戸という形をとって当時形成されて来ていることからの必然であって、そのことは口分田の班給が房戸単位に行われることと背馳しない。房戸単位に班給が行われても、郷戸全体の口分田額には変りはなく、五十戸郷全体の口分田額にも変りはない。従って、この帳の存在は前掲の所論の妨げとはならない。

(6) 大日本古文書三の三九五頁。

(7) 同前六の二七四頁。

第二節　口分田の存在形態

次に耕営の客体たる口分田の存在形態について考えてみたい。

この口分田の存在形態は現代の我々にとっての関心事である許りでなく、律令政府にとっても、当然把握承知して置くべき事柄であって、その必要からこれを記録したものが田図・田籍に外ならぬことは言うまでもない。従って、今日班田の結果を記した田図・田籍が、多数とまでは言わないが、せめて正税帳程度にでも遺存しておれば、当時の口分田の存在形態は相当明らかにされるであろうと思う。しかし、事実はこれに反して、田籍なるものは一通も遺存せず、(1)また、班田図とよばれるものは三種あるが、その中、「大和国額安寺熊凝精舎班田図」は実は班田図と呼ばるべきものではなく、(2)「大和国添下郡京北班田図」(3)中の一部と、「山城国葛野郡班田図」(4)のみが班田図としての要件をそなえ、当面の考察に資するものをもっているにとどまるのである。(5)しかも、これらは宝亀から天長にかけての、共に畿内のものであって、より早い時代の口分田の形態、少なくとも現存正税帳と同年代ぐらいの形態、それも畿外諸国の形態は遂にこれらから直接探ることはできないのである。

そこで、班田図以外の史料を求めてゆくと、現在知られる限り、口分田の存在形態についての何らかの知見をもたらす最も古い史料は「天平十五年弘福寺田数帳」(6)であり、これについては、天平神護二年十月廿一日の越前国司解が(7)ある。そこで、この二つの史料と前述の二つの班田図と都合四箇の史料に見られる口分田の存在形態を一応たしかめるということから筆をおこしたい。

一　「天平十五年弘福寺田数帳」

本帳についての基礎的な考察は別論にゆずるが（補論第三章）、要するに本帳によって知られる限りでは、天平十四年当時、山城国久世郡列栗郷戸主並栗臣族手巻の戸の口分田が、この郷に存在する弘福寺領の北・東・西南の少なくとも三ヵ処に分散していたという事実である。その坪付・田積等は一切分らないので、これ以上のことは何も言えないが、この戸の口分田だけは間違いなく三ヵ処以上に分散していた。しかし、このような口分田の分散的な形態が口分田の存在形態として一般的なものであったかどうかはこれだけでは分らない。この寺領の周囲に寺領の水田と接して口分田を有する郷戸主はすべて八名であるが、その中、並栗臣族手巻の戸だけが前述のように口分田の散在的形態を示していて、他の七戸の口分田についてはそれが全く不明であるという点から考えると、口分田の散在的形態ということは、少なくともこの当時この地方では、あまり一般的な現象ではなかったのではないかとも疑われるが、これは寺領と接続した田地という限られた範囲でのことであるから、そう考えて了うことは無理であろう。また逆に、石母田氏の如く、この寺領の周囲にある「口分田が零細なものであり、かつ狭い地域に多くの農家の口分田が少しづゝ密集してゐる状態」、即ち口分田の錯圃形態を直接想定することの誤りなることは別論で述べる通りである（補論第三章）。要するに、本帳は口分田の存在形態に関する史料としては、一郷戸の口分田が少なくとも三ヵ処に散在していたという一実例を示すにとどまるもので、より進んでこの散在形態の存在を広く一般化することにも、また逆に特殊視することにも役立たないと言うべきであろう。ただ、この寺領の所在地が列栗郷であることは間違いないと思われるので、この場合他の郷の者の口分田はこの図に関する限りでは認められない、ということはつけ加えておきたい。

二　「天平神護二年十月廿一日越前国司解」

この文書は、周知の如く、越前国に存在する東大寺領の一円化の為に百姓の口分田・墾田を改正・相対・買得した、その報告書であるが、これによって、東大寺領と交換される前の、或いは東大寺領に改正される前の口分田の坪付がわかるので、その分だけを集めれば、交換・改正以前の口分田の存在形態――天平宝字五年の班田の結果としてあらわれた形態――が不十分ながらも浮び上って来る。従って、早く石母田氏も口分田の散在的形態を説く史料として用いられたが、ことに近年、岸俊男・宮本救の両氏はこの文書を用いて口分田の存在形態をより詳細に説明された。(8) そこで、以下両氏の説を中心として、これに私の考える処をつけ加えながらまとめてみよう。

先ず、岸氏の提示された坂井郡（子見村・田宮村）関係の口分田班給表を若干補訂した上で、これを条里図の上に示すと折込図の如くである。(9)

これらの図によって知られる処は、先ず、口分田がたしかに錯圃形態をとっていることである。田宮村西北二条六里12坪で都合一町の田地が五人の郷戸主に分たれているのはその好例である。また、海部郷尾張諸上（海2）の口分田は西北一条五里32坪と同六里7坪の二カ処に分れて計五段一一〇歩であるから、この戸の口分田は二カ処以上に分散していることになり、口分田の分散性もまたよく示されている。また、この地域に小面積の口分田を一カ処しかもたない戸は、他の地域にも口分田を有していると見なさざるを得ないから、これまた当然その戸の口分田の分散性を示すものである。しかし、同時に、逆に口分田の一括性もまた認められるのであって、図に……線を以て連絡してある

子見村

〔六里〕　〔西北六条五里〕　〔四里〕

4	33	28	21	16	9	4	33
				赤4 3—0 ㋐ 1—144	磯3 2—236東 ㋐ 0—229 堀1 2—239中	堀3 1—0北 堀2 1—0南	
3 堀2 4—214 高1 1—94 ㋐ 3—352	**34** 磯4 1—18 余2 4—72 ㋐ 2—123	**27** 余2 3—288 ㋐ 1—98	**22** 余1 10—0	**15** 堀1 0—180	**10** 堀1 10—120	**3** 堀2 7—180	**34** 長1 6—240西 ㋐ 2—0中
2	**35**	**26**	**23**	**14** 赤1 5—76東 桑 3—133 ㋐ 1—271	**11** 堀2 5—289 赤1 0—76東 高1 1—77 ㋐ 2—134	**2** 堀2 6—324東 ㋐ 0—36	**35** 赤5 3—348 荒3 2—0西 粟 2—88東 荒2 2—160
1	**36**	**25**	**24**	**13** ㋐ 0—54 桑 2—180 赤2 4—114 赤3 2—306	**12** ㋐ 0—262 荒1 2—15	**1** ㋐ 2—10 磯2 3—257東	**36** 荒2 5—0 赤6 2—0 磯1 3—0

（註）

記号	郷	名
赤1	赤江郷	荒木大麻呂
2		秦赤麻呂
3		生部吾寺
4		国覔村人
5		阿刀大麻呂
6		物部足国
堀1	堀江郷	掃守友弓
2		椋橋部真公
3		足羽逆
4		足羽筆
磯1	磯部郷	物部国足
2		別広嶋
3		荒木常道
磯4	磯部郷	三国真人奥山
荒1	荒伯郷	別逆
2		守黒虫
3		三国真人野守
余1	余部郷	秦佐祢
2		服部子虫
長1	長畝郷	物部稲倉
2		三国真人三吉
3		日置名取
高1	高屋郷	吾孫石村
2		丸部僧
桑	桑原駅家	丸部度
粟	粟田郷	蘇宜部五百公
福1	福留郷	物部咋麻呂
2		海万麻呂
海1	海部郷	葛原部長浜
2		尾張諸上
3		葛原部石持
4		葛原部豊嶋
5		梔前山背
6		海得足
7		日奉安麻呂
8		物部国持
9		物部小国
10		葛木安麻呂
11		柴守多麻呂
海12	海部郷	物部国村
鹿1	鹿蒜郷	物部兄麻呂
2		服部否持
質1	質覇郷	神広嶋
2		物部広田
伊1	伊部郷	秦日佐山口
2		間人石勝
津	津守郷	秦下子公麻呂
神	神戸郷	角鹿嶋公
㋐	足羽郡全輸正丁口分田	
㋡	敦賀郡全輸正丁口分田	
(乗)	乗田	

<ゴシック字体は敦賀郡の分>

田宮村

〔西北二条六里〕　〔五里〕

24	13	12	1	36
海12 1—72	**鹿**2 3—0 **質**2 5—122	**鹿**1 6—123 **質**1 0—209 **伊**1 0—155 **伊**2 2—116 **神** 0—117	**津** 6—240	
19	**18**	**7** 海2 10—0	**6**	**31** 福2 9—0
20 **海**9 5—356 **海**7 4—4	**17** **海**8 9—248 (乗) 0—112	**8** 堀4 2—0	**5**	**32** 高2 5—303西 海2 4—110東 (乗) 0—67
21 **海**7 5—160 長3 2—251	**16** **海**7 5—160 福1 2—0 ㋡ 1—0	**9**	**4**	**33** (乗) 0—340 海3 1—240 海1 3—0
22 ㋡ 2—0 **海**10 3—0	**15** ㋡ 1—21 堀4 2—288 **海**6 3—171	**10**	**3**	**34** 海1 2—72
23 **海**11 10—0	**14** 長2 1—58 **海**5 5—93	**11** ㋡ 1—64	**2** ㋡ 1—144	**35** ㋡ 3—160 海4 2—0

〔西北一条六里〕　〔五里〕

ものは、何れも地続きの一括の田地たる可能性を有するものである。

第二に、口分田受給郷戸主の本貫と口分田の所在地とが隔たっているということである。これは岸氏の研究によって子見庄・田宮庄の庄域が大体推定されるようになった結果、動かない処であろう。ことに田宮村には敦賀郡諸郷の口分田もあり、これが遠隔地たることは論をまたない。

しかし、第三に更に注意すべきことは、宮本氏も留意されるように、この地域に於ける口分田の配置には、ある配慮が見られるということである。先ず敦賀郡の分は西北二条六里1・12・13坪に集合しており、或いはこれより北の庄域外の坪にかけてかたまって存在したのかも知れない。その外の郡内各郷の個々についてはそれほどはっきりした傾向をつかみ得ないが、坂井郡全体という見地からみると、田宮村に口分田を有する戸主の本貫と子見村に口分田を有する戸主の本貫とは大部分の戸主に於いて一致せず、長畝・高屋・堀江の三郷の口分田が両村に併存するだけである。便宜、図示すれば次の如くなる。

子見村			田宮村
	（敦賀郡）	伊部郷	2
	（敦賀郡）	鹿蒜郷	2
	（敦賀郡）	質覇郷	2
	（敦賀郡）	津守郷	1
	（敦賀郡）	神戸郷	1
		海部郷	12
		福留郷	2
1		長畝郷	2
1		高屋郷	1
3		堀江郷	1
1		桑原駅家	
1		粟田郷	
2		余部郷	
3		荒伯（墓）郷	
4		磯部郷	
6		赤江郷	

ここにも一つの配慮がみられると言わなければならない。

ところで、口分田の収授は六年目毎に収公事由あるものの口分田を収公し、新規受田資格者の分のみを班給するという形式で行われて来たものであるから、ある時期にある配慮に基づいて行われた整然たる班給の形態も、その後何度も六年目毎の班給を繰り返す中には、おのずとくずれた形になって来るであろう。しかるにこの地域の口分田の存在形態が割合と整然たる規制をのこしているということは、この地域の口分田の存在形態が、その形が定まってからそれほど時を経ていないということを推察せしめる。そして、このことはおそらくこの地域が、岸氏も言われるように、「開墾の遅れた比較的新しい時代の開発にかゝる地域」であるということと関係すると思う。

そこで最後の問題は、この地域に見られるような口分田の形態を、一般的な口分田の存在形態と見なし得るかどうかということであるが、私は、この地域に見られるような口分田の存在形態は、口分田班給に当ってその当初から一般的に存在した形態ではなく、後進開拓地に於ける口分田存在の特殊な状態ではないかと思うのである。というのは、例えば田宮村の方を例にとって、この田宮村そのものの所在地は何郷に属するかということを考えた場合、厳密には不明という外はあるまいが、実はどの郷にも属していないというのが本当の処ではあるまいか。足羽郡道守村の場合は、奥田真啓氏の推定されるように、この村は最も戸主本貫の多い草原郷に存したと考えることが可能である。(10)同様の筆法でこの田宮村に口分田を有する戸主の本貫を見ると、海部郷のものがとび抜けて多い。従って、この海部郷と田宮村との関係が最も密接ではあるが、しかし、田宮村の所在地が海部郷内であると考え難いことは、岸氏の示された庄域復元図によって明瞭であろう。要するに海部郷はその所在地が海岸のために口分田にあつべき水田にめぐまれず、為に内陸の田宮村に依存することが多かったということを示すにとどまるであろう。従って、この子見村・田宮村、ことに田宮村に於ける口分田の存在形態は、後進開発地に於いて先進郷村の口分田不足の補充を行う際に於ける特殊な口分田存在形態のあらわれ方を示していると言うべきであって(11)、その意味では、宮本氏が口分田の不足に際して「他郡にある余地新田を給する」とか「同郡内の余剰地域の耕地を班給する」というような表現を用いられたのは当っていると言わなければならない。

要するに、ここに名を連ねる戸主の大部分は、何れもその本貫に於いてそれぞれ主体となる口分田を持ち、その不足分をこの後進開発地域に給せられていると見るべきであろう。つまり、逆に言って、海部郷・堀江郷などのそれぞれの郷内の耕地に於いては、このような他郷の戸主の口分田が相互にいりこむという形での錯圃形態は生じていなかったであろうと思う。なお、さきにここに名を連ねる戸主の大部分と言ったが、そうでない一部分、例えば堀江郷の椋橋部真公(堀2)の如きものは、おそらくこの後進開発地域にその戸の口分田の主体があったであろう。これはその田積(椋橋部真公の場合、子見村に二町五段二八七歩の口分田を有していた)によって知られよう。

以上、われわれはこの史料によって、越前国坂井郡の殆んど全郷のそれぞれの郷内に於ける不足口分田、のみならず、他郡の不足分までが、後進開発地域の一部たる子見村・田宮村に於いて分散的に班給されていること、及びその班給に当ってはその配置にある種の配慮の存することを認め得るのである。

三　「大和国添下郡京北班田図」

この京北班田図中、口分田についての記載の見えるのは、宝亀五年調製の京北四条班田図である。即ち、この班田図によれば、この四条の一里と六里とに、都合一〇坪にわたって口分田の記載があるが、今、それらを戸主別に整理して示すと、次の如くである。

佐紀郷佐紀勝阿古麻呂	一里9坪	一段　七〇歩	中田
	〃　10坪	二段二九〇歩	〃
	〃　11坪	二段一〇〇歩	〃
	〃　12坪	一七四歩	〃
	〃　16坪	一段　四〇歩	〃
	〃　21坪	八九歩	下田
	六里1坪	一段　一〇歩	〃
右京六条三坊…野麻呂	一里12坪	一段二五八歩	中田
右京…………持麻呂	〃　20坪	二段	下田
	〃　21坪	二一一歩	〃

右の阿古麻呂の口分田の合計は九段五三歩で、これが彼の戸の口分田のすべてであったかどうかは分らないが、少なくとも一里9坪と六里1坪との間は四カ里をへだてているので、彼の戸の口分田が完全に一括されていなかったことはまちがいない。しかし、一里に存在する口分田は次図に示すように、その口分田の存在する坪は連続しているのである。尤もこれだけでは、口分田そのものも連続していたかどうかは分らないが、山地に接した坪で、各坪の名称が谷上田(10・11・12)、谷迫田(9)、北谷迫田(16)、北谷迫上田(21)などであることから判断して、これは丘陵と谷川とにはさまれた帯状の細長い耕地――21・16・9の分は南北につらなり、9・10・11・12の分は東西につらなる――ではないかと想像される。そうすれば、この六カ坪にわたる水田が連続している可能性は大きいのであって、

京北班田図（四条一里）

31	32	33	34	35	36
30	29	28	27	26	25
19 〔山〕	20 M 2— 0	21 M 0—211 A 2— 0	22	23	24
18	17	16 A 1— 40	15 〔山〕	14 〔山〕	13 〔山〕
7 〔山〕	8 乗田 1— 0	9 A 1— 70 乗田 1— 0	10 A 2—290	11 A 2—100	12 A 0—174 N 1—258
6	5	4	3	2	1

（註）A…阿古麻呂　N…野麻呂　M…持麻呂

私はこの想定に相当高い信頼を置いて良いのではないかと思っている。また、持麻呂の20・21両坪の口分田二段二一歩も接続する可能性が大きい。

以上、この班田図によって知り得るのは、この地方の戸の口分田が、分散はしているが、それは細かく分散しているのではなく、少なくとも、その中の一部たる八段四二歩は連続せる水田であったこと、及び京に本貫を有する人の口分田が、その本貫から大分はなれた地方に存在するということである。この後の方のことについては、京内には班給すべき口分田が不足しているのは見易い道理であるから、京戸の口分田がその本貫からはなれた京近傍に班給されるのは当然であって、その一例が示されていると言ってよい。

四　「山城国葛野郡班田図」

この「山城国葛野郡班田図」と総称される九里九葉の図は、宮本氏のすぐれた研究によって、天長五年班田図なること、及びその内の大部分の相互の接続関係、現地比定が明らかとなり、更に岸氏の班田図の形態についての研究によって、この宮本氏の研究がより推進されるに至り、今日、口分田記載の最も詳しい班田図として珍重すべき史料的価値を発揮するに至った。ただ、年代的に言って、天長五年の班田図なることは、畿内では弘仁以来班田が一時中絶し、やっと十八年ぶりに行われたのがこの天長五年の班田であるから、その点で班田法が崩壊期に入ってからの史料と言わなければならない。従って、その時点を正しくつかんだ上で此の史料に立ち向うことが必要であろう。

ところでこの九里の中、口分田の最も集中しているのは――宮本氏の呼称をそのまま用いると――I図（おそらく二条櫟原里）・E図（おそらく一条西櫟原里）・G図（里名不詳）の三図であるので、先ず、この三図を宮本氏の研究に従っ

（注）

（1）秦永長　（19）秦諸足
（2）秦秋足　（20）秦田主
（3）谷五日万呂　（21）秦吉継
（4）秦三方万呂　（22）秦浄万呂
（5）和邇部常川　（23）秦真道
（6）秦開守　（24）秦広永
（7）出庭阿古万呂　（25）秦奥継
（8）秦道継　（26）秦継守
（9）秦宿継　（27）秦小鳥万呂
（10）和邇部真福　（28）出雲千志豆万呂
（11）秦宗成　（29）秦今成
（12）秦乙足　（30）秦總万呂
（13）秦酒成　（31）秦豊継
（14）秦継成　（32）秦大雪万呂
（15）秦広野女　（33）秦永年
（16）和邇部福貴水　（34）和邇部酒人
（17）秦大西万呂　（35）和邇部真道
（18）秦内万呂

（高1）高田郷　秦高野
（高2）　秦鷹沢
（上1）上林郷　秦総継
（上2）　内蔵忌寸倉継
（大）大岡郷　和邇部吉成
（右）右京一条三坊　吉田宿祢高世
（左）左京四条一坊　葛野広足
（乗）乗田
（墾）墾田
（神）神田

○なお，（35）までは橡原郷で，番号は宮本氏の用いられたものを襲用した。
○各坪の田積，左列は水田，右列は陸田。なお，この為に原図各坪内の記載順序を再現することが不可能なので，上記の番号順に記載した。

〔図　G〕

36	25	24	13	12	1
36 (損減)	25 (損減)	24 (損減)	13 〔野〕	12 〔野〕	1 〔野〕
35 ?	26 ?	23 ?	14 〔野〕	11 〔野〕	2 〔野〕
34 (乗) 1— 0	27 〔野〕	22 〔野〕	15 〔野〕	10 〔野〕	3 〔野〕
33 (墾) 1— 0	28 (乗) 6— 0	21 ?	16 〔野〕	9 〔荒〕	4 〔荒〕
32 (4) x (5) x	29 ?	20 ?	17 ?	8 (5) 0— 72 (墾) 0—128	5 〔野〕
31 (損減)	30 (損減)	19 (損減)	18 (7) x (24) x (35) x	7 (5) 2—100余 (8) 3— 80余 (24) 1— 0 (墾) 0—112	6 (損減)

〔図　E〕

31	30	19	18	7	6
〔川〕	?	(1) 0—100 (19) 0—110 (33) 0—110 (神) 0— 72	〔家〕	〔畠〕	〔家〕

〔図　I〕

36	25	24	13	12	1
36 〔川〕	25 (7) 0—309 (10) 0—224 (13) 2— 0 (16) 0—240 1— 64 (大) 0—283	24 (2) 2—240 (大) 1— 0	13 (損減)	12 (損減)	1 (損減)
35 (2) 0— 11 (3) 1— 20 (上2) 0—180 (乗) 0—263	26 (1) 1—180 (3) 4— 0 (13) 1— 0 (16) 0—130 (19) 0—250 (高1) 3— 0	23 (10) 3— 0 0—338 (26) (右) 1— 0	14 (損減)	11 (損減)	2 ?
34 (3) 0—137 (4) 1—315 (6) 0— 92 (25) 1— 0 (高2) 0—302 (左) 1— 2 (乗) 1—190	27 (1) 2— 0 (6) 5— 0 (7) 3— 0	22 (2) 2— 98 (4) 3— 0 (5) 0—252 (11) 1— 0	15 (9) 0—300余 1—161	10 〔家〕	3 〔家〕
33 (12) 2—240 (14) 1—127 (19) 0—259 (22) 1— 0 (29) 0—183 (30) 0—183 (31) 0—174 (32) 0—120 (上1) 1—221	28 (2) 2—326 (3) 3—172 (17) 2— 0 (右) 1— 0	21 (4) 3— 0 0—311 (5) (6) 1— 0 (9) 2— 0 (11) 1— 0 (18) 1— 0 0—268 (22) 0—150	16 (損減)	9 〔家〕	4 (墾) 0— 80
32 (1) 4—100余? 1—244 (7) 2— 0? (15) 1— 0 1— 94 (上1) 0— 11 (乗) 0— 11	29 (2) 1— 40 (11) 0—240 (13) 1—200余 (14) 1— 0 (18) x 0—260余 (20) 1— 0 (23) x x (34) x x (乗) 0— 20	20 (5) 2— 0 0—300 (8) 1— 58 (20) 0—242 (21) 0—300 0—215 (23) 1— 60 (27) 0—180 0—109 (28) 0—216 (高1) 0—300 (乗) 0—200	17 〔家〕	8 ?	5 ?
31 (損減)	30 (損減)	19 ?	18 (損減)	7 (損減)	6 (損減)

て接続せしめ、その中の口分田記載を示すと折込図の如くなる。

これによれば、この三図に示される範囲に於いて、櫟原郷三五名、高田郷・上林郷各二名、大岡郷・左京・右京各一名の戸主の口分田の存在が知られる。この附近が櫟原郷に含まれる地域であったことは疑いないので、櫟原郷の口分田を主体とし、これに高田郷・上林郷・大岡郷などの隣接の郷の口分田若干、及び京戸の口分田若干が割りこんだ形となっている。(12) この中、京戸の口分田については前述の如く、当然生じ得る事態であろう。また高田郷・上林郷・大岡郷の人の口分田は、それらの郷に田地が不足していたので余裕のある――相対的な意味で――櫟原郷で授田されたと見るべきであろう。そして、逆に高田郷や上林郷には櫟原郷の戸主の口分田は原則として存在しなかったであろう。従って、ここに於いても、口分田はその本貫の郷に於いて班給するということが示されている。つまり、その本貫と口分田の所在地とが遠く離れているのは少数の例外で、大部分の口分田は近傍に存したと見るべきなのである。そして、このことを本図の中に具体的に示すものは、E図・I図の中に、「家」の註記のある坪がほぼかたまって存在することである。これはこの櫟原郷の人々の集落であったに違いない。即ち、前記の櫟原郷戸主の口分田の多くはこの集落に住む人々の口分田であると考えてよいと思うのである。

次に、各戸の口分田の一括性・分散性はどうであろうか。それについては、この地方では陸田をも口分田として給しているので、それだけに事情は特殊となるが、ここでは一応その点を捨象して考えてみよう。先ず口分田の坪付を検すると、その水田または陸田が隣接する坪に班給されて連続する可能性のあるように見える場合も、その坪内位置の註記を見ると、必ずしも接続するとは考え難い場合が多く、接続した耕地と認め得べきものは、恐らく秦永長(1)の26・27坪の水田、谷五日万呂(3)の34・35坪の陸田、秦三方万呂(4)の21・22坪の水田、秦宗成(11)の21・22坪の水田あたりにとどまるのではあるまいか。従って、この図に示された範囲では各戸の耕地は相当分散していると言ってよい。

しからば、この分散性はどういう点から生じて来たものと考うべきであろうか。それをこの僅かな史料から判断するのは困難であるが、これの解決に役立つかと思われる手掛りがないでもない。それは各坪毎の櫟原郷戸主の記載の順序である。例えば、20坪の記載を示すと次の如くである。

廿樋小田五段百廿歩上
　櫟原郷戸主和迩部常川　二段西二
　　戸主秦小畠万呂　百八十歩東一
　　戸主秦吉継　三百歩西一
　　戸主秦真道　一段六十歩西三
　高田郷戸主秦高野　三百歩西四
畠四段二百六十歩上
　櫟原郷戸主秦田主　二百卌二歩東四
　　戸主秦道継　一段五十八歩東…
　　戸主和迩部常川　三百歩西北角
　　戸主秦小畠万呂　百九歩東一
　　戸主秦吉継　二百十五歩東…

戸主出雲子志豆万呂……

乗田二百歩

ここで水田の場合と陸田の場合とを比べると、和迩部常川(5)・秦小畠万呂(27)・秦吉継(21)の三名の記載順序は全く同一である。同様に21坪の陸田と22坪の水田との比較から、秦宗成(11)と和迩部常川(5)との記載順序[13]、また21坪の水田と29坪の水田との比較から秦内万呂(18)と秦宗成(11)との記載順序[14]がそれぞれ一致していることに気がつく。そこでこの順序には何かこの郷の戸籍乃至班田の為の台帳の記載順序が現われて来ているのではないかという想定が可能となる。もしそうだとすれば、前掲の三箇の事例を組み合わせただけでも、直ちに18—11—5—27—21という前後関係が導かれる(ただし、これはこの順序に連続しているという意味ではなく、相対的な前後関係を示すにすぎないことは勿論である)。そこでこのI図の坪付から記載順序を知るに足る材料を抜き出して番号で示すと次の如くである。

20坪(イ) 5—27—21—23
(ロ)20—8—5—27—21—28
21坪(イ) 6—9—22—4—18—11
(ロ)11—5
22坪 2—4—11—5
25坪 10—7—16—13
26坪 1—19—3—13
27坪 1—6—7
28坪 17—3
29坪(イ)18—11—14—34—20—23
(ロ)23—34—18—13
32坪(イ) 1—7—15
(ロ)15—1
33坪 19-32-12-31-上1-14-29-30-22
34坪 4—高2—3—6
35坪 3—2

(註) 同一の坪に水田と陸田とがある場合は(イ)・(ロ)の記号で区別した。

右の中、29坪の(ロ)及び32坪の(ロ)はそれぞれ同じ坪の資料たる(イ)と比較して逆順と思われるので、これを逆順と見ることにし、また、33坪と34坪とには記載順序に不審な点があるので、[15] ここでは除外することにした上で、これらを配列すると次のようになる。

17　13
1—19—3—2—4—18—11—14—34—20—8—5—27—21—23
6—9—22　28
10—7—16
15

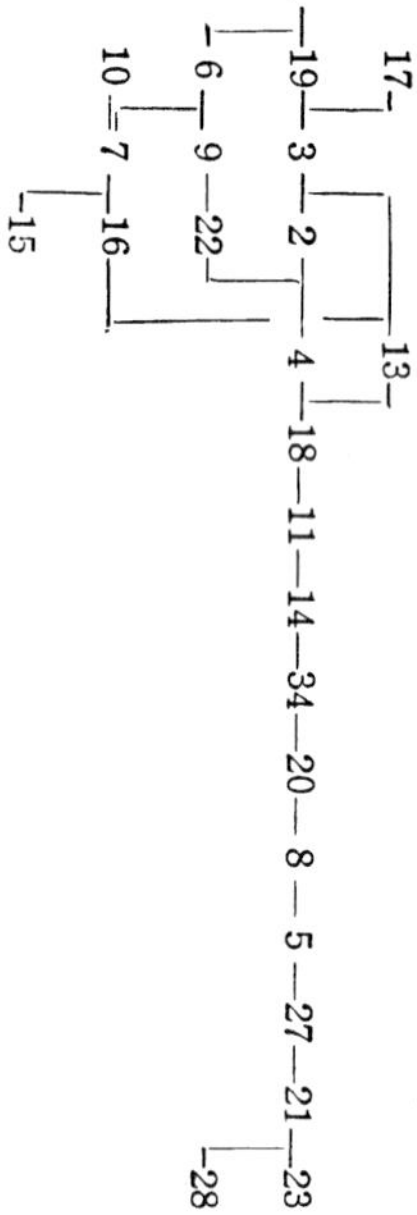

そこで、今こころみに、この二五名の戸主を、任意に18より前と18以後との二つのグループに分けて、[15] 記載順序の早いもの（1〜4）の口分田を○印、おそいもの（18〜28）の口分田を●印という風に区別して、その坪付を図示すると次のようになる（次頁上図）。

これによって見ると、前に任意に分けた二つのグループのもつ口分田の位置は、記載順序の早いものが西南、おそいものが東北と、ほぼ対照的な分布を示していることに気がつく。ところで、前に18より前と18以後とに分けた二つのグループは、ただ記載順序の前後ということで分けたにすぎないので、それぞれのグループに何らの等質性がある訳でもない。具体的に言えば、18と23とは同じグループの中ではまた記載順序の最も早い方とおそい方という相反するものであり、逆にグループを別にする13と18とはむしろ記載順序は近い筈である。そこで、記載順序の早い方から1と19、中間のものから18と11、末尾の方で21と23、以上の三組をえらんで、これをそれぞれA・M・Zとしてその坪付を示すと次の如くである（下図）。

1		家			6
		家	家		
		○○		家	
○	○	○○●	○○○○●●●●	●●●●●●●●●●	
○○○○	○○○○○	○○○	○○○	○○●●●●●●●	
36 川	○○	○○○	○○●	○○○	31

1		家			6
		家	家		
				家	
		M	MMM	ZZZ	
	AA	A		MMM ZZ	
36 川			A	AA	31

これによって見れば、少なくともこの図に示された範囲では、口分田はおそらく班田台帳の如きものの記載順序（おそらくは戸籍の記載順序と同一）に従って、西南から東北への方向に班給されて行ったと推察される。何分にも史料が少ないので、あまり強く主張することは出来ないが、この班田図に見える口分田の錯圃形態が、恐らく班田台帳の順序に従ってある方向に班給してゆくという一定の配慮の結果生じたものと考えられるのである。その際、各戸毎の口分田の散在的形態は豊度その他の耕作条件を考慮することによって生じたであろうが、それは右にのべた全体的な班給

地決定の大きな方針の中でのことであったろうと思う。

ところで、このようにある種の配慮を想定し得るということであれば、ここに於いても当然、前に越前国の例でのべた如き、口分田の存在形態定着後の時間的経過についての考慮が要求されて来る。即ち、この口分田の存在形態の定着はさほど古いものではあるまい、ということである。そして、この場合は越前の場合と違って、その背景にこの地域が後進開発地域たることを想定するのはおそらく不可能であろうが、実はそのような想定の必要はない。即ち、これは天長五年の班田が弘仁元年以来十八年ぶりの班田なので、この際全く新規に班給し直した為か、或いは収公すべき口分田が多量となって、その分だけで手直しをしても相当な整理が可能であった為かの何れかであろう。

以上、四箇の史料のそれぞれについて一応の検討を了した。何分史料は極く僅かであり、しかも時と処とを異にする断片的なものである。従って、勿論断定ははばかられるが、上来論じ残した点をも補いつつ、この際、一応のまとまりをつけるとすれば、およそ以下の如くなるであろう。

一　口分田の班給は一般に班給の単位たる戸の本貫に於いてなされるのが通例であった。これは令の規定の通りであって、別にわざわざ述べるまでもないことのようであるが、以下に述べる如き本貫と口分田との距離の遠くはなれている事例によって、相当広範囲にわたる——およそ一郡全体にわたるが如き——口分田の全般的な錯圃形態が一般的であったかの如く誤解されては困るので、敢えて最初にのべて置きたい。

二　口分田の班給は本貫と相当へだたった地域でなされる例がある。それはどのような場合に行われるかというと、要するに本貫に口分田が不足する場合であり、令に所謂遙授の場合に外ならない。具体例をあげれば、先ず京北班田図や山城国班田図に於ける京戸の口分田がその一つの例である。また、前掲（三四六頁）の丈部浜足の月借銭解に見られる家と口分田との所在地の註記も同じ事例を示している。これは要するに京という田地の少ない土地に本貫を持つ人々の特例である、ということになる。

次には子見村や田宮村の如き後進開発地に於ける他郡及び周辺の郷の口分田の班給である。これはおそらく辺境の後進開発地域に於いてはしばしば見られた現象であろうと思う。ただし、これは郷戸を念頭に置いてその本貫から遠隔の距離にある地域に口分田の班給がなされると言っているのであって、口分田用益の単位が前述の如く郷戸ではないとすれば、この口分田と本貫との距離が遠くはなれている事実はどのような意味をもつかが、むしろ改めて問われなければなるまいが、それについては次節で述べよう。

更に、山城国葛野郡櫟原郷の如く、後進開発地域とも考え難い処に他の郷の口分田が若干混在している場合は如何であろうか。前には煩をさけて一応此処が相対的に田地の余裕があったからと解するにとどめて置いたが、実は更にこの国の班田では陸田の班給がなされていることを想起しなければならない。即ち、水田を公平に班給する外に水田と陸田との割合を公平に班給する必要があり、その水田と陸田との存在の割合は各地域毎に一定でないために、他の郷の耕地に於いて調整するという場合の生ずることが考えられる。これは十分に考えられることではあるが、ただ、それを実証することは不可能である。(17)

三　次に口分田の分散性・一括性の問題があるが、一戸の口分田が分散していたことは、上述の如き史料による限り認めざるを得ないし、また、田令集解口分条の古記に「仮一町五戸各二段者、各注二四至一之類」と見えるのも、おそらく無用の議論ではなく実情を写したものと思われる。ただ、これらの史料は何れも天平十年代以降のものばかりなので、それが班田施行の当初から口分田の存在形態として最も一般的な形態であったかどうか、ということは一応保留して置かねばなるまいが、少なくとも奈良中期以降に於いては、各郷戸の口分田は確かに分散的な形態をとるのが一般的であったと思う。一郷戸の口分田が一括して存在したことを示す例が一つもないことは、或いは史料遺存の偶然かも知れないが、やはり実情の反映と見るべきであろう。

しからばそれは如何なる理由に基づくのであろうか。これについては夙に石母田氏に説があって、古い農業共同体の内部の耕地の形態が遺存したのであるとされているが、その説の認め難いことは既に第二編第一章で述べた通りである。要するに、この分散的な形態はある強大な政治権力に基づくものであり、その政治権力とは律令国家権力と考える外はない。岸氏が懸念されるように、大化前代の国造などの地方豪族の統治力にまでつながる場合も全く否定する訳にはゆかないかも知れないが、前述の如く越前国の例が後進開発地域での例であり、山城国の例が恐らく戸籍の郷戸記載順序と何らかの関係をもっていることなどを併せ考えると、先ず、律令国家権力によって取らしめられた形態であると考えて差支えないであろう。とすれば、これは恐らく班田施行の当初まで遡るかどうかは別として、相当早い時期まで遡り得る筈である。養老田令還公田条には

凡応レ還レ公田、皆令ニ主自量一、為ニ一段一退、不レ得ニ零畳割退一、先有レ零者聴、

とあるが、これは大宝令にも存在し、しかも恐らく唐令には相当条文のないものであると思われる(附録参照)。即ち、わが班田法に独自のものであったと思われるのである。とすれば、これは口分田の散在的形態が令文起草者の念頭に前提されていることを示し、この口分田の散在的形態を少なくとも七世紀末まで遡らしめ得ることとなる。

しからばこの分散的な形態はいかなる理由によって採用されたものであろうか。一般的に考えられることの一つは、

地味、家との距離、灌漑の便などの条件を平等ならしめるということであるが、これは上来ふれ来った史料からは一つも実証されない。むしろ、山城国の場合から考えれば、ただ戸籍の記載順序に従って機械的に割り当てて行ったとすら考えたくなるくらいである。しかし、もしそれだけに徹するのであれば、何も口分田を分散せしめる必要はないのであって、戸籍の記載順序に伴う地域性をもちながら、しかもなお、口分田が分散しているのは、やはり地味その他の耕作条件に対する配慮があると考うべきであろう。

また、班田の施行に当って収公事由あるものの口分田を収め、新規受田資格者にのみ授けるという方法がとられると、耕地に余裕が十分にあり、各戸の口分田の周辺にそれぞれ乗田があるといったような場合にはともかく、そうでない限り、小田積の耕地が飛地となって班給される場合がかなり出て来ると思うが、これまた口分田の散在的傾向を生み出した一つの原因ではないかと思う。このような口分田の班給を繰り返す中には、概して、口分田の分散性はひどくなる場合が多いと思うのである。

以上二点が主として考えられるが、何れの場合も、耕地が局地的にもせよ十分でないという事情が背景にある場合ほど一筆の面積は小さく、且つ、その分散性は激しいと考えなければならない。そういう点から言えば、越前国の場合と山城国葛野郡の場合とを比較して、後者の方が一般に一筆の面積が小で、その分散度が高い、ということは肯ける筈である。

註

（1）天平神護二年十月廿一日越前国使等解（大日本古文書五の六一七頁以下）が別筆で「越前国坂井郡田籍」と表題されている。しかし、これは班田の結果を記した田籍ではなく、坂井郡大領品治部公広耳の寄進した墾田一百町の目録である。これが田籍と表題されたのは、この解の末尾に「今検二田籍一海辺百姓遠陸置二口分一……」とあるのによったのかも知れないが、ここに言う田籍が、この寄進墾田の目録を指したものでないことは明らかである。

（2）これは図中に「公田」という語が散見し、その部分は口分田及び乗田などであったと考えられるが、それだけにとどまるもので、口分田の存在状況を探るのは困難である。

（3）西大寺蔵。「大和京北三条班田図」と表題されているが、その内容から言って、大井重二郎氏の用いられる「大和国添下郡京北班田図」という呼称に従って置く方がよいであろう（「続日本紀研究」六―一〇・一一合）。なお、東大史料編纂所には影写本「大和京北三条班田図」（架番号384／28）がある。

（4）宮本救氏「山城国葛野郡班田図について」（「続日本紀研究」六―三）。なお、この原本の大部分は御茶の水図書館蔵。東大史料編纂所の影写本は『柏木氏所蔵文書』（架番号70／32）所収（自一八丁至三六丁）。

（5）班田図そのものについては、岸俊男氏「班田図と条里制」（『魚澄先生古稀記念論叢』所収）が有益な論考である。

（6）大日本古文書二の三三五頁〜三三七頁。

（7）同前五の五五四頁以下及び同東南院文書之二の一八七頁以下。

（8）岸俊男氏「東大寺領越前庄園の復原と口分田耕営の実態」（「南都仏教」一）・宮本救氏「律令制下村落の耕地形態について――特に口分田形態を中心に――」（「日本歴史」八六）。

（9）この外、丹生郡及び足羽郡の分についても同様の史料操作が可能であるが、丹生郡の分は一戸だけであるし、足羽郡の分には疑問に思われる点が若干あるので、これらを史料として用いることは避けて置きたい。なお、坂井郡の子見村・田宮村の分には改正口分田は存在せず、すべて相替口分田のみである。

（10）奥田真啓氏「荘園前村落の構造」（「史学雑誌」五八―三）。

（11）岸氏は前掲丈部浜足の借銭解・京北班田図・葛野郡班田図などを援用して、ここにのみ見られる特殊状態でなく、広く当代の一般にも通ずる現象であった、と言われる。これは一見、私見と反するようであるが、氏の言われる真意は、恐らく「多くの場合、口分田はその所貫の郷里に近い処で給せられるのであるが、この坂井郡のように、本貫をはなれて給田される例は他の地方にも実例があるので、このような状態は坂井郡のみの特殊状態ではない」というのであって、坂井郡の如き状態を生み出した原因そのものまで一般化されんとしている訳ではないと思う。

(12) 岸氏の示された処では、この外に更に川辺郷と柴原郷との戸主が班給されたことになっているが、川辺郷の戸主は墾田を有するのみであり、柴原郷は櫟原郷の誤記である可能性が大きい。宮本氏も誤記と解しておられるので、以下私もこれに従いたい。

(13) 21坪の陸田の記載順序は次の通り。

秦宗成
和邇部常川

22坪の水田の記載順序は次の通り。

秦秋足
秦三方万呂
秦宗成
和邇部常川

(14) 21坪の水田の記載順序は次の通り。

秦開守
秦富継
秦浄万呂
秦三方万呂
秦内万呂
秦宗成

29坪の水田の記載順序は次の通り。

秦忌寸内万呂
秦宗成
秦継成
和迩部酒人
秦田主
秦真道

郷	戸主名	水田	陸田
高田郷	秦高野	300歩	3段　0歩
	秦鷹訳		302歩
上林郷	秦総継		1段232歩
	内蔵忌寸倉継		180歩
大岡郷	和迩部吉成	1段　0歩	283歩
山田郷	秦忌寸福護万呂	100歩	
	秦忌寸宇治成	1段　0歩	

(15)　一般に他の坪の記載では櫟原郷以外の戸主は水田・陸田毎にそれぞれ櫟原郷の戸主の後に記載されるのが通例であるが、この33坪と34坪とに限って櫟原郷の中間に記載され、これらの記載順序には何か錯乱があるように推定される。

(16)　18がほぼ中央に位するということと、18より前では前後関係を示す線が複線となっていて適当な処で区切ることが不可能だということから、とりあえず18より前と18以後とに分けた。

(17)　この観点から、この地に口分田を班給されている他郷の郷戸主毎にその口分田の額を調べてみると上表の如くである（京戸を除き、C図・F図からも史料を加えた）。これは何も特徴的な形態を示している訳ではないので、何とも言えない。

第三節　口分田の耕営形態

以上、二節にわたって、口分田耕営の主体たる戸及び家、客体たる耕地について、それぞれ不十分ながらも一応の考察を終えたので、最後にそれらを綜合して、当時口分田がどのように耕営されたかという最初の問題を——これについては前二節中に於いても断片的に述べた点もあるが、今それらの点をも含めて——改めて考えてみたい。

先ず、班田法施行の初期にあっては、口分田受給の単位たる戸と実態家族とのへだたりはそれほど大きくなかったであろうから、口分田受給の単位と耕作・用益の単位とは一致していたであろう。そして、口分田は一般にその家族の居住地に近い処に与えられ、それらは家族内の労働力によって直接耕作されていたであろうと思う。その口分田は班田法施行以前に各農家が保有していた耕地を大はばに変更するということはなかったであろうから、その為に班田法以前の耕地の形態に影響されて、或る整理されていない形態をとっていたかも知れないが、それは具体的にはどういうものであったか分らない。何分にも、現在、大化前代からの開拓地と考えることを許される地方の口分田の形態を明らかにし得る最も古い史料が、宝亀の京北班田図を遡らないというような史料遺存状況の下では、その状態を推すことは無理ではあるまいかと思うので、これ以上筆を進めることはやめよう。

その後、郷里制施行に先立つ時代、およそ八世紀初頭になると、五十戸一里制の墨守によって、戸は幾つかの実態家族に分れて来た。そうなると、戸は口分田を単位として班給されながらも、耕作・用益の主体は家にある為に、戸の口分田の再班給という状況が具現して来たに相違ない。それが具体的にどのように行われたか、その際、戸主の権限がどの程度であったか、実の処、これらを明確にする史料には恵まれていないのである。ただ此の頃になると、口分田として班給さるべき水田はその居住本貫附近に於いては必ずしも十分でない為に、居住集落から離れた処に飛地として班給される事例が増大して来ていたことと思われる。つまり、戸を単位として見れば口分田はますます分散的な傾向をとって来たであろう。しかし、戸の内部もまた複数の実態家族に分立して来ているので、この家族を単位として考えれば、口分田の分散性は家族の分立の程度に応じてそれだけ減少して考えねばならないことになる。この家族の中には、或いは班給される水田との距離の如何によっては、その実際の住居を——戸籍上の本貫は別として——移したものもあるのではあるまいか。そして、何れの場合に於いても、一般の口分田の耕作に於いては、やはりその家の持つ労働力のみが用いられて、これを賃租に出すというようなことは、全くないということは言えまいが、余り一般的な現象ではなかったと思うのである。

このような戸と家との乖離の大いさは、口分田の班給のみならず、むしろ別の貢租徴税の面に於いて、要するに広く律令地方行政上に於いて不便を生じ、郷里制と郷戸・房戸制を生んだ。かくて、少なくともこの制度の施行の当初には、従来の家の多くは房戸として認められ、口分田に関する限り、班給単位と用益主体との乖離は相当ちぢめられたと言ってよいであろう。しかし、この時代には口分田を本貫から離れた場処に給するというような事例は、前代より一層増えて来たのではあるまいか。神亀二年には始めて志摩国の百姓の口分田を尾張・伊勢両国に於いて班給すると言うことが認められている。これはこのことを伝える続紀の記事が簡単なので(1)、志摩国の百姓に口分田を班つこと自体がはじめてなのか、尾張・伊勢両国で班給することがはじめてなのかよく分らないが、要するに、何れにしても他の国で口分田を給するということはこの時にはじまったと考えてよい。これが志摩国に於ける耕地の不足によることは言うまでもないが、しかし、志摩国の耕地不足は——この国の地勢を見ると——この頃になって突然はじめて起って来た現象ではあるまいから、この班年以前、即ち霊亀二年の班年までは、耕地の不足にもかかわらず、このような措置をとっていないということになる。即ち、これを一般化すれば、口分田の班給を国界を越えて行なうということは原則として行われなかったのだが、この時、例外的にもせよ、行われるようになったと言えよう。このことは、その背景に、国内に於いて同郡内の遠隔地の郷、または比隣の郡に口分田を授けられる例が増えつつあったことを示すものではあるまいか。こうなれば、たしかに岸氏の説かれる如く、仮盧や田居を作って春秋の農繁期をそこにすごすということから、更に進んで、恒常的な移住ということも生じて来たものと思われる。

前述の志摩国の場合について、もう少し考えてみると、天平二年尾張国正税帳の山田郡の部に、

志摩国佰姓口分田輸租穀弐拾参斛壱斗

と見えていて、[2] これは計算してみると、一五町四段の口分田の租額に相当し、[3] この口分田額は、この年この地方に損五分以上の田租全免の戸及び損四分以下の田租比例免の戸が全く存在しなかったとし、且つ、令制通りの口分田額が授けられていたとすると、男四五人・女四八人の計九三人、或いは男四三人・女五一人の計九四人、房戸を単位として言えば約十二・三戸分の口分田に当る。即ち、志摩国の農民九三・四人分（房戸十二・三戸分）の口分田が尾張国山田郡で班授され、その租は尾張国に於いて輸納されている。この租額がこの尾張国の収入となるのか、何らかの形で志摩国におくられるのかは、この正税帳断簡が丁度この部分で切断されて了っていて分らないが、何れにせよ田租が少なくとも一たんは尾張国山田郡に輸納されるということは、当時租が一般に房戸を単位として算出される——免税

も房戸を単位として行われる――ということを念頭におけば、この山田郡に於ける志摩国百姓の口分田も房戸単位に班給されているということを推知せしめる。従って、もし恒常的な移住というようなことが行われたとすれば、それは実態家族に近い房戸単位ではなかったかと思うのである。

この志摩国の場合は国外に於ける遙授で特殊な例であるから、これをそのまま一般化することは危険であろうが、これを国内の他の郡、郡内の遠隔地という程度に考えると、前述の如く、そういう事例は増大しつつあったと思われるので、房戸単位の移住耕作というようなことも一般化し得るのではないかと思っている。

そして、このようなことは郷里制の廃止後、従って房戸制の消滅後も大差なかったであろうと思う。即ち、房戸を認定して一たんこれを班給の単位とした後に於いては、房戸そのものが制度として存在しないようになり、房戸主の名前を田図・田籍などの上に記すことはなくなっても、実際には、旧来通り房戸を単位として班給が行われたと推定して差支えあるまい(4)。そして、房戸を単位とする新開地への移住耕作というような例もまた依然として存続したと思われる。前掲の天平神護二年の越前国の例で、田宮村に於ける海部郷の日奉安麻呂(海7)の口分田や、子見村に於ける堀江郷の椋橋部真公(堀2)の口分田などは、そのようなものと考えてよいのではあるまいか。

なお此処で、本貫をはなれた遠隔地に班給される口分田の耕営の為の移住耕作が、実態家族乃至それに近い房戸を主体として行われたということを推定せしめる材料をもう一つあげたい。それは次の大同四年九月十六日の太政官符である。

応レ授下居二住外国一京畿内百姓口分田上事

右太政官去大同三年二月十六日下二伊賀等一十五国一符偁、被二右大臣宣一偁、奉レ勅、凡班二給口分一、理須レ由二本貫一今聞、件百姓等、離二去郷邑一就レ田居住、雖レ不レ闕二調傜一、而臨時徴発有レ名無レ身、於レ事准量深乖二政道一、宜三早下知尽令二還帰一、若情願レ留者、随即編附、又其名帳細撿将レ為二言上一、自今以後、停レ給二畿外一

岸俊男氏はこの史料によって、遠隔地の口分田耕作の為の移住ということが知られるとされているが、私は更に進んで、その移住が房戸的なものを単位とするものであったことをも示している、という想定を導いてみたい。というのは、この太政官符によれば、「調傜」を欠くことはないが、「臨時徴発」が「有名無身」となり易いと述べている。「傜」は一般には身役の意と解する外はないであろうが、この場合に限って言えば、もし身役の意とすれば、調と共にそれを欠かないくらいならば、臨時徴発が有名無身となる筈がなく、逆に臨時徴発が有名無身となるくらいならば、身役としての傜もまた欠けるであろうという矛盾を生ずる。従って、この「傜」は身役ではなく、これに代るもの、即ち、端的に言って「傜銭」であろう。(5) とすると、百姓が本貫をはなれて遠く移住耕作していても、調・傜銭の収納は可能であるが、ただ、臨時の身役が徴発できないから政道にそむくということになろう。

ところで私は、後に補説するように、房戸制の成立は、たしかに広く言って貢租徴税の確保の為には違いないが、細かく言えば、調庸の徴収に重点を置いて案出されたものではなく、おそらく身役の徴収を容易ならしめることに主眼を置いて創出されたのではないかと考えている。房戸制の成立について此のように理解することが許されるとすれば、これは正に前記大同三・四年の状況と相応ずるのである。勿論、大同の頃には房戸制は既に姿を消しているが、房戸的な家族そのものが消滅しているとは考えられない。百姓が「田に就いて居住」しても調・傜銭を欠かないが身役に事欠くというのは、この移住する百姓を房戸的な実態家族としてとらえれば、房戸制の成立即ち実態家族と公法上の戸との一致近接をはかることは調庸の徴収とはあまり縁が強くなかったので、その房戸的な実態家族の移住によ

っても郷戸を単位とし郷戸主を責任者とする調庸（この場合は同じく物納たる調・傜銭）は欠けない、逆に、房戸は身役の徴収に主眼があったから、この房戸的なものが移住すればこの房戸を単位として来た身役の徴収に困る、こういう風に理解されて来るのである。勿論、この官符に言う百姓を房戸的なものと考えなくても、この官符は解釈に困らないが、房戸的なものと解する方がよりよく解釈されるし、また逆に、房戸制の成立についての考察に一つの支援を与えると思うので、敢えて右の如く考えてみたのである。

かくて私は、房戸制の廃止後、実際上には房戸を単位とする班給も続けられ、殊にそれは遠隔地に口分田を給せられて移住するというような場合には明確な形をとることが多かったと思う。尤も、以上のように言っても、少なくとも班田制が行われている間は、口分田はその本貫に近い処に班給せられる方が遙かに多く、その方が主流をなしていたことは申すまでもない。そしてその際、耕地の不足と班給の繰り返しとで口分田が細分化され、分散した形をとっていたであろうということについては、前に述べた通りである。

ところで、このような遠隔地口分田の耕作に当っては、移住耕作ばかりでなく、おそらく賃租ということも行われたと思われる。それは賦役令水旱条所引の私記に「仮令口分田二町、一町売、一町佃」とあり、延喜主税式青苗簿式に「売口分田若干」などと見えることからも察せられて疑いない。私は賃租制の存在そのものが古くから農民の生活上に案外大きなウェイトを占めていたのではないかという見方、従って賃租制の解明が重要であるという指摘そのものには賛成するが、少なくとも一般農民の口分田に関しては、賃租の存在とその意義とを余り大きく見積ることには消極的な意見を持っている。例えば、口分田が賃租に出されたことの具体的な例として岸氏のあげられた宝亀四年二月十四日の太政官符に見える事例も(6)、播磨国餝磨郡草上駅子らが比郡に遙授された口分田を賃租に出したのは、それが単に比郡に存在するという理由だけからではない。彼らとて「往作」を欲したが、それが「無便」であったのは、彼らが駅子であって、その駅の業務の為に居住地を離れられなかったからである。従って賃租に出す外はなかったが、その時は足下を見られて「価少」という結果となったのである。従って、この場合も彼等が駅子でなければ移住して耕作するという方法をとったであろうと思う。賃租と直接耕作とによって生ずる手取り収穫高の差は、農民にとって余程の事情がない限り無視し得ざるものであったに違いないと思うのである。従って、口分田の遠隔地班給という事情は、たしかに口分田の賃租という結果を生み出した場合も少なからずあったと思うが、それよりはむしろ、移住耕作という事例の方が多かったのではあるまいか。ただし、例えば京に本貫を有する官人——口分田耕作にそれほど収入を頼っていない人——の口分田などは、殊に京外の遠隔地に班給されて主として賃租に出されたと思うが、これは言うまでもなく特殊な例と見るべきで、此処での一般的な議論に持ち込む必要はあるまい。

註

（1）続日本紀神亀二年七月壬寅条の記載は次の通りである。
以二伊勢尾張二国田一、始給二志摩国百姓口分一、
（2）大日本古文書一の四一七頁。
（3）和名抄によれば志摩国の田積は一二四町九四歩である。従って、尾張国山田郡に存する口分田は、その約一二・四％にあたる。
（4）直木孝次郎氏「奈良時代の家族と房戸」（「古代学」二—二）には、房戸制の廃止後も房戸の後身が律令行政上の単位として存続したことが指摘されている。
（5）大同四年六月十一日の太政官符によれば、これ以前から、少なくとも京では傜は銭納となっていたことが知られる。

（6）寧楽遺文上巻の三三四頁。これによると、草上駅子らの口分田が収公されて四天王寺に献入され、その代りの田を比郡に遙授された、そこで「無レ便ニ往作一、衒売価少」という現象を生じた、というのである。

補説　房戸制の成立と賦課との関係について

房戸制の成立に関する岸俊男氏の説明――「戸の膨脹、全体的には里内の地方行政の複雑化に対処し、貢租徴税を確保する」――は、概括的に言えばその通りであると思うが、ただ実際の史料に即してみると、この貢租徴税ということの内容についてはもうすこし細かに考うべき点があるように思われる。そこで以下、この点の解明に資すべき史料を検討してみよう。

先ず、房戸に関するあまり多くない史料を整理してみると、その中に復除に関するものが幾つかあるのに気がつく。それらはすべて続日本紀に見えるものばかりなので、今、年代順に列挙すると、

①養老元・十一・　八　唐使船の水主以上の房の徭役を免ず。
②〃　二・　四・廿八　衛士・仕丁の房の徭・雑徭を免ず。
③〃　四・十一・廿六　東国六カ国の征卒らの本人の調庸と房戸の租を免ず。
④神亀四・　二・　九　造難波宮雇民の本人の課役と房戸の雑徭を免ず。
⑤天平七・　五・廿五　仕丁の例に倣って、力婦の房の徭を免ず。

となる。これらの示例を見て気付くことは、房戸を対象とする復除が、③の田租以外はすべて徭役・徭雑徭・雑徭・徭などという「徭」を含む名称で現わされ、調庸または課役という形で示されるものが一つもない、ということである。既に青木和夫氏によって明らかにされた如く、(1)当時、大宝令制下に於ける負担としては、物納としての租・調・庸と、身役としての雇役・雑徭・臨時差役しかなかった。そして物納の負担に関する復除に当っては、租・調・庸・課役などの正確な用語が用いられている。従って、右にかかげた徭・徭役・雑徭などは、雑徭はもとより、他の徭・徭役も、物納にあらざる身役をさすものと解さざるを得ないことになる。とすれば、房戸を対象とする免税は租と身役とであって、調庸に及ぶ例はないと考えることが可能になって来る。とは言っても、勿論、調庸はその人頭税という性質上、前掲③・④の如く個人単位に復除するという形をとり得るので、この数少ない示例中に房戸単位に復除した例がないからと言って、それだけで房戸との関係を問題とすべきではないかも知れない。従って、右のような材料――否定的事実のみの材料――だけによって早急な結論を求めることはつつしんだ方がよいであろう。

ところが更に、賦役令集解水旱条下の古記には、

問、依レ戸作二十分一、若有二一戸之内一人得二己分田一作不レ熟、若為処分、答、依レ戸為二十分一耳、但有二房戸一者、直租免耳、調庸不レ免、

という註釈が見られる。この註釈の示す処では、個人を単位として熟不の程度の判定やそれに伴う免税(水旱条の発動)はしない、ただ、房戸単位ならば、租に関する限りは免除するが、しかし調庸の免除はやはり行わない、ということになる。これは結局、調庸の免除は郷戸を単位としてのみ行うということに外ならない。古記は郷戸房戸制の存続期間中に成ったもので、房戸について無用の議論をなすとは思われないから、これは当時に於ける水旱条による免税措

置の実情を示したものと考えてよい。天平十二年遠江国浜名郡輸租帳の損戸夾名の部分は房戸単位に記載されているが、ここには免税措置が調庸にまで及ぶ「損七分」・「損八分已上」の事例が一つもなく、すべて六分どまりとなっている。これなども或いは右の事情と関係があるのかも知れない（補論第一章参照）。

とにかく、この古記によれば、当時、実際に房戸は調庸免除の単位としては認められていなかったということになり、これは前段の考察と一致して来る。しかもこの度は、一例ながらも肯定的事実を材料としてのことであるから、前段と相倚り相助けて一段と確かさを増して来ると思うのである。

そこで以上を頼りとして推論を試みると、房戸は調庸賦課の単位としてあまり重視されていなかった、あまり積極的に評価されていない面もあった、と言えるのではあるまいか。勿論、房戸が調庸免除の単位でなかったと考えられる例があっても、そのことによって直ちに調庸賦課の単位でなかったということにはならない。現に養老五年の下総国戸籍には房戸毎に課口・不課口が集計されていて、これは井上光貞博士も言われるように[2]、調庸の負担が房戸毎であることを思わしめるものであり、更に調庸銘記によれば、房戸制期間のみならず房戸制の廃止後までも、房戸主及びその遺制たる房戸主相当者が賦役令に規定された調庸の署名を行なっていることは、直木孝次郎氏の指摘された通りであり[3]、これまた房戸が調庸賦課の単位であったことを示していると言ってよいであろう。従って、房戸が調庸賦課の単位ではなかったなどと言うつもりはないが、ただ、調庸賦課の単位としては余り積極的には評価されなかったこともあるのではないか、という程度のことは考えて置くべきであろうと思う。房戸制の見られる計帳断簡を調べてみると、天平五年右京計帳[4]・国郡年代未詳計帳[5]には「課戸」・「不課戸」や「合差科戸」・「不合差科戸」が房戸単位に明記されているが、一方、これらの計帳及び神亀三年の山城国愛宕郡雲上里計帳[6]・同雲下里計帳[7]・天平五年の同郡計帳などの各戸記載の首部では、課口・不課口の集計と輸調銭はすべて郷戸単位にまとめられている。つまり調は房戸単位ではなく郷戸単位に計算されているのである（何れも畿内なので庸はない）。こういう事例もあるのであるから、余り一義的に房戸と調庸との結びつきを強調することを避けて、もうすこし精密にその関係を探る必要があると思う。そしてその限りに於いて、少なくとも房戸制の案出採用に際しては、調庸の徴収ということにはあまり重点が置かれていなかった、という程度のことは言えるのではないかと思っている。[8]

次に、この房戸が田租徴収及び身役賦課の単位であったということは、これは認めて差支えないと思う。そして、田租は口分田に課せられるのが一般であったから、これは班田及び身役徴収の単位と言い変えてよいであろう。

先ず前者については、房戸制の施行後、口分田の班給が房戸単位に行われていることは第一節で述べた通りである。また、口分田の班給は実際の耕営単位たる実態家族単位に班給することの方が、擬制的な「戸」に対して班給することより望ましいことであるから、その実態家族をなるべく房戸として独立せしめることは望ましいことであったに相違ない。少なくとも郷戸的な「戸」に班給した場合にその戸内での再配分によって生ずる、律令政府の期待せざるが如き口分田の占有状況の出現は防ぎ得る筈である。従って、班田法の実施上に房戸制採用の動機が存したかどうかは分らないが、房戸制の採用後、班田法の実施や田租の徴収が容易になったことは疑いないと思う。

次に身役の方であるが、これの主な内容としては、雑徭・雇役・臨時差科が考えられる。しかし、雑徭の方は、地方国司のみずから為すに任すべきもので、公家の考覈するところでなかったという性質があって、房戸制の採用に際して律令政府がこの点に特に着目するとは考えられないので、しばらく考慮の外に置くことが出来よう。しからば雇役はどうであるか。大宝賦役令雇役丁条によって知られる如く、戸の貧富強弱、丁の多少によって、戸等を九等に分[9]

ち、それによってあらかじめ順序を定めて差点する仕組みであった。(10)そして房戸制下に於いて、九等定戸が房戸を対象としてなされたらしいことは既に指摘されている通りである。(11)また前掲の房戸復除例の④によっても房戸を単位として雇役が実施されたことを推察し得る。このような性質の雇役は、実態家族からはなれた「戸」よりも、実態家族そのものを単位として差点する方が望ましいことであるから、この点からも実態家族を房戸として独立させることは望ましいことであったに相違ない。そして事情は臨時差科についても同様であろうと思う。

要するに身役の徴収ということは、家族内の労働力の一部を割きとることであるから、その徴収ということは個々の実態家族の状況を無視しては行い難いものである。勿論、何事も権力によって強制すれば可能に違いないが、しかし、その実効をあげる為にはあまり無理のない実行方法がえらばれなければならない。その点からすれば、身役の徴収に当っては、古来、家を単位として来たと解し得るのではあるまいか。こう考えることが許されれば、房戸制の成立とこの身役の徴収との間に密接な関係を想定することができる。房戸制の採用は勿論一般的に公法上の「戸」をすこしでも実態家族に近づけたいという願望から生じたものには相違あるまいが、その主たる願望は特に身役徴収という律令行政部門から発したと考えて差支えないのではないか、というのが私のひそかな推定なのである。(12)

註

（1）　青木和夫氏「雇役制の成立」（「史学雑誌」六七―三・四）。

（2）　井上光貞博士編『古代社会』（新日本史大系）六二頁。

（3）　直木孝次郎氏「奈良時代の家族と房戸」（「古代学」二―二）。この直木氏の論文は寧楽遺文その他の既刊の文献から蒐集された調庸銘記に基づいて立論されたものである。その後、松島順正氏が調庸関係墨書銘記を集大成されるに及んで（同氏「正倉院古裂銘文集成」（結）書陵部紀要三）、示例数は大幅に増加したが、直木氏の出された結論そのものは大体変更する必要はないと思う。勿論、示例数が増えたのであるから、直木氏の作製された二つの表は当然改訂を要するし、また推論の過程に於いても、五番形式（A郷B）について、九例中の四例が天平十三・四年に集中しているというような理解の仕方（これは直木氏の推論の重要な一つのポイントとなっている）はつつしまなければならないことになるが（五番形式一三例の年代的分布は六番形式などと大差なく、ほぼ郷里制廃止後の全期間にわたつている）、それでもなお全体としての推論は確かで結論も支持できると思う。ただ、前にも一寸ふれたことと関連して、五番形式（A郷B）のBを房戸主と見る方が、郷戸主または単なる戸口と見るよりは妥当な見方とされる点には、多少異議があるのでこの機会に私見を開陳して置きたい。

直木氏が五番形式（A郷B）を房戸主と考えられたのは、郷里制と房戸制の廃止によって、従来、「A郷a里戸B」（三番形式）と書いて来た房戸主が、そのように「戸B」と書けなくなったので「戸」を省いて「A郷B」という記載様式をとったのであろう、という推定に基づく。そしてこの推定には、前にふれた五番形式の年代的分布についての理解が支えとなっている訳である。しかし、この年代的分布についての理解が示例の少数ということに誤られたものであるということの外に、なお問題とすべき点がある。

その一つは同一地方のおそらく同一人物が五番形式（A郷B）と七番形式（A郷戸主B戸C）とを併用していることである（41と42――松島氏使用の番号、以下同じ）。即ち、房戸制廃止後同一人が「戸C」と記す七番形式をもとり得たのであるから、「止むなくA郷Bという記載方式を採った」とは理解し得なくなる。

次に、この五番形式と同様に地名に直ちに姓名を連続する形式として一番形式（A里B）・四番形式（A郷a里B）があるが、これらは里制及び郷里制時代のものであるから、「戸主」または「戸」を省かねばならぬ必要は何もない訳である。つまり、「戸主」とか「戸」という記載は特別の事情がなくても省き得るということに外ならない。とすれば、五番形式は房戸主なるが故にとられた様式ではなく、そのことと関係なく、郷戸主でも房戸主でもとり得る省略的な記載様式にすぎないという理解が可能となってくる。

以上の三点が直木氏の推論を妨げる点であるが、しからば、この五番形式はどのように理解すべきか。結論から先きに言えば、私はこの五番形式（A郷B）のBは郷戸主でもあり房戸主でもあって、その何れであるかは、単一の銘記からは決し難いと思う。その理由は以下の如くである。

先ず一番形式（A里B）は何故「戸主」という記載が省かれたか、これについては何ら徴すべきものがないが、四番形式（A郷a里B）についてはそれを考える材料が存する。それは同一調布の首端が三番形式（A郷a里戸B）で、尾端が四番形式となっている例（76）の存することである。つまり、この例によって見れば、尾端の署名が簡略化され、その簡略化の一環として「戸主」・「戸」などの記載が省かれることがあるのではないか、ということが想像される。勿論、常に尾端の記載が簡略化されるというのではない（2参照）。しかし、同一の布の両端に署名する場合に、尾端の方が簡略化される可能性は非常に大きいと思う。従って、賦役令の規定から言えば絶対に省略出来ない筈の「戸主」を省いてある一番形式（A里B）の如きも、この尾端の署名と考えることによって、はじめて諒解出来るのではあるまいか。こう考えて来ると、前に同一人物が五番形式と七番形式を併用している例としてあげた41と42も、41が首端で、42が尾端ではないかと疑われて来る（59と60にもその可能性がある、共に七番形式であるが、60には年月日がない）。

およそこのように考えて、私はこの五番形式（A郷B）のBは郷戸主のこともあり、房戸主のこともあって、何れとも決しがたいとするのである。さきにのべたように、この五番形式の年代的分布が、郷戸主を示す六番形式の年代的分布と大差がないことは、この五番形式の中に郷戸主の場合が相当含まれていることを示唆しているのではあるまいか。

（4）　大日本古文書一の四八一頁以下。
（5）　同前六四一頁以下。
（6）　同前三三三頁以下。
（7）　同前三五三頁以下。
（8）　同前五〇五頁以下の天平五年国郡未詳計帳。これを山城国愛宕郡の計帳とする考定は石母田正氏「天平十一年出雲国大税賑給歴名帳について」（「歴史学研究」六ー八）による。

(9) 三代実録貞観六年正月九日条。この条に言う徭役が雑徭を指すことは疑いないであろう。

(10) 註(1)所掲青木氏論文参照。

(11) 新見吉治博士「中古初期に於ける族制」(「史学雑誌」二〇―二・三・四)。

(12) もし、房戸制の成立と身役との関係についての如上の私見が認められるとすれば、これは房戸制の廃止の理由についても一貫した説明が成り立つことになりはしまいかと思う。即ち、青木氏によれば、天平期の役民は強制的な令制の雇役であるが、奈良後期になると、造寺に使役された雇夫は、和雇によって日々集散する日雇夫と、寺司と長期契約して常備労働力となつた定雇夫とであって、何れも天平期の雇役による役民とは違っている(前掲論文)。即ち、雇役の強制力がなくなって来たのであって、従って房戸制を維持しても意味がないようになったのだと解し得るのである。

第四章　班田収授法崩壊の原因

第一節　従来の研究

先ず最初に、従来、班田法崩壊の原因として説かれて来ている先学の説を顧みてみたい。勿論、問題が律令時代の重要な問題であるだけに、直接間接にこれに触れた論著は少なしとしないが、特にこれを専論されたものとしては今宮新・徳永春夫両氏の研究に指を屈すべきであろう。

そこで先ず、今宮博士が崩壊の原因としてあげられる処を要約すれば次の通りである。(1)

（一）土地よりの考察

(1)　人口と土地との不均合によって生ずる不公平

はじめから郷土法の如き除外例が設けられていて、制度と現実との矛盾が存した。そして班給すべき田地の欠乏は全般的に次第に甚だしくなる。それは受田人口の自然的増加に対して田地の増加が伴わず、また、口分田以外の田地の増加及び権門勢家の土地私有の拡大が口分田の減少をもたらし、班田制の施行を妨害したからである。

(2) 土地の肥瘠より生ずる不公平

富農・豪貴による良田の独占が時代と共に甚だしくなり、口分田劣悪化の傾向を招いた。

(二) 制度よりの考察

(1) 戸籍作製の困難

(2) 班田手続きの困難

(三) 人よりの考察

(1) 地方官の不正

地方官は空閑地開墾権を有するから、やがて正常な班田の実施を喜ばなくなり、また、権門と同じ利害に立つので校班を喜ばなかった。

(2) 貴族・寺社の土地兼併

私有地の増加や班田不履行の結果が相まって、口分田の買収におもむかしめ、土地兼併がすすんだ。畿内より畿外の方が班田が割合によく実施されたのはこれと関係があろう。

(3) 農民の不正

(イ) 偽籍による口分田の詐取

(ロ) 農民の浮浪逃亡による口分田の放棄

これは原因でもあり結果でもある。浮浪人は課役の重圧によって生じたものであり、浮浪人の口分田の処置に関する令の規定もすでに早くから実行はくずれていたであろう。

要するに、為政者の怠慢・地方官の不正・農民の奸悪抵抗・制度の煩雑不備・土地の欠乏及び複雑性・土地私有観念の発達などが根本的原因で、同時に、この制度を含む律令体制そのものが当時のわが国の社会状況・文化状態に十分に適合しないものであった。

以上が今宮博士のかかげられた処であるが、次に徳永氏のあげられる処は次の如くである。(2)

(一) 内的諸因——制度の欠陥

(1) 非実際的

口分田欠乏の解決策がなく、田地の肥瘠について関心がない。

(2) 公有主義の原則と私有慾との関係

ある程度私有権を許容し、私有主義と妥協した制度をとりながら、実施の徹底をはかることは実際には困難である。

(二) 外的諸因

(1) 貴豪の私有地増加

彼らは令制の不備に乗じ、間隙を縫うて土地の独占私有化をはかったが、これは班田制に逆行するもので、やがてその基礎を動揺させるものである。

(2) 寺領の増大

奈良後期に於ける著しい寺領の増加も土地公有制に逆行し、班田制の根底を脅威するものであった。

(3) 地方官の独占墾開と私曲

中央政府には施行の熱意があったが、地方官に私利追求の念強く、空閑地を開墾して永久私有をはかり、班田の際には種々の私曲を行なった。これらは土地公有制に逆行し、班田制の基礎を動揺させ、班田制の正しい施行を妨害したものである。

(4) 人民の不正——浮逃及び戸籍偽造

　結局、班田制崩壊の根本的原因は「私」の跋扈——私利私慾追求の念に存する。

　およそ以上の如きが、両氏の崩壊原因としてあげられる処である。勿論、班田制度の不履行崩壊というようなことは、幾つかの原因が重なり合い、かつ、不履行の結果が更にまた原因となって、その崩壊が進行して行ったのであって、両氏のあげられた処はその何れをとっても確かに班田法崩壊の原因として考え得らるべき重要なものに違いない。そして、その限りに於いてはこと新しくつけ加うべきものもないようである。しかし、それらの諸原因はおそらく相互に関係のあるものであり、その点もうすこし統一的に説明される必要があるのではあるまいか。例えば、今宮博士は、仁寿三年に班田手続きの簡素化が問題となりながらも実現されず、その後、元慶年間に至って数十年間も班田が行われないというような「ひどい状況に至るまで、この規則の改正が放置されていたことは全く不思議と言わざるを得ない」(3)と言われるが、しかし、不思議ですますべきではなく、また、政府の怠慢とのみ片づけるべきでもなく、より進んで、何故、仁寿三年に手続きの改正が行われないで、そのままこのような「ひどい状況に至るまで」放置されたのであるか、そこまで踏みこんでゆけば、これらの諸原因を統一的に理解する手がかりが得られるのではあるまいか。勿論、一つの歴史事象の生じた原因を短兵急に一元化することはつつしまねばならないであろう。しかし、それをつつしむの余り、考え得られる諸原因を羅列するだけに終ることは、これまたとるべき途ではあるまい。そういう意味では、直木孝次郎氏の掲げられる処は頗る示唆に富むと言わざるを得ない。

直木氏の言われる処[4]を要約すれば次の通りである。即ち、従来言われて来た、土地公有にもとづく公平な分配が理想にすぎず、土地所有の発達に抗し切れなかったというのは、確かにその通りであるが、班給すべき土地が狭少になったことを崩壊の原因と見るのは若干疑問である。水田はあったのだが、政府や貴族のために広大なそして恐らく上質の地が宛て用いられ、下等不便な所を多く含む残りの田地が口分田に当てられたというのが実情であろう。支配者の組み立てた理想と被支配者の受け取る現実とのギャップが荒廃田という形をとって現われたと言ってよい。班田制崩壊の一因が耕地総面積の狭いことにあるのは勿論だが、より根本的な原因は班給の方法の中にひそんでいることを指摘して置く。また、偽籍という点については、国司の側にも偽籍を有利とする条件――課丁を少なくすれば京送の調庸が少なくなり、不課口でも口数が多ければ戸口増益の功によって昇進を期待し得る――があったことを見逃すべきでない。

およそ以上が直木氏の説かれる処であるが、ここには、崩壊原因探求の深化という点で学ぶべき処があると思う。そこで、私もまた私なりに、従来かかげられ来った諸原因の中の幾つかについて、もうすこし立ち入った考察を加え、それらを通してもうすこし統一的な原因を把握してみたいと思うのである。

註

（1）今宮新博士『班田収授制の研究』及び『上代の土地制度』。後者の方が簡約された形となっているので、ここではこれによって記すこととする。

（2）徳永春夫氏「奈良時代に於ける班田制の実施に就いて」（下）（「史学雑誌」五六―五）。

（3）今宮博士、前掲書一五六頁。
（4）直木孝次郎氏「律令制の動揺」（『日本歴史講座』第一巻所収）。

第二節　諸原因の個別的検討

1

班田法崩壊の根本的原因として指摘されて来ていることの一つは、相当早くから班給すべき水田の不足——時に、人口の増加に伴う水田の不足と表現されることもある——が生じて来たということである。これはおそらく養老六年に百万町開墾計画が発表されたことや、その翌年発布の三世一身法に「頃者百姓漸多田地窄狭」と記されていることからの判断に基づくものであろう。これは一概に否定し得るものではないが、しかし、果して班給すべき水田は全国的に一様に不足の状態にあったのかどうか、また不足したとして、それが人口の増加という事情によって生じて来た現象なのかどうか、これはすこし愼重に考慮すべき問題であろうと思う。前記の百万町開墾計画にしても、村尾次郎氏の説かれる如く(1)、陸奥・出羽に於ける軍事的食糧政策として頗る粗笨な陸田開墾を意図したものと解すべき可能性が大きいし、また、三世一身法もその実態が、諸家の説かれる如く、貴族・豪農層の水田に対する慾求に発するとすれば、そこに見える「この頃百姓漸く多く田地窄狭なり」という文言をそのままに受けとっていいものかどうかも問題であろう。

そこで今改めてこの点を考えてみると、たしかに水田の不足を示す資料は存する。京及び畿内については、延暦十一年に男は令制通り、女はその残余を給し、奴婢には全く給しないこととし、天長年間の班田に際しては京戸の女の口分田は三十歩となり、承和年間には更に二十歩とされたが異議があって実施はされなかった。更に元慶三年には京戸の女の口分田は計算上二十歩にしか当らないので班給されないことになり、これを畿内の男の分（この時の男の班給額は計算上一段百歩にすぎなかった）に加給されることとなった。事実、元慶四年には山城国に於いて京戸男子一人水田一段一〇〇歩、土戸男子水田一段一八〇歩・陸田六〇歩が班給されたが（以上第二章参照）、これらの事例は京畿内に於いて口分田にあつべき水田が相当不足し、遂に部分的には陸田の班給を行わなければならなかったことを示している。

また畿外でも、延暦二年当時、但馬・紀伊・阿波などでは「公田数少、不レ足二班給一」という状態であり[2]、土佐国では仁和元年に

課｛正丁……………四段
　　次丁及中男………二段
不課｛男………………一段
　　　女………………五〇歩

という班給額が用いられたが[3]、この場合には口分田の総額は令制によるものより下廻る結果となる[4]。これもまた水田の不足という現象を示していると言うことが出来るであろう。

このように口分田にあつべき水田の不足を示す史料はたしかに存するが、しかし、一方ではそうとばかりは言えな

い資料も存在する。三世一身法施行期間中に作製された天平十二年遠江国浜名郡輸租帳によれば、堪佃田八五八町余の中に乗田が八六町余、即ち約一割を占めている。(5)もし、当時この地方で真に口分田にあつべき水田が不足しているのであれば、この乗田は当然口分田として班給さるべきであり、乗田が存するということは口分田にあつべき水田にまだ余裕があったということになろう。ただし、乗田は――その字義にそむいて――乗田として確保されていて、一つの固定した地目になっていた、と解すべき余地があれば右のようには言い得ないが、その際には、そのこと自体が改めて班田法崩壊の一原因として問われなければならないことになる。そしてその場合には、水田の不足という現象よりも乗田の固定化という現象の方が重要視されねばならなくなるであろうが、私はこのようにまで考える必要はあるまいと思う(その可能性が全くないというのではない)。

次に弘仁十四年二月廿一日の「応令大宰府管内諸国佃公営田事」と題する太政官奏によれば、当時、大宰府管内九カ国には、口分田六五六七七町に対して、その約六分の一に当る一〇九一〇町の乗田が存在していたのである。これもまた前掲と同じく口分田にあつべき水田が不足していたと解し去ることを困難とする事例であろう。この大宰府管内では、これから丁度半世紀後の貞観十五年に、次の如き班給法を採用した。(6)

課丁……………………三段三二九歩

不課｛男……………二段
　　　女……………一段

この場合、男女口数の比及び課口不課口の比が明らかでないから、この制度と令制とではどちらが余計に水田を必要とするかは厳密には不明という外はないが、よほど女が多く、課丁が少ないのでない限り、令制による班給額とほぼ同じ、乃至それ以上の口分田を必要とすると思われる。(7) この事実もまた一般に水田の不足という現象を全国一律に推定することを妨げる資料であろうと思う。

以上の如き幾つかの材料によって知られる如く、口分田にあつべき水田の不足ということは、時代の進行とともに必ずしも全国一律に生じ来った現象ではなく、地方差のある現象であることを注意しなければならない。概して言えば、畿内或いはこれに近い地方ではこのような現象が比較的早くから起きて来たであろう。従って、畿内に於ける班田法崩壊の原因として重視すべきものであろうが、それは必ずしも畿外の諸地方に一律にあてはめらるべきものではないと言わなければならない。

2

しからば、この口分田にあつべき水田の不足を生じた原因は何処にあるか。先ず、それについてよく指摘される人口の増加という点はどうであろうか。この人口の増加という問題を考える場合には、此の際、少なくとも二つの観点から考えてみる必要がある筈である。その一つは実際の人口が増加したか否かということであり、もう一つは律令政府の把握している人口、即ち、何らかの形で籍帳に記載されている人口の増減如何という問題である。勿論、律令政府の行政力が社会階層の如何を問わず、全国津々浦々にまで滲透していれば此の両者は一致する筈であるが、それは望み得ないことであるし、また、時代による相違を免れ得ない。また、何パーセントかの記載もれがあったとしても、一般的には前者の増減はそのまま後者の増減を結果する筈であるが、これも律令政府の人民把握力‖行政力が常にほぼ同一水準で安定しているという前提を必要とする。そして、当面の問題たる班田法との直接的な関連に於いて考えられる人口は、言うまでもなく律令政府の把握し得た人口の謂に外ならないから、もし受田人口が増加したと言うのであれば、その増加は取りもなおさず絶対人口の増加及び律令行政力の滲透拡大ということによってもたらされたものである筈である。

そこで先ず、絶対人口は班田法施行後増加したかという点を考えてみると、これはキメ手となる資料が全くない訳であるから如何とも推し難い。ただ一般的に言って、大化後の班田農民の再生産能力が大化前のそれより低下したとは考え難いので、趨勢として人口増加の傾向を辿りつつあったことは認めてよいと思う。これは或る意味で班田法の採用自体の生み出した結果とも言える訳である。次に律令行政力の滲透拡大という点については、少なくとも大化改新後の七世紀後半には相当大きく評価してよいと思う。これは当然籍帳人口の増大として結果する筈である。これらの二点から、白鳳時代には漸次人口が増大しつつあったということは認めても差支えないと思うのである。従って、相対的に口分田にあつべき水田が減少しつつあったということは言えるであろう。しかし、このことが班田法を崩壊させるまでに水田の不足を招来した主原因であるとは考えられない。それは、この班田法の崩壊現象が顕著となる平安初期になお右述のような人口増加が進行していたとは考え難いからである。奈良時代に於ける農民の負担は、一般に白鳳期よりは増大していると見なければなるまい。従って、大化後の農民の再生産能力は大化前のそれよりは増大したであろうが、その後、律令制の整備と共に却って低下したと考えねばならない。従って、こういう状況下に於いて、奈良時代の絶対人口が時代の進行とともに大はばに増加したとは考え難いのである。一方、逃亡者・浮浪人の増加ということは、その原因の如何にかかわらず、取りも直さず律令政府の人民把握能力の低下を意味する。また、養老・天平年間から合法的となった寺社貴豪の土地私有の増大が、これとウラハラの関係にあることは言うまでもない。従って、籍帳上の人口はむしろ逆に減少して来ることも考えられる筈である。奈良時代末期と考えられる戸籍断簡は、既に男女比その他に於いて大分実態を遊離したものとなっており、律令政府の行政能力が相当低下して来ていることを示している。このように考えると、人口の増加という点にのみ水田不足の原因を求めることは困難ではあるまいかと思うのである。

とすれば、口分田にあつべき水田の不足という現象は——それが全国一様でないにせよ——如何にして生じたか。この点を考えるには、この現象が前述の如く先ず畿内及びその周辺から生じて来たという点に着目すべきであろう。言うまでもなく畿内は京に近く、京官貴族らの位田・職田や寺社の寺田・神田などが多く、また、彼らの私有地も多く設定されていて、おそらくは班田法施行の当初から口分田の班給は窮屈であり、土地私有の公認後は一層それが大きかったであろうと思われる。勿論、新規開墾田の私有公認ということは、既墾地の上に設定されている班田法の枠の外で行われる筈のことであるから、その限りでは人口のよほどの増大がない限り口分田用地の減少ということは起り得ないことになるが、事実上は位田・職田等に上質田を先取し、班田の実施に際して新規開墾田を既墾の熟田と交換するなどのことによって、(8) 口分田が劣悪化し、口分田の劣悪化は耕作の放棄を生み、これが農民の逃亡と相まって口分田を荒廃せしめ、結局は堪佃田の減少という結果を生ずる。この間の事情は恐らく直木氏の指摘された通りであろうと思う。即ち、位田・職田や私有地の多く錯雑している地方には、他の地方には見られない——全く見られないと言うのではないが、少くとも他の地方には少ない——堪佃田減少の要因がひそんでいるのである。従って、口分田用地の不足を班田法崩壊の原因として考えるならば、その不足の生じた原因は人口の増大などよりもむしろ右の観点から考えるべきであり、それはどちらかと言えば畿内乃至その周辺に於いて特に考えらるべきことであると思う。

尤も、畿外に於いても土豪勢力の伸張ということによって同様の現象が生じて来たということを考えねばならないから、右のような事情を畿内附近にのみ限定するつもりはないが、やはり畿外諸国は畿内附近ほど甚だしくはないと見なければなるまい。

これを要するに、口分田にあつべき水田総額の人口総数に対する相対的不足ということを、一般的な班田法崩壊の根本原因として把握することには、それほどたやすく賛意を表し難いのである。ただ、畿内附近や、或いは本来水田にめぐまれない地方に於いては、人口に対する水田の相対的不足ということを班田法崩壊の一原因として認めて差支えあるまいが、その際とても、それを人口の増加という事由によってのみもたらされたものと解すべきでないことを注意して置かねばならない。

3

次に、造籍をも含めて班田手続きの煩雑ということについて若干考えてみたい。この班田手続きは、たしかに指摘されている通りに余り簡素なものとは言えないかも知れない。しかし、班田法実施の為には、令に規定された程度の手続きは最小限必要なことであると言えば言えるのであって、それほど煩雑と言うには当らないようにも思う。また仮りにそれが煩雑と評すべきほどのものであったとしても、それだけでは、逆にその煩雑にもかかわらずある時期までは班田法が励行されたという事実を説明し得ないのではあるまいか。これが実際に官人にとって煩雑と思われるようになったとすれば、それは一つには律令政府の行政力が低下したからであり、更にはこれを実際に煩雑化せしめた要因が時代の進行と共に生じ来ったからであるとしなければならない。即ち、手続きがアプリオリに煩雑なことが原因ではなく、煩雑ならしめた他の要因こそ原因と言わなければならないと思うのである。その中で、行政力の低下ということは一般に容認されていることであるから、他の一つ、煩雑化せしめた要因が何処にあったかという点をこの際考えてみよう。そして、これを考える手掛りとして、仁寿三年五月廿五日の太政官符は恰好の材料と言わなければならない。

太政官符

応レ校レ田事

右得二美濃国解一偁、准レ令、百姓口分田六年一班、夫依二官符一校レ田言上、待二候報符一稍送二年数一、其間、新附括責之輩不レ給二口分一不レ堪レ貢レ賦、因レ茲人民易レ逃、戸口難レ増、纔随二官符来一、乃始班レ田、文案未レ究、還及二紀年一、昨日班レ田今日校レ田、吏民之煩無レ不レ由レ此、望請、期年至者、国郡官司校二定国内之田数一、惣二計当年之見口一、且校班且言上、謹請二官裁一者、右大臣宣、奉レ勅、宜二校レ田依一レ請、自余諸国准レ此、

仁寿三年五月廿五日

この美濃国司の要請は、国郡官司が国内の田数を校定し、当年の見口を惣計して、「且校班且言上」するように改められたし、ということにあったが、結局、認められたのが、今宮博士の言われる如く「官符によらないで校田することのみ」[9]であったことは、元慶五年三月の肥前介の解に「須下依二仁寿三年五月廿五日格一、校田言上、待レ報班給上」[10]とあることによって端的に示され、更にこの官符の標題及び末尾の文言によっても明らかである。従って、此処で特に注意しておかなければならないことは、校田は自動的に行い得ても、その結果たる校田帳は是非とも太政官の認可を得なければならなかった、その点は終に簡素化されなかった、ということであって、これは校田帳の勘会が中央で重要

視されたことを示すと言わなければならない。報符を待つ為に多年を要したと言うことは、太政官の勘査の非能率、或いは怠慢ということもさることながら、実は校田帳に対する勘査の結果が容易に承認しがたいものであって、国司との間に応酬が行われたからではあるまいか。当時、校田帳の勘査法については、正税帳や大帳に対する如き勘査規定は存在せず、貞観四年に至って始めて大帳なみの取扱いを受け、場合によっては「返帳」という強い手段もとられるようになった。(11) 従って、仁寿当時は貞観以後とは異なる訳であるから、校田帳が返帳されるようなことはなかったであろうが、少なくとも「返抄」が得られないという程度のことはあったと考えてよいと思う。

要するに、手続きの煩雑さということの実態は、校田結果の確定の困難に存したことが知られる。これは一つには国司の不正行為ということに起因するであろうが（この点については後述する）、一つには校田そのものの困難ということに基づくと考えざるを得ない。土地私有の公認後、錯雑せる土地所有状況を適確に把握して正確な校田帳を作製するということは、職務に忠実な国司にとっても相当困難なことであったろう。造籍と班田との間隔が漸次間延びして来た原因として、林陸朗氏が校田の困難さを指摘しておられるのは正しいと思う。(12) また、畿内校田使なる特別の官司が設定されるようになったのが延暦期のことである、という前述の私見が認められるならば、これも班田法の崩壊期に入らんとする時の現象として理解し易いことになると思う。

このように見て来ると、班田手続きの煩雑さということは、実は煩雑化ということであり、その中心的な命題は校田そのものの困難さと、国司の行なう校田の結果を確定することの困難さとにあることが知られよう。とすれば、少なくともその根本的原因の一つは、土地私有の公認ということにあると言わざるを得ないことになろう。

4

ここで、以上のことと関連して、実際に班田の掌にあたった地方官の不正・怠慢ということについても、従来指摘されて来た以上に重視すべきことを強調して置きたい。班田法に限らず、当時の行政の大部分は、地方官が適正に運用してこそはじめてその実効をあげうるものであるが、その場合、当時の地方官の一般的な資質を考えてみると、諸制度の励行を彼らの国司としての義務観念に於いてのみ期待することは無理であろう。勿論、彼らが職務に忠実であれば、考課の制度による官位の昇進によって報われる筈であるが、この制度に、果してどの程度の実効があったかは疑わしい。従って、少なくともそこに幾許かの直接的な利益が伴わなければ励行の熱意がさめて来るという状況を考えることは許さるべきであろうと思う。律令の財政制度全般にわたって、漸次、国司の請負的な傾向が生じて来ることの理由の一つはそこにあると見てよい。

その点に於いて班田法は如何であろうか。班田法を励行するということは、具体的に言えば、水田面積と各戸の人口との関係が六年に一度ずつ調整され、両者のパラレルな関係が保たれるようにすることである。しかし、このこと自体は国司にとって何ら直接の利益とはならない。国司にとってみれば、所管の国全体としての人口総数と水田々積総数とには関心はあっても、その水田がいかように各農家に割りあてられるかということには、極言すれば無関心でもあり得たのである。即ち、国全体としての人口数と水田々積とを把握しておれば一応責任は果せたのであって、個々の農家に於ける田積と人口とのパラレルな関係の維持＝班田の励行ということは、直接には、国司としての成績にも、また個人的な利害そのものにも関係のないことであったのである。尤も間接的には、班田の励行によって戸の安定・農民の逃亡防止・租調庸の確保というような効果もあるから、全く彼らが班田収授を無視したなどと言うつもりはないが、彼らが班田の励行にそそぐ熱意は、租調庸や出挙利稲の徴収などにそそぐ熱意と同じようではあり得ないと言いたいのである。

一般的に言って既に右の通りであるが、更に公廨稲の配分などによって国司の地位の利権視が公然化し、国司の不正・私曲が横行するようになっては、彼らに班田の正確な励行を望むことは無理であろう。前にも触れたように、国司の校田の結果たる校田帳の勘会に多年を要したということは、校田の対象となる水田が複雑な所有関係をなしていたことにその理由の一斑があろうが、他方、この間に国司の不正の介在したことを想定して差支えあるまい。国司は、或いは中央の権門勢家の為に、或いは郡司などの地方豪族層の為に、校田に際して不正を働き得る地位にめぐまれていたのである。土地私有の公認後に於いて、班田実施の直接の責任者たる国司が、全くその影響下に立たなかったなどとは到底考えられないことである。

そして、国司の不正行為が土地を対象とするようになって行ったのは、結局、土地私有の公認ということに根本の原因があったと考えざるを得ない。国司自身が直接土地の不正私有を志すようになって来た場合、その素因が令に認められていた任期中の空閑地開墾権にあったとしても、彼らが任期終了後までその土地の私有をはかるようになったのは、やはり土地私有が公認されたからに外ならないと思うのである。

5

次に、偽籍ということにもなお考うべき点があるように思われる。これは従来、班田法と課役制度との不対応というギャップを利用した人民側の不正としてのみ指摘されて来ていたが、前述の如く、直木氏は更に国司の側にも偽籍を有利とする条件があったことを指摘しておられる。これは確かに一家言たるを失わない犀悧な着眼と言うべきであろう。しかし、更に言えば、このような戸籍が京送されて太政官に受理されていることに着目しなければならないと思う。今日、およそ実情をかけはなれた延喜年間の戸籍や、そこまでは行かないにしてもその傾向の既にあらわれている奈良末期の戸籍が伝えられていることは、これが京送され、且つ、受理されたことを物語っている。勿論、政府は偽籍については農民を姧偽ときめつけ、戒告を発してはいる。しかし、ともかくも現実にはその戸籍が受理されているのである。これは前述の如き校田帳の勘会についての態度と比較して、その間に相違を感ぜずにはおられない。即ち、そこに土地の把握に対する熱心さとは逆に、人身の把握に対する熱意の低下していることを見取ってよいと思う。これは結局直接人身を把握することの困難さが、課税の対象を人頭税から地税へと変化せしめつつあったことを示している。このような現象は公出挙の地税化というような現象にも共通する処であろう。(13)

このような一般的な背景が、国司の側に於ける条件と相まって、人民の偽籍を容易ならしめたのであろう。しかし、この偽籍は最初はやはり班田システムと課役制度との不対応というギャップから招来されたものに違いない。とすれば、このことの素因はむしろ班田法そのものに内在的なものと言わざるを得ない。不課口にも口分田が班給されるということは、ある意味では恩恵的に受けとられるが、逆に言えば、課口の多い戸は割り損ということにもなる。そして前述の如く、課役と班田との不対応が特に意識的に設定されたものでなく、大化当時はむしろその対応が多少なりとも考慮されていたとすれば、そして、後述の如く律令官司の通念に於いて、漸次、班田は課役徴収の為という観念が形成されて来たとすれば、農民が偽籍の手段に出るのは勢いであると思う。従って、私は班田法崩壊の原因として、制度自体に内在する原因をあげるならば、むしろこの点を取り上げねばならないと思う。即ち、班田法は不課の戸にも生活の基礎を与えるという美点を持つものではあろうが、逆に言えば、負担の大きな課戸にそれだけの基礎を提供しない不公平さという弱点をも併せもつものであったからである。大化の戸税主義が令制の人頭税主義へと転換した時、班田法の内容もそれに即して変更調整されるべきであった。これはそのままに放置されたが、当時の農民の負担量から言えば、まだそれでも特に問題を生ずる程のことではなかった。しかし、その後、負担量の増大は班田法の弱点の方を発現せしめて、人民に偽籍の手段をえらばせ、また、現実には逃亡者を生み、従って政府の人身把握を困難にし、地税重視の方向へ追いやり、それがまた逆に偽籍を容易にし、結局は班田制をも掘りくずした。従って、言い得べくんば、戸税主義より人頭税主義への転換と歩調を揃えなかった処に班田法崩壊の内在的な素因がひそんでいた。そして、それが課役の過重化によって具体的に発現した。およそ以上の如く概括し得るのではないであろうか。

6

なお、右に述べたことと関連して、為政者の班田観の変化ということに着目する必要があろう。即ち第二編で述べたように、班田法と課役制度とは巨視的に見れば無関係ではないが、少なくとも浄御原令以降の班田法に於いては、この両者は直接的な対応関係にはなかったのである。しかし、延喜十四年の三善清行の意見十二条には、明瞭に「公家所三以班二口分田一者、為下収二調庸一挙中正税上也」と述べられていることも前に触れた通りである。これが清行一個人の意見にとどまらず、律令政府のそれもまた全く同じであることは、延喜二年三月十三日の太政官符に「使下不課之戸多領二田疇一、正丁之烟未上レ授二口分一、調庸難レ済大概由レ此」と言って、調庸未進の原因を班田の不履行に求めていることとによって知られる。このような明瞭な班田課役対応観は、律令時代初期の史料には全く見られないのであって、このことは当時、班田法と課役制度とを直接に結びつけるような考え方が存在しなかったことを示していると思う。従って、これは為政者の班田観に変化を生じたものと見るべきであろう。その変化の生じ来った時期については後述するが、今、その変化ということ自体に着目すれば、これは取りも直さず班田法の崩壊現象の一つに外ならない。そしてその生じ来った理由は課役の確保が困難となって来た点にあると見る外はない。そして課役の確保が困難となったのは、主として班田農民の逃亡に基づくであろう。この班田農民の逃亡の原因としては、奈良前期については、戸の分析に対する制限のきびしさの為にえらんだ分家的な移住の方法ということに考慮を払う必要があると思うが、少なくとも奈良中期以降に於いてはやはり農民の負担の過重と、進展しつつあった大土地私有者側からの吸引によって惹起されたと考える外はあるまい。また、貴豪寺院などの山川藪沢の独占（これについては後述）が漸次彼らの村落生活を妨害したことも逃亡の原因の一つであろう。そして、この山川藪沢の独占ということが水田を中心とする大土地私有と同根のものであることは言をまたない。[14]

以上の如きが班田観の変化をもたらした原因であろうが、これはとりも直さず班田法崩壊の原因に外ならないのである。

註

（1）村尾次郎氏「百万町開墾計画」（「芸林」六―二）。これに対しては石母田正氏の反論もある（「辺境の長者」㈡歴史評論九五）。

（2）類聚国史一五九（田地上、乗田）、延暦二年九月一日勅。

（3）三代実録仁和元年十二月廿七日条。

（4）今、正丁をa人、次丁及中男をb人、不課男をc人、不課女をd人として計算してみよう。新制が令制より余分の口分田額

を要する場合には、

$$4a+2b+c+\frac{50}{360}d>2a+2b+2c+1\frac{120}{360}d$$

$$\therefore\ a>\frac{1}{2}c+\frac{43}{72}d$$

即ち、次丁及中男の口数の半分と不課女の口数の六割弱との合計よりも正丁の口数の方が多いことになる。しかし、当時の籍帳人口に於いてこういうことは考え難いと思う。

(5) この帳に見える数値に国衙に於ける作為の迹の存することは、補論第一章で指摘する通りであるが、しかし、堪佃田や乗田等の田積数値自体は疑う必要はないと思う。

(6) 三代実録貞観十五年十二月十七日条。

(7) 今、課丁をa人、不課男をb人、不課女をc人として計算してみよう。新制が令制より少ない口分田額ですむ場合には、

$$3\frac{329}{360}a+2b+c<2a+2b+1\frac{120}{360}c$$

$$\therefore\ a<\frac{120}{689}c$$

即ち、課丁の口数が女口数の一割七分強より少ないということになる。当時、籍帳上に於ける課丁数は相当少なかったであろうし、同時に、籍帳上に於ける女子の数は相当多かったと思われるが、それでも課丁数が女口数の一割七分以下ということは考え難いのであるまいか。なお、この新制の実施によって「乗田益二旧年之数一」ということが謳われているが、これは旧年の口分田保有状況が非常に偏跛なものであった為と考うべきで、この新制による計算の結果、乗田が令制による計算より増えるとは考え難い。

(8) 続日本紀延暦十年五月戊子条参照。

（9）今宮博士『班田収授制の研究』二五四頁及び三二〇頁〜三二一頁。
（10）三代実録元慶五年三月十四日条。
（11）貞観四年六月五日太政官符。
（12）林陸朗氏「奈良時代後期における班田施行について」（「続日本紀研究」三—一二）。
（13）これについては、村尾次郎氏「官稲出挙租税化の過程」（「古代学」六—二）及び「官稲分班の基準」（「芸林」九—三）参照。
（14）平田耿二氏「奈良朝前期における班田農民の逃亡」（「歴史」二〇）参照。

第三節　根本的主因と直接的契機

1

以上、班田法崩壊の原因として従来指摘されて来ていることの中の若干について、それぞれ考察して来たが、それらを通観して、私は班田法崩壊のより根本的な主因として、土地私有の公認と農民の負担の過重という二点をあげることが出来ると思う。その他にも諸々の副次的な原因が介在していることは、既往の叙述によっても明示した通りであるが、最も重要な統一的な原因は右の二点に帰するのではないかと思う。直木氏の強調される如き、班給の方法自体の中に崩壊の遠因がひそむということも確かに尤もである。しかし、上質田が政府や貴族らに先取されるというようなことは、それが官田や位田・職田などの如き令に認められている田種にとどまっている限りでは、それらの田積は班田総額に比して大して大きな割合を占めるものではないから、その為に口分田を劣悪化せしめ耕作の放棄を招来するという程のことはあるまいと思う。口分田を劣悪化せしめる程に政府や社寺・貴族・土豪によって上質田が先取されるようになったのは、やはり土地私有が公認され、大土地私有が展開するようになってからであり、班給の方法自体にひそむ崩壊の遠因というのも、実は土地私有公認ということのもたらした結果として、この点に還元できることであろうと思う。

さて、右にかかげた二点の中、土地私有の公認ということは、班田法の基礎をなす土地公有主義に対立する措置であって、このことが班田法の根底に脅威を与えたということは改めて説くまでもないことである。しかし、そういう理念的な意味合に於いてのみではなく、土地私有の公認自体から直接に種々の現象が実際に惹き起され、それが殊に班田法の実施を困難にし、それを崩壊に導いた諸原因を生み出したということを特に強調したいのである。従って、更に根本的に言えば、当時既に発達していた土地私有慾——殊に上層部に於けるそれ——こそ班田法崩壊の根本的原因に外ならないことになる。「王公諸臣」・「親王以下及豪強之家」・「諸寺」などと表現される上層部の人々は、早く奈良時代初期から先ず令に山川藪沢とよばれた未開墾地の独占に力をそそいだ。(1) これは班田法によって水田の所有に殊に厳重な規制を受けたこれらの人々が、班田法以前に彼らの先祖の享受した土地私有を恢復せんとする運動のあらわれに外ならない。そして、次の段階ではこれらの空閑地の開墾地化につとめ、和銅年間には漸次それを合法化し、(2) その発展線上に三世一身法や墾田永年私財法の制定が行われたことはつとに説かれ来った通りである。そして、此処に至っては、問題はより政治史的な問題となる。即ち、大化の土地公有主義から私有公認への道筋は、単に私有慾の発現という原理だけでは片づけられない偶然的な諸契機に左右される要素を多分に含んでいるからである。従って、ここではこれ以上の追求は避けて置きたい。

更にもう一つの点、農民の負担の過重ということは、一つには律令の課役制度そのものから発するもので、その限りでは、これは律令制度の構造自体の内包するものであると言えよう。しかし、それと共に、農民の生活条件の劣悪化という後次的な条件によって、相対的に負担が過重となって来たことも考えねばならない。それは先ず第一に、貴豪の山川藪沢の独占ということによって惹起されて来たに違いない。この山川藪沢という本来公私共利の地を一部の人々が独占することによって、農民の生活条件が劣悪化するのは当然で、これを禁ずる政府の文書に「百姓の産業を妨げる」ということを慨しているのはその現われに外ならない。また、土地私有の公認後に、殊に口分田そのものの劣悪化が漸次拡がってゆく事情については前に述べた通りである。雑徭という手段による合法性を粧った国司の労力奪取も、ことに土地私有の公認後に於いてははげしさを増したものと思われる。このように考えて来ると、この負担の過重ということより、土地私有の公認ということの方に、より多くの比重をかけねばならないと思う。

要するに、土地私有の公認は律令時代の土地制度を謂わば二本立ての路線とした。そしてこの両者は、その当初少なくとも理念上は既墾地と新規開墾地というそれぞれ別個の世界に於いて展開すべきものであった。しかし、この両者の力関係は何時までもその併存を許すものではなかった。従って、班田法の崩壊現象とは、この二つの世界が交錯してゆく過程であり、前述の諸原因中の幾つかはその結節点として歴史上にあらわれ来ったものに外ならないと思うのである。

以上、私は班田法崩壊の原因をなるべく統一的に理解することにつとめて、一応、土地私有の公認という点に還元し、これを主要な原因として把握すべきことを説いた。しかし、私は敢えてすべてをこれに還元して一元的にのみ把握すべきことを主張するつもりはない。先学諸氏が挙げられ、また私も行論の中でふれて来た他の諸原因には、それなりに独自の素因としてやはり認めなければならないものがある。また、律令制度そのものの傾斜・変質という大前提を抜きにしては考えられないことも言うまでもない。ただ班田法そのものに即して言えば、従来羅列的に示され来った諸原因の中の有力な幾つかは、土地私有の公認という事象によって更に統一的に理解されることを示し、これをたのみとしてこの点に班田法崩壊の主原因を求めんとするに外ならないのである。

2

ところで、以上の論は謂わば班田法崩壊の遠因とでも称すべきものである。前に述べたように、班田法は奈良時代頃まではほぼ着実に実施されているが、以上に述べたような諸事象は何れも既に奈良時代に発現しているものばかりである。即ち、班田法はそれらの崩壊原因を抱えながらも実施されて行ったということになる。これはそれらの諸原因がまだ班田法を崩壊に導くまでに成熟していなかったことに基づくと理解されている。例えば徳永氏が、奈良時代は私有地の増加・私有権の伸長という班田制に最も深刻に根本的に逆行する傾向が増大しつつ、而も表面まだ甚だしい破壊作用を現わさずに暗雲をはらみながら進行した時代であり、而してこの根本的矛盾が表面に出る程度でなかった為に班田制も割合によく実施出来たのであると言われるのは、(3)その代表的なものである。私もまたこれに異存はないが、この理解の仕方を十全なものとする為には、さきに崩壊期として設定した延暦の頃に——或いはそれに近い頃に——前述の如き諸原因が殊に成熟し表面化して来たということを出来る限り立証する必要があろうと思う。そして、それが果されれば、私がさきに第一章に於いて、班田法の全国画一的実施の如何という、かなり形式的な面から設定した時代区分を、今度は実質的な面から支援するということにもなろう。その意味に於いて、以下若干の現象についてその時代的変遷を追ってみたいと思う。

先ず畿内に於ける水田不足に対応する手段として思い切って令制の改訂が行われたのは、既述の如く延暦十一年のことで、少なくとも畿内に関する限り、この頃、口分田にあつべき水田の不足という現象がもはや猶予を許さぬ処まで進んでいたことを示している。また、畿外の但馬・紀伊・阿波三国に於いて王臣家の位田設定が禁ぜられたのは延暦二年のことである(4)。これも同期一連の現象と見ることが出来よう。

また、さきに推測した如く、畿内校田使なる特別の官司が設置されたのは、おそらく延暦四年のことであり、これはその前年に、国司が林野を独占墾開することをいましめ、違反者に違勅罪でのぞむということを決定したの(5)と無縁ではあるまい。即ち、この頃校田ということが、謂わば『時の課題』として重視されるようになったことを示すと言えよう。更に、国司が劣悪田を班給し、王臣家・国郡司・殷富百姓が下田を以て上田と交換することを責めたのは延暦十年のことであって(6)、これらの現象がこの頃放置し難い処まで来ていることを示しているのである。

次に偽籍に関して言えば、奈良末期と推定される現存戸籍断簡にそれが見えることは周知の通りである。そして、それを非難する言葉がはじめて政府によって発せられたのは、実に延暦四年のことであった(7)。

また班田観の変質という点についても、班田課役対応観の形成はおそらく延暦期にあるのではないかと思われる。これについて若干筆を費すと、現存する史料の上に於いて、前述のような明瞭な班田課役対応観が示されているのは、およそ貞観・元慶の頃であって、これには幾多の例証がある。今、その中の二・三を摘んでみると、前述の如き貞観十五年の大宰府管内及び仁和元年の土佐国に於ける、課丁・不課を区別した班田額の決定の如きはその例であり、殊に大宰府の場合は唐の均田法を引合いに出して「差降之法誠非レ無レ故」と言っているくらいである。また、元慶四年三月十六日の班山城国田使の解に「京戸土人課傜雖レ同軽重各別、然則、班授之事何无ニ等級一」と言っている(8)のも同断であろう。しからばこのような班田観はどの程度まで遡り得るか。極端に言えば、養老七年に奴婢の受田年令のみを六年引上げたことも、奴婢が不課口であるからその背景に同じ班田観が潜在していると言えなくもないが、しかし、この場合はむしろ奴婢所有者層の受田額を多少減じようとしたと見るべきで、おそらくは、このすこし前に発布された三世一身法によって奴婢所有者層の保有する水田の増大化を招くことと見合う政策ではなかったかと思われるので、当面の問題に於いては特に問う必要もないと思う。とすれば、この班田観の示されている最も早い史料は延暦四年六月廿四日の太政官符であろう。即ち、この官符には

授田之日虚注ニ不課一多請ニ膏腴之上地一、差科之時規ニ避課役一常称ニ死逃之欺妄一

として、「授田」と「差科」とがいみじくも対照的に取り扱われているのであって、この表現の背景には班田課役対応観が存すると見て差支えない。前述の如く、延暦十一年に京畿の班田に於いて、男は令制通り、女はその残余、奴婢は不給ということに改められたのは、右のような班田観に支えられてのことであろうと思う。勿論この場合には、男の中の課と不課との差別がつけられていないし、また、前述の貞観十三年の大宰府、仁和元年の土佐国の場合にしても、同じ不課の中で男と女とで差をつけているのであるから、ともに課役との対応のみを考えていると言う訳にはゆかず、そこに二つの原理が折衷的に存在していることは認めねばならないが、しかし、前述の延暦四年の官符から見て、大体延暦期頃から次第に班田課役対応観が形成されて来ていると思う(9)。

このように見て来ると、さきに考察した諸原因はその殆んどが延暦年間に於いて顕著な事象として浮び上って来るのである。勿論、これらは主としてこれを取締る為に発出された詔勅官符の類によって知られることであるから、そういう事象が延暦期に於いて特に著しくなったのではなく、それらを取締る政府の側の態度に変化を生じた、つまり延暦期の政治の特徴として把握すべきだと言われるかも知れない。そして私もまたこの見方を否定し去るつもりはない。しかし、更に言えば、延暦期の政治に一つの特徴ありとして、その特徴を発現せしめたものを求めれば、それはやはり政治の場に於ける前述の如き諸事象の深刻化ということと切りはなせない関係にあると思うのである。

そして、延暦期に於いては、班田額や班年間隔などに於いて思い切った令制の改革を行い、謂わば令制の手直しといった形で、一応これを乗り切った感がある。それは班田法以外の分野に於いても、例えば浮浪人の取り扱いに於いて、延暦十二年には浮浪人は公民と異なる一つの身分として肯定され、戸籍にあらざる「浮浪帳」に登載されて調庸を徴収されることになったが、[10]これなども同じ趣旨の措置と言わなければならない。かかる延暦期の政治は、たしかに班田法の実施の上にも有効に働いたであろう。しかしこれは逆に言えば、この延暦期の弾力的な行政力が失われた後に於いては、それまでに成長し来った崩壊の諸原因が一挙に表面化して、班田法の崩壊を決定的なものとしたということに外ならない。従って、班田法崩壊の諸原因が、奈良時代頃まではまだ班田法を崩壊せしむるほどまでには成熟せず、延暦の頃に漸くその累積が高まり、且つ、急速に伸びて来たという観方は肯定さるべきものと思う。そして今ふたたび前述の土地私有の公認・発展と農民の負担の過重という二点に即して、延暦期及びこれに近い過去に契機的原因を求めれば、先ず前者については宝亀三年十月の加墾禁止解除令をあぐべきであり、[11]後者については、藤原緒嗣が菅野真道との相論に際して「方今天下の苦しむ所」としてあげた「軍事と造作」、[12]即ち蝦夷反乱の鎮圧と平安造都に指を屈すべきであろうと思う。

註

(1) 例えば、続日本紀慶雲三年三月丁巳条によれば、「頃者、王公諸臣多占二山沢一、不レ事二耕種一、競懐二貪婪一、空妨二地利一、若有下百姓採二柴草一者上、仍奪二其器一、令二大辛苦一、加之、被レ賜レ地、実止有二一二畝一、由レ是踰レ峯跨レ谷、浪為二境界一」という状況であった。

(2) 続日本紀和銅四年十二月丙午条。この日の詔によって山野の独占はきびしく禁止されたが、同時に、「但有下応レ墾二開空閑地一者上、宜下経二国司一然後聴中官処分上」ということになって、許可制による空閑地の開墾が合法的となったのである。

(3) 徳永氏前掲論文。

(4) 第二節註(2)に同じ。

(5) 続日本紀延暦三年十二月庚辰条。

(6) 第二節註(8)参照。

(7) 延暦四年六月廿四日太政官符。

(8) 三代実録同日条。

(9) 続日本紀天平宝字四年十一月壬辰条の勅に「其七道巡察使所二勘出一田者、宜下仰二所司一随二地多少一量加中全輸正丁上、若有二不レ足国一者以為二乗田一」と見え、天平神護二年の越前国司解に「足羽郡全輸正丁口分」・「敦賀郡全輸正丁口分」と註記された田の存在することは、右の勅の実施を示すものであろう(第三章第二節参照)。これらによれば、全輸正丁が班田法上特に優遇されたケースと言えるので、班田課役対応観が既にこの当時存在したことを示しているようであるが、これは少量の勘出田に対する権宜の処置と考うべきであろうと思う。殊に越前国司解によって具体的に知られる処では、この全輸正丁口分なるものは個々の受給者の氏名を明らかにせず、前掲の如く註記されているのであって、権宜の処置という感が深いのである。なお、岸俊男氏「東大寺領越前庄園の復原と口分田耕営の実態」(「南都仏教」一)の補註参照。

(10)　延暦十六年八月三日太政官符。なお、岡本堅次氏「古代浮浪人考」(「山形大学紀要」人文科学二―三)参照。

(11)　続日本紀宝亀三年十月辛酉条。

(12)　日本後紀延暦廿四年十二月壬寅条。

結論

最後に結びとして、以上三編にわたって述べた処を要約整理し、且つ、荒削りに過ぎた処をも補いつつ、ほぼ時間的順序に従って略述すれば、およそ次の通りである。

一　我が国初期社会の土地制度については、これを神話伝承や、後代の耕地形態から確実に証明することは不可能である。ただ、はじめに土地共有制があり、そのような共同所有の解体後にはじめて土地私有が発生したと想定すべき可能性は大きいが、それはあくまで想定にとどまる。また、この想定を認めたとしても、その後に於ける各農家の私的占有発達の事情を歴史的にあとづけることは全く不可能である。そして、大化後の土地制度から遡及して類推することの可能な六・七世紀頃に於いては、園宅地はすでに各農家の私有財産となり、空閑地は村落の共有地となっていたと思われる。そして、主要な生産の場である水田は、その中間的な性質にあったが、連年の耕作に堪える水稲栽培という事情から、各農家の水田に対する私的占有は既に永続化していたであろう。地方によっては、農民による土地私有も部分的には発生していたと思われるが、一般には水田に対する各農家の私有権はまだ発達していなかった。このような永続的な水田占有の行われた時代に班田類似の土地定期割替慣行の存在を認めることは困難である。ところでこの間に貴族・土豪の大土地私有が進行し、これが、各農家の永続的な水田占有をおびやかしたので、生産力の増大によって漸く水田に対する要求を高めていた農民は、その水田占有の安定化を望んでいた。一方、大和朝廷の官僚的な統一的直轄支配は次第に成熟しつつあり、これらが班田法成立の前提的条件となったものである。

二　大化の田制改革は、旧来の豪族による土地人民の私的領有を廃して、国家が土地の管理権を直接掌握することに眼目があり、その結果、唐の均田法に関する知識と従来のミヤケ支配に於ける経験に基づいて班田収授法が成立した。この土地制度の本質が土地公有制に外ならぬことは、この後、全律令時代を通じて公水公田主義とでも称すべきものが貫徹していることによって明らかである（中田博士らの所謂土地私有主義学説は、その根本をなす私有権の「外的目標」として水田には適用しがたいものを用いているので、従うことができない）。この大化立制当時の制度の内容は不明であるが、どの程度整備されたものであったか疑問である。ことに、定期的な班田額の調整、つまり六年一班制の如きものは恐らく未だ成立していなかったのではないかと思われる。この班田法立制の根本的な意図は農民に直接賦課する為に、その基礎を提供することにあった。これは農民の側から言えば、その基礎的な生産手段たる水田の占有が安定化したこととなる。大化当時の税制は、おそらく旧来のミヤケに於ける税制を受けついだ戸別の調と、田積を賦課の基準とする新設の田の調に基本があったし、一方、班田法の方は旧来の農民各戸の水田占有状況をそれほどひどく変更するものではなかったであろうから、この大化の班田法は戸を単位として考える限り、均田法ほどの厳密さはないが、賦課の制との一応の対応関係を保持していたと言える。「ともかく、人民はこれによって一様に、不十分ながら基礎的な生産手段をもち、公民としての権利を得、義務を負うこととなったのである。今後の国家機構の基盤がここに固められたといわねばならぬ。(1)」という坂本博士の概括的評価は、この意味に於いて正しいと言わねばならぬ。かくて大化立制後最初の班田は恐らく白雉三年に行われたものと考えられる。そしてその後、浄御原令の制定施行に至るまでの間に、班田が行われた形迹はないのである。なお、この期間中は代制の田積法と百代三束制の租法が行われた可能性が大きい（慶雲三年の格に見える所謂令前租法は浄御原令直前のそれと見るべきであろう）。

三　この班田法が制度として確立するのはおそらく浄御原令に於いてであろう。そしてその制度の内容は、その根幹に於いて、後の大宝・養老令と大差のないものであったろうと思われる。その一部分として推定を許される処を述べると、三六〇歩一段の田積法・男女給田額比率三対二制・良賤給田額比率三対一制・郷土法の認容・六年一班制などの諸点に於いて後の大宝・養老令と同一であり、ただ、大宝令制に於ける「五年以下不給」制及び「初班死三班収授」制はまだ成立していなかった。大宝二年の西海道戸籍に見える各戸毎の受田額記載は、この浄御原令の規定に基づき、各国毎に相違する基準授田額によって大宝二年在籍者を対象として機械的に算出したものと考えられる。

この確立期の班田法の内容を見ると、第一に唐の均田法を学びながら、その均田法の本質的な性格たる租調制度との対応が全く無視されていることが分る。均田法との本質的な相違点として従来指摘されているものの中には、質的な相違の外に量的な相違として把握されているものもあるが（例えば、北魏・北斉では女子は男子の二分の一なのに日本では三分の二、というように）、それらは均田法に対する理解の不十分な点から生じたもので、すべて一元的に右の如く理解することができる。この相違を生じたのは、改新後、全国的な造籍の実施と行政技術の発達とにかんがみて、浄御原令の制定に至るまでの間に、賦課の原理が戸税主義から人頭税主義へと合理化されたにもかかわらず、班田方式の根本を変更しなかった為であろう。これは、班田法立制以来の農民の水田保有額をあまり大きく変更することが望ましくなかったからであり、また、当時まだ水田に余裕があり、賦課の制との対応にそれほど神経質になる必要がなかったからであろうと思われる。次に、この制度に於いては、少なくとも良民に関する限り、各受田戸の人口構成の質と量との双方について受田額との間にあるバランスを取らんとしていることが分る。わが班田法に独自な女子給田制・受田資格無制限制・終身用益制などはその現われと見られる。これは生活の為の基礎としての貢献度に於いて、少なくとも地域的には公平ならしめ、且つ、その公平を維持せんとするもので、謂わば、旧来の農民の保持して来た生活の基礎を一つの模式としてそのまま認めるということに外ならない。これは村落内の階級分化の進行を阻止する働きを有している。勿論、農村内の階級分化の進行の阻止は、水田に対する規制のみによって達成されるものではないのだから、この点をどの程度に評価すべきかは問題であろうが、しかし、立制者がその効果に期待する処があったことは想定してよいであろう。次に制度の実施を容易ならしめんとする用意の見られることも指摘しなければならない。六年一班制や郷土法の存在はこれを示すものである。また、奴婢給田制は、奴婢所有者に対する土地所有制限の為の妥協的措置と解する外はあるまい。

なお、この確立期の班田法によって平均的な規模と家族構成を有する農家は、口分田よりの収入によって食料を支弁することが可能であったが、賦課の負担をカヴァーする為には、口分田以外よりの収入が必要であった。ただし、この外に身役の負担や農業の粗笨性などが彼らを苦しめたことは疑いないが、この計算は不可能である。

四　今日、班田法の組織の全容を示す最古のものは大宝令の規定である。これは養老令の規定と大差はなく、その養老令の規定については、従来、既に多くの記述がなされているので、以下、本研究で特に意を用いた点のみを要約して置こう。

(1)　三六〇歩一段・一〇段一町の田積法及び段租稲二束二把・町租稲二十二束の租法はおそらく浄御原令で成立して

大宝令へ受けつがれたものであろう。勿論、大化改新に際してこの田積法・租法が成立した可能性は依然として否定し得ないが、その際とても、それは決定されただけで、実際上は浄御原令制定時まで行われることはなかったであろう（大宝令以前に於ける田積法改制の事実を田令集解田長条古記から立証することはつつしむべきではないかと思う）。

(2) 女子に男子の三分の二の口分田を給したのが、北魏・北斉の均田法に存した類似の制度（婦人に丁男の二分の一を給する）を模したと見るのは誤りで、これはわが班田法の独創である。ただし、三対二という比率そのものは、唐の道士女冠僧尼に対する給田規定に於ける男女の比を参照した可能性がある。

(3) 大宝令に存する「五年以下不給」制は、従来、この大宝令以前から（おそらく大化当時から）存して、それは班年に於いて数え年六歳以上のものに口分田を給する、の意に解せられて来た。しかし、これは少なくとも法意の上では、班田の基礎となる戸籍の作製時に於いて満六歳以上のものに受田資格あり、ということで、その成立は大宝令に於いてであろうと思う。この大宝立制時に満六歳という年令が決定されたのは、浄御原田令より大宝田令への切り換えが最も公平且つスムーズに行われるからである。これは要するに受田年令の引上げをはかったものに外ならないが、この引き上げは、主に、死亡率の高い乳幼児を受田人口から除外して、収授事例の頻繁さを解消し、口分田保有の安定を策したものであろう。

(4) 所謂「郷土法」なるものは、従来、地方の慣習法的なものと理解されることが多かったようであるが、そう解すべき謂われは全くない。これは、口分田が法定額に達しない国で国司が統一的にその国に於ける基準授田額を何らかの形で算出決定する、即ち地方条例の如きものを認めることに外ならない。

(5) 「六年一班」制はおそらく浄御原令で成立して大宝令にひきつがれたものであろう。この六年一班制を六歳受田制に起因する如く説く向きもあるが、それは誤りで、これは六年一籍制からの当然の帰結である。六年一籍制もまた浄御原令にはじまると見てよいが、これは唐の三年一籍制を学び、繁をさけてこの期間を二倍にしたものと見る外はない。

(6)　大宝令に於ける死亡者の口分田の収公規定については、従来、養老令との間に表現上の相違はあっても内容上の相違はないものと理解されることが多かったようであるが、実は大宝令では二律規定となっており、一般の場合には養老令と同じく、死後最初の班年に収公し、ただ、始めて口分田の班給をうけて次の班年に至らない中に死亡した場合（初班死）だけは、特別に更にその次の班年まで収公を猶予する。この「初班死三班収授」制は「五年以下不給」制の成立に対する反対給付的な意味があるように思われる。

(7)　なお、大宝令に於いては、後の養老令では収公事由発生後十年で収公される王事不還者の口分田収公が、収公事由発生後二度目の班年に、同じく養老令では収公事由発生後即時収公される逃亡者の口分田収公が、収公事由発生後最初の班年に、それぞれ収公されることになっていて、一般に班年収公制の建前であったことと、収公猶予期間が養老令よりも若干長かったことが注目される。

(8)　家人・私奴婢に良民の三分の一の口分田を給したのは、北斉の制度（良民と同額だが口数に制限がある）をもじったものであるという説があるが、彼に存したのは租調負担奴婢給田制であり、班田法のそれは無差別給田制であるから、このような理解の仕方には疑問がある。しかし、おそらく前述の如く奴婢所有者層に対する水田保有の制限の為の妥協的措置としてとられたものであろう。

五　班田法の確立以来、延暦二十年の一紀一行令の発布に至る一世紀余の間は、造籍・班田ともほぼ令制通りに順調に行われた。その施行の範囲は東北の陸奥・出羽や西南の大隅・薩摩をのぞいては全国的であり、且つ、班年毎に同時一斉に行われていた。令の規定によれば「校勘造簿」にあてられる期間は班年の十月一杯の一カ月しかないが、この期間内に校田を行い校田帳授口帳を作製することは実際には無理であった。従って、班田をその年の十一月から翌年二月にかけて実施することも無理で、翌年冬―翌々年春の農閑期に行われざるを得なくなり、造籍二年後班田というシステムが、班田法の確立以来定式化されていた。これは天平十二・十四造籍班田年度まで続いたものである。

この期間内に於ける制度の改正としては、先ず養老七年に於ける奴婢の給田年令の引上げ（十二歳となる）があるが、これはその直前に発布された三世一身法によって、奴婢所有者層の水田保有額が増大するので、これと見合って減額したものと思われる。ついで、天平元年には「依レ令収授、於レ事不レ便」という理由で「悉収更班」という措置が令せられた。これは文言があまり簡単で真相が掴みにくいが、私は、おそらく、一律規定の為にその取り扱いの不便な（初班死の場合）大宝令の死亡者口分田収公規定に準拠することをやめて、より簡明な養老令のそれに準拠せんとしたものと解する。そして、これが長屋王の事件の直後のことであるだけに、藤原不比等の子女達が、父不比等の編纂にかかり、その後施行されることなく高閣に束ねられていた養老令に、強い関心を持ったことと関係が深いと思っている。

なお、養老五・七造籍班田年度と天平十二・十四造籍班田年度との二回は、何れも七年一籍・七年一班となったが、これは岸俊男氏の説かれる通り、郷里制の成立及び廃止の影響をうけたものであろう。

六　ここで口分田の耕営状況と経済的価値とについて一括してふれておこう。口分田の班給は、当初は戸、ついで房戸制の成立後は房戸、その廃止後は郷戸、をそれぞれ対象として行われた。この「戸」と実態家族とが一致している場合には問題はないが、「戸」が擬制的なものとなった時代には、口分田は用益の主体たる家族に再配分されたと考えられる。その際、用益権や入質権は家長にあるが、戸主は更に上級の権利を持ったらしい。ただし、これに関する史料は、僅少でたしかなことは分らない。口分田は、一般に班給の単位たる戸の本貫に近い処で班給されるのが原則で、この原則通りに行われた方が多いと思うが、所謂遙授の事例もかなりあった。京戸の口分田を畿内諸国に班給する場合や、本貫をはなれた後進開発地域に於いて各戸の口分田を補充する場合などがその主たるものであろうが、その外、陸田班給の場合に水陸田の割合を公平にするために班給の範囲をひろげ、その結果生じた場合もあるらしい。口分田は一般に分散的な形態をとっているが、これは律令国家が地味その他の耕作条件を勘案して行なった班給の結果と思われ、また班年毎の収授のくりかえしによって生じ易い形態であった。国衙の具体的な班給地決定の方法は不明であるが、とにかく一定の配慮によって計画的に行なったと思われる徴証が存する。この口分田の耕営は大部分は自家労働力で行われたと見るべきである。そして口分田遙授の場合には、おそらく実際の住居を移すということも行われたらしい。この際、移住はおそらく家族単位になされ、それが房戸と認定された戸乃至その後身である可能性は大きいと思う。従って、京戸の場合などをのぞいて、一般に口分田の賃租が広汎に行われたとは考え難い。

次に口分田よりの平均的収入はどのくらいであったかというと、当時の実際の混田率がどの程度であったか不明であるが（所謂七分法・三分法は実際の混田率を示すものでなく、延喜延長年間に於ける地子収納の確保の為の基準で、田租の不三得七法に類した規定である）、越前国坂井郡に於ける一例（上田三二%、中田五六%、下田一二%）はおよそ平均的なものを示している可能性が強い（下々田は奈良時代には存在しなかったと見るべきである）。また、各田品別の収穫量については、弘仁主税式に見える法定穫稲量は、実収より低目に設定されたものであり、平均的な実収はこれよりおよそ一割ぐらいは多いと見るべきであろう（讃岐国に於ける一例は上田平均五四四束、中田四五〇束となっている）。これらの数値や、また、七分法や三分法に於ける地子収納確保の歩留りを不三得七法と同じく七割程度と見て、奈良時代の町別平均穫稲量を算出すると、ひかえ目な見積りで四五〇束ほどと見てよい。これによって標準的な家族（男四人、女六人）の法定受田額よりの純収入を算出すると、浄御原令制では六六四束、養老令制では五七〇束となり（大宝令制では初班死のものの分がありうるので計算困難）、前者はこの戸の消費食料をまかなうに足り、後者は約一五％の不足を生ずる（食料のわずかに五分の三を満たすにすぎずという悲観説にも、ほぼ食料をまかなうに足るという楽観説にも共に従い難い）。これが机上での標準的平均的な計算にすぎないことは断るまでもないが、しかし、一応の目安とはなるであろう。

七　天平十五年に墾田永年私財法の発布されたことは、律令土地制度に根本的な修正を加えたものであった。これによって、土地制度は謂わば二本立ての路線となった。勿論、この私有の公認は新規開墾田及び荒廃田の再開墾田についてであり、既墾の熟田に於いては公地制が依然として維持され、この両者は理念上は別個の世界で展開すべきものであった。しかし、これによって班田制が全く影響を蒙らないですまされる筈はなく、忽ち、校田の困難、従って班田の遅延という現象を生じた。即ち、この永年私財法発布後最初の造籍班田年度たる天平十八年―天平勝宝元年から、造籍と班田との間隔が従来より一年ひらいて、造籍三年後班田システムがとられるようになったのである。そしてこれは宝亀七・十造籍班田年度まで続き、その後は更におくれて造籍四年後班田システムとなるのであるが、この間に後述の如き、永年私財法発布に淵源を有する班田法崩壊の諸原因が漸次成熟しつつあった。そして、これらの諸原因は宝亀三年十月の加墾禁止解除令や、蝦夷反乱の鎮圧と平安造都の為の農民負担の増大などによって、延暦期に至って一挙に表面化して来るようになり、班田法を崩壊へと導いたのである。延暦二十年の班田一紀一行令の発布は、班田法の施行上に於いて、その画期を示す現象であった。即ち延暦十三年の造籍に引き続く班田は、従来の通りのシステムであれば延暦十七年に行わるべきであったが、これが実施出来ず、終に更に二年おくれて延暦十九年に漸く行われた。これは造籍後六年目の班田で、造籍と班田との間隔として許さるべきマキシマムに達した訳である。事実、延暦十九年には造籍が行われており、班年が次回の籍年と重なって了った。この事態を切り抜けるためには、班田を一回省略する外はない。即ち、延暦十九年の造籍に対応する班田を行わずに、その次の造籍年から班田を軌道に戻す外はない。この措置を令したのが、延暦二十年の一紀一行令の発布なのである（これを畿内だけに発布されたと解する向きもあるが、以上の如き発布の事情から考えて従い難い）。そして、この延暦十九年の班田は全国同時一斉に行われた班田の最後であって、この後、班田法の実施は国ごとに区々となり、崩壊過程を辿ってゆくのである。

八　此処で、班田法崩壊の原因について考えると、以下の諸点に特に留意が必要であると思う。

(1)　人口の増加に伴う口分田用地の不足ということを、一般的に班田法崩壊の根本原因として把握することには疑問がある。口分田用地の不足という現象は全国一様な現象ではなく、殊に畿内及びその周辺や、当初から耕地面積の小さい国に見られるものであり、人口の増加ということも、大化―大宝の頃には認めてもよいが、奈良時代に於ける人口増加をそれほど大きく見積ることは無理だと思うからである。そして、畿内附近に於いて口分田用地の不足を生じたのは、位田・職田などに上質田を先取したり、ことに永年私財法発布以来、劣悪な墾田と上質の口分田とを不正に交換することが行われて、次第に口分田が劣悪化し、農民の逃亡と相まって、荒廃田が増大したことに主要な原因があろう。

(2)　班田手続きの煩雑なる点も従来よく指摘されている崩壊原因の一つであるが、これは正確には、煩雑化と言うべきである。その煩雑化を導いたものは、一つには律令行政力の低下であり、更には、国司の不正行為や校田そのもの困難などによって生じた校田結果の確定承認の困難さであったと思う。これは永年私財法発布以後ことに著しい現象であった。

(3) 地方官の不正ということは従来指摘されて来た以上に重視さるべきである。班田の実施は地方官に負う処の大きいものであるが、もともと、班田の励行は国司にとって、その成績にも個人的な利益にも直接の関係のないことであった。更に国司の地位の利権視が公然化して来るようになると、彼らに厳正な施行を望むことは無理であり、ことに土地私有の公認後、彼らが校田に際して権門勢家や土豪の為に利益をはかり、また、自らもその地位と任期中の空閑地開墾権を利用して土地私有をはかって、班田法の崩壊に力をかしたのは勢いと言うべきであろう。

(4) 偽籍ということについては、これが、班田法と賦課の制との不対応を利用しての人民の負担忌避の方法であったことは疑いない。その意味では、むしろ班田法の制度に内在する欠点が農民の負担の増大によって発現したと見てよい。また、直木氏の指摘される通り、国司の側にも偽籍を有利とした条件は確かにあったが、より根本的には、政府が人頭税よりも地税を重視するようになって来たことが、この偽籍を一層容易にし、班田法の崩壊を促進したと見るべきであろう。

(5) 為政者の班田観の変化ということは班田法の崩壊現象を示す一つの側面であり、その変化とは、当初みられなかった班田課役対応観の形成である。負担の過重、大土地私有者側からの吸引、及び、山川藪沢の独占による村落生活の破壊、などによって班田農民の逃亡が増大し、調庸の確保が困難となったことが、この班田観変化の原因であろうが、これはとりも直さず、班田法崩壊の原因に外ならない。

(6) 以上を通観して、班田法崩壊の根本的な主原因は土地私有の公認ということに帰着するであろう。それは、理念上土地公有主義に基づく班田法の根底を脅威するという意味合に於いてのみならず、現実的に種々の面で具体的に班田法の施行を困難ならしめる諸現象を生み出して来ているのである。班田法の崩壊過程とは、本来は土地公有制と牴触しない世界に於いて発現した土地私有の公認後、この両者の力関係によって、二つの世界が交錯してゆく過程であり、前述の諸原因はその結節点として現れ来ったものに外ならない。

九　延暦二十年の一紀一行令発布によって、造籍と班田との年度関係が一応調整されて、六年一班が可能となり、大同元年に令制に復帰したが、しかし、この一紀一行令の発布自体がすでに末期的な措置で、この後、班田法は崩壊期に入る。爾後、畿内では弘仁・天長・元慶の三回の班田が行われたのみで、その後は行われず、畿外諸国でも、国毎に相違はあろうが、恐らく延喜までの間に多くて五・六回の実施にとどまったであろう。この間、大宰府管内や土佐国などでは、課丁と不課との間に班給額の差を設けるなど、頗る令制とはなれた改制を行なったことがあり、班田法の変質が明瞭となっている。かくて班田不履行の結果、「律令の公地公民制は制度として上に厳存するけれども、社会の実状においては、土地は国民にとつて公的な班給の対象ではなく、私的な所有用益の対象に移つて」[(2)]しまった。延喜年間、政府は掉尾の勇をふるって班田の励行を命じたが、さして実効をあげることなく終り、この期を境として班田法は史上より姿を消すに至ったのである。

註

（1）坂本太郎博士『日本全史2』古代1、八三頁。
（2）同『日本史概説』上巻、一六七頁。

補論　関係文書の基礎的研究

本研究の必要から、口分田に関する記載の見える若干の律令時代文書について、個別的な基礎的研究を行なった。その際、主として取上げた文書は、

①大宝二年西海道戸籍
②天平七年相模国封戸租交易帳
③天平十二年遠江国浜名郡輸租帳
④天平十五年弘福寺田数帳
⑤天平神護二年越前国司解
⑥大和国添下郡京北班田図
⑦山城国葛野郡班田図

の七篇であるが、この中、①について得た処は本書第一編第二章第一節にほぼ記述したし、⑤については岸俊男氏、(1)⑥については大井重二郎氏、(2)⑦については宮本救氏(3)ら諸氏によるすぐれた分析が既に公にされていることなので⑤〜

⑦について得た私見の一部は第三編第三章第二節に記述した）、のこる②〜④の三篇の文書についての基礎的な研究のみを以下にかかげて補論としたい。(4)

註

（1）岸俊男氏「東大寺領越前庄園の復原と口分田耕営の実態」（「南都仏教」一）。

（2）大井重二郎氏「大和国添下郡京北班田図について」（「続日本紀研究」六—一〇・一一合）。なお、拙文「西大寺蔵京北班田図に関する補正的私見」（「同前」七—三）参照。

（3）宮本救氏「山城国葛野郡班田図について」（「同前」六—三）。

（4）これらは何れも次の如き形で単行の論文として発表したものに若干の補筆を行なったものである。

第一章……「天平十二年『遠江国浜名郡輸租帳』に関する一考察」（「古代学」七—一、昭三三・三）

第二章……「相模国天平七年封戸租交易帳について」（「日本上古史研究」二—一〇、昭三三・一〇）

第三章……「天平十五年弘福寺田数帳について」（「史学雑誌」六八—五、昭三四・七）

第一章　天平十二年遠江国浜名郡輸租帳

大日本古文書二に「遠江国浜名郡輸租帳」と題して収められた四通の断簡が、奈良時代史に関する貴重な史料として、多くの史家の利用に委ねられていることは周知の通りである。この帳が輸租帳の唯一の遺存例であるという点だけでも既に珍重すべきものであるが、更にその記載内容に関しても、たしかに幾つかの注目すべき点を有している。今、試みに思いつくもののみを数えても、「公廨田」・「郡司職田」・「駅起田」の語を存して、養老令に於ける「在外諸司職分田」・「郡司職分田」・「駅田」が、先行の大宝令に於いてはそれぞれ「在外諸司公廨田」・「郡司職田」・「駅起田」であったと解すべき田令集解古記の記載を裏づける点、「郷戸」・「房戸」の語を公文書中に存し、かつ、この際の郷戸が所謂主戸[1]を意味することを示す点、更に賦役令に規定された損戸の免税規定の実施を示す点、などを挙げることが出来よう。就中最後に掲げた点に関しては、本帳は具体的な数字を伴った史料として唯一のものと言ってよいから、令の免租規定、或いは進んで不三得七法の法制、及び当時の風水害等の実情を論ずる場合には必ず引合いに出される。

しかし、その際に注意すべきことは、本帳に見える数字が、当時当該地方に於ける実情を果して忠実に写しているかということである——用語・準則等が正格のものたるべきを疑うのではない——。そしてこの点に関する検討の公にされたことは寡聞にして未だ耳にしないが、しかし、これは不問に附し得ない問題を含んでいると思う。即ち、国衙に於けるおびただしい公文書の作製とその京送の中に胚胎する律令的官僚政治の形式性を知るものにとっては、かかる公文書に見える数字をそのまま実情の反映と見ることを躊躇せざるを得ない。そして私の見るところでは、本帳に示された数字は実情を忠実に写したものではなく、国衙に於いて作為せられたものであろうと思う。勿論、すべての数字がそうだというのではないが、国衙に於ける本帳作製経過上の利便から作製された数字もかなり含んでいると思う。そこで先ずその点の検討を行い、ついで国衙に於ける作製経過を推定し、以て本帳の史料性の確定に寄与したいというのが、以下の考察の課題である。

一

本論に入る前に、本帳に関する若干の予備的考察を行なって置きたい。

一　四断簡の接続関係及び配列

大日本古文書二に掲げられた順序に従って、四通の断簡を仮りにA・B・C・Dと名付けると、その内容は次の如くである。

A（二五八頁〜二六一頁）……首部
B（二六一頁〜二六二頁）……郷名不詳郷の一部
C（二六二頁〜二六八頁）……郷名不詳郷の一部と新居郷の大部

D（二六八頁〜二七一頁）……津築郷の全部と尾部

この接続関係について考えると、Bの郷名不詳郷分とCの冒頭六行の郷名不詳郷分とは同一の郷の部分である。何となれば、この両者には次の如く対照し得る同一戸主名が存するからである。

戸主敢石部佐理｛B…二六一頁三行目・二六二頁二行目／C…二六二頁四行目｝

戸主和爾神人麻多恵与｛B…二六一頁七行目／C…二六二頁七行目｝

しかも、Bの末行は「損四分」であり、Cの初行は「損二分」となっているが、これは後述の如く「損四分」の誤りと解さざるを得ないので、このB・C間の欠佚部分は僅少と考えられる。次にA及びDがそれぞれ冒頭及び末尾に位置すべきことは論を俟たないところであるから、B+CはAとDとの中間に位する。従って、配列の順序は大日本古文書の通りにA・B・C・Dとすべきであるが、ただし、AとB、及びCとDとの間の欠佚の状況は一切不明という外はない。

二　大日本古文書の句読点に対する疑問

大日本文古書に於いては、損戸夾名の部分に於いて、例えば、

戸主敢石部竜麻呂戸敢石部破田壱町　陸段、遭風損六分、

の如く句読点を附してあるが、この細注の部分は恐らく次の如く句読点を打つべきであろう。

「陸段遭風、損六分、」

即ち、「一町の中六段が遺風、従って損六分となる」の意であろう。これは大したことではないが、大日本古文書の如くであれば、「六段が風損六分に遭う」の意に解する如き誤解を招かないと限らない。

三　訂正及び補入

(イ)　二六〇頁一〇行目割注　「肆拾漆町壱段弐佰捌拾捌歩官」

この「肆」は「漆」の誤りなることが計算によって知られる。

(ロ)　二六二頁三行目　「戸語部足麻呂田陸段 弐段□□損二分」

本帳に於いては、損戸の夾名は損の大なるものより順次記載するのを例としていることは、新居郷、津築郷の場合を見れば明らかである。ところで、この次の行も更にその次の行も「損三分」となっているから、この行は損三分以上でなければならない。と同時に、直前のBの末行が「損四分」であるから、この行は損四分以下でなければならない。即ち、損三分かもしくは四分でなければ前後の体裁を破ることとなる。しかも、もし「損二分」ならばこの細注は「壱段漆拾弐歩……」とあるべきであって、「弐段□……」と合わず、この点からもこの「損二分」は誤りと断ぜざるを得ない。しからば、三分と四分との何れを是とすべきかというと、三分ならば「壱段弐佰捌拾捌歩……」、四分ならば「弐段壱佰肆拾肆歩……」と計算され、前者は「弐段□……」と合わないから非とすべく、結局後者を採るべきことが明瞭であろう。従ってこの部分は次の如く訂正復原さるべきである。

「弐段壱佰肆拾肆歩遺風、損四分」

(ハ)　二六二頁四行目割注　「損三歩」

言うまでもなく「損三分」の誤りである。或いは誤植かも知れない（寧楽遺文上巻は「損三分」と正確に記している）。

(ニ) 二六三頁八行目 「戸主神直老田肆町壱段佰弐拾歩………」

「段」と「佰」との間に「壱」字を脱している。これが「弐」または「参」字を脱したものでないことは損田積から逆算すれば明瞭である。

(ホ) 二六八頁七行目 「戸主和爾神人飯麻呂」

大日本古文書は「神人」の次に(部脱カ)と註しているが、「部」字を補う必要はないと思う。何となれば、この人物は二六五頁九行目にも「戸主和爾神人飯麻呂」と見えているからである。

(ヘ) 二六八頁一〇行目 「戸宗宜部得背戸敢石部□参段遭風損三分」

先ず「戸」の次に「主」を脱したものであろう。何となれば、本帳に於いては「戸主何某戸何某」の例は枚挙に遑がないが、「戸何某戸何某」の例は外になく、また宗宜部得背が戸主であったことが二六六頁一二行目の「戸主宗宜部得背」なる記載によって知られるからである。次に欠字の部分は計算によれば次の何れかが想定される。

「〇〇田壱町 参段遭風損三分」

「〇〇田肆町参段壱佰弐拾歩 壱町参段遭風損三分」

ただ、この戸は房戸なので、後者はその受田額が過大となる嫌いがあり、恐らく前者であろう。

四 本帳に見える数字の整理表示

最後に本帳に於いて言及する必要のある数字について、前項の補訂の結果を取り入れて、整理した形で表示して置こう(第一表〜第五表)。ただし、第五表のB部のみは後述の論証の結果得られた数値で本帳に記載されたものでなく、本来此処に掲ぐべき性格のものではないが、表示の便宜から第五表として一括したものである。

第1表　田種別田積一覧（全郡）

管田総計　1086・1・145（町・段・歩）					
不堪佃田	227・4・71				
				口分田	127・0・60
				墾田	16・6・236
				乗田	83・7・135
堪佃田	858・7・74				
		不輸租田	5・6・133		
				放生田	4・0
				公廨田	6・0
				駅起田	3・0・0
				入田	1・6・133
		応輸租田	759・4・216		
				郡司職田	6・0・0
				口分田	753・4・216
		応輸地子田	93・6・85		
				闕郡司職田	6・0・0
				射田	1・0・0
				乗田	86・6・85

第2表　「口」数（全郡及び郷別）

	全郡	新居郷	津築郷
男	2385	322	121
女	2945	351	147
奴	17	2	0
婢	24	2	0
合計	5371	677	268

第3表　戸種別戸数及び田積一覧（全郡）

損得　戸数　＼神・封・官			神戸	封戸	官戸	合計
			125戸	110戸	515戸	750戸
損五分以上戸	187戸		47・8・　0	38・0・　0	147・8・240	233・6・240
		損				127・3・336
		得				106・2・264
損四分以下戸	367戸		73・2・　0	80・0・　0	257・6・　0	410・8・　0
		損	22・2・144	25・3・144	77・1・288	124・7・216
		得	50・9・216	54・6・216	180・4・ 72	286・0・144
全得戸	196戸		42・4・240	21・8・264	50・6・192	114・9・336
合計	750戸		163・4・240	139・8・264	456・1・ 72	759・4・216

第4表　戸種別戸数及び田積一覧（新居郷及び津築郷）

	新居郷			津築郷		
損五分以上戸	31戸		37・4・240	9戸		10・0・　0
		損	20・3・264		損	5・2・144
		得	17・0・336		得	4・7・216
損四分以下戸	53戸		53・0・　0	14戸		15・4・　0
		損	16・5・　0		損	4・7・288
		得	36・5・　0		得	10・6・ 72
全得戸	26戸		6・6・ 13	15戸		12・9・299
合計	110戸		97・0・253	38戸		38・3・299
両郷とも全部官戸	郷	50戸		郷	22戸	
その郷戸・房戸別	房	60戸		房	16戸	

第5表　損戸堪佃受田額の整理

A部					B部
受田額 (町・段・歩)	損戸数				計算による良男・良女受田口数の組合わせ (良男口数＋良女口数)
	郷名不詳	新居郷	津築郷	計	
4・240	1	3	1	5	1+2
5・120			1	1	2+1　0+4
6・　0	1	2		3	3+0　1+3
6・240		6		6	2+2　0+5
7・120		3		3	3+1　1+4
8・　0		7	2	9	4+0　2+3　0+6
8・240	2	4		6	3+2　1+5
9・120		6	5	11	4+1　2+4　0+7
1・0・　0	3	6	3	12	5+0　3+3　1+6
1・0・240	1	5		6	4+2　2+5　0+8
1・1・120		5	3	8	5+1　3+4　1+7
1・2・　0	3	1	3	7	6+0　4+3　2+6　0+9
1・2・240	1	3		4	5+2　3+5　1+8
1・3・120		2		2	6+1　4+4　2+7　0+10
1・4・　0		5	2	7	7+0　5+3　3+6　1+9
1・4・240	1	5		6	6+2　4+5　2+8　0+11
1・5・120			1	1	7+1　5+4　3+7　1+10
1・6・240	2		1	3	7+2　5+5　3+8　1+11
1・7・120		2		2	8+1　6+4　4+7　2+10　0+13
1・8・　0		1		1	9+0　7+3　5+6　3+9　1+12
1・8・240	1			1	8+2　6+5　4+8　2+11　0+14
1・9・120		2		2	9+1　7+4　5+7　3+10　1+13
2・0・240	1	1		2	9+2　7+5　5+8　3+11　1+14
2・1・120			1	1	10+1　8+4　6+7　4+10　2+13　0+16
4・1・120		1		1	20+1　18+4　16+7　14+10　12+13　10+16
					8+19　6+22　4+25　2+28　0+31
合計	17	70	23	110	

一戸当りの受田額が記載されているが、第五表のA部はこれを一括して受田額の大小に従って整理したものである。本帳には損戸（「損五分以上戸」と「損四分以下戸」とを「損戸」と併称し、「全得戸」と相対して用いることとする）に限って

二

ところでこの数値に或る整一性の存していることが一見して明瞭であろう。即ち、歩数の値は〇・一二〇・二四〇の何れかであり、しかも〇歩と二四〇歩は必ず偶数の段数に、一二〇歩は必ず奇数の段数に連なっていることが知られよう。計一一〇戸の事例がすべて例外なしにこのようであることは、これらの数値に何らかの基準の存することを感ぜしめるものである。

そこで先ずその基準を探ることから検討の手掛りを得たいと思うのであるが、この点に関して参考となるのは大宝二年の西海道戸籍である。この戸籍に見える各戸当りの受田額を検討してみると、男、女、奴、婢の受田額は令制の通りではないが、それでも国毎に男、女、奴、婢それぞれの基準授田額があり、且つ、男と女、奴と婢の基準授田額の比はそれぞれほぼ令制通り三対二となっていることが知られる（第一編第二章第一節参照）。従って、遠江国に於いても男、女、奴、婢それぞれの基準授田額があり（令制通りか否かは不明として）、且つ、男対女及び奴対婢の授田額の比が三対二となっていると仮定してみよう。その際、津築郷には奴婢を含んでいないので（第二表「ロ」の意味については後述するが、これが総人口であっても受田人口であっても、受田者中に奴婢の存しないことは明らかである）、良男、良女各一口当りの基準授田額を算出するのに便利である。そこでこの郷の記載を資料として算出してみると、男は二段、女は一段

一二〇歩の令制通りの受田額となっていることが知られる。(2)

ところで、郷名不詳郷及び新居郷の損戸の一戸当りの受田額中には、奴婢の分を含んでいる可能性があるので、以上の如き基準授田額の算出の資料として用いなかったが、津築郷について得られた男女の基準授田額がこの両郷にも適用さるべきものであることは論を俟たない。そこで、逆にこの両郷の損戸の戸毎の受田額を、良男二段、良女一段一二〇歩の数値で処理してみると、何れも過不足なく整数の男女受田口数の組合わせを得ることが出来る（第五表B部参照）。(3)従って、少なくとも損戸に関しては、本帳はすべて令制に従って計算された受田額を記載していると解することが出来る。そしてこの受田額が、その記載の様式から見て堪佃田として記載されていることも、注意して置かねばならない。

そこで、もしこの記載が忠実に実情を写したものであるとすれば、損戸に関する限り、各戸は令制通りの口分田班給をうけ、且つ、その口分田は洩れなく堪佃田であったということになる。何となれば、如何に寛郷であっても令制以上の額を班給することは考えられず、従って、堪佃口分田の額が令制通りである以上、その外になお不堪佃口分田を有しているとは考えられないからである。即ち、この郡には計一二七町余の不堪佃口分田が存するが（第一表参照）、これは損戸とは全く関係のないものということになろう。

ところで、もしこの郡の全戸が上述の如き状況にあるというのであれば、即ち、全得戸もまた令制通りの班給を受けており、且つ、そのすべてが堪佃田であったというのであれば、それを実情として認めることもあながちに不可能ではない。しかし、その際には、本帳に見える不堪佃口分田一二七町余は、天平十二年（七四〇）当時の受田戸には一切関係がない、即ち受田戸七五〇戸の口分田はすべて堪佃田であったということになる。これは果して認められるところであろうか。この点を検討する為には全得戸の受田額数値を検討するのが捷径であるが、不幸にして全得戸に関しては損戸の如き夾名の部分がない（これは免租の要否によって生じた取扱上の差異であって、本帳の性質の然らしむるところであろう）。そこで別の方法として、本郡に存し得べき口分田額の総額を求める方法をとりたいと思うが、その為にはこの郡の男、女、奴、婢別の受田口数を知らねばならないので、いささか廻り道ではあるが、第二表の「口」数の意味するところを検討してみたいと思う。

三

ここで問題となるのは、第二表に掲げた「口」数が総人口か或いは受田人口かという点である。本帳にはただ「口」とのみ記されているので、本帳記載の表面のみからはその何れをさすか明らかでない。そしてこの点については、かつて沢田吾一氏が奈良時代の人口数の調査の為の一資料として検討されたのが、恐らく唯一の例であろう。(4) そして氏の説は、結局これを受田人口と見なすべきことを提唱しているものであるが、その理由として挙げられたものの中には後述するところと関連を有する点があるので、繁をいとわずその要点を掲げることとしよう。

(一) 総人口と見なした場合、年令別人口比率によって受田口数を計算し、これによって法定の受田総額を算出すると七四一町八段となる。(5) 本帳の堪佃口分田合計額七五三町四段二一六歩はこれより一一町余多いが、易田或いは類似の斟酌を想定すれば、あり得べき数値である。

(二) 受田口数と見なした場合、法定の受田総額は八七一町八段二四〇歩となり、堪佃口分田七五三町余より遙かに大であるが、堪佃口分田と不堪佃口分田との和八八〇町四段二七六歩と比較すれば八町六段三六歩の差を生ずるのみであり、これも八町余りの易田或いは類似の斟酌を想定すれば、あり得べき数値である。

㈢　以上何れも一見良好なる如くであるが、実は㈡の方がすぐれている。何となれば、

㈠　本帳には惣管田一〇八六町云々の下には「旧」字が注されているから、この一〇八六町余は荒廃前の管田なることが明らかである。従って、もし㈠ならば、一二七町余の口分田が荒廃した為に乗田中よりこれを補給したと見ざるを得ず、然る時は旧時の乗田は、

堪佃乗田＋不堪佃乗田＋127町余＝297町余

となり、これは全田の二七％余、口分田の約四〇％に当り、乗田の歩合が過大であろう。これに反し、もし㈡ならば、荒廃前に口分田は八八〇町余、乗田は一七〇町余となり、乗田は全田の一六％、口分田の約二〇％に当り、乗田の歩合は妥当である。

㈡　当時の籍帳は頗る厳格であって、不必要の内容を記さない。従って本帳に記す「口」も班田に関係あるものに限ると見る方が合理的である。

㈧　「口」の直前の行に「受田戸」と明記してある精神をくむ時は、その内容たる人口を受田口と見ることが穏当である。

以上の三点が沢田氏の所説の要点である。この中、㈠・㈡についても多少問題となる点があるが、(6) 特に疑問とすべきは㈢の㈠である。即ち、「旧」字の意味を果して沢田氏の如く解し得るか否か頗る疑問と言わなければならない。氏の如く解する為には、旧時（何時か不明だが某時期）には不堪佃田（荒廃田）が全然存しなかった、または不堪佃田は

存しても管田の中に数えられなかった、の何れかを前提としなければならないが、その何れも肯い難い。この「旧」字は去年の帳と管田総額に関する限り異同がないという意味であって、一〇八六町余は天平十一年（七三九）現在の管田総額であり、また天平十二年現在の管田総額でもあるというに過ぎない。従って、沢田氏の如く荒廃前の乗田の歩合を算出し、その大小によって㈠と㈡との優劣を比較することは本帳の記載からは不可能なことである。ただし、「旧」字を私見の如く解しても、沢田氏とは全く別箇の観点から㈠には従い難く、㈡の方がすぐれているということは言えよう。即ち、もし㈠に従えば、口分田が荒廃した際は班年をまたずして乗田を以て改給したか、或いは班年にのみ荒廃口分田の改給が行われたのならば最近の班年たる天平七年以後には口分田の荒廃がなかったのか、この何れかの事由の為に天平十二年当時の堪佃口分田額が法定額と近似しているということになり、且つ、改給によって乗田に編入された筈の旧荒廃口分田が依然として不堪佃口分田として分類されているということになるが、これらの点は㈠にとって致命的な弱点と言わなければならない。これに反して㈡についてはかかる弱点もなく、確かに㈡の方がすぐれている。従って、「旧」字の解釈に誤解はあっても、結局、沢田氏の所説の結論は動かないことになるので、その結論をそのまま利用して差支えないかの如くであるが、実は、㈡が成り立つ為には、不堪佃口分田の全部或いは殆んど大部分が最近の班年（天平七年）以後天平十二年までに生じた（或いは生じたものとして記載された）と見るか、または、天平七年以前に生じた不堪佃口分田が天平七年の班年に班給し直されなかった（或いは班給し直されなかったものとして記載された）と見ることを前提としなければならないのであり、しかもこの点こそ、現在本章に於いて検討すべき点なので、沢田氏の結論をそのまま利用することは循環論証の結果に陥いる。更に言えば、沢田氏説の㈢の㈣と㈥とについて、私自身も恐らく同様に解することが合理的であり穏当であることを信ずるものであるが、しかし、やはり主観的な要素を排除し得ないうらみがある。そこで、沢田氏とは全く別個の観点から、この問題をもう一度検討してみなければならない。

さて本帳に記載されている損戸の受田額が令制に基づいて計算されていることは前述の通りである。即ち、各戸毎にその受田口数に従って機械的に令制通りの受田額を算出して記したものと考えられる。従って、その受田額が実際の受田額を示すものか否かは不明であっても、そのこととはかかわりなく、この受田額から受田口数を逆算し得れば、それは本帳の記載に当って、その基礎として用いられた損戸の受田口数を示すものと考えて良いであろう。而して、本帳の損戸受田額の計算には奴婢は含まれていない可能性が多い。(7) また、含まれていたとしても、それを無視し、すべて良男良女に換算した上で以後の計算を行なっても、その為に生ずる誤差は殆んど問題とならないほど僅少と思われる。更にまた、この損戸受田額の中には郡司職田が含まれている可能性もある。そこで先ずこの損戸受田額の算出には奴婢は含まれていず、且つ、郡司職田六町も含まれていないと仮定して計算を行なってみよう。

最初に、損戸合計五五四戸の男女無差別の一人当りの平均受田額を算出してみると、一段二二六歩強（$1\frac{53}{84}$段）と計算される。(8) 次に損戸五五四戸の受田額合計六四四町四段二四〇歩をこの平均受田額で除すと、およそ三九五一人で、これはこの郡の損戸五五四戸の良民受田口数に極く近い数字と見なすことが出来るであろう。従って、損戸一戸平均七・一三人強の良民受田口が存することになり、全得戸にも同じ割合で良民受田口が存するとすれば全七五〇戸の良民受田口数はおよそ五三四九人と計算される。この五三四九人とこの郡の「口」の中の良民男女の和五三三〇人とを比較すると、その差は一九人であって、僅かに〇・三六％の誤差を生ずるに過ぎない。

次に、郡司職田六町のすべてがこの損戸受田額の中に含まれていると仮定し、全く同様の計算を繰り返すと（その際は損戸五五四戸の受田額合計が前より六町を減じて六三八町四段二四〇歩になる）、全七五〇戸の良民受田口数はおよそ五三〇一人と計算され、「口」数の良民男女の和五三三〇人との差は二九人となるが、この際の誤差も僅かに〇・五四％にすぎない。

以上の計算は、平均値を利用しての算法であり、その点に弱点はあるが、それでも五五四乃至七五〇の標本数を有する数値に基づいて行なったものであるから、その蓋然性はかなり高いものと信ずる。そして、その結果得られた受田口数が本帳記載の「口」数と極めて近似しており、その誤差が〇・三六％〜〇・五四％にすぎないということは、この「口数」が、総人口に非ずして、本帳の基礎となっている受田口数なることを明確に示すものと言って良いであろう。(9)

四

前節の検討の結果、「口」数は受田口数の意なるべきことが明らかとなった。従って、沢田氏の所説の㈡は、逆にこの点から新たに意味を持って来ることとなる。即ち、天平十二年当時の口分田総額を堪佃口分田と不堪佃口分田の合計と見る方が受田口数から言って妥当ということになる。ところで前に述べた如く、損戸には不堪佃田は全く存しなかったとして記載されているので、結局、不堪佃田はすべて全得戸の分に於いて計算されていると解さざるを得ない。即ち、損戸と全得戸とは全く別の原則に基づいて堪佃受田額が算出され、記載されていると言わざるを得ない。

そこでこれらの点を、更に別の面から確かめてみる必要がある。

第6表　損得戸別平均堪佃受田額（全郡及び郷別）

	全　郡	新居郷	津築郷	（備考）郡司職田6町が一括して，或いは2町と4町に分割されて，何れかに加算されているが，大勢に影響はない。
損五分以上戸	1・2・178強	1・2・31弱	1・1・40	
損四分以下戸	1・1・70弱	1・0・0	1・1・0	
全　得　戸	5・312強	2・194強	8・236弱	

今、第三表及び第四表の全郡及び郷別の田積の数値を見ると、損戸の受田額総計の数値は何れも二四〇歩の倍数となっていて、これは前述の如き令制通りの、しかも奴婢を含まざる計算からの当然の帰結であるが、これと比較する時、全得戸の場合に限って、三三六歩とか二九九歩とかの端数を有し、損戸の場合とは同列に論じ難い数値であることに気がつくであろう。これはまことに鮮やかな対照であって、損戸と全得戸とが全く別の原則に基づいて堪佃受田額を算出し記載していることを示すものと言ってよい。

更に同じ表に基づいて一戸当りの平均堪佃受田額を算出してみると第六表の如くである。これによってみると、損戸の場合は大体一町乃至一町二段のあたりに分布して大差がないのに、全得戸の場合は二段から八段の間を上下して差が甚しく、しかもその額が損戸の場合と比較して余りにも少額なのに驚かされる。そこで今、全郡の不堪佃口分田一二七町六〇歩を全得戸堪佃口分田総計一一四町九段三三六歩に加算した上で、全得戸一九六戸の一戸当りの平均受田額を算出してみると一町二段一二五歩強となる。これは上掲の全郡の損五分以上の平均受田額と近似し、また、堪佃口分田と不堪佃口分田との合計八八〇町四段二七六歩を全戸数七五〇戸で除した平均受田額一町一段二六六歩強とも大差がない。従って、不堪佃口分田一二七町余はすべて全得戸の分に於いて計算されていると推定して差支えないであろう。

次に、第三表に基づいて神戸・封戸・官戸別の一戸当りの平均堪佃受田額を算出してみると第七表の如くである。

これによれば、官戸分が余りにも少ない感がある。そこで、前と同様の手法を用いて、この官戸分に不堪佃口分田のすべてを加えて平均を算出してみると一町一段七四歩となり、これもまた、前掲の全郡の堪・不堪合計の口分田の一戸当り平均一町一段二六六歩強と近似して来る。従って、不堪佃口分田のすべてが官戸の全得戸のみの分に於いて計算されていると考うべき可能性がある。しかし、官戸の全得戸のみの分に於いて、とばかりは言い切れないようであって、封戸の分についても計算されている可能性を考えねばならない。封戸の平均が一町二段余もあるのにかく言うのは、次の如き理由による。即ち、第三表によって神戸・封戸・官戸の全得戸の堪佃口分田額を比較すると、神戸の分四二町四段二四〇歩は二四〇歩の倍数で、損戸の数値との同一性を保っており、この分の田積は令制通りの計算の結果と思われる。従って、神戸の全得戸は損戸と同様に不堪佃口分田を有していない取扱いを受けていると考えられる。これに

第7表　神・封・官戸別平均堪佃受田額(全郡)

神　　戸	1・3・ 28 弱	(備考) 第6表に 同じ。
封　　戸	1・2・258 弱	
官　　戸	8・266 強	

対し、封戸の全得戸の数値は二四〇歩の倍数ではなく、官戸の全得戸の数値と同列に論ずべきものと思われ、従って、封戸もその平均受田額は決して小さくはないが、その全得戸に不堪佃口分田を有する取扱いを受けている可能性を否定し去る訳には行かないからである。

以上の諸点を綜合すれば、本帳に於いては、損戸の全部と神戸の全得戸とは何れも令制通りの口分田班給を受け、しかもその口分田は全部堪佃田であって不堪佃田はなく、官戸の全得戸のみ、或いは官戸と封戸の全得戸のみが莫大な不堪佃口分田を有し、しかもその受田額は必ずしも令制通りではない、ということになる。此処に至って、これをそのまま実情の忠実な反映と見なし得る勇気ある人は先ず無いであろう。必ずや国衙に於ける作為を想定せざるを得

ないであろうと思う。

この観点に立てば、更に問題とすべき点を一・二あげ得る。先ず第三表に見える数値を検すると、段未満の端数（歩の数値）がすべて二四歩の倍数となっていることに気がつく。勿論、損戸の損田積、得田積については、その堪佃受田額が二四〇歩の倍数となっており、これに対して十分法で計算する以上当然のことであるが、十分法を用いる必要のない全得戸に於いてもやはり二四歩の倍数となっているのは果して偶然であろうか。しかも、第四表によって明らかな如く、新居郷の全得戸の分は六町六段一三歩であり、津築郷のそれは一二町九段二九九歩であって、段未満の端数は必ずしも二四歩の倍数でないのに、それらの合計たる全郡の全得戸口分田額に於いては段未満の端数が二四歩の倍数となっている。これもまた単なる偶然として片付け得るものであろうか。私はこれらもまた、国衙に於ける計算の利便に発した作為の結果であろうと思う。その利便については次節に於いて、国衙に於ける算法の推定を行なう際に説明しよう。

次に、「損七分戸」や「損八分以上戸」の存しなかったらしい点も、果して偶然と言い切れるであろうか。本帳に見える「損五分以上戸」の意味が、賦役令に見える「損五分以上」・「損七分」・「損八分以上」の分類用語をそのまま受けたものとすれば、明らかに本帳には損七分戸及び損八分以上戸は存しないことになる。また、本帳の「損五分以上戸」の意味が「損四分以下戸」に応ずるものであって、その中に損七分も八分以上も含めているとしても、損戸夾名の部分には損六分までしか見えていないのであって、この場合には史料が不完全な為、断言は出来ないが、やはり損七分戸及び損八分以上戸は存しなかったと考うべき蓋然性が高い。これも偶然ではなく、免税措置が調庸にまで及ぶことを避ける為の用意に外ならないのではないかと思う。即ち、田租に限って言えば損六分も八分も同じことであ

るから、六分どまりとし、手続きの繁瑣な調庸免の事態の生ずることを避けたのであろうと推定するのである。(10)

五

以上の諸点から、逆に国衙に於ける数値の操作決定の方法を推定してみると、およそ次の如くなるであろう。

㈠ 先ず、損戸の受田額については、免租規定の適用の為に十分法による計算を行わねばならない。そこで、この計算を簡便ならしめる為には、計算の基礎となる各戸当りの堪佃受田額が、幾つかの類型的な数値に統一されていることが望ましい。これを最も簡単に実現するには、すべて令制通りに(しかも奴婢を含まざるが如く——この意味は後述)受田額を算出し、しかも、これら損戸の受田額はそのまますべて堪佃田のみとすれば良い。以上の如き配慮に基づいて損戸の堪佃受田額が決定されたと推定出来る。そして、その際、損戸の男女受田口数のみは実際の受田口数をそのまま用いたと考えられる。そして、このことが可能であったのは、実際の受田額が堪・不堪あわせて、令制にほぼ近いものであったからであろう。ただし、損戸に指定された戸が果して実際の損戸であったか否かは疑わしいし、また全得戸とされた戸も実際の全得戸であったかは疑わしい。というのは、損戸の受田額数値には集計部分に於いても夾名の部分に於いても、奴婢の受田額の含まれている形跡がない。即ち、奴婢の受田口を有する戸はことさら損戸から除外したと考えられる節があるからである。しかも、㈢で述べるように、応輸租田積の段未満の端数は二四歩の倍数となる如く勘案されているらしいから、この点からも奴婢の分は計算に入れない方が簡便である。また、全得戸とされた戸は、多くの不堪佃田を持つ如く擬制され、その堪佃口分田額は激減することとなるので、田租もまた減額される。その結果、損四分以下戸より有利となるので、これまた、実際の全得戸をそのまま全得戸としたとは認め難い。

㈡　以上の如き処置をとれば、損戸の得田々積の段未満の端数は、一戸当りの場合も、その合計に於いても、二一六歩・二六四歩等の如く二四歩の倍数としてあらわされる。何となれば、良男の受田額七二〇歩の十分の一は七二歩、良女の受田額四八〇歩の十分の一は四八歩であり、これらの組合せによって生ずる損戸の得田々積は、七二歩と四八歩の最大公約数たる二四歩の倍数となるからである。即ち、一般に「a町b段二四×c歩」という形になる。

㈢　一方、田租の計算に於いては、段別一束五把、即ち、二四歩当り一把となる故に、その田租額が把より下級の単位に及ぶことをさける為には、応輸租田積の段未満の端数が二四歩の倍数となっていることが望ましい。即ち、この場合も「a町b段二四×c歩」の形の田積が望ましいということになる。

ところで、田租の算出を要する田積は、損四分以下戸の得田々積と全得戸堪佃田々積との合計である。この中、損四分以下戸の得田々積が「a町b段二四×c歩」の形となることは㈡で述べた如くであるから、田租の計算を要する田積全体が「a町b段二四×c歩」の形となる為には、全得戸の堪佃田々積もまた「a町b段二四×c歩」の形となることを要する。以上の如き配慮から、全得戸の堪佃口分田額を第三表に見える如き形の数値としたものであろう。ただし、これは本帳上で田租の計算を要する部分のみについて行えば良いのであって、その必要のない部分に関しては、これに捉われる必要はない。従って、全得戸各戸当りの堪佃受田額は如何様であろうとも、それは本帳に記載するものではないから、敢えて問題とするに足りず、また、新居郷・津築郷の全得戸の堪佃田々積に一三歩、二九九歩の如き数値を出してあるのも、本帳に於いては郷別に田租を計算する必要がなかったからに外ならない。そしてそれらの合計たる全郡の場合には「a町b段二四×c歩」の形となる如く調整したものと思われる。

㈣　次に、この全得戸の堪佃口分田額が、如何にして算出されたか、という点を考えてみたいが、この中、神戸の分については、前述の如く、損戸と同じ算出法をとった可能性が強いから、残りの封戸と官戸の分について考えてみよう。

既に述べた如く、損戸及び神戸の全得戸に不堪佃田を計上しているとすれば、全得封戸及び全得官戸の堪佃口分田額が実際のものと相距たるものであることは言うまでもない。従って全得封戸及び全得官戸の堪佃口分田額は次の何れかの方法で算出されたと考えざるを得ない。

(イ)　全口分田々積から損戸口分田々積及び全得神戸の口分田々積として算定した分を減じ、更にその残から、実際の不堪佃口分田一二七町余を差引いたものについて、その段未満の端数を調整して決定。

(ロ)　「見輸租穀」数から、四分以下損戸及び全得神戸の輸租額を差引き、その残から、全得封戸及び官戸の堪佃口分田々積を逆算。この場合には不堪佃口分田々積は、全口分田々積から堪佃口分田々積と算出されたものを差引いたものとなる。

以上(イ)・(ロ)の中、何れをとるべきかは明らかでないが、もし、「見輸租穀」数が実際の輸租額を示しており、且つ、田租の未納が全然なかったというのならば、(イ)と(ロ)とは結局同じことになる。しかし、「見輸租穀」数が実際の輸租額でなく、国衙に於いて報告する意志のあった数字に過ぎないものか、或いは実際の輸租額ではあっても未納等によって今後追収すべき分を除外したものなら、(イ)と(ロ)は意味を異にする。即ち、(ロ)の不堪佃口分田々積は計算上出て来た数値にすぎず、実際のものとは無縁ということになる。

ところで、班年に於いて口分田の収授を行う際には、それ以前に生じた不堪佃口分田は少なくとも乗田にゆとりの存する限り、乗田を以て交換すべきが法意であろう。そして、一旦荒廃した口分田の復旧されることは、余り期待し得まいと思う。従って法意の通り行われたとすれば、不堪佃口分田は班年毎に不堪佃乗田として累積されて行く筈である。ところが、本帳に於ける不堪佃乗田は八三町余であって、この数字は乗田のまま荒廃したものと、荒廃によって乗田に編入された旧口分田との累積したものと見なければならないことになる。同時に、不堪佃口分田一二七町余は、最近の班年以後に生じたものということになる。しかる時は後者が前者より遙かに大きいということは考え難いところであって、この一二七町の数値は疑わしくなり、「見輸租穀」数の数値に疑いをかけた上で(ロ)の推定をとる方に分があるということになろう。ただし、以上は法意の通り行われたと見た場合に、不堪佃口分田一二七町余は多すぎるというのであって、法意の如く行われず、如何に乗田が存しても乗田賃租者の既得権を保全せんが為か、或いは田租より遙かに大きい乗田地子の収納を確保せんが為に、荒廃した口分田はそのまま班年に於ても交換されなかったと解するならば、以上の論は成り立たない訳であって、依然として(イ)と(ロ)の何れが是なるかは不明という外はない。

しかし、何れにしても、封戸及び官戸の全得戸堪佃口分田額が、人為的に導き出された数値であることは誤りないであろう。

以上、私は、本帳に見える数字について、これを実情の忠実なる反映と解し得ない所以を述べ、更に、これらの数字が国衙に於いて作為せられる際の算出の経過についての推定を試みたが、以上の論述の中には、或いは考えの足らざる点もあり、或いは思い過しの点もあり、更に誤っている点もあるかも知れない。それらの個々の点については敢えて固執する気はないが、しかし、全体として見れば、本帳の数字をそのまま忠実なる実情の反映と見なし得ないとする点だけは、ほぼ誤りないものと信ずる。従って、本帳を史料として用いる際には十分の戒心を要すると言わなければならない。例えば、本帳には一六町余の墾田がすべて不堪佃とされているが、これなども果して実情の通りか否かは問題であろう。勿論、必ずしも疑わしいとのみ言う訳ではないが、本帳の史料性について顧慮を払うことなしに軽々に信ずる訳には行かない。従って、三世一身法施行期に於ける墾田の実情を、これによって説明し得るか否かという点も検討を要することになろう。或いは逆に、墾田永年私財法に見える「農夫怠倦、開地復荒」というのが、実際の墾田の様子ではなく、帳簿上の墾田の様子であり、墾田永年私財法発布の理由もその点にこそあった、という想定が成り立たないとも限らない。これは勿論一例にすぎないが、同様のことは他にも言える訳であって、本帳が輸租帳の唯一の遺存例であるだけに、十分注意すべきであろう。

しかし私は、本帳の数字の持つ史料性を全く没却して了おうとしている訳ではない。また、本章の冒頭に於いて述べた如く、その用語や準則にはむしろ高い史料性を認めるものである。ただ、本帳に見える数字のすべてをそのまま実情の忠実な反映と見るべからざる点を力説したいのである。

註

(1) 沢田吾一氏『奈良朝時代民政経済の数的研究』一〇五頁に、「戸籍面に主たる戸と附属する戸とあり。主たる戸（以下単に主戸と云ふべし）は……」と見えており、要するに郷戸主直属の戸を主戸とよんでおられる。本文に言う主戸はこの用法を襲ったものである。

(2) その算法は次の通りである。

今，1戸当りの受田額を A 歩，良男・良女各1口当りの基準授田額をそれぞれ m 歩・f 歩，1戸内の受田男口数・女口数をそれぞれ x 人・y 人とすれば，一般に，

$$A=xm+yf$$ （A, x, y, m, f は正の整数）

とあらわし得る。しかるに $m:f=3:2$ であるから

$$2m=3f \quad \therefore m=3\times\frac{1}{2}f$$

となる。従って m は3の倍数であり，また f は2の倍数である。そこで $m=3p$ とおけば $f=2p$ となり，p もまた正の整数である。従って前式は，

$$A=3xp+2yp=(3x+2y)p$$

とあらわし得る。従って p は A の約数であり，$x\cdot y$ の値の変化によって A の値が $A_1\cdot A_2\cdot A_3\cdots\cdots A_n$ と変化すれば，p は $A_1\cdot A_2\cdot A_3\cdots\cdots A_n$ の公約数となることが知られる。

ところで津築郷の損戸の各戸当りの受田額を第5表から抜き出してみると，これら23戸の受田額は実は11通りしかなく，これらを歩数に換算して，その値の小なるものより配列すると，次の如くである。

1680，1920，2880，3360，3600，4080，4320，5040，5520，6000，7680

従って $A_1\cdot A_2\cdot A_3\cdots\cdots A_n$ の公約数たるべき p は上記11の数値の公約数となる。そこで今その公約数を求めると下記の如く20個の公約数が得られるが，p の値はその何れかでなければならない。

1，2，3，4，5，6，8，10，12，15，16，20，24，30，40，48，60，80，120，240

そこで今かりに $p=120$ とすれば，

$$m=3f=360, \quad f=2p=240$$

となる。ところで第2表の「口」の意味を受田人口の意に解して $m=360$, $f=240$ の値でこの郷の口分田総額を計算すると21町9段となり，損戸のみの分にも及ばない。更にこの「口」数を総人口の意と解して計算すれば一層減少するであろう。従って，$p=120$ とすることは肯い難く，p の値はこれより大なるものに求めねばならないことも知られよう。然る時は $p=240$ しかなく，従って

$m=3p=720,\quad f=2p=480$

と考えざるを得ない。

（3）この処理の結果についてみると、損戸の中には奴婢を有する戸を含んでいないようである。勿論、奴一人の受田額は二四〇歩であるから、良女一人の代りに奴二人、或いは良男一人の代りに良女一人と奴一人とを入れ替えねばならない場合も想定出来よう。しかし、婢は一六〇歩であって、婢三人で漸く良女一人に代置し得るものである。従って、もし損戸の受田口の中に婢を含んでいるとすれば、三人の婢が同一戸に存するということが最小限の必要条件である。しかるに、例えば新居郷には二人以上の婢の受田口を想定することは不可能であって、婢を有する戸は損戸の中には含まれていないと言わざるを得ない。そして、この第五表の数値には、奴婢を有する戸に生じ得べき受田額数値（例えば男三、女四、奴一、婢一ならば一町二段一六〇歩の如き）が全然あらわれて来ないので、おそらく奴婢受田口を有する戸は損戸中に存しないと考うべきであろう。

（4）沢田氏前掲書二二六頁〜二三四頁。

（5）沢田氏の算出法は次の通りである。即ち、沢田氏の計算された幼年者人口の百分比によると、男一〇〇に対して五歳以下一六・一、六歳以上八三・九、女一〇〇に対して五歳以下一三・四、六歳以上八六・六である（前掲書七六頁〜七七頁）。これに従って良民の六歳以上の者を求めて口分田を計算すれば、六歳以上は男二〇〇一人、女二五五〇人で、その口分田は男四〇〇町二段、女三四〇町となる。次に類似の手続きによって奴婢の受田額を求めると（この場合は養老六年の制によって十二歳以上の数を算出）、一町六段となり、これらを合して七四一町八段となる。

（6）沢田氏は、班年に於いて数え年六歳以上のものを受田口とする通説に従って計算された訳であるが――この通説に対して私は、籍年に於いて満六歳以上のものを受田口と解すべしという異論を持っていることは既に述べた通りであるが（第一編第一章第二節参照）、この私案は仮説的な要素の強いものであるから、今は敢えてこの点は問題としないでおく――その際、注意すべきことは、六歳以上の者を受田口と見なし得るのは班年のみということである。即ち、班年より五年後に於ける受田口は、十一歳以上のものと、この五年間に行年六歳以上で死亡したものとの和という形になっている筈であり、その口数がその年の六歳以上の者の数と一致するとは限らない。勿論、便法としてはその年の六歳以上の者を受田口と見なして計算しても大差はないであろうが、その点に全然ふれておられないのは遺憾と言わなければならない。また、法定口分田額との比較は有効な一手段ではあるが、それには、法定額と大差のない口分田が班給されたという前提を要するのであって、この点について何ら言及されていないのもいささか不備であると思う。

（7）　第五表B部及び註(3)参照。

（8）　その算法は次の通りである。

損戸合計554戸の男女無差別の1人当りの平均受田額を n 段，受田男口数及び女口数をそれぞれ x 人・y 人とすれば，

$$n=\frac{2\times x+2\times\frac{2}{3}\times y}{x+y}$$

とあらわされる。而して，この郡に於いては，今，問題にしている「口」の男対女の比は，

2385 : 2945≒100 : 124

となっている。この口数が総人口か受田口数かということが当面の問題であるが，その何れにせよ，受田口に於ける男女数の比をほぼこれと同一と考えることは差支えあるまい。従って，$x : y=100 : 124$ として計算すれば，

$$y=\frac{124}{100}x$$

$$\therefore n=\frac{2x+\frac{4}{3}\times\frac{124}{100}x}{x+\frac{124}{100}x}=1\frac{53}{84}$$

（9）　この計算法は、一見、沢田氏の㈢を逆に行なったかの如き印象を与えるおそれがあるので、念の為に断っておくと、沢田氏

の計算は、この「口」数を受田口と見なした場合に、法定口分田額が本帳記載の堪佃口分田額と不堪佃口分田額との和に近似するというのであり、私の計算は、損戸の受田額が法定のものであることを確かめた上で、その受田口数を算出し、次に一戸あたりの受田口数の平均は損戸も全得戸も差がある筈はないとして、全受田戸に拡充して受田口数を算出した結果が、この「口」数と近似するというのである。従って、この受田口数によって算出し得べき口分田総額が、堪佃口分田或いは不堪佃口分田といかなる関係にあるかということは、この段階までは全然顧慮することなしに算出したものであって、その点が全く異なる。そしてこの点こそこの後に問題となるべき処であり、敢えて沢田氏の結論をそのまま利用しなかった所以もそこにある。

（10） ここでは煩を避けて一応このように推定したが、これについてはなお、房戸が調庸免除の単位とはされなかったのではないか、ということをも考える必要がある（第三編第三章補説参照）。もし、房戸が調庸免除の単位として認められていなければ、房戸を単位として田租について作製された本帳では、損六分どまりの記載でこと足りる訳である。

第二章　天平七年相模国封戸租交易帳

大日本古文書一に「相模国封戸租交易帳」と題して収められている五通の断簡は、特に封戸に関しては重要な史料と言わなければならない。しかし、これは言うまでもなく、律令時代に於ける国衙作製の京送公文書の一つであるから、その史料性には、京送公文書としての制約の存することを忘れてはならない。前章に於いて天平十二年の浜名郡輸租帳に見える数字を、そのまま実情の反映と見なし難きことを論じたが、この相模国封戸租交易帳に対しても同様の想を抱かざるを得ない。それを具体的に数字的に示し、併せて浜名郡輸租帳との比較検討にも言及したい、というのが本章の主意である。

一

最初に五断簡を整理して必要なだけの数字を表示して置く。なお、計算によって補い得るものは、その旨を明らかにした上で補入してある。ただし、その計算の可能な所以及び算法は容易に理解される処であるから、一々註記することは省略したい。

		給主名	所在地	戸数	田積	不輸租田積	見輸租田積
合八郡				1300	4162•2•209	1244•3•161	2917•9• 48
	全給			700	2181•2•117	620•6•189	1561•5•288
		皇后宮		100	339•4•347	124•5•251	214•9• 96
			足下郡垂水郷	50	172•3•240	44•9• 24	127•4•216
			餘綾郡中村郷	50	167•1•107	79•6•227	87•4•240
		一品舎人親王		300	849•2•246	281•7•150	567•5• 96
			足上郡岡本郷	50	123•0•236	18•4•140	104•6• 96
			足下郡高田郷	50	167•3•259	43•1•139	124•2•120
			餘綾郡	150	387•9•140	178•9•140	209•0• 0
			?	(50)	(170•8•331)	(42•2• 91)	(129•6•240)
		?	〔欠		佚	部〕	
			鎌倉郡尺度郷	50	225•8• 27	57•2•267	＊168•5•120
			鎌倉郡荏草郷	50	149•4•236	41•1•356	108•2•240
	分給			600	1980•0• 92	623•6•332	1356•3•120
		右大臣従二位藤原朝臣	大住郡仲嶋郷	50	216•7•312	27•4•222	189•3•120
		従三位山形女王	御浦郡走水郷	50	118•4• 76	27•2•316	91•1•120
		従三位鈴鹿王	高座郡土甘郷	50	178•6•353	110•4• 65	(68•2•288)
		?	〔欠		佚	部〕	
		?	?	?	?	?	(78•4•144)
		従四位下檜前女王	御浦郡氷蛭郷	40	109•7•153	36•2• 33	73•5•120
		従四位下三嶋王	大住郡埼取郷	50	178•2•380	48•7• 92	129•5•216
		従四位下高田王	鎌倉郡鎌倉郷	30	135•0•109	29•8•109	105•2• 0
		大官寺	高座郡	100	345•9•301	224•0• ?	?
			〔欠		佚	部〕	

(註)…(　　)内の数字は欠佚部分を計算によって補ったもの。＊印の数字は大日本古文書には268•5•120とミスプリントされている。田積は町・段・歩の単位を略して掲げてある。

二

先ず第一に、この表の見輸租田積の数値に注目する必要がある。特に「歩」の数値に特徴の存することは、これを

歩数	例数
0	2
48	1
96	3
120	6
144	1
216	2
240	3
288	2

上の如く整理することによって一目瞭然であろう。即ち都合二〇箇の事例は、実は八通りしかないのであって、何れも二四歩の倍数であり一個の例外もない（〇歩＝三六〇歩と考えて良い）。ところが不輸租田積の方に於いては、かかる規則性はなく、全く不規則な数値が並んでいる。これは偶然ではなく、作為とまでは行かなくとも調整された数値ではないか、という疑は誰しも否定し得ないであろう。しかも、前章でも指摘したように、二四歩というのは一段の十五分の一であって、段別一束五把の租法に於いては、一把の租を算出すべき田積である。従って、田租計算の結果、その額が、把より下級の単位に及ぶことを避けんが為には、輸租田積の歩の数値を二四歩の倍数となる如く調整しておけばよい。恐らく、このような配慮に基づいて決定された数値であろうと思う。この推定は、浜名郡輸租帳に見られる類似の事例を併せ考える時、恐らく誤りないと思うが、更に、右の推定を一層確かめ得る鍵がこの数値の中に存する。それは、全給の封戸ではなく、[1]令制通り分給の措置のとられる封戸の方に限って見られる現象である。即ち、この場合には租は官と給主とで折半しなければならないから、単に歩の数値を二四歩の倍数としただけでは、二分の一把という端数の生ずるおそれがある。[2]これ

を避ける為には、更に輸租田積そのものを四八歩の倍数としておけば良い。その際、一町は必ず四八歩の倍数（七五倍）であるが、一段は四八歩の倍数ではないから（二段が四八歩の倍数である）、段及び歩の値が四八歩の倍数となれば良い。具体的に言うと、段数が偶数（〇・二・四・六・八段）ならば、歩数が二四歩の偶数倍数（〇・四八・九六・一四四・一九二・二四〇・二八八・三三六歩）であればよく、段数が奇数（一・三・五・七・九段）ならば、歩数が二四歩の奇数倍数（二四・七二・一二〇・一六八・二一六・二六四・三一二歩）であればよい。[3] この観点から、分給の場合の輸租田積を改めて検討すると、一個の例外もなく守られていることが分るのである。これが意識的になされていることは、例外のないことでも明らかであろうが、全給の場合の数値が、対蹠的に、右の原則を全く無視していることを見れば疑いない処であろうと思う。[4] 即ち、この帳の見輸租田積の数値は、全給の場合にも分給の場合にも、田租に把以下の端数を生ぜざるが如き配慮によって、国衙に於いて作為・調整した数値であろう。

三

次に、この帳に見える「不輸租田」の意味について考えてみたい。封戸の有する田が、口分田なるべきことは、論を俟たない処であるから、この「不輸租田」が、一般に、神田・寺田等を不輸租田と呼ぶのとは異なった用語法なることは明らかであろう。恐らくは「本年度に於いて、何らかの理由によって租を輸さざりし田積」の意であって、具体的に言うと、浜名郡輸租帳に於ける損田積、即ち、免租規定の発動によって田租計算の対象から除かれる田積に相当するのではないかと思う。しかし、このことを言うためには、実は、この帳に見える「田」積、即ち、不輸租田と見輸租田の和（例えば、合八郡食封、一三処、一三〇〇戸の田四一六二町二段二〇九歩）が何を意味するか、ということを明らかにして置かねばならない。その際、この田積の意味するものとして考え得るものを、とりあえず浜名郡輸租帳から推すと、一つは、不堪佃口分田を含めた封戸の総口分田、他は、不堪佃口分田を除いた応輸租口分田、この二つである。これは、その何れと決定する決め手を欠いているが、浜名郡輸租帳が、不堪佃田については、最初に堪佃田々積の算出の為に、その田積を掲げた外は全く棚上げして、堪佃田中の応輸租田積のみを問題としていることを考えると、封戸租交易帳という、租に関する限りほぼ性質を等しくする本帳に於いても、この「田」積は応輸租田積、即ち、堪佃口分田のみをさしていると考えて良いと思う。事実この田四一六二町二段余を不堪佃田を含む総田積と考え、これから或る程度の不堪佃田を差引いて、見輸租田二九一七町九段余の堪佃田積に対する割合を算出してみると（不堪佃田の割合が不明であるから、厳密に言えば算出は不可能であるが、浜名郡輸租帳に於ける口分田の不堪佃田の割合一四・四%形を類例として、これに準じて計算すると）、八二%弱となる。これは浜名郡輸租帳に於ける損田免租の実例と比較すると、その割合が高すぎるのである。恐らく収租率の向上を目的として制定された不三得七法が施行されていた当時、堪佃田に対する見輸租田の割合、即ち、収租率は、むしろ七割を割ることはあっても、八割を越えるとは考え難い。従って、この四一六二町余の田積は、不堪佃田を除いた全封戸の堪田口分田の合計と考えて差支えないと思う。(5)その際には、合八郡十三処の封戸全体の「見輸租田」積の堪佃田積に対する割合は七〇%強となり、従って収租率もこれと同一であるから、ほぼ、不三得七の原理にも叶うことになる。

以上によって「田」の意味する処が明らかとなった以上、「不輸租田」の意味もまたおのずから明らかであろう。即ち、応輸租田積の中で水旱虫霜等の損によって田租計算の対象から除かれる田の意と解することが出来よう。(6)これは、浜名郡輸租帳について表現すれば、損五分以上戸の田と、損四分以下戸の損田との合計にあたる。従って、「見輸租田」についても同様に表現すれば、損四分以下の戸の得田と、全得戸の田との合計にあたる。そこで、念の為に浜名郡輸租帳と比較してみると、次の如くである。

相模国(全封戸) $\dfrac{\text{見輸租田積}}{\text{田積}}=\dfrac{29179\text{段}}{41622\text{段}}\fallingdotseq 70\%$ (段未満は略す 以下同じ)

浜名郡

(全郡) $\dfrac{\text{損四分以下戸の得田積＋全得戸の田積}}{\text{応輸租口分田積}}=\dfrac{2860\text{段}+1149\text{段}}{7534\text{段}}\fallingdotseq 53\%$ (分子には郡司職田分として6町又は4町又は2町が含まれているかも知れないが無視してよい)

(封戸のみ) $\dfrac{\text{損四分以下戸の得田積＋全得戸の田積}}{\text{応輸租口分田積}}=\dfrac{546\text{段}+218\text{段}}{1398\text{段}}\fallingdotseq 55\%$

右によってみると、この両国の得田率の間には、甚だしいとまで言う訳ではないが、しかし敢えて軽視し得ざる開きがある。この開きを生じた理由としては、第一に年度と地域と広さとを異にしていることが先ず考えられる。即ち、実際の(または国司が報告する意志のある)損田の発生に差違があった(或いは輸租率に相違があったと言い直しても良い)と解する訳である。こう解して良いのなら殆んど問題はない。また、外に特別の事情がない限りこのように解する外はない訳である。ところが、浜名郡の免租の方式を見ると、「損四分以下半輸」という賦役令に規定せざる措置がとられている。この「半輸」というのは、別の機会に述べたように、(7) 田の損害に対する田租比例免の措置であって、これによって収租率は一層低下する。そこでこの点に着目して、相模国に於いては「損四分以下半輸」の措置がとられなかったのであると推定し、浜名郡の方も、この措置がなかったものと仮定して前述の計算をし直すと、この郡の得田率は全郡では六九%強、封戸のみでは七三%弱となり、先きに述べた両国の得田率の開きは縮められて、ほぼ一致して来る。そこで、この点に積極的な理由を求めること、即ち、損田の発生の程度には大差ないが免租方式が異なっていたことを理由とすることも（前述の理由との双方を併せ考えねばならないという主張も含めて）可能となってくる。そうすると、問題はやや複雑となって来るのであって、令に規定せざる「損四分以下半輸」の措置を天平七年相模国では行わず、天平十二年遠江国では行なったことになり、この天平七年から同十二年に至る五年間にかかる規定が新たに制定されたと考えざる限り、この両者は相容れない。そして、この間にかかる半輸の規定が制定されたと考えることは、全くは否定し難いが、傍証もなく恐らく考え難いであろう。とすれば、相模国が正しくて（少なくとも令制通り）、遠江国が誤解して行なったか、或いは何らかの特例として行われたのか、または遠江国が正しくて、令に縛られてこの措置を無視した相模国が誤ったのか、この何れかと解さざるを得ないことになる（相模国には損四分以下戸が実際にこの年になかったのだ、ということも考えねばならないように思われるが、それなら、規定の如何にかかわらず得田率に差を生ずるのは当然で、前述の「実際の（または国司が報告する意志のある）損田の発生に差違があった」ことになる）。しかし、天平年間の律令政治機構を考えると、この何れの場合も考え難いのであって、かつて述べた如く、この比例免の措置は令制以前の慣行であり、その慣行の上に賦役令の規定がつみ重ねられたと解すべきであろうと思う。従って、この両国の免租方式に差があって、その為に得田率に開きを生じたということを顧みる必要はないと思うのである。(8)

かくて、やはりこの両国の得田率の開きは、実際の（または国司が報告する意志のある）収租率の相違を示していると考えて良いと思う。そこでこの点をもうすこし補強するために、以下にこの国の郡郷別の得田率を求めて参考としたい。

郡	郷	%
足上	岡本	85
足下	垂水	74
	高田	74
余綾	中村	52
	郷名不詳 恐ラク3郷分	54
大住	中嶋	87
	埼取	73
高座	土甘	38
	郷名不詳 恐ラク2郷分	35
鎌倉	鎌倉	78
	尺度	75
	荏草	72
御浦	走水	77
	氷蛭	67

即ち、上表によって知られる如く、相模国全体としては、七〇%であるが、郡郷別に詳しく見れば八七%から三五%まで大差があり、しかも、これは地域毎にまとまった傾向を見せている。即ち、低率の三〇%台は高座郡にのみ、そして五〇%台は余綾郡にのみ見られるが如き、また足下郡の二郷が揃って七四%であるが如きはその著例である。従って、前記両国の得田率の差を地域差・年代差等によって説明しても差支えないと思う。

四

以上によって、本章に於いて述べんとすることの主要点はつくしたが、なお最後に、上述の結果を利用して、大官寺食封高座郡の末尾を復元して本章を結びたい。

大官寺食封　高座郡壱伯戸　田参伯肆拾伍町玖段参伯壱歩　不輸租田弐佰弐拾肆町壱伯[9]

右によって知られる如く、この不輸租田積には町の次が「壱伯……」となっているから、これは「二二四町〇段一□□歩」であろう。即ち、歩積は一〇〇歩から一九九歩の中にある。従って、これに応じて、見輸租田は一二一町九段二〇一歩から一二一町九段一〇二歩の間にある。ところが、見輸租田の歩積は前述の如く二四歩の倍数となっているのであるから、この条件を満たすものは一九二歩・一六八歩・一四四歩・一二〇歩の四通りしかなく、しかも、この寺の封戸が全給でなく分給であったと考えて差支えないであろうから、更にしぼられて、九段という奇数段につづく歩積は（イ）一六八歩と（ロ）一二〇歩の二通りしかない。従って、（イ）なら、不輸租田は二二四町〇段一三三歩、見輸租田は一二一町九段一六八歩、また（ロ）なら、不輸租田は二二四町〇段一八一歩、見輸租田は一二一町九段一二〇歩、この何れかになる。そして、この何れなりやは不明という外はなく、その両方によって「租」額及び「納官」・「給主」分をそれぞれ計算して、前掲の□以下を復元すれば次の如くである。

（イ）参拾参歩　見輸租田壱佰弐拾壱町玖段壱伯陸拾捌歩　租壱阡捌伯弐拾玖束弐把 納官玖佰壱拾肆束陸把 給主玖佰壱拾肆束陸把

（ロ）捌拾壱歩　見輸租田壱佰弐拾壱町玖段壱佰弐拾歩　租壱阡捌佰弐拾玖束 納官玖佰壱拾肆束伍把 給主玖佰壱拾肆束伍把

註

（1）封戸の租は二分して、一分入官、一分給主が、大宝令制であって、全給となるのは天平十一年五月以後のことであるが、それ以前に於いて、既に一部に全給の行われたことは、天平二年紀伊国、同三年越前国、同七年周防国、同十年駿河国、同年周防国の各正税帳に実例があって、周知の処である。

（2）例えば二段一二〇歩の租は三束五把となるから、官と給主で折半すれば各々に二分の一把の端数を生ずる。

（3）念のため、その理由を示すと、次の如くである。

歩の数値は24歩の倍数であるから，段以下の田積は，x段＋24y歩と現わし得る。

しかるに，1段＝360歩＝24歩×15

∴ x段＋24y歩＝24(15x＋y)歩

$$=48\left(7x+\frac{x+y}{2}\right)\text{歩}$$

∴ x段+$24y$歩が48歩の倍数となる為には $7x+\frac{x+y}{2}$ が整数であれば良いが，その為には $x+y$ が偶数であれば良い。

∴ $\begin{cases} x\text{が偶数なら，}y\text{は偶数，即ち，}24y\text{歩は}24\text{歩の偶数倍数。} \\ x\text{が奇数なら，}y\text{は奇数，即ち，}24y\text{歩は}24\text{歩の奇数倍数。} \end{cases}$

（4）浜名郡輸租帳に見える天平十二年同郡の封戸一一〇戸は房戸なので、恐らく郷戸では五〇戸の一郷であろうと思われる。この封戸の損四分以下戸の得田積は五四町六段二一六歩、全得戸の田積は二一町八段二六四歩で右の原則に合っていない。即ち、この封戸郷の租の数値は分給であるより全給である方がふさわしい訳であるが、これは、天平十一年に発令された封戸租全給の措置と相応じたものと言って良い。

（5）竹内理三氏は『古代後期の産業経済』（新日本史講座）に於いて、本帳を用いて、一郷の平均田積を一六〇町余、浜名郡の輸租帳を用いて一郷平均一五五町、また、天平十九年の封戸郷標準租稲毎戸四〇束から計算して一郷平均一三三町余の数字をあげておられる。そこで、ことに前二者の数値のほぼ等しいことに意味があるとすれば、浜名郡の場合は不堪佃田を含めた全管田によって計算したものであるから、本帳の場合も同様、不堪佃田を含めた田積と考えねばならないことになる。しかし、天平十九年制による計算の場合を考えてみると、これは、田租から割出されたものであるから、この一三三町余の田積は堪佃田中のしかも得田積を示すこととなり、これから、本帳の相模国の比率（不三得七にほぼ近い）で計算すると、堪佃田が一郷平均一九〇町余となる。一方、浜名郡の堪佃田だけの一郷平均を算出してみると、一二三町弱となる。従って、本帳から得られた一郷平均一六〇町余の数字はその中間にあつて、これを堪佃田の田積と考うべき余地は十分に残されていると言えよう。要するに、平均値を算出すべき材料が少ないのであるから、右掲の一六〇町余と一五五町との近似には、なお偶然性を考えねばならない。

なお、菊地康明氏も「不三得七法について」（「書陵部紀要」一〇）に於いて、この「田」積を応輸租田積と把握しておられる。

（6）　菊地氏もほぼ同様に解しておられるが、ただこの不輸租田の中に不堪佃田中の輸租田が算入されている可能性をも保留しておられる（前掲論文）。しかし、本文でのべたように、不堪佃田は最初から棚上げされていると思うので、この考慮は要るまいと思う。

（7）　拙文「律令制度の推移――免租法及び収租定率法を中心として――」（「歴史教育」二―六）・「不三得七法について」（「日本上古史研究」一―一二）。

（8）　この半輸制について、菊地氏は「令制に於ては慣行的に行われていたけれども、必ずしも勘査の対象とはならず、損四分以下戸及び全得戸の全田積を以て収租率を勘査する場合が多かつた」のではないかと解しておられるが（前掲論文）、この点については、拙文「菊地康明氏『不三得七法について』を読んで」（「日本上古史研究」三―七）を参照されたい。

（9）　大日本古文書一の六四〇頁。

第三章　天平十五年弘福寺田数帳

大日本古文書二に収められている「弘福寺田数帳」は古代の土地制度を探る上に貴重な数少ない史料の一つである。ことに条里制に関する文献としては天平七年の「讃岐国山田郡弘福寺領田図」が最も古いものとして著名であるが、これはただ図上に方格が示されているのみであって、条里制そのものについて語ってくれるところは甚だすくない。その点、本帳には「条」の記載こそないが、固有名詞を伴う里の名称を存し、更にその各里が三十六箇の一町四方の坪に分れていたことも示しており、条里制の組織を提示している最古の文献資料といってよく、その意味に於いてしばしば言及される史料である。しかし、この史料はそれ以外の点では余り利用されていないようであって、これを古代土地制度史乃至村落史の研究に活用されたのは、管見では石母田正氏[1]の外には見当らない。更にこの史料そのものの研究に至っては寡聞にして未だ耳にしないのである。そこでこの史料を活用する為の基礎作業として、寺領の復原・田積数値の検討等を行ない、あわせて若干の点について問題を提示してみたいというのが本章を草した目的である。

一

先ず本題に入るに先立って、此処で本帳の内容を整理表示して置きたいが、その為には先ず大日本古文書の句読点の誤りを訂正して置かねばならない。即ち、大日本古文書には

　路里十七口利田二段七十二歩、上中北十九日佐田一段二百十六歩、上中東廿川原寺田………

の如く句読点を附してあるが、これでは「上中北」・「上中東」等の意味が全く不明で、これは

　路里十七口利田二段七十二歩上中北、十九日佐田一段二百十六歩上中東、廿川原寺田………

の如く訂正さるべきである。つまり「上中北」・「上中東」等はその直前に記された田積の田品と坪内位置とを示したもので、〈里名〉・坪・田名・田積・田品・坪内位置の順序にこれだけが各坪の記載の一ユニットなのである。以下順序これに倣って訂正を加えて行くと、末尾の部分は

　……定一段下下東南角、四御田一段七十三歩荒百卌五歩　定二百八十八歩下下東南角、

となり、この後に寺領の四至を示す割註が続く訳である。そこで更に不明の数字を計算によって補った上で整理表示すれば第一表の如くなる。

第　1　表

記号	里名	坪	田　名	田　積	荒廃田	定	田　品	位　置
A	路里	17	口利田	2. 72			上中	北
B		19	日佐田	1.216			上中	東
C		20	川原寺田	9.243	8.315	.288	上中	
D		21	川原寺田	4. 0	4. 0	0		
E		27	井門田	. 95			上上	西北角
F		29	川原寺田	1.0. 0	9.144	.216	?	
G		30	川原寺田	5.140	.284	4.216	上中	
H		31	川原寺田	1.0. 0	1. 0	9. 0	上中	
I		32	川原寺田	9.288	8.144	1.144	上中	
J		33	酔田	4.167	4.123	. 44	□中	
K		34	門田	1.216	1. 16	.200	上中	西
L	紋屋里	4	門田	.144			下上	南
M		5	酔田	1.317	.101	1.216	下下	南
N		6	酔田	1. 29	.317	. 72	下下	南
O	家田里	24	御田	.324			上下	
P		25	家田	8. 44			上中	
Q		26	家田	1. 72			上中	東北角
R		33	家田	.259			上上	東北角
S		34	川原寺田	5.136			上上	
T		35	川原寺田	8. 0			上中	
U		36	川原寺田	8.108	. 7	8.101	上中	
V	難田里	1	酔田	3.127	2.127	1. 0	下下	南
W		2	酔田	1. 48	. 48	1. 0	下下	東南角
X		3	御田	1. 73	.145	.288	下下	東南角
合計				10.0.238	4.1.331	5.8.267		

（備考）　荒廃田のない坪では定を再記してないので、定の欄の合計は合わない。
田積の単位は町・段・歩。Jの田品は恐らく上中。

二

さて、先ず最初の課題としてこの寺領の復原を試みたいと思うが、実はかつて石母田氏が、この寺領は何ら地域的な統一をなしておらず、百姓の口分田・乗田・薬師寺領の中に錯雑して混入していることが註記から知られる、と言われたことがある。(2) もし氏の言われる通りなら復原は殆んど不可能と思われるが、しかしこの石母田氏の意見は大日本古文書の編者が打ち間違えた句読点に導かれた誤解である。前掲の訂正によって明らかな如く、この記載の最後の割註は冒頭よりの記述全体にかかる四至註記であって、この註記から錯雑・混入の姿を導き出すことは無理である。むしろ、この註記に東・南西・北の三方面にわけて、それぞれ接続せる田地を記してあること自体が、逆に寺領に地域的な統一性のあることを示していると思う。そこで、この寺領に地域的な統一性があるものとして、その復原を試みよう。

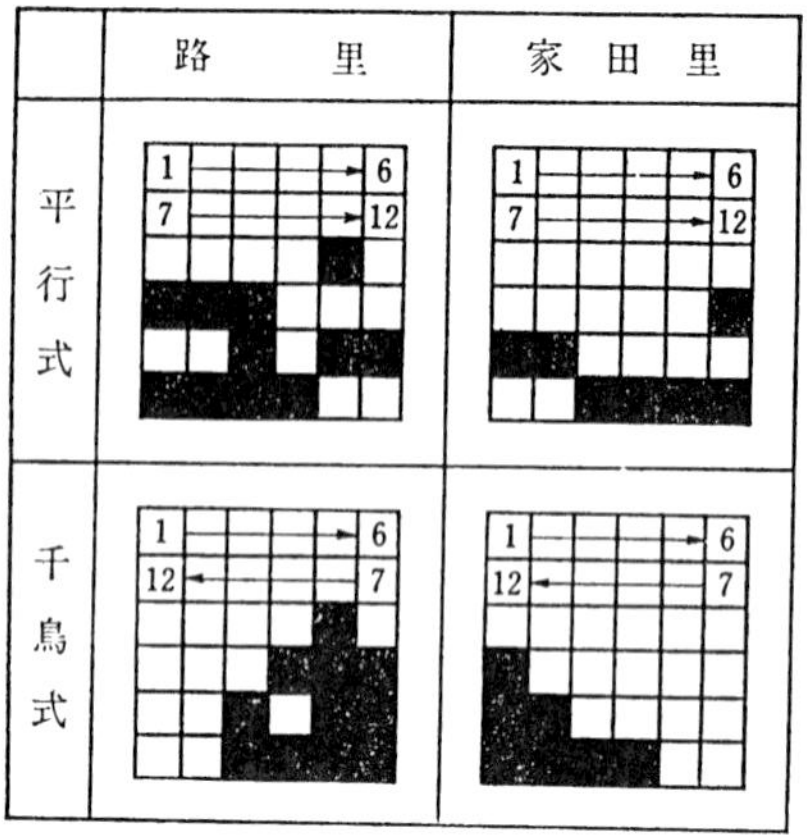

	路里	家田里
平行式	1 → 6 7 → 12	1 → 6 7 → 12
千鳥式	1 → 6 12 ← 7	1 → 6 12 ← 7

(1) 先ず路里及び家田里について、その一筆性を平行式・千鳥式の両坪並によって調査すると、上図の如く千鳥式の坪並の方がよりよく田地の一筆性を実現する。従って千鳥式の坪並であったと考えて良い。

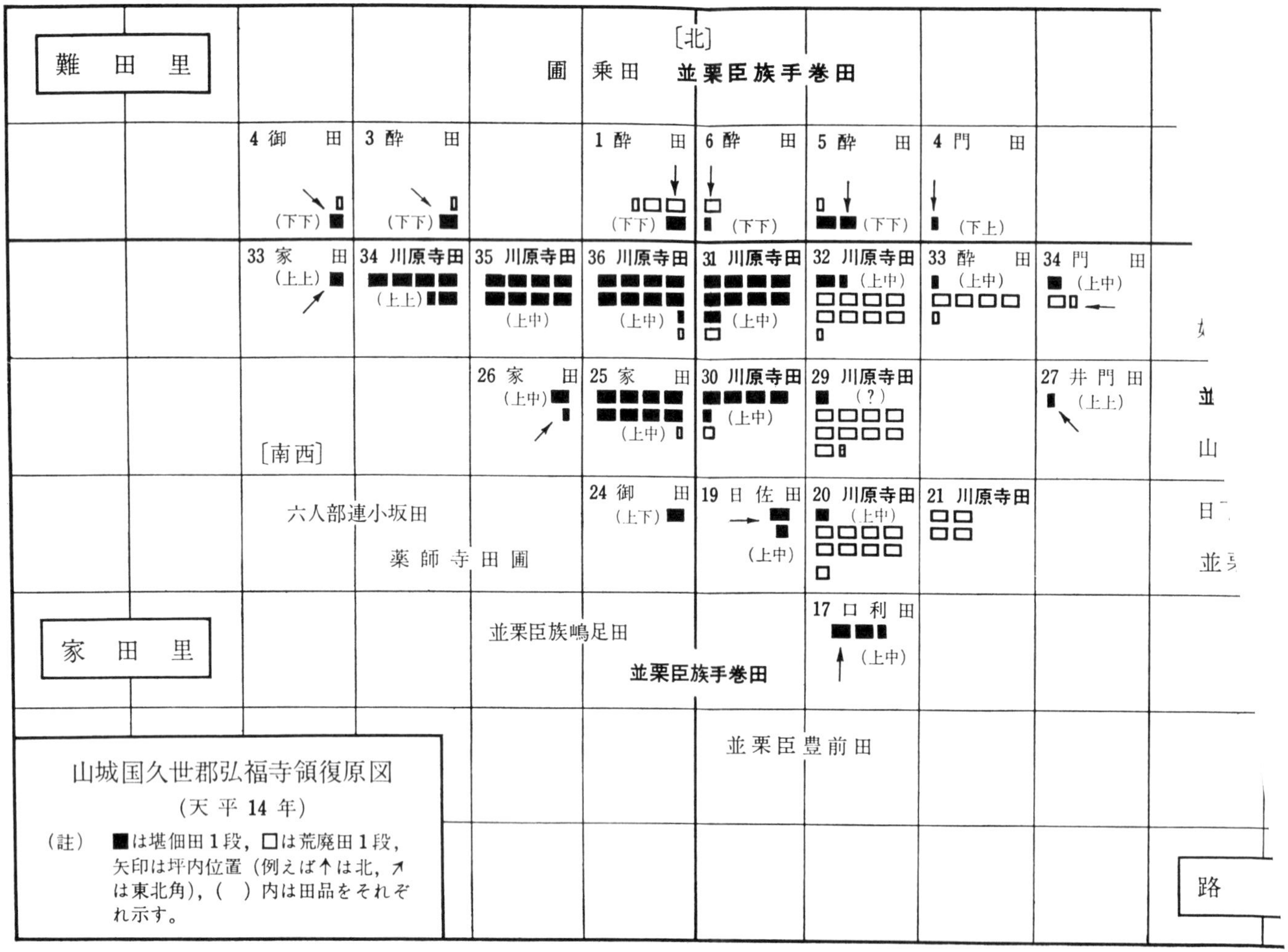

難　田　里

〔北〕

圃　乗田　**並栗臣族手巻田**

4 御　田（下下）
3 酔　田（下下）
1 酔　田（下下）
6 酔　田（下下）
5 酔　田（下下）
4 門　田（下上）

33 家　田（上上）
34 川原寺田（上上）
35 川原寺田（上中）
36 川原寺田（上中）
31 川原寺田（上中）
32 川原寺田（上中）
33 酔　田（上中）
34 門　田（上中）

〔南西〕
26 家　田（上中）
25 家　田（上中）
30 川原寺田（上中）
29 川原寺田（？）
27 井 門 田（上上）

並
山

六人部連小坂田
薬 師 寺 田 圃
24 御　田（上下）
19 日 佐 田（上中）
20 川原寺田（上中）
21 川原寺田

日
並

家　田　里

並栗臣族嶋足田
並栗臣族手巻田
17 口 利 田（上中）

並 栗 臣 豊 前 田

山城国久世郡弘福寺領復原図
（天 平 14 年）

（註）　■は堪佃田1段，□は荒廃田1段，矢印は坪内位置（例えば↑は北，↗は東北角），（　）内は田品をそれぞれ示す。

路

（2） 次に、千鳥式にはその起点たる1坪の位置と数える方向とによって八通りの坪並があるので、その中のどれであるかを決定する必要がある。その手段として坪内位置の記載に注意すると、路里に於いて17坪の二段七二歩には「北」と坪内位置の記載がある。17坪に接続する坪は千鳥式では8・16・18・20の四カ坪であるが、この中、本帳には20坪だけしか記載されていないので17坪の二段七二歩は20坪に接続している可能性が強い。即ち、㋑20坪は17坪の北に接続する可能性が強い。また19坪の一段二一六歩には「東」と坪内位置が記されており、そしてこの19坪に接続する坪としては30坪と20坪の二カ坪がある。従って上掲と同じ理由によって、㋺30坪が19坪の東に接続するか、または20坪が19坪の東に接続するかの何れかの可能性が強い。更に34坪に「西」と記されているので、同様の筆法によって、㋩33坪が34坪の西に接続するか、または27坪が34坪の西に接続するかの何れかの可能性が強い。また、27坪には「西北角」と記されているので、㋥34坪は27坪の西または北に接続する可能性が強い。

（3） 以上㋑〜㋥の四箇の条件をすべて満足する千鳥式の坪並は図示の如き型しかない。そしてこれが路里のみならず他の三里に於いても同様なるべきことは言をまたない（家田里の坪内位置を検討しても接続関係に矛盾はない）。

北

31	32	**33**	**34**	35	36
30	29	28	**27**	26	25
19	**20**	21	22	23	24
18	**17**	16	15	14	13
7	8	9	10	11	12
6	5	4	3	2	1

（4） そこで各里毎に上の型で復原し、更にこれら四里の一筆性に留意して四里を配列すれば別掲の如き復原図を得る（紋屋里及び難田里の坪内位置を検討しても接続関係に矛盾はない）。

（5） ところで、一般に条の番号を数える方向は1坪から6坪への方向と一致し、里の番号を数える方向は千鳥式では1坪から36坪への方向（平行式ならば1坪から31坪への方向）と一致するのが原則とされている。そこでもしこの地方の条と里とに番号

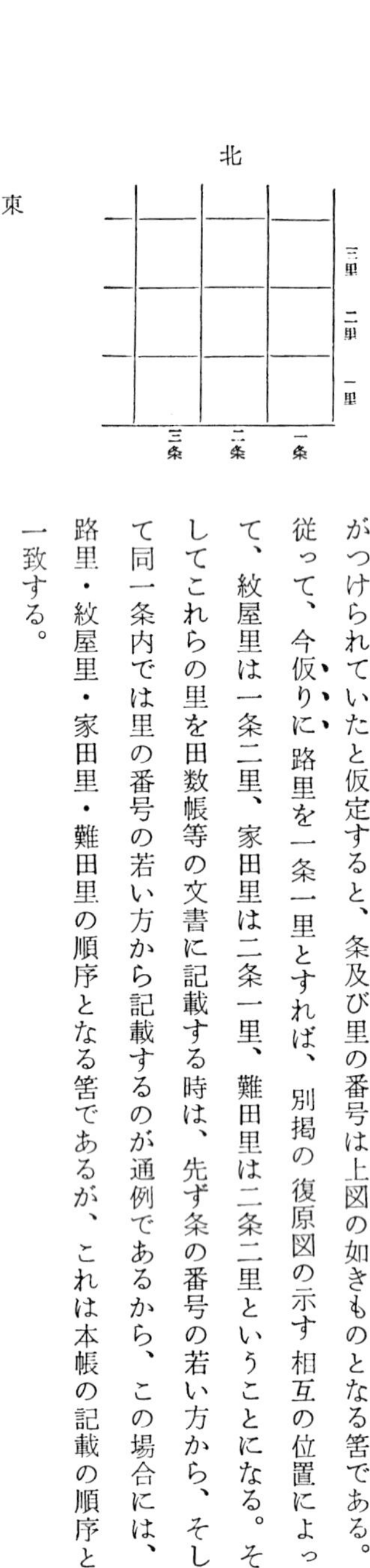

がつけられていたと仮定すると、条及び里の番号は上図の如きものとなる筈である。
従って、今仮りに路里を一条一里とすれば、別掲の復原図の示す相互の位置によって、紋屋里は一条二里、家田里は二条一里、難田里は二条二里ということになる。そしてこれらの里を田数帳等の文書に記載する時は、先ず条の番号の若い方から、そして同一条内では里の番号の若い方から記載するのが通例であるから、この場合には、路里・紋屋里・家田里・難田里の順序となる筈であるが、これは本帳の記載の順序と一致する。

北
東
南西

(6) なお、本帳の末尾には、寺領の周囲に存する口分田等を註記するに当って、東・南西・北の三つに分けて記してある。これはこの寺領の形が模式的に言えば上図の如き形であったことを推察せしめるが、これは別掲の復原図の形とよく合致している。

およそ以上(1)〜(6)の如き手続きによって試みた復原であるが、これはこの山城国久世郡の条里について藤岡謙二郎・谷岡武雄の両氏が、やや推定的要素を交えつつ——本帳に関説されることなしに——述べられたところ[3]とよく合致する。従って、私はこの復原は恐らく誤りないものであり、且つこれによって藤岡・谷岡両氏の研究を一層確かなものとなし得たと信ずるものである。

三

次に私は、本帳に見える田積中の歩の数値に注目する必要があると思う。この歩の数値は〇歩（三六〇歩）を含めて二七通りあるが、その中、次の七通りの歩数は何れも簡単に代に換算し得るものである。従って、これらの歩数を含む坪では代の地割が行われていること、それも五代を基礎とした地割の行われていることを一応は推察しても差支えないようである。しかし実を言えば、五代というのは三六〇歩一段制に於いても六歩平方の三六歩、即ち一段の十分の一にあたる地積である。従って、ことさらに代の地割を前提としなくても、三六〇歩一段制の下に於いて新たに創出された地割と解する余地もまた残されている訳なのである。

324歩……………………45代
288〃……………………40〃
216〃……………………30〃
144〃……………………20〃
108〃……………………15〃
72〃……………………10〃
0〃（＝360歩）… 0〃（＝50代）

ところが、右の七通り以外の歩数を見ると、MとUとに一〇一歩という同一の歩数が見え、MとNとにも三一七歩というやはり同一の歩数が見えているが、これらは単なる偶然ではなく、恐らくその基づく地割の条件の同一なることによると思われる。そしてこの一〇一歩も三一七歩も実は次の計算の如く、代の地積を歩に換算し、その僅かの端数を処理して近似値を取ったものと解し得るのである。

14代＝100.8歩≒101歩
44代＝316.8歩≒317歩

そして同様のことはこれらの他にも行われたと考えて差支えないからそれを探ると、Uの七歩・Nの二九歩・Rの二五九歩等についても、それぞれ次の如き換算と近似値採用とを想定して良いであろう。

1代＝　7.2歩≒　7歩
4代＝　28.8歩≒　29歩
36代＝259.2歩≒259歩

かくの如く、五代の倍数以外になお五通りの歩数について、それぞれ一代・四代・一四代・三六代・四四代等の地積を歩に換算した形迹が明瞭にトレースされるということであれば、もはや躊躇なく代による地割の行われていることを推定して差支えあるまい（七歩や三一七歩の如き地積が三六〇歩一段制からはそれほど容易に創出し得る地割でないことは言うまでもない）。しかも更に此処に注意すべき現象がある。それはこれら代の数値が何れも五代の倍数より一代多いか或いは一代少ないという点で斉一性を有しているということである。これもまた偶然ではあるまい。即ち、一〇代の倍数でなく、五代の倍数に対してそれぞれ一代の過不足があるということは、かつて五代が地割の一つの基準であって、この基準から代を単位として増減の行われたことを示していると考えて良いであろう。しかも五代はその形が方格で、地割の基準としては最も適していること、また、六尺平方一歩の五〇〇歩一〇〇代制から五尺平方一歩の三六〇歩一段制への丈量単位の転換を、地割を変更することなしに行ない得る最小の単位が五代なること、などを考え併わせれば、このことは一層確かさを増すであろう。従って、これらの数値の見える田地には、かつて五〇〇歩一〇〇代制に基づく地割が行われ（その際の地割り単位は代即ち六尺平方一歩の五歩であり、方形の五代が一つの基準であった）、その後、三六〇歩一段制の施行によっても地割の変更はなされず、ただその地積の表示にあたって換算が行われただけであると考えて良い。

以上の如き操作によって都合一二通りの歩数が代を換算して表示したものであることを知り得たが、残りの一五通りの歩数は、一見、代との関係を見出すことの困難な数値である。今これを数値の大なるものから並べると次の如くである。

315歩(C)
284〃(G)
243〃(C)
200〃(K)
167〃(J)
145〃(X)
140〃(G)
136〃(S)
127〃(V)
123〃(J)
95〃(E)
73〃(X)
48〃(W)
44〃(JP)
16〃(K)

ところで、これらの数値は代にこそ換算しにくいが、五〇〇歩一〇〇代制（仮りに段積で示せば二五〇歩一段制）の六尺平方の歩には換算し得るのではないかという疑もある。例えば六尺平方一歩の六六歩は五尺平方一歩に換算すると九五・〇四歩となり、これが近似値によって九五歩と示される可能性は大きい。即ち、Eに見える九五歩は右のような換算によって得られたのではないかと考える訳である。しかしこの考え方には遺憾ながら決め手がないのである。というのは、端数の切り上げ・切り捨ての巾を大きくすれば、殆んどあらゆる数値についてこの類の操作が可能となるからである（例えばCの三一五歩は二一九歩＝三一五・三六歩の端数切り捨て、Gの二八四歩は一九七歩＝二八三・六八歩の端数切り上げ、という風に）。従って、このような換算の行われた可能性を全く否定して了う訳にも行かないが、今しばらくはこれを保留して別の方面から探究してみる必要がある。

そこで先ず、此処にも四四歩なる数値がJとPとに共通していることに着目して、この四四歩と他の数値との和または差を求めてみると、次の如き例を得る。

136歩(S)＋44歩(J・P)＝180歩
145歩(X)−44歩(J・P)＝101歩

73歩(X)−44歩(J・P)=29歩

この一八〇歩が二五代に相当することは言うまでもなく、更にまた、一〇一歩がMとUとに例があって一四代を換算したものであり、二九歩がNに例があって四代を換算したものであろうことは今述べた許りである。そこでこれに類する操作を更に若干試みると次の如きを得る。

167歩(J)−95歩(E)= 72歩(≒10代……A・N・Q)

243歩(C)+16歩(K)=259歩(≒36代……R)

従って、これらの直接代に換算出来ない数値もまた、実は代と何らかの関係を持つ数値であることが知られる。そこで更にこれらの数値を熟視すると、

16歩(K)=216歩−200歩=30代−200歩

44歩(J・P)=144歩−100歩=20代−100歩

136歩(S)=36歩+100歩= 5代+100歩

の如く、代と一〇〇歩或いは二〇〇歩との組合わせによって生じたのではないかと疑われるものが眼につく。しかも二〇〇歩という数値そのものがKに見えていることでもある。そこでこの点に着目して整理してみると、前掲の三箇及びKの二〇〇歩の外に、次の如く更に七箇の数値が代の換算近似値と一〇〇歩または二〇〇歩との組合わせによって示されるのである。

315歩(C)=115歩+200歩≒16代+200歩

243歩(C)= 43歩+200歩≒ 6代+200歩

167歩(J)=367歩−200歩≒51代−200歩

145歩(X)＝245歩－100歩≒34代－100歩
123歩(J)＝223歩－100歩≒31代－100歩
95歩(E)＝295歩－200歩≒41代－200歩
73歩(X)＝173歩－100歩≒24代－100歩

これらはやはり偶然の集積ではなく、代の地積を基本として、それから副次的に一〇〇歩或いは二〇〇歩という三六〇歩一段制に於ける概数を加減したものと見る外はあるまい。そして更に言えば、此処に現われて来る代の数値がやはり五代の倍数に一代を加え、或いは一代を減じた数値であって、上来述べ来った代の数値と全く同一の特徴を保持していることに注意しなければならない。

かくして残る処は四箇だけであるが、その中、Vの一二七歩とWの四八歩とはそれぞれ次の如く代と一二〇歩・二四〇歩（それぞれ一段の三分の一・三分の二）との組合わせであり、これも前述のものとほぼ同一の性質の数値である。

127歩(V)＝　7歩＋120歩≒ 1代＋120歩
48歩(W)＝288歩－240歩≒40代－240歩

そして残りの二八四歩・一四〇歩の二箇は何れもGにのみ見えるものであるが、これは二八八歩（四〇代）・一四四歩（二〇代）からそれぞれ四歩を減じた数値と見る外はない。この四歩は半代（三・六歩）と見得るので、結局、代を単位としてそれぞれ半代を減じたものと見る方が良いであろう。即ち、Gは却って代の地割に於ける三九代半・一九代半を換算したものと見得る訳である。

以上の如く見て来ると、大凡の数値が殆んど無理なく代の換算、または代の換算値と三六〇歩一段制の歩との組合わせとして表現される。そこで、この結果を利用して第一表の関係部分を書き改めてみたのが次の第二表である。

第　2　表

記号	里名	坪	田名	田積	荒廃田	定	田品
A	路	17	口利田	110代			上中
B		19	日佐田	80〃			上中
C		20	川原寺田	456〃+200歩	416代+200歩	40代	上中
D		21	川原寺田	200〃	200〃	0〃	
E		27	井門田	41〃−200〃			上上
F		29	川原寺田	500〃	470〃	30〃	?
G		30	川原寺田	269½〃	39½〃	230〃	上中
H		31	川原寺田	500〃	50〃	450〃	上中
I	里	32	川原寺田	490〃	420〃	70〃	上中
J		33	酔田	251〃−200〃	231〃−100〃	20〃−100歩	□中
K		34	門田	80〃	80〃−200〃	200〃	上中
L	紋屋里	4	門田	20〃			下下
M		5	酔田	94〃	14〃	80〃	下下
N		6	酔田	54〃	44〃	10〃	下下
O	家	24	御田	45〃			上下
P		25	家田	420〃−100〃			上中
Q		26	家田	60〃			上中
R	田	33	家田	36〃			上上
S		34	川原寺田	255〃+100〃			上上
T		35	川原寺田	400〃			上中
U	里	36	川原寺田	415〃	1〃	414〃	上中
V	難田里	1	酔田	151〃+120〃	101〃+120〃	50〃	下下
W		3	酔田	90〃−240〃	40〃−240〃	50〃	下下
X		4	御田	74〃−100〃	34〃−100〃	40〃	下下

(備考)　田積の単位は代±歩（360歩1段制の歩）。Jの田品は恐らく上中。

これによって見れば、町・段・歩制の下に於いても、代制による地割が根強く遺存していることが知られる。しかし同時に、それらが部分的に町・段・歩制による新しき地割によって変改を蒙っていった様子をも垣間見ることが出来ると思う。今その最も良い例としてWをあげると、二四〇歩という歩数は三六〇歩一段制でその三分の二に当り、後世まで普通に見られる地割（中世の大・半・小制の大に当る）であるが、しかし代制の下に於いては存在し難い地割であって、このWに見える地割の如きは、明らかに代制度の地割が町・段・歩制によって部分的に変改を蒙ったものである。しかし、代と一〇〇歩・二〇〇歩との組合わせとなると、これに対しても同様の事情を想定して良いものかどうか疑問に思われる点がある。即ち、もし一〇〇歩・二〇〇歩という数値が現実の地割に即したものであれば、それは一二〇歩や二四〇歩とは異なって三六〇歩一段制の下では余り一般的とは思われないからである。この点が気にかかるのであるが、しかし、これらの数値は代制度の地割ではなおさら諧調しないし、その数値から考えてやはり町・段・歩制に於いて導き出されたものと考える外はあるまい。恐らくは一〇〇歩・二〇〇歩という概数として、必ずしも現実の地割に即することなく設定されたものであろう(4)。

四

以上、二項にわたる基礎的な考察の結果を図及び表として提供することによって、本章の主な目的は達せられた訳であるが、前述の如く、本帳についてはかつて石母田氏が比較的詳しく言及しておられるので、此処で一応、石母田氏の言われる処をまとめて検討して置こう。

先ず氏は、この寺領が恐らく山城国久世郡列栗郷にあったであろうと推定される。これは特に根拠を示しておられないが、この寺領の周囲に田地をもつ戸主として記載されているのが、すべて「列栗郷戸主」であり、且つその戸主の中に「並栗臣族」が若干見えている点から考えて誤りあるまい。次に氏はこの末尾割註に見える田を、郷戸主の姓名のみをあげている点から判断して、口分田ならんと解しておられるが、これも恐らく誤りあるまい。

ただし、次の記載は問題である。此処は表現が微妙なので、氏の記述をそのまま引用させて頂くと、

寺領の「下下東南角」とのみあってその広さが判明しないから明確には断言出来ないのであるが、この文書の前に記載してゐる寺領がいづれも零細なる土地であるところから見てそう広い地域でないとすれば、この田地の周囲に八人もの口分田が接続してゐることは、それらの口分田が零細なものであり、かつ狭い地域に多くの農家の口分田が少しづゝ密集してゐる状態を示してゐる。

の如くであるが、(5) この記述では何の「広さが判明しない」のか、どこが「そう広い地域でない」のか、頗る曖昧である。これは要するに前述の如く、大日本古文書の句読点の誤りにわざわいされたからである。最後の「下下東南角」は難田里の4坪の御田一段七三歩中の定田二八八歩の田品と坪内位置とを示す記載であるから、この後に続く割註とは直接の関係はない。この割註に見える八人の口分田の接続しているのは、「その広さが判明しない」「この田地の周囲」ではなく、寺領全体の周囲なのであって、その寺領は計一〇町二三八歩の広さで、坪で言えば接続せる二四カ坪にわたって存在しているのである。従って、この周囲にある「口分田が零細なものであり、かつ狭い地域に多くの農家の口分田が少しづゝ密集してゐる状態」即ち口分田の錯圃形態などは本帳から直接には引き出せないことになる。

ただし、氏の指摘されるように、郷戸主並栗臣族手巻の口分田が寺領の北・東・南西の少なくとも三カ処に分散して

いたことは明らかである。即ち、口分田の散在形態は僅か一例ながらも明瞭に示されていると言わなければならないから、このことから間接且つ論理的に口分田の錯圃形態を類推することは可能であろう。並栗臣族手巻の三カ処の口分田が散在している範囲は、石母田氏が考えられたものよりむしろ広い範囲であり（しかもそれらが互に接続して一筆の田地となる可能性のないことは前掲の復原図によって明らかであろう）、並栗臣族手巻の口分田に関する限り、石母田氏の提説は正しいと言わなければならない。ただ、このことだけによって「かかる耕地の形態（錯圃形態）の確実な徴証は我が国においては已に八世紀初葉において見出すことが出来る」(6)ということになれば、それは誤りと言う訳ではないが、すこし言い過ぎの感を否めないのである。

次に石母田氏は

（１）本帳中、「川原寺田」・「川原田」とある田地が比較的まとまった面積なので、これが寺領の根幹であり、

（２）それ以外は言うに足りない零細な地片が三つ（四つの誤記ならん）の里に散在し、

（３）この寺領は何ら地域的な統一をなしておらず、百姓の口分田・乗田・薬師寺領の中に錯雑して混入している、

（４）かかる形態は買得・寄進・質入等の過程によって成立した寺領について多かれ少なかれ言われることである、

と述べておられる。(7)

先ず（１）であるが、「川原田」の例は二例しかなく、これは「川原寺田」の「寺」字を脱したものと理解して誤りないであろう。これらが、この寺領の根幹であることは、その面積からばかりでなく（川原寺田の面積は一般に大きく、この九カ坪にわたる川原寺田の合計だけで二四カ坪にわたる全寺領の約七割となる）、復原図の示す如く、寺領の中心部に接続して存在していることからも知られるので、氏の推定は正しいと思う。しかし、（２）以下は従い得ない。川原寺田以

外の田は大体小面積のものが多いが、これらは四つの里に散在しているのではなく、(1)で述べた一円性を有する川原寺田の周囲に接続して存在しているのである（坪内位置に注意）。一体この「零細な地片が四つの里に散在している」という理解の仕方は、(3)の理解と相伴ったものと思われるが、それが正しくないことは既に述べた通りであって、この点からも従い得ない。従って、以上の如き理解に基づいて、これらをうけて述べられた(4)については改めて説くまでもないことであろう。寺領が口分田等の間に錯雑混入しているような形態であれば、その成立過程について(4)にのべられた如き説明が一般的に成り立つということ自体には勿論異議はないが、それはこの場合には縁のないことである。(8)

五

要するに、本帳は口分田の錯圃形態に関する史料としては、一郷戸主の口分田が少なくとも三カ処に散在していた実例を示すにとどまると思うが、この点については、前述以上につけ加うべき何ものもない。私としては、本帳はむしろ寺領の形態、それも買得・寄進・質入等の盛んに行われる以前の比較的古い寺領の形態を示す史料として重視すべきであると思う。

和銅二年七月二十五日附の「弘福寺領田畠流記写」には

山背国久世郡田壱拾町弐佰参拾捌歩
陸田参拾柒町壱段弐佰陸拾壱歩

とあって、(9)天平十四年現在の(10)水田積一〇町二三八歩はそのまま和銅二年までさかのぼることが知られる。この田積の端数までもの一致は、寺領の形態そのものもまた和銅二年まで遡ることを示していると言って良い。従って先掲復原図の如き本寺領の形態は、現在最も古いものとされている天平七年の「讃岐国山田郡弘福寺領田図」より更に古い寺領の形態を示すものと言わなければならないであろう。

前述の如く、この寺領は久世郡の列栗郷に在ったと推定されるが、この列栗郷なるものは管見では他に所見がなく、(補註)和名抄の郷名のどれに当るのかも定かでない。従って現在地の比定も困難であろう。しかし、この地方が、町・段・歩制施行後の開墾地ではなく、それより古く代制度の地割の行われた時代乃至それ以前からの先進開拓地であったことだけは、その地積数値の代との密接な関係によって明らかである。この寺領の根幹をなすのが川原寺田と名付けられた部分であろうことは前述の通りであるが、今、前掲の第二表を見ると、町・段・歩制による変改を蒙った田地は川原寺田には少ないようである。従って、恐らく最初にこの寺領が設定された時期は代制度の時代であろうと思う。そのはっきりした年代も最初の寺領の形態も勿論分明でなく、ましてその後和銅に至るまでの変化の様子は知るべくもないが、和銅以前に於いて、買得・寄進・質入れ等が盛行したとは考え難いので、比較的古い形態を残していると考えて良いのではなかろうか。

また、田品について見ると、零細な地積しかない紋屋里・難田里（これはその名称からも美田ならざることが知られる）を除いて、川原寺田を包含する路里・家田里の全部が、上田にランクされている。

従って、以上を綜合してすこし大胆な推測を試みると、川原寺の創建後、代制度の地割の行われていた先進開拓地中の良田を選んで一括して寺領を設定したものが、その後更に若干の開墾その他による変改を蒙り、また一部に荒廃田を生じつつ、和銅に至り天平に引き継がれた、それがこの寺領の姿であるということになる。これは文字通りの、しかも大ざっぱな推測の域を出ないものであるが、要は、本帳によって復原される寺領の形態が、代制度に根ざす古い寺領の形態を伝えるものであることを主張し得れば足りるのである。

六

なお最後に後考に備える意味で二・三の問題についての私見を簡単に述べて本章を結びたい。

その一つは、条里制に於ける里の呼称法についてである。この点については、近年岸俊男氏が、里の呼称法として最初は数詞が用いられ、固有名詞を用いるようになったのは、郷里制の廃止された天平十二年頃かららしいとされているが、(11)これに対し弥永貞三氏は、一概に村落制度としての郷里制の消長に結びつけて考える必要はないとされ、また、近江国では平安時代に入ってからも数詞のみを冠していたことを指摘して岸氏説に疑問を表明しておられる。(12)この問題はたしかに史料が少ないので何れと決し難いが、私は少なくとも里に固有名詞を用いるようになったのは天平十二年頃よりも、もっと遡るのではないかという推定を、本帳から試みてみたい。即ち、本帳には「―条―里」式の「条」の記載が見えず、且つ、里名には固有名詞を用いて数詞を用いていない。従って、先ず当時「条」の呼称そのものが存在しなかったのではないかとも疑われるが、前述の如く、この帳の記載順序は条の概念とその名称（必ず数詞による）の存在を予想せしめるものなので、その疑問は成立し難いであろう。(13)とすれば、これは条の名称を省いても差支えない事情が存在したからであり、それは里の名称が固有名詞であることと関係が深いと思う（もし里の名称が数詞のみであれば条の名称を省くことは不可能である）。即ち、この天平十四年当時、既にこのような固有名詞による里の呼称法が、条の名称を省いても差支えないほど確乎として定着していたと考えてよいのではあるまいか。とすれば、この固有名詞の里名が用いられるようになったのは、岸氏の言われる如く、これより二年前の天平十二年頃と考えるよりは、更にもっと遡った年代を考えた方が自然なのではあるまいか。ついでに言えば、最初はただ方格の地割のみがあり、この一区画を「某々里」と固有名詞で呼ぶことのみが行われた（条などは存在しない）段階をも想定し得るのではあるまいか。ただし、これは特に積極的に主張し得べき筋合いのものではない。

その第二は、代制度の下に於ける地割及び丈量単位に関してである。一般に代制度の下に於いては、五代の方格が地割の一基準であったことは既に指摘されていることでもあるし[14]、また前述の如く、本帳の地積からも知られるが、更に此処で問題としたいのは、実際に用いられた丈量単位は代であって、歩は殆んど用いられることはなかったのではないかということである。周知の如く、六尺平方一歩の五〇〇歩が一〇〇代にあたる。即ち一代は五歩に等しいので、代とならんで代の下級単位として歩が用いられた可能性もある訳であるが、少なくとも本帳に於いては代が単位であって（従って半代ということはあり得る）、その五分の一たる歩が単位となっていると考うべき形迹を見出せないのである。一般に三六〇歩一段制（五尺平方一歩）の前には五〇〇歩一〇〇代制（六尺平方一歩）が行われた——更に学者によってはその中間に二五〇歩一段制（六尺平方一歩）の存在を主張される向きもある[15]——と理解されているが、この代・歩制の下で実際に用いられた丈量単位は代だけであったのではないか、と思わせられるのである。本帳の外にも、例えば天平七年の讃岐国山田郡弘福寺領田図には「束代」なる単位が用いられ、これが代と等しいことは言うまでもない。そしてこの場合にも、その数値は単に五代や一〇代の倍数に相当するもの許りではなく、一四七束代とか八九束代の如く、束代即ち代そのものが単位となっており、且つ、これより下級の単位に及んでいない。要するに本帳の場合と同じなのである。[16] ただ、この点については更に他の史料の検討が必要であるし、またかつて述べたこともあるように、[17] 升は常に歩について言われ、束は常に代について言われていることの意味を、もうすこし考え併わせてみなければならないと思うので、この際は以上にとどめ、詳しくは別の機会にゆずらせて頂きたい。

第三の問題として田品制についての問題がある。本帳に見える田品には上上・上中・上下・下上・下下の五通りがあるが、これによって此処に行われている田品制が九等制であったと考えることは間違いないであろう。前述の讃岐国の田図には上と中とだけが見えていて、この場合の田品制が、上・中・下の三等制、上・中・下・下下の四等制の何れであるかはこれだけでは決しかねるが、同じ天平年間の本帳に九等制をとっていることを考慮に入れると、これは上・中・下の三等制と見た方が良いと思う。この三等制の上・中・下の田品を更に各々三等に分ったものが、本帳に見える九等制であろう。ところでこの三等制も或いは九等制も、一般に律令時代の田品制として知られている上・中・下・下下の四等制と異なるものである。しかし、実を言えば、この四等制の田品制が何時に始まるかということは明確ではないのであって、果して奈良時代まで遡り得るかは疑問ではないかと思う。[18] 四等制の場合の町別法定穫稲量を見ると、五〇〇束・四〇〇束・三〇〇束・一五〇束で、下下田の場合だけが等差級数をなさず、その下下田の名称と共に後から追加された趣きが看取されないでもない。そして実は一五〇束というのは下田の三〇〇束の半分である。これは易田を連想せしめる。そして田令に規定されている易田が実際に存在したことを証する史料は平安時代初頭よりは遡らないのであって、[19] 果して奈良時代に易田として倍給された口分田が実際に存したかどうかは疑わしい。そこで仮りにこれらの条件を綜合して考えてみると、奈良時代には一般に三等の田品制（時に細分して九等制）が行われ、その後、奈良・平安の交に下下田が追加設定されて四等制となり、これは易田の現実化と関係があるらしい、という推定が導かれる。これは全くの推定であるが、参考までに記して置く。

註

(1) 石母田正氏「王朝時代の村落の耕地」(「社会経済史学」一一―二・三・四・五)。

(2) 前掲論文(四)の一五頁〜一六頁。

(3) 藤岡謙二郎氏・谷岡武雄氏「山城盆地南部景観の変遷・第一報条里景観」(「日本史研究」七)。

(4) この点については、弥永貞三氏も『奈良時代の貴族と農民』一三九頁に於いて

$$196=100+240-144$$

$$272=200+72$$

の如き例を示されており、一〇〇歩・二〇〇歩を町・段・歩制による地積として認めておられる。

(5) 石母田氏前掲論文(一)の四五頁。

(6) 石母田正氏「古代村落の二つの問題」(一)(「歴史学研究」一一―八)二四頁。この確実な徴証というのが本帳をさすらしいことは、註(1)所掲論文によって知られる。

(7) 註(2)に同じ。

(8) 有賀喜左衛門氏『日本家族制度と小作制度』一五九頁に「例へば天平十五年山城に於ける弘福寺領を見るに、これは四里の間に散在し………」として、近畿地方の如く早く開けた地方で「公田の外に成立する荘園は必ずしも最初から大きな一円地として成立し難い」ことの例証としておられるが、これは石母田氏の説を踏襲したものであるから、石母田氏説とともに訂正さるべきである。

(9) 大日本古文書七の一頁。

(10) この田数帳は天平十五年四月廿二日の日附をもつので、一般に天平十五年として説明されることが多いが、記載の内容が天

平十四年のものであることは、「□□四年、歳次壬午」と見えていることによつて間違いない。

(11) 岸俊男氏『古代後期の社会機構』（新日本史講座）二五頁～二六頁及び『世界歴史事典』条里制の項。

(12) 弥永氏前掲書三五頁～三六頁。

(13) 久世郡の条里制に関する資料としては、石清水文書治安三年十月五日極楽寺陳状（大日本古文書、家わけ第四、石清水文書之一）に「在当国久世郡壱町陸段佰捌拾歩、三条畠田上里七坪二段（下略）」とあるのが恐らく唯一のものであろう。

(14) 竹内理三氏「条里制の起源」（『律令制と貴族政権』第一部所収）。

(15) 拙文「最近に於ける古代田積法・租法沿革史の研究について」（『日本上古史研究』一―三）参照。

(16) この田図に関しては、福尾猛市郎氏「『讃岐国山田郡弘福寺領田図』考」（『第五回社会科教育歴史地理研究徳島大会記念研究論集』所収）参照。

(17) 註(15)所掲拙文。

(18) 上・中・下田の存したことだけなら、続日本紀天平元年十一月癸巳条や、田令集解交錯条古記などによっても知られるが、下下田まで備わった四等の田品制であったかどうかは終に分らない。

(19) 実際に易田の存在したことを示す史料として最も古いものは、弘仁十二年六月四日太政官符及び天長四年六月二日太政官符などである。

(補註) 山城国風土記逸文（天理本神名帳裏書）に「並栗里」と見えている。本帳に「並栗臣族」の見えることを参考すれば、これが「列栗郷」と同一のものであることは疑いない。なお、安和二年七月八日法勝院目録に「列栗」とある。

附録　田令対照表

凡　例

一　本表は唐令逸文と大宝令・養老令との田令を比較対照したものである。
二　唐令逸文は仁井田陞博士の『唐令拾遺』に拠つているが、私見を以て改めた処もある。その箇処と理由とは註を以て示した。
三　唐令逸文の番号は『唐令拾遺』の番号をそのまま用いた。ただし、掲載の順序は、日本令との対比の必要上、この番号の順序に従っていない。また、日本令に対照条文の存在しない唐令逸文は、原則として『唐令拾遺』の番号に従って、最も適当と思われる箇処に収めた。
四　唐令逸文の中、仁井田博士が取意文或いは取意文らしいとされたものに対しては、すべて「○取意文ナルベシ」という割註を施した。
五　唐令逸文・日本令とも、本註は（　）内に収めて表示した。また、唐令逸文及び日本令の句読点は原則としてそれぞれ『唐令拾遺』及び新訂増補国史大系本『令集解』に従った。
六　日本令の番号は『令集解』に基づいて私に附したものであり、条文の名称も慣用的なものなので『令集解』からそのまま移したものである。
七　大宝令の復旧は、仁井田博士の「古代支那日本の土地私有制」(三)・(四)(「国家学会雑誌」四四―七・八）所掲のものが最も備わっているので、原則としてこれに従い、滝川政次郎博士の『律令の研究』所掲のものを参照した。そして両博士の復旧以後に新しい他の復旧が提示されている場合や、私自身として異論のある場合には、最も妥当と思われる復旧条文を掲げると共に、その典拠や理由を註によって示したが、両博士の復旧の間に相違があっても、その何れかに従った場合は一々その旨を断わってはいない。

八　大宝令の復旧条文中、大宝令条文の断文たることの明白な文字には〇印をつけ、また、大宝令と養老令とで相違する部分には、双方の条文に——線をほどこした。

九　略号として用いたものは次の通りである。

〔**武**〕……武徳令
〔**開七**〕……開元七年令
〔**開二五**〕……開元二十五年令
〔**大**〕……大宝令
〔**養**〕……養老令

唐令逸文

1条

〔武〕〔開七〕〔開二五〕諸田広一歩、長二百卌歩為畝、百畝為頃、

2条

〔開二五〕諸租、準州土収穫早晩、斟量路程険易遠近、次第分配、本州収穫訖発遣、十一月起輸、正月三十日内納畢、（若江南諸州、従水路運送、冬月水浅上埭艱難者、四月以後運送、五月三十日内納完、）其輸本州者、十二月三十日内納畢、若無粟之郷輸稲麦、随熟即輸、不拘此限、即納当州未入倉窖、及外配未上道有身死者、并却還、応貯米処折粟一斛輸米六斗、其雑折皆随土毛、準当郷時価、

3条

〔武〕諸丁男中男給田一頃、篤疾廃疾給四十畝、寡妻

日本令

1田長条

〔大〕〔養〕凡田、長卅歩、広十二歩為段、十段為町、（段租稲二束二把、町租稲廿二束、）

2田租条

〔大〕〔養〕凡田租、準国土収穫早晩、九月中旬起輸、十一月卅日以前納畢、其舂米運京者、正月起運、八月卅日以前納畢、

3口分条

〔大〕〔養〕凡給口分田者、男二段、（女減三分之一、）

妾三十畝、若為戸者加二十畝、所授之田、十分之二為世業、八為口分、世業之田、身死則承戸者便授之、口分則収入官、更以給人、狭郷授田、減寛郷之半、其地有薄厚、歳一易者、倍授之、寛郷三易者、不倍授、

〔開七〕諸給田之制有差、丁男中男以一頃、（中男年十八已上者、亦依丁男給、）老男篤疾癈疾以四十畝、寡妻妾以三十畝、若為戸者則減丁之半、田分為二等、一曰永業、一曰口分、丁之田二為永業、八為口分、

〔開二五〕諸丁男給永業田二十畝、口分田八十畝、其中男年十八以上亦依丁男給、老男篤疾廃疾、各給口分田四十畝、寡妻妾各給口分田三十畝、先有永業者、通充口分之数、黄小中丁男女、及老男篤疾廃疾、寡妻妾、当戸者、各給永業田二十畝、口分田二十畝、応給寛郷、並依所定数、若狭郷新受者、減寛郷口分之半、其給口分田者、易田則倍給、（寛郷三易以上者、仍依郷法易給、）

4 条

〔開七〕〔開二五〕諸永業田、親王百頃、職事官正一

五年以下不給、其地有寛狭者、従郷土法、易田倍給、給訖、具録町段及四至、

4 位田条

〔大〕〔養〕凡位田、一品八十町、二品六十町、三品

品六十頃、郡王及職事官従一品各五十頃、国公若職事官正二品各四十頃、郡公若職事官従二品各三十五頃、県公若職事官正三品各二十五頃、職事官従三品二十頃、侯若職事官正四品各十四頃、伯若職事官従四品各十一頃、子若職事官正五品各八頃、男若職事官従五品各五頃、上柱国三十頃、柱国二十五頃、上護軍二十頃、護軍十五頃、上軽車都尉十頃、軽車都尉七頃、上騎都尉六頃、騎都尉四頃、驍騎尉、飛騎尉各八十畝、雲騎尉、武騎尉各六十畝、其散官五品以上、同職事給、兼有官爵及勲倶応給者、唯従多不並給、若当家口分之外、先有地、非狭郷者、並即廻受、有賸追収、不足者更給、

31条

〔開二五〕諸京官文武職事職分田、一品十二頃、二品十頃、三品九頃、四品七頃、五品六頃、六品四頃、七品三頃五十畝、八品二頃五十畝、九品二頃、並去京城百里内給、其京兆河南府及京県官人職分田、亦准之、
(即百里内地少、欲於百里外給者、亦聴之、)

五十町、四品卌町、正一位八十町、従一位七十四町、正二位六十町、従二位五十四町、正三位卌町、従三位卅四町、正四位廿四町、従四位廿町、正五位十二町、従五位八町、(女減三分之一、)

5 職分田条

〔大〕凡職田、太政大臣卌町、左右大臣卅町、大納言廿町、

〔養〕凡職分田、太政大臣卌町、左右大臣卅町、大納言廿町、

5条

〔**開七**〕〔**開二五**〕諸永業田皆伝子孫、不在収授之限、即子孫犯除名者、所承之地亦不追、

6功田条

〔**大**〕凡功田、大功世々不絶、上功伝三世、中功伝二世、下功伝子、（大功非謀叛以上、上功非□□以上、以外非八虐之除名並不収、）

〔**養**〕凡功田、大功世々不絶、上功伝三世、中功伝二世、下功伝子、（大功非謀叛以上、以外非八虐之除名、並不収、）

7条

〔**開七**〕〔**開二五**〕諸所給五品以上永業田、皆不得狭郷受、任於寛郷隔越射無主荒地充、（即買蔭賜田充者、雖狭郷亦聴、）其六品以下永業、即聴本郷取還公田充、願於寛郷取者亦聴、

○　対照条文ナシ

8条

〔**開二五**〕諸応賜人田、非指的処所者、不得狭郷給、

7非其土人条

〔**大**〕〔**養**〕凡給田、非其土人、皆不得狭郷受、勅所指者、不拘此令、

9条

〔**開二五**〕諸応給永業人、若官爵之内、有解免者、従

8官位解免条

〔**大**〕凡応給職田位田人、若官位之内有解免者、従所

所解者追、（即解免不尽者、随所降品追、）其除名者依口分例給、自外及有賜田者並追、若当家之内、有官爵及少口分応受者、並聴廻給、有賸追収、

10条

〔**開七**〕〔**開二五**〕諸因官爵応得永業、未請及未足而身亡者、子孫不合追請、

11条

〔**開七**〕〔**開二五**〕諸襲爵者、唯得承父祖永業、不合別請、若父祖未請及未足、而身亡者、減始受封者之半給、

○対照条文ナキガ如シ

解免追、（即解免不尽者、随所降位追、）其除名者、依口分例給、若有賜田者并追、当家之内、有官位、及少口分応受者、並聴廻給、有乗追収、

〔**養**〕凡応給職田位田人、若官位之内有解免者、従所解免追、其除名者、依口分例、若有賜田者亦追、当家之内、有官位、及少口分応受者、並聴廻給、有乗追収、

9応給位田条

〔**大**〕〔**養**〕凡応給位田、未請、及未足而身亡者、子孫不合追請、

10応給功田条

〔**大**〕〔**養**〕凡応給功田、若父祖未請、及未足而身亡者、給子孫、

11公田条

〔**大**〕凡諸国公田、皆国司販売、其価送太政官、供公解料、以充雑用、(1)

〔**養**〕凡諸国公田、皆国司随郷土估価賃租、其価送太政官、以充雑用、

○対照条文ナキガ如シ

12条

〔武〕〔開七〕〔開二五〕諸州県界内所部受田、悉足者為寛郷、不足者、為狭郷、

13条

〔武〕諸田郷有余、以給比郷、県有余、以給比県、州有余、以給比州、(○取意文ナルベシ)

〔開二五〕諸狭郷田不足者、聴於寛郷遙受、

14条

〔開七〕〔開二五〕諸応給園宅地者、良口三口以下給一畝、毎三口加一畝、賤口五口給一畝、毎五口加一畝、並不入永業口分之限、其京城及州県郭下園宅、不在此例、

6条

〔武〕永業之田、樹以楡桑棗、及所宜之木、(○取意文ナルベシ)

〔開二五〕諸戸内永業田、毎畝課種桑五十根以上、楡

---

12 賜田条

〔大〕〔養〕凡別勅賜人田者、名賜田、(2)

13 寛郷条

〔大〕〔養〕凡国郡界内、所部受田、悉足者、為寛郷、不足者、為狭郷、

14 狭郷田条

〔大〕〔養〕凡狭郷田不足者、聴於寛郷遙受、

15 園地条

〔大〕〔養〕凡給園地者、随地多少均給、若絶戸還公、

16 桑漆条

〔大〕〔養〕凡課桑漆、上戸桑三百根、漆一百根以上、中戸桑二百根、漆七十根以上、下戸桑一百根、漆卌根

棗各十根以上、三年種畢、郷土不宜者、任以所宜樹充、

17条

〔開二五〕諸売買田、皆須経所部官司申牒、年終彼此除附、若無文牒輒売買、財没不追、地還本主、

18条

〔武〕〔開二五〕諸以工商為業者、永業口分田、各減半給之、在狭郷者並不給、

19条

〔開二五〕諸因王事、没落外蕃、不還、有親属同居者、其身分之地、六年乃追、身還之日、随便先給、即身死王事者、子孫雖未成丁、身分地勿追、其因戦傷、入篤疾廃疾者、亦不追減、聴終其身、

15条

〔武〕諸庶入従郷、及貧無以葬者、得売世業田、自狭郷而従寛郷者、得并売口分田、

以上、五年種畢、郷土不宜、及狭郷者、不必満数、

17宅地条

〔大〕〔養〕凡売買宅地、皆経所部官司申牒、然後聴之、

○対照条文ナシ

18王事条

〔大〕凡因王事、没落外蕃不還、有親属同居者、其身分之地、三班乃追、身還之日、随便先給、即身死王事者、其地伝子、

〔養〕凡因王事、没落外蕃不還、有親属同居者、其身分之地、十年乃追、身還之日、随便先給、即身死王事者、其地伝子、

19賃租条

〔大〕凡賃租田者、各限一年、園任売、皆須経所部官司、申牒、然後聴(3)、

〔開二五〕諸庶人有身死家貧無以供葬者、聴売永業田、即流移者亦如之、楽遷就寛郷者、幷聴売口分、（売充住宅邸店碾磑者、雖非楽遷、亦聴私売、）

〔養〕凡賃租田者、各限一年、園任賃租及売、皆須経所部官司、申牒、然後聴、

16条

〔武〕〔開二五〕諸買地者、不得過本制、雖居狭郷、亦聴依寛制、其売者不得更請、

20条

〔開二五〕諸田不得貼賃及質、違者財没不追、地還本主、若従遠役外任、無人守業者、聴貼賃及質、其官人永業田、及賜田、欲売及貼賃者、皆不在禁限、

21条

〔開七〕〔開二五〕諸給口分田、務従便近、不得隔越、若因州県改易、隷地入他境、及犬牙相接者、聴依旧受、其城居之人、本県無田者、聴隔県受、

○　対照条文ナシ

20 従便近条

〔大〕〔養〕凡給口分田、務従便近、不得隔越、若因国郡改隷、地入他境、及犬牙相接者、聴依旧受、本郡無田者、聴隔郡受、

21 六年一班条

ⓐ〔大〕凡田六年一班、

ⓑ〔大〕凡神田寺田不在収授之限、

○対照条文ナキガ如シ

22条
〔武〕〔開七〕〔開二五〕諸応収授之田、毎年起十月一日里正預校勘造簿、暦十一月、県令総集応退応受之人、対共給授、十二月内畢、

23条
〔武〕〔開七〕〔開二五〕諸授田、先課役、後不課役、先無後少、先貧後富、其退田戸内、有合進受者、雖不課役、先聴自取、有余収授、

ⓒ〔大〕凡以身死応収田者、初班従三班収授、後年毎至班年即収授、(4)
〔養〕凡田六年一班、（神田寺田不在此限、）若以身死応退田者、毎至班年、即従収授、

22 還公田条
〔大〕〔養〕凡応還公田、皆令主自量、為一段退、不得零畳割退、先有零者聴、

23 班田条
〔大〕〔養〕凡応班田者、毎班年、正月卅日内、申太政官、起十月一日、京国官司、預校勘造簿、至十一月一日、総集応受之人、対共給授、二月卅日内使訖、(5)

24 授田条
〔大〕凡田給、先課役、後不課役、先無、後少、先貧、後富、其収田戸内、有合進受者、雖不課役、先聴自取、有余収授、(6)
〔養〕凡授田、先課役、後不課役、先無、後少、先貧、後富、

○ 対照条文ノ存否不明

○ 対照条文ノ存在ホボ確実

24 条

〔開七〕〔開二五〕諸道士受老子経以上、道士給田三十畝、女官二十畝、僧尼受具戒准此、

25 条

〔開七〕官戸受田、減百姓口分之半、

〔開二五〕雑戸者、依令、老免進丁受田、依百姓例、

26 条

〔開二五〕諸田、為水侵射、不依旧流、新出之地、先給被侵之家、若別県界新出、依収授法、其両岸異管、従正流為断、若合隔越受田者、不取此令、

---

25 交錯条

〔大〕〔養〕凡田有交錯、両主求換者、経本部、判聴除附、

26 官人百姓条

〔大〕凡官人百姓、並不得将宅園地、捨施及売易与寺、[7]

〔養〕凡官人百姓、並不得将田宅園地、捨施及売易与寺、

○ 対照条文ナシ

27 官戸奴婢条

〔大〕〔養〕凡官戸奴婢口分田、与良人同、家人奴婢、随郷寛狭、並給三分之一、

28 為水侵食条

〔大〕〔養〕凡田為水侵食、不依旧派、新出之地、先給被侵之家、

27条

〔開七〕令其借而不耕、経二年者、任有力者借之、(8)

28条

〔開二五〕諸競田、判得已耕種者、後雖改判、苗入種人、耕而未種者、酬其功力、未経断決、強耕種者、苗従地判、

29条

〔開二五〕諸京諸司各有公廨田、司農寺給二十六頃、

29荒廃条

〔大〕凡公私田荒廃、三年以上、有能借佃者、経官司、判借之、私田主欲自佃先尽其主、雖隔越亦聴、私田三年還主、公田六年還官、限満之日、所借之人口分未足者、公田即聴充口分、私田不合、其官人於所部界内、有空閑地願佃者、任聴営種、替解之日還官収授、(9)

〔養〕凡公私田荒廃、三年以上、有能借佃者、経官司、判借之、雖隔越亦聴、私田三年還主、公田六年還官、限満之日、所借之人口分未足者、公田即聴充口分、私田不合、其官人於所部界内、有空閑地願佃者、任聴営種、替解之日還公、

30競田条

〔大〕〔養〕凡競田、判得已耕種者、後雖改判、苗入種人、耕而未種者、酬其功力、未経断決、強耕種者、苗従地判、

○ 対照条文ナシ

殿中省二十五頃、少府監二十二頃、太常寺二十頃、京兆府河南府各十七頃、太府寺十六頃、吏部戸部各十五頃、兵部内侍省各十四頃、中書省将作監各十三頃、刑部大理寺各十二頃、尚書都省門下省太子左春坊各十一頃、工部十頃、光禄寺太僕寺祕書省各九頃、礼部鴻臚寺都水監太子詹事府各八頃、御史台国子監京県各七頃、左右衛太子家令寺各六頃、衛府寺左右驍衛左右武衛左右威衛左右領軍衛左右金吾衛左右監門衛太子左右春坊各五頃、太子左右衛率府太史局各四頃、宗正寺左右千牛衛太子僕寺左右司禦率府左右清道率府左右監門率府各三頃、内坊左右内率府率更府各二頃、

30条

〔開七〕〔開二五〕　諸在外諸司公廨田、大都督府四十頃、中都督府三十五頃、下都督都護府上州各三十頃、中州二十頃、宮総監下州各十五頃、上県十頃、中県八頃、下県六頃、上牧県上鎮各五頃、下県及中下牧司竹監中鎮諸軍折衝府各四頃、諸冶監諸倉監下鎮上関各三

○　対照条文ナシ

索　　引

1　配列は五十音順を原則としたが，頭字が同字同音の語句は便宜一括した。

2　重要な語句でも，余り頻出するものは省略した。

3　本文中の表現と多少異なるものもあるので留意されたい。

索　　引

さ

し

す

せ

そ

た

ち

つ

て

と

な

に

ぬ

ね

の

は

ひ

ふ

へ

ほ

ま

み

め

も

や

ゆ

よ

ら

り

ろ

わ

一つは、大宝令の21Ⓒ以身死応収田条である。これは大宝令では、

凡以二身死一応レ収田者………

とあったものが、養老令21六年一班条では

……若以二身死一応レ退田者………

と変えられている。唐令にはこれらに相当する条文は勿論ないが、唐令22条には「応退応受之人」と見え、また大宝令24授田条の「其収レ田戸内有下合二進受一者上」が唐令23条では「其退田戸内有合進受者」となっている処から見ると、右の21六年一班条の場合も、養老令の方が大宝令より唐令に於ける用字法に近いことを示している。そこでこの両者の法文としての論理性を追求してみると、唐令と等しい養老令の方が論理的なのである。即ち、「収」は班給する官司を主語としての用字法（官がおさめとる）であり、「退」は被給者を主語としての用字法（戸または人が退えす）であるから、この場合、「身死」の主語と揃えれば「退」の方が論理的であろう。このことは右に述べた24授田条の場合、一層はっきりする。唐令23条では「退」の主語も「受」の主語も被給者であって一貫しているが、大宝令では「収」の主語は官司、「受」の主語は被給者で、主語が分裂している。即ち唐令の方が論理的なのである。これらの点は逆に言うと、大宝令（或いはそれ以前の浄御原令）では唐令から離れた独自の文章を作りたいという意慾があって、為に多少論理性を犠牲にする危険をおかすまでに至ったとも見られる訳であるが、要するに、緒論でも述べたように、大宝令の方が養老令よりも唐令直模的であるというような一義的な解釈が誤りであることは認められるであろう。

〔附　記〕　養老田令の表現形式について

一般に、養老令は大宝令に存した唐令直模的な点を改正したと見られているが、しかし、少なくとも表現形式の上では養老令の方がむしろ唐令に接近している例も少なくないので、田令に関して気付いた点を若干指摘して参考に供することとしたい。

先ず、24授田条であるが、大宝令では

凡田給、先課役後不課役………

とあったが、これは恐らく唐令23条の

諸授田、先課役後不課役………

の冒頭を変えたものであろう。それが養老令では再び、

凡授田、先課役後不課役………

というように、唐令と同じ表現に逆戻りしているのである。同様の例は18王事条に於いても認められるのであって、唐令19条では「六年乃追」、大宝令では「三班乃追」、それが養老令で再び「十年乃追」と規定の仕方を唐令と同一形式に変えているのである。これなどは、大宝令が唐の毎年班田制と異なるわが六年一班制を十分考慮に入れて規定し表現したものを（この考慮は21ⓒ以身死応収田条及び戸令戸逃走条でも貫かれている）、全く無視し去った形である。

また、唐令の用字法を採用した為に、法文表現上の論理性を恢復した例もあるので、それを次にかかげよう。その

（8） 仁井田博士の『唐令拾遺』には、この後さらに続けて「即不自加功、転分与人者、其地即廻借見佃之人、若佃人雖経熟訖、三年之外、不能種耕、依式追収、改給也」の四十一字が掲げられているが、時野谷滋氏はこの部分は開元令の内容ではなく、これを引載した田令集解荒廃条所引古記の地の文と解すべきことを説かれた（「田令と墾田法」歴史教育四―五・六）。私もまたこれに同見である。

（9） 仁井田博士の復旧では「主欲自佃先尽其主」の前の「私田」二字は存しない。しかし、この部分の規定は公田には関係のないものであるから、この二字を補うべきであろう。また、この部分に続けて「荒地准荒廃之地」の七字があるが、これは時野谷氏の述べられた如く削るべきである（前掲論文）。ただ、「荒地」の二字は古記の引用態度から見て大宝令に存した可能性をむげに斥けてしまう訳にはゆかないが、それでも結局、この二字を含む部分の復旧は不可能なことである。更に、末尾の「還官収授」の四字は大宝令の文言としてすこし疑問に感じられる点もあるが、暫く仁井田博士の復旧に従って置きたい。これらの点についての詳細は拙論「律令時代の墾田法に関する二・三の問題」（「弘前大学人文社会」一五、史学篇Ⅱ）を参照されたい。

（10） 仁井田博士の復旧では「屯田」を「長田」に作っておられるが、これは当時博士が拠られた国書刊行会本令集解に存した誤植である。これが誤植であることは類聚国史八〇、延暦十六年五月丙申条に明証がある。

（11） 前条同様、仁井田博士の復旧には「長田」・「長司」とある。

（2）本条が大宝令に存在した明証はないが、令集解の本条下に古記が引かれている点から見て、存在しなかったとは考えられない。ただその場合でも養老令条文と同文であったことは証明できないことであるが、同文であったと見ることを特に妨げる材料もないので、このように同文として復旧して置きたい。以下、同様の場合、一々は註記しない。

（3）本条の復旧条文は仁井田博士のそれをそのまま掲げたが、この条文中、冒頭の「賃租」二字及び中頃の「園任売」の部分は、博士御自身も認めておられるように問題であろう。ただ、私には特に提示すべきほどの代案もないので、暫くこのままとして置きたい。

（4）本条の復旧に関しては、本書第一編第一章第一節で詳述した。

（5）仁井田博士の復旧では「応受之人」の四字がなく、末尾に「其収田戸内……」の二十二字（24授田条の大宝令条文を見よ）があったとされる。前者は田令集解当条所引の古記に「総集対共給授」という形の引用が見えることに基づくのであろうが、ここは「応受之人」の四字がなければ、「総集」の意味が不通である。古記の引用が厳密に原文通りであり、且つ、それが書写の間に脱落することなく今日に伝えられたとは断定出来ないのであるから、この四字を養老令によって補って置いても差支えないであろう。後者は、この二十二字の中の前半十字を引載する古記が、田令集解のこの条に引かれていることに基づくものであろうが、これはそれほど積極的な根拠とはならない。むしろ唐令23条と比較すれば、この二十二字は24授田条に存したと見る方が自然である。

（6）前註参照。

（7）仁井田博士は、大宝・養老令を同文と見ておられるが、この条の大宝令に「田」字のあった明証はなく、この「田」字の有無は相当重要な意味を持つと思うので、無雑作に養老令条文から補入するのはつつしむべきであろう。戸令応分条に於いて、養老令に存する「田」字が大宝令には存在しなかったと理解されていること（中田薫博士『法制史論集』第一巻所収「養老戸令応分条の研究」）を類例とすると、本条の大宝令には「田」字はなかったと考えた方がよいのではあるまいか。

註

（1） 仁井田博士は「凡諸国公田、皆国司随郷土估価賃租、其価送太政官販売、供公廨料所、以充雑用」と復旧されたが、これは、続日本紀天平八年三月庚子条の「太政官奏、諸国公田、国司随二郷土估価一賃租、以二其価一送二太政官一以供二公廨一奏可之」なる記載について「大宝令に公田条ありながら、それと趣旨を等しくする格を何故必要としたかは記されてゐない」と述べておられる点から明らかなように、大宝令の規定を養老令のそれとほぼ同一趣旨のものと見られた為であろう。しかし、この養老令と同一の太政官奏がわざわざ出されたのは、この時、養老田令の一部を部分的に施行したもの、従って、大宝令の規定はこれと異なる筈である、と解すべきで、その点、亀田隆之氏が「凡諸国公田、皆国司販売、其価供公廨料、以充雑用」と復旧されたのは（「賃租制の一考察」史学雑誌六二―九）、この太政官奏の正しい解釈に導かれたものである。その後、早川庄八氏の「凡諸国公田、皆国司販売、価送太政官、供公廨料、以充雑用」なる復旧試案が発表されたが（「公廨稲制度の成立」史学雑誌六九―三）、この両者の相違は、亀田氏が大宝令断文たる明証のない「送太政官」の文言の存在を復旧条文に認めておられないのに対し、早川氏がこれを補入しておられる点にある。天平八年の太政官奏以前、即ち大宝令制下に於いて実際に地子京進の行われたことは、早川氏が天平六年出雲国計会帳その他の材料によって推定された通りであり、これは亀田氏も認められる処であろう。従って、亀田氏案に従えば、天平八年の措置は、大宝令制の「販売」を「随郷土估価賃租」と改正すると共に、大宝令文に明記されず、しかも実際には行われていた「送太政官」ということを明示したものということになり、一方、早川氏案に従えば、「送太政官」ということが大宝令文の示す通りに行われており、天平八年の措置は、ただ「随郷土估価賃租」という点のみの改正ということになる。この条文の復旧には、なお色々と勘考すべき問題が附随しているようであるが、右の点に限って言えば、私には早川氏の案の方が亀田氏の案より一層原型に近いように思われる。ただし、養老令に於いて「価」字の上に存する「其」字を省かれた理由は明らかでないが、これはあった方が文章に落着きがあると思うので、これを補って本表に掲げた。

簡堪者充、抛所収斛斗等級為功優、

37条

〔開二五〕諸屯田、応用牛之処、山原川沢土有硬軟、至於耕墾用力不同、土軟処、毎一頃五十畝、配牛一頭、彊硬処一頃二十畝、配牛一頭、即当屯之内、有硬有軟、亦准此法、其稲田毎八十畝、配牛一頭、

38条

〔開二五〕諸営田、若五十頃外更有地剰、配丁牛者、所収斛斗、皆準頃畝折除、其大麦喬麦乾蘿蔔等、准粟計折斛斗、以定等級、

39条

〔開二五〕失火、謂失火有所焼、及不依令文節制、而非時焼田野者、……注云、非時、二月一日以後、十月三十日以前、若郷土異宜者、依郷法、謂北地霜早、南地晩寒、風土亦既異宜、各須収穫総了放火、時節不可一準令文、故云、各依郷法、（〇参考）

37役丁条

〔大〕凡屯田応役丁之処、毎年宮内省、預准来年所種色目、及町段多少、依式料功、申官支配、其上役之日、国司乃准役月閑要、量事配遣、其屯司、年別相替、年終、省校量収穫多少、附考褒貶、[11]

〔養〕凡官田応役丁之処、毎年宮内省、預准来年所種色目、及町段多少、依式料功、申官支配、其上役之日、国司乃准役月閑要、量事配遣、其田司、年別相替、年終、省校量収穫多少、附考褒貶、

以上者、不得過六斗、並取情願、不得抑配、

○ 対照条文ノ存否不明

35条

〔開二五〕諸親王出藩者、給地一頃、作園若城内無可開拓者、於近城便給、如無官田、取百姓地充、其地給好地替、

36条

〔開二五〕諸屯、隷司農寺者、毎三十頃以下、二十頃以上、為一屯、隷州鎮諸軍者、毎五十頃為一屯、其屯応置者、皆尚書省処分、其旧屯重置者、一依承前封疆為定、新置者、並取荒閑無籍広占之地、其屯雖料五十頃、易田之処、各依郷原量事加数、其屯官取勲官五品以上、及武散官并前資辺州県府鎮戍八品以上文武官内、

〔養〕凡在外諸司職分田、交替以前種者、入前人、若前人自耕未種、後人酬其功直、闕官田、用公力営種、所有当年苗子、新人至日、依数給付、

○ 対照条文ナシ

35外官新至条

〔大〕凡外官新至任者、比及秋収、量給公粮、

〔養〕凡外官新至任者、比及秋収、依式給粮、

36置官田条

〔大〕凡畿内置屯田、大和、摂津各卅町、河内、山背各廿町、毎二町配牛一頭、其牛令一戸養一頭、(謂中以上戸。)(10)

〔養〕凡畿内置官田、大和、摂津各卅町、河内、山背各廿町、毎二町配牛一頭、其牛令一戸養一頭、(謂中中以上戸、)

33 条

〔開二五〕諸駅封田、皆随近給、毎馬一疋、給地四十畝、若駅側牧田之処、疋各減五畝、其伝送馬、毎疋給田二十畝、

34 条

〔開七〕〔開二五〕諸職分陸田限三月三十日、稲田限四月三十日、以前上者、並入後人、以後上者入前人、其麦田以九月三十日為限、若前人自耕未種、後人酬其功直、已自種者、准租分法、其価六斗以下者、依旧定、

町六段、中国掾、大上国目一町二段、中下国目一町、史生如前、

32 郡司職分田条

〔大〕凡郡司職田、大領六町、少領四町、主政、主帳各二町、狭郷皆随郷法給、

〔養〕凡郡司職分田、大領六町、少領四町、主政、主帳各二町、狭郷不須要満此数、

33 駅田条

〔大〕凡駅起田、皆随近給、大路四町、中路三町、小路二町、

〔養〕凡駅田、皆随近給、大路四町、中路三町、小路二町、

34 在外諸司条

〔大〕凡在外諸司公廨田、交替以前種者、入前人、分佃□□□……、若前人自耕未種、後人酬其功直、闕官田、用公力営種、所有当年苗子、新人至日、依法給之、

頃、互市監諸屯監上戍中関及津各二頃、（其津隷都水則不別給、）下関一頃五十畝、中戍下戍嶽瀆各一頃、

32条

〔開七〕〔開二五〕　諸州及都護府親王府官人職分田、二品一十二頃、三品一十頃、四品八頃、五品七頃、六品五頃、（京畿県亦准此、）七品四頃、八品三頃、九品二頃五十畝、鎮戍関津岳瀆及在外監官五品五頃、六品三頃五十畝、七品三頃、八品二頃、九品一頃五十畝、三衛中郎将上府折衝都尉各六頃、中府五頃五十畝、下府及郎将各五頃、上府果毅都尉四頃、中府三頃五十畝、下府三頃、上府長史別将各三頃、中府下府各二頃五十畝、親王府典軍五頃五十畝、副典軍四頃、千牛備身備身左右太子千牛備身各三頃、（親王府文武官、随府出藩者、於所在処給、）諸軍上折衝府兵曹二頃、中府下府各一頃五十畝、其外軍校尉一頃二十畝、旅帥一頃、隊正副各八十畝、皆於領所州県界内給、其校尉以下在本県、及去家百里内領者不給、（其田亦借民佃植、至秋冬受数而已、）

31在外諸司職分田条

〔大〕凡在外諸司公廨田、大宰帥十町、大弐六町、少弐四町、大監、少監、大判事二町、大工、少判事、大典、防人正、主神、博士一町六段、少典、陰陽師、医師、少工、筭師、主船、主厨、防人佑一町四段、諸令史一町、史生六段、大国守二町六段、上国守、大国介二町二段、中国守、上国介二町、下国守、大上国掾一町六段、中国掾、大上国目一町二段、中下国目一町、史生如前、

〔養〕凡在外諸司職分田、大宰帥十町、大弐六町、少弐四町、大監、少監、大判事二町、大工、少判事、大典、防人正、主神、博士一町六段、少典、陰陽師、医師、少工、筭師、主船、主厨、防人佑一町四段、諸令史一町、史生六段、大国守二町六段、上国守、大国介二町二段、中国守、上国介二町、下国守、大上国掾一

著者略歴

大正十四年愛媛県松山市に生まる
昭和二十二年東京大学文学部国史学科卒業
現在、弘前大学教授、文学博士

〔著　書〕

延喜式（吉川弘文館）
奈良の都（講談社）
律令国家と蝦夷（評論社）

班田収授法の研究

昭和三十六年三月十五日　初版発行
昭和五十三年七月二十日　四版発行

著　者　虎尾俊哉（とらおとしや）

発行者　吉川圭三

印刷者　堀正弘

発行所　株式会社　吉川弘文館
郵便番号　一一三
東京都文京区本郷七丁目二番八号
電話（八一三）九一五一番（代表）
振替口座東京〇―二四四番

（文弘社印刷・誠製本）

日本史学研究叢書

『日本史学研究叢書』刊行の辞

戦後、日本史の研究は急速に進展し、各分野にわたって、すぐれた成果があげられています。けれども、その成果を刊行して学界の共有財産とすることは、なかなか容易ではありません。学者の苦心の労作が、空しく筐底に蔵されて、日の目を見ないでいることは、まことに残念のことと申さねばなりません。

吉川弘文館は、古くより日本史関係の出版を業としており、今日においてもそれに全力を傾注しておりますが、このたび万難を排して、それらの研究成果のうち、とくに優秀なものをえらんで刊行し、不朽に伝える書物としたいと存じます。この叢書は、あらかじめ冊数を定めてもいず、刊行の期日を急いでもおりません。成るにしたがって、つぎつぎと出版し、やがて大きな叢書にする抱負をもっております。

かくは申すものの、この出版にはきわめて多くの困難が予想されます。ひとえに日本の歴史を愛し、学術を解する大方の御支援を得なければ、事業は達成できまいと思います。なにとぞ、小社の微意をおくみとり下され、御援助のほどをお願い申します。

昭和三十四年一月

班田収授法の研究（オンデマンド版）

2024年10月1日　発行

著　者　虎尾俊哉（とらおとしや）
発行者　吉川道郎
発行所　株式会社 吉川弘文館
〒113-0033 東京都文京区本郷7丁目2番8号
TEL 03(3813)9151(代表)
URL https://www.yoshikawa-k.co.jp/

印刷・製本　株式会社 デジタルパブリッシングサービス
URL https://d-pub.sakura.ne.jp/

虎尾俊哉（1925～2011）
ISBN978-4-642-72018-2